程序员的自我修养
——链接、装载与库

俞甲子 石凡 潘爱民 著

電子工業出版社
Publishing House of Electronics Industry
北京 · BEIJING

内 容 简 介

本书主要介绍系统软件的运行机制和原理，涉及在Windows和Linux两个系统平台上，一个应用程序在编译、链接和运行时刻所发生的各种事项，包括：代码指令是如何保存的，库文件如何与应用程序代码静态链接，应用程序如何被装载到内存中并开始运行，动态链接如何实现，C/C++运行库的工作原理，以及操作系统提供的系统服务是如何被调用的。每个技术专题都配备了大量图、表和代码实例，力求将复杂的机制以简洁的形式表达出来。本书最后还提供了一个小巧且跨平台的C/C++运行库MiniCRT，综合展示了与运行库相关的各种技术。

本书对装载、链接和库进行了深入浅出的剖析，并且辅以大量的例子和图表，可以作为计算机软件专业和其他相关专业大学本科高年级学生深入学习系统软件的参考书。同时，还可作为各行业从事软件开发的工程师、研究人员及其他对系统软件实现机制和技术感兴趣者的自学教材。

图书在版编目（CIP）数据

程序员的自我修养：链接、装载与库 / 俞甲子，石凡，潘爱民著.—北京：电子工业出版社，2009.4

ISBN 978-7-121-08511-6

I. 程… II. ①俞…②石…③潘… III. 程序设计 IV. TP311.1

中国版本图书馆CIP数据核字（2009）第038410号

责任编辑：陈元玉

印　　刷：三河市鑫金马印装有限公司

装　　订：三河市鑫金马印装有限公司

出版发行：电子工业出版社

北京市海淀区万寿路173信箱　邮编　100036

开　　本：787×980　1/16　印张：30.75　　字数：550千字

版　　次：2009年4月第1版

印　　次：2025年1月第48次印刷

定　　价：99.00元

凡所购买电子工业出版社图书有缺损问题，请向购买书店调换。若书店售缺，请与本社发行部联系，联系及邮购电话：（010）88254888。

质量投诉请发邮件至zlts@phei.com.cn，盗版侵权举报请发邮件至dbqq@phei.com.cn。

服务热线：（010）88258888。

读者热评

莫等用时再读书

今年二月份拿到这本书的电子稿时，还不是现在这个书名。

《程序员的自我修养》这个名字听起来比原来的那个名字感觉好一些，但又让人感觉有点不知所谓。还是副标题直接：《链接、装载与库》。我更愿意接受这样的一个名字，有如那本多年前读过的英文经典：《Linkers & Loaders》。

那段时间很忙，一直到现在都是。书稿我压了很久，直到有一天，博文的朋友说，约个时间和 Fenng 、俞甲子等杭州的程序员碰头聚一下。我开始连夜读书稿，不然，见面了谈起这本书来，说不出所以然来多不好意思。

书很厚，但是我看得很快，可能是因为我对内容很熟悉吧，大约一个通宵就读完了。书中的内容写得很细，当时快速翻看的时候，发现几处小笔误，但由于我的 pdf 阅读器不能做评注，就忘记了。

我自己写过书，知道写书的艰辛。很简单的道理，本以为自己明白得很，但要写出来让人明白，却是件非常不容易的事。前几年，我在 blog 上随手写的一个关于链接方面的帖子（*http://blog.codingnow.com/2006/11/windows_unix_dynamic_library.html*），就引起了无穷的争议。Blog 尚可随意为之，可出版成白纸黑字，必然战战兢兢。一旦写错点什么，很容易误导许多人。见过俞甲子以后，相信他和我一样，是个从内心对读者负责的人。

链接、装载等是操作系统中很基础也很重要的一个部分。从特定的操作系统的解决方案来分析 Windows 的 PE 或 Linux 的 ELF 的结构，可以理解操作系统是如何让一段代码工作起来、如何让不同的二进制模块协同工作的。这是理解整个系统的一个起点。

一方面，我们理解系统如何去做，是为了悟到为何这样去设计。了解了为什么，反过来更能理解怎样去做。我为我的系统做过一段时间的 loader，为了隔离操作系统的差异，来解决二进制的代码复用。不少朋友问我怎样做到的，其实答案很简单：自己来写 loader 。理解了操作系统怎样干的以后，这并不是难事。至于须不须要越俎代庖替代操作系统去做，那就需要对这方面有更多的理解了。这绝不是简单的是否应该重新发明轮子的问题。

好吧，说起重造轮子的话题，怕又引起无穷的争议。但有一点应该是少有争议的，你可以不自己造轮子，但应该了解轮子的构造，而且越详尽越好，这就是程序员的自我修养吧。

另一方面，我们对自己每天用的系统多一些了解，那是百利而无一害。即使从最实用主义的角度看，碰到一些表面上看起来无所适从的 bug，也能分析清楚。比如，我前段时间碰到的那个诡异的 bug（*http://blog.codingnow.com/2009/03/libstdcpp_dlclose_crash.html*）。

▸《游戏之旅——我的编程感悟》作者 云风
http://www.douban.com/review/2050930/

很久之前在读《linkers&loaders》和分析 linux 内核代码时，就有总结一下这方面东西的冲动，也就是总结心得，还没有能力形成这么系统的书籍。总的看了一下还真不错，很值得一读，推荐。

▸ keni
http://www.douban.com/review/2032386/

这本书总体上写得不错，内容组织得还是相当不错的，信息量也足够。比较适合刚刚开始学习和了解系统软件的计算机学生或爱好者来看看。

▸ hhhxxj
http://www.china-pub.com/member/bookpinglun/memberpl.asp?membername=hhhxxj

很多程序员虽然对软件开发了如指掌，却往往不了解软件运行背后的机理。市面上关于如何成为 C、Java 等高手的速成书不计其数，却很少有书会提及程序本身的原理。知其然更要知其所以然，这本书行文诙谐有趣，论理深入浅出，实在应该是一个程序员居家旅行必备的好书。

▸ zoulincan
http://www.china-pub.com/member/bookpinglun/memberpl.asp?membername=zoulincan

好书，内容就如序言所述，深入浅出的讲了一些程序基本工作原理，既不像大部头那么深厚，又足够初学者了解并提供深入研究的线索，支持原创好书，期待后面两本。

▸ shaj04
http://www.china-pub.com/member/bookpinglun/memberpl.asp?membername=shaj04

应该是一本非常不错的书，期待很久了。这方面的知识很有必要学习一下的。有潘爱民老师参与编书，更觉得应该买本回来好好看看的。

▸ hxbao_2007
http://www.amazon.cn/mn/reviewDetailApp?reviewid=1710176&uid=475-8628807-5680936

作者访谈录

针对俞甲子、石凡和潘爱民三位的新书《程序员的自我修养——链接、装载与库》的出版，博文视点对俞甲子进行了专访，现将博文的编辑与俞甲子的访谈对话整理成文，以飨读者。

博文编辑

甲子，你好！能否向读者介绍你是如何对操作系统的底层机制和运行原理产生兴趣的？

俞甲子

很大程度上是因为性格决定的吧，因为我是一个喜欢对技术问题寻根究底的人，不满足于仅仅了解一个技术的表面，而是希望能通过层层深入地挖掘，找出它背后最关键最核心的机理。我相信很多计算机技术都是相通的，它们的核心思想相对是稳定不变的。经常听很多人谈起，IT 技术日新月异，其实真正核心的东西数十年都没怎么变化，变化的仅仅是它们外在的表现，大体也是换汤不换药吧。

为了了解操作系统内核及装载、链接等这些关键的技术，我曾经自己从头写了一个很小的内核、装载器及一个简单的运行库，它们组成了一个可以完整运行在 PC 上的支持多进程、多线程的操作系统环境，并且支持虚拟存储、简单的文件系统、网络、鼠标键盘等，前后加起来花了两年多时间，大约有数万行代码，编译器和链接器使用的是 GCC 和 LD。当然，如果继续写下去，可以让它的功能变得更加完整，但是我停止了对它的继续维护，因为我认为通过这个雏形系统，我已经了解了其背后的机理，如果再继续写下去更多的只是重复性的工作，因为现在已经有了很多很优秀的内核、装载和链接的相关软件和标准。

虽然我在这个系统上花费了很多时间和精力，却没有获得什么直接的收益，也没有让我跟上最新的技术潮流，但是它带给我的间接收获却是无法言表的，它使我在后来学习其他技术的时候能够很快地触类旁通、自下而上地去理解整个系统，往往能够理解得更加深刻更加透彻。

博文编辑

介绍链接、装载与库原理的资料非常少，你在自己钻研的过程中，遇到的最大困难是什么？

俞甲子

当然相关资料很少会给我们带来很多的困难和挑战，而且相关的源代码在经过多年的发展和锤炼后，变得非常注重性能和效率，而很少考虑可读性，这使得通过挖掘源代码理解机制变得更为困难。这些代码很多都是相关领域的黑客高手写的，他们对系统机制的了解已经到了很深刻的地步，一小段代码会用尽系统的各种机制和方法，经常让人看得不知所云。比如系统库在不同的链接和装载方式下对C++全局对象的构造和析构，就异常复杂。整个流程来回曲折，加上有些代码已经遗弃，还会造成误解。Glibc 这种支持数十种平台的系统还要考虑到各个系统的通性和个性，更使整个过程雪上加霜。其实理解还不是最大的困难，最大的困难是理解了这个复杂而又晦涩的机制和过程，如何将它们尽量地简化，从中取舍，摈弃所有不必要的内容，再将它剥离出来后组织成尽量深入浅出层层引导的文字和图表，这才是最大的挑战。

博文编辑

在自学的过程中，一定有许多令你得意或开心的事，可不可以分享一二？

俞甲子

在这个过程中，最烦恼的事莫过于一个困扰了你很久的问题，通过各种办法，包括阅读源代码等还是无法理解或无法解释某个程序现象。忽然有一天某个灵感突现，回头再仔细阅读代码，紧接着马上试验一下，果真如此！大有拨云见日、豁然开朗的感觉，这应该是最开心的事吧。

博文编辑

你现在从事的工作和系统底层结合紧密吗？在系统运行机制上的积累对目前的工作有帮助吗？

俞甲子

我目前从事的工作跟系统底层关系不是很大，现在最常用的都是 Web 前端、MySQL 数据库等这些应用层面的系统。虽然不是直接与系统底层打交道，但是之前的积累无时无刻不在帮助我去深入理解应用开发。比如 MySQL 系统的内存和文件系统的优化，如果对操作系统的虚拟存储和文件系统机制没有深入了解，那么可能只能在配置参数上做一些“猜测”性质的调整，不断地尝试各种参数，或者参考网络上别人提供的配置参数，但不一定适合自己的应用情况。了解虚存如何运作，进程地址空间的分布等，将会对应用的优化，甚至是构架设计上都会有更高层次的俯视。

博文编辑

对知识的渴求，对未知世界的好奇是人类的天性。但这种天性也需要引导，小心保护，否则就可能会丧失。读书是一种很好的保护途径，可不可以向读者推荐几本对你个人成长影响最大的书？

俞甲子

如果是推荐非技术类的书籍，我应该不是很在行。在这里向大家推荐几本我读过的，并且跟本书主题相关的书籍吧。

《Linkers and Loaders 》，John R. Levine。这本书基本上是链接和装载方面最为完整和权威的理论著作了，但是内容有些偏旧，并且有些晦涩。

《Intel® 64 and IA-32 Architectures Software Developer's Manuals》，Intel 官方的 x64 和 x86CPU 的技术手册，总共分 3 卷，另外还有几本优化手册，这些手册不适合通读，但强烈建议阅读其中的介绍性章节，并且手边能够常备一份，以便需要时查阅，查阅网址 *http://www.intel.com/products/processor/manuals/*。

《Linux 内核源代码情景分析》，毛德操，胡希明。这部书分为上下两卷，总共近 2000 页，虽然出版年份较早（2001 年出版），而且是基于 Linux 2.4 内核的，但是它对很多细节的描述非常到位，比很多 Linux 内核的书籍要详细，值得一看。

《深入理解计算机系统》（Computer Systems A Programmer's Perspective，Randal E. Bryant 和 David O'Hallaron 著）。这本书对整个计算机软硬件体系结构进行了深入浅出的介绍，是理解系统底层不可多得的好书，强烈推荐！

《深入解析 Windows 操作系统，第 4 版——Microsoft Windows Server 2003/Windows XP/Windows 2000 技术内幕》，Mark E.Russinovich（著），潘爱民（译）。这本书是理解 Windows 内核最好的选择，至少我没有看到任何一本描述关于 Windows 内核的书能与它相媲美。

《Advanced Programming in the UNIX Environment,Second Edition》，W.Richard Stevens，Stephen A.Rago。这本书被誉为 UNIX 程序设计的"圣经"，也是了解*NIX 系统内核，运行库和执行环境的很好选择。

序言一

两年前，甲子跟我提起，他在考虑写一本讲述计算机程序基本工作原理的书，由于代码背后的许多细节现在难以找到完整而又实用的资料，因此，系统性地讲述这些技术要素一定非常有意义。这是我非常感兴趣的话题，因为最近几年来，我每次给学生讲课或作技术报告时，经常会提到程序背后的一些细节知识，而当有人请我推荐一些参考资料时，我很难想得出有恰当的参考书可供学习。我自己也曾想过要写一点这方面的书，只是一直下不了决心做这件事情。甲子的提议让我意识到，写这样一本书的机会来了。于是，我们认真规划了书的选题。按我的建议，这应该是三卷本的书，每卷独立，合起来成一体系。第一卷是基础篇，介绍程序的基本运行过程，即是您现在看到的这本书。其他两卷还需要时日和机缘。

在过去两年中，我曾经以“Inside Windows Programs”为题在多所高校作过报告，旨在介绍Windows程序背后的一些支撑技术。对于正在学习计算机或软件专业的学生，或者正在从事软件开发的工程师们，我认为理解这些支撑技术是很有必要的。试想，即使一个简单的“Hello World!”程序，也依赖于背后的输入输出库（或流库）及系统提供的模块，这种依赖性已经成为现代软件在操作系统环境下运行的一个必要条件。然而，有关这些支撑技术的系统性资料却少而又少，虽然Internet上并不缺乏任何一方面的细节信息，但是，能将程序的编译和运行过程所涉及的各种技术全面地串连起来介绍的，却尚未有先例。

甲子曾经在2006年夏天跟我实习过两个月，他帮我搭建了一个在Windows已有体系结构下将交换空间重定向到远程机器物理内存的原型系统。完成这一系统并非易事，而且甲子事前并无Windows内核编程经验，但是，他凭借扎实的计算机系统软件功底，成功地打通了从页面错误（page fault）异常例程到远程机器内存管理器之间的数据通路。在这一段实习经历中，我不仅看到了他驾驭代码和系统的能力，也感受到他做事认真负责的态度。因此，当他提出要写一本介绍程序基础的书时，我认为他是非常合适的人选。考虑到写书的艰巨性，他推荐石凡同学加入进来，这才有了我们三个人的组合。我原先担心写作的进度，毕竟写这样一本书需要大量的时间投入。幸运的是，在甲子和石凡的不懈努力下，这本书终于面市了。

本书讲解的内容，涉及在Windows和Linux两个系统平台上，一个应用程序在编译、链接和运行时刻所发生的各种事项，包括：代码指令是如何保存的，库文件如何与应用程序代码静态链接，应用程序如何被装载到内存中并开始运行，动态链接如何实现，C/C++运行库如何工作，以及操作系统提供的系统服务是如何被调用的。每个技术专题都配备了大量图示和代码实例，力求将复杂的机制以简洁的形式表达出来。本书最后还提供了一个小巧且跨平台的C/C++运行库MiniCRT，综合展示了与运行库相关的各种技术。

关于写作这本书的功劳，我不敢掠美。在创作之初，包括拟定提纲及甄选内容方面，我跟甲子有过认真而细致的讨论；在写作过程中，我对甲子和石凡的初稿提出过一些建议，尤其在表述方面，同时我也协助他们与编辑进行了沟通和交流。对于正文的内容，我并无实质性的贡献，但基于我对甲子和石凡两位年轻人的了解，我相信他们自身的技术实践功底，以及足够的技术阐释能力。我期待这本书能够真正地提升程序员的自我修养，让程序员总是生活在"知其然，更知其所以然"的代码曼妙中。

最后，我要感谢这本书的四位编辑，他们是何艳、方舟、刘铁锋和陈元玉，谢谢他们为这本书付出的努力。还要感谢博文视点团队的负责人周筠女士，谢谢她给予两位年轻作者的扶持和关爱。

潘爱民

2009 年 2 月于北京

序言二

两年前，我在浙江大学的一著名BBS的C++板块上担任版主，而俞甲子则是板上的资深版友（以及前版主）。那时候我对链接装载、运行库等内容比较感兴趣，自己摸索着在博客上写了一篇关于链接的入门文章，而这就是一切的开始。

我猜想俞甲子可能对写这么一本书早有想法，看到我的文章正好找到了同路人。他找到了我和潘爱民老师，我们一拍即合，就开始了这长达两年的写作历程。考虑到当时俞甲子已经在链接部分有了相当的积累，因此我不得不放弃最有兴趣的一部分转而在运行环境上做文章。我把glibc和msvcrt的源代码翻了个底朝天，了解到了许多平时不可能接触到的内幕和技术细节。事实上，这基本是一个现学现卖的过程，我一边学习着新的知识，一边把新知识组织整理写成文字。读者在看某些章节的时候，会发现这些章节的讲解过程就是一个源代码的挖掘过程，这实际上也就是我的学习过程。学习研究他人的代码是枯燥而耗时的，我很高兴能够做这样一个先行者，将我的经验写进书里，让读者能够避免重复劳动，直接获得其中的经验和关键技术。

本书所讲的内容不是活跃在当今IT舞台上的高新技术，也不是雄踞计算机某个领域的王牌霸主，而是默默服务于所有计算机应用的扫地僧。也许阅读本书不能够直接在平时学习工作中的生产力上得到体现，但了解计算机的台前幕后会对读者产生潜移默化的影响。当你的程序无法启动的时候，你可能会在脑海里多设想一种可能性；当你的代码链接失败的时候，你可能会更快地意识到问题的所在；当你的程序发生非法操作的时候，你可能不至于面对微软的错误报告毫无头绪。有人总爱用“时效性”评价当今的IT技术。仿佛一项技术的生存期就只有几年。我不能说这样的想法是错误的，如今的技术的确在飞速地更替和发展。但是本书所讲的技术，大多是成型在十年前，乃至二十年前，它们是整个计算机行业技术的根本，也几乎是现在所有计算机应用的基础。在当今的计算机技术发生根本性变革之前，这些技术还将继续存在并保持活力。

我很荣幸能够有机会和读者分享这些技术，但写作水平有限（我在语文课上历来不是个好学生），最终在文字和结构上颇有缺憾，只能在这里说一声抱歉。在这里要感谢我小学、初中和高中的语文老师，谢谢你们当初对我的教导，尽管最终可能辜负了你们的希望。感谢潘老师、博文视点的编辑及所有支持我们的朋友们，谢谢你们的帮助。最后要感谢我的父母，没有你们，我永远不可能走到今天这一步。

石凡

2009 年 2 月于杭州

序言三

CPU体系结构、汇编、C语言（包括C++）和操作系统，永远都是编程大师们的护身法宝，就如同少林寺的《易筋经》，是最为上乘的武功；学会了《易筋经》，你将无所不能，任你创造武功；学会了编程“易筋经”，大师们可以任意开发操作系统、编译器，甚至是开发一种新的程序设计语言！

——佚名

念书的时候，作为标准的爱好技术的宅男，每天扫一遍各大高校BBS的技术版面，基本好比一日三餐一样平常。我对计算机技术方面的口味很杂，从汇编版到C++到Linux内核开发、Linux应用开发、游戏开发、网络、编程语言、体系结构、移动开发、开源闭源我都会参上一脚。

我始终认为技术优劣取决于需求，与很多持有“编程语言血统论”的程序开发者不同，我不认为C++或Java本身有什么直接可比性，或者OOP与函数式编程谁优谁劣，我始终坚持认为作为开发者，MOP（Market/Money Oriented Programming）才是唯一不变的编程范式。于是我往往不参与那些技术、平台、语言教派之间的宗教战争，这种论战基本上每周都会有，我很佩服论战各方见多识广、旁征博引、高屋建瓴的论断，但我往往只是灌灌水调节一下思绪。相反，我很关注一些与语言、平台等相对独立的基本的系统概念方面的问题，这些问题比较具体，也比较实用，比如：

为什么程序是从main开始执行？

“malloc分配的空间是连续的吗？”

“PE/ELF文件里面存的是什么？”

“我想写一个不需要操作系统可以直接在硬件上跑的程序该怎么做？”

“目标文件是什么？链接又是什么？”

“为什么这段程序链接时报错？”

“句柄到底是什么东西？”

这些问题看似很简单但实际上有很多值得深入挖掘的地方，比如第一个问题围绕着 main 函数执行前后可以延伸出一大堆问题：程序入口、运行库初始化、全局/静态对象构造析构、静态和动态链接时程序的初始化和装载等。我们把这些问题归结起来，发现主要是三个很大的而且连贯的主题，那就是“链接、装载与库”。

事实上，现在市面上和网络上能找到的计算机技术方面的书籍和资料中，什么都很齐全，唯独关于这三个主题的讨论十分稀缺，即使能找到一些也是犹如残缺的典籍，不仅不完整而且很多已经过时了。关于现在通用的Windows和Linux平台的链接、装载及PE/ELF文件的详细分析，实在很少见。这个领域中，最为完整、也最为权威的莫过于John R. Levine的《Linkers & Loaders》，这本书我也前前后后通读了好几遍，虽然它对链接和装载方面的描述较为完整，但是过于理论化，对于实际的系统机制描述则过于简略。

我始终认为对于一个问题比较好的描述方式，是由一个很小很简单的问题或示例入手，层层剥开深入挖掘，不仅探究每个机制“怎么做”，而且要理解它们“为什么这样做”，力求深入浅出、图文并茂，尽力把每一步细节都呈现给读者。这是我一贯的想法，也是我们在本书中努力试图达到的效果。

第一次有想写这样一本书的念头是在2006年底，当时我正在念研一，想起未来还有一年多漫长而又相对空闲的研究生生涯，觉得写一本这样的书大概是比较好的“消遣活动”。于是我第一时间想到了在微软研究院实习时的导师潘爱民老师，潘老师在写作技术书籍方面有很深的功底和丰富的经验。我把想法告诉潘老师以后，他十分支持，于是我又找到了当时刚好保送研究生、时间上也相对充裕的石凡，我们三个都对这个选题十分感兴趣，可谓一拍即合。

当时也没多想，以为写书大概也就跟BBS发帖连载差不多吧。一旦写起来才发现自己完全轻视了写书的工作量。书中的每一个章节、每一个小段、每一个例子，甚至每一个用词有时候都要斟酌很久，生怕用得不恰当误导了读者。“误人子弟”这四个字罪名可不轻，大有推出午门斩首五遍以儆效尤之过。写书的时间的确很仓促，虽然我们都是在读研时写的，按理说相对于已经工作的作者来讲，已经是有很多闲余的时间了，但还是经常手忙脚乱。想到以前看书看到作者写的序里，经常使用“时间仓促，水平有限”的话，推想作者不过是出于谦虚不免要客套一下。现在轮到自己写序了，终于感觉到了这八个字的分量。即使到现在已近完稿，我们还是心里十分忐忑，因为还有不少地方的确写得不够完善。也听到了很多第一批读者的反馈意见，很多建议都正中这本书的软肋，我们也根据大家的意见又一次进行了修改，这已经是反反复复的第N次修订了。

这本书前前后后花了两年多的时间一直没有完稿，由于截稿时间快到了，我们才终于定稿，因为实在没有办法做到完美，只能向无限接近完美努力。最后，我们在“著”和“编著”之间犹豫了很久，想到本书凝聚了我们很多的心血，还是诚惶诚恐地写上了“著”字，权当给自己壮胆了。我们也相信，本书虽然没做到完美，但是它一定会给你带来一些你以前想看、想了解而又找不到的东西。或者以前在编程过程中困惑了你很久，但始终没有找到解释的问题，当在本书中终于找到答案且大呼“原来如此！”时，我们也就很欣慰了！

关于本书的书名笔者们也讨论了很久，征询过很多意见，最终还是决定用“程序员的自我修养”作为书名，将“链接、装载与库”作为副标题。书名源自于俄罗斯的演员斯坦尼斯拉夫斯基创作的《演员的自我修养》，作者为了写这本书前前后后修改了三十年之久，临终前才同意不再修改，拿去出版。使用这个书名一方面是本书的内容的确不是介绍一门新的编程语言或展示一些实用的编程技术，而是介绍程序运行背后的机制和由来，可以看作是程序员的一种“修养”；另一方面是向斯坦尼斯拉夫斯基致敬，向他对作品精益求精的精神致敬。

在本书的创作过程中，很多人对我们的支持和帮助难以言表。这里我要感谢博文视点的编辑何艳、方舟、刘铁锋和陈元玉等，他们为本书付出了很多心血；特别要感谢博文视点的周筠老师，这本书能够面世离不开她的支持和努力。另外也要感谢浙江大学的张晓龙博士，他为本书提出了很多建议，并且贡献了“DLL HELL”一节。

俞甲子
2009 年 2 月于杭州

导读

你将学到什么

本书将详细描述现在流行的 Windows 和 Linux 操作系统下各自的可执行文件、目标文件格式；普通 C/C++程序代码如何被编译成目标文件及程序在目标文件中如何存储；目标文件如何被链接器链接到一起，并且形成可执行文件；目标文件在链接时符号处理、重定位和地址分配如何进行；可执行文件如何被装载并且执行；可执行文件与进程的虚拟空间之间如何映射；什么是动态链接，为什么要进行动态链接；Windows 和 Linux 如何进行动态链接及动态链接时的相关问题；什么是堆，什么是栈；函数调用惯例；运行库，Glibc 和 MSVC CRT 的实现分析；系统调用与 API；最后我们自己还实现了一个 Mini CRT。

应当具备的基础知识

在本书中，我们尽量避免要求读者有很多的基础知识，但难免有些要求。其中包括对 C/C++编程语言的基本了解、x86 汇编语言基础、操作系统基本概念及基本编程技巧和计算机系统结构的基本概念。

本书的组织

本书分为 4 大部分，分别如下。

第 1 部分　简介

第 1 章　温故而知新

介绍基本的背景知识，包括硬件、操作系统、线程等。

第 2 部分　静态链接

第 2 章　编译和链接

介绍编译和链接的基本概念和步骤。

第 3 章　目标文件里有什么

介绍 COFF 目标文件格式和源代码编译后如何在目标文件中存储。

第 4 章　静态链接

介绍静态链接与静态库链接的过程和步骤。

第 5 章 Windows PE/COFF

介绍 Windows 平台的目标文件和可执行文件格式。

第 3 部分 装载与动态链接

第 6 章 可执行文件的装载与进程

介绍进程的概念、进程地址空间的分布和可执行文件映射装载过程。

第 7 章 动态链接

以 Linux 下的.so 共享库为基础详细分析了动态链接的过程。

第 8 章 Linux 共享库的组织

介绍 Linux 下共享库文件的分布和组织。

第 9 章 Windows 下的动态链接

介绍 Windows 系统下 DLL 动态链接机制。

第 4 部分 库与运行库

第 10 章 内存

主要介绍堆与栈，堆的分配算法，函数调用栈分布。

第 11 章 运行库

主要介绍运行库的概念、C/C++运行库、Glibc 和 MSVC CRT、运行库如何实现 C++全局构造和析构及以 fread()库函数为例对运行库进行剖析。

第 12 章 系统调用与 API

主要介绍 Linux 和 Windows 的系统调用及 Windows 的 API。

第 13 章 运行库实现

主要实现了一个支持堆、基本文件操作、格式化字符串、基本输入输出、C++ new/delete、C++ string、C++全局构造和析构的 Mini CRT。

编译本书的程序

编译本书中所有的示例代码，在 Windows 平台下可使用 Microsoft Visual C++ 2005 或 2008，操作系统为 Windows XP sp3。读者可以去微软的官方网站免费下载 Visual C++ 2008 Express 版：

http://www.microsoft.com/express/vc/

Linux 下使用的 GCC 4.1.2，ld 版本为 2.18，Glibc 和 ld-linux.so 的版本为 2.6.1，操作系统为 Ubuntu 7.04。

目 录

第 1 部分 简介 1

第 1 章 温故而知新 3

1.1 从 Hello World 说起 4
1.2 万变不离其宗 5
1.3 站得高，望得远 8
1.4 操作系统做什么 10
1.4.1 不要让 CPU 打盹 10
1.4.2 设备驱动 11
1.5 内存不够怎么办 14
1.5.1 关于隔离 15
1.5.2 分段（Segmentation） 15
1.5.3 分页（Paging） 17
1.6 众人拾柴火焰高 19
1.6.1 线程基础 19
1.6.2 线程安全 24
1.6.3 多线程内部情况 30
1.7 本章小结 33

第 2 部分 静态链接 35

第 2 章 编译和链接 37

2.1 被隐藏了的过程 38
2.1.1 预编译 39
2.1.2 编译 40
2.1.3 汇编 40
2.1.4 链接 41
2.2 编译器做了什么 41
2.2.1 词法分析 42
2.2.2 语法分析 43
2.2.3 语义分析 44
2.2.4 中间语言生成 45

2.2.5 目标代码生成与优化 47
2.3 链接器年龄比编译器长 48
2.4 模块拼装——静态链接 50
2.5 本章小结 53

第 3 章 目标文件里有什么 55
3.1 目标文件的格式 56
3.2 目标文件是什么样的 58
3.3 挖掘 SimpleSection.o 61
3.3.1 代码段 64
3.3.2 数据段和只读数据段 65
3.3.3 BSS 段 66
3.3.4 其他段 67
3.4 ELF 文件结构描述 68
3.4.1 文件头 69
3.4.2 段表 74
3.4.3 重定位表 79
3.4.4 字符串表 80
3.5 链接的接口——符号 81
3.5.1 ELF 符号表结构 82
3.5.2 特殊符号 85
3.5.3 符号修饰与函数签名 86
3.5.4 extern “C” 90
3.5.5 弱符号与强符号 92
3.6 调试信息 94
3.7 本章小结 95

第 4 章 静态链接 97
4.1 空间与地址分配 98
4.1.1 按序叠加 98
4.1.2 相似段合并 99
4.1.3 符号地址的确定 103
4.2 符号解析与重定位 103
4.2.1 重定位 103
4.2.2 重定位表 106
4.2.3 符号解析 108

4.2.4 指令修正方式 109
4.3 COMMON 块 111
4.4 C++相关问题 112
4.4.1 重复代码消除 113
4.4.2 全局构造与析构 114
4.4.3 C++与 ABI 115
4.5 静态库链接 117
4.6 链接过程控制 123
4.6.1 链接控制脚本 123
4.6.2 最“小”的程序 124
4.6.3 使用 ld 链接脚本 127
4.6.4 ld 链接脚本语法简介 128
4.7 BFD 库 131
4.8 本章小结 132

第 5 章 Windows PE/COFF 133

5.1 Windows 的二进制文件格式 PE/COFF 134
5.2 PE 的前身——COFF 135
5.3 链接指示信息 139
5.4 调试信息 140
5.5 大家都有符号表 141
5.6 Windows 下的 ELF——PE 142
5.6.1 PE 数据目录 145
5.7 本章小结 146

第 3 部分 装载与动态链接 147

第 6 章 可执行文件的装载与进程 149

6.1 进程虚拟地址空间 150
6.2 装载的方式 153
6.2.1 覆盖装入 153
6.2.2 页映射 155
6.3 从操作系统角度看可执行文件的装载 157
6.3.1 进程的建立 157
6.3.2 页错误 159
6.4 进程虚存空间分布 160
6.4.1 ELF 文件链接视图和执行视图 160

6.4.2 堆和栈 166
6.4.3 堆的最大申请数量 168
6.4.4 段地址对齐 169
6.4.5 进程栈初始化 171
6.5 Linux 内核装载 ELF 过程简介 173
6.6 Windows PE 的装载 175
6.7 本章小结 177

第 7 章 动态链接 179

7.1 为什么要动态链接 180
7.2 简单的动态链接例子 184
7.3 地址无关代码 188
7.3.1 固定装载地址的困扰 188
7.3.2 装载时重定位 189
7.3.3 地址无关代码 190
7.3.4 共享模块的全局变量问题 197
7.3.5 数据段地址无关性 199
7.4 延迟绑定（PLT） 200
7.5 动态链接相关结构 202
7.5.1 “.interp”段 203
7.5.2 “.dynamic”段 204
7.5.3 动态符号表 206
7.5.4 动态链接重定位表 207
7.5.5 动态链接时进程堆栈初始化信息 211
7.6 动态链接的步骤和实现 214
7.6.1 动态链接器自举 214
7.6.2 装载共享对象 215
7.6.3 重定位和初始化 218
7.6.4 Linux 动态链接器实现 219
7.7 显式运行时链接 221
7.7.1 dlopen() 222
7.7.2 dlsym() 223
7.7.3 dlerror() 224
7.7.4 dlclose() 224
7.7.5 运行时装载的演示程序 225

7.8 本章小结 228

第 8 章 Linux 共享库的组织 229

8.1 共享库版本 230

8.1.1 共享库兼容性 230

8.1.2 共享库版本命名 232

8.1.3 SO-NAME 233

8.2 符号版本 235

8.2.1 基于符号的版本机制 236

8.2.2 Solaris 中的符号版本机制 237

8.2.3 Linux 中的符号版本 239

8.3 共享库系统路径 241

8.4 共享库查找过程 241

8.5 环境变量 242

8.6 共享库的创建和安装 245

8.6.1 共享库的创建 245

8.6.2 清除符号信息 246

8.6.3 共享库的安装 246

8.6.4 共享库构造和析构函数 247

8.6.5 共享库脚本 248

8.7 本章小结 248

第 9 章 Windows 下的动态链接 249

9.1 DLL 简介 250

9.1.1 进程地址空间和内存管理 250

9.1.2 基地址和 RVA 251

9.1.3 DLL 共享数据段 251

9.1.4 DLL 的简单例子 251

9.1.5 创建 DLL 252

9.1.6 使用 DLL 253

9.1.7 使用模块定义文件 254

9.1.8 DLL 显式运行时链接 256

9.2 符号导出导入表 257

9.2.1 导出表 257

9.2.2 EXP 文件 261

9.2.3 导出重定向 261

9.2.4 导入表 261
9.2.5 导入函数的调用 265
9.3 DLL 优化 266
9.3.1 重定基地址（Rebasing） 267
9.3.2 序号 270
9.3.3 导入函数绑定 271
9.4 C++与动态链接 273
9.5 DLL HELL 276
9.6 本章小结 279

第 4 部分 库与运行库 281

第 10 章 内存 283
10.1 程序的内存布局 284
10.2 栈与调用惯例 286
10.2.1 什么是栈 286
10.2.2 调用惯例 293
10.2.3 函数返回值传递 299
10.3 堆与内存管理 305
10.3.1 什么是堆 305
10.3.2 Linux 进程堆管理 306
10.3.3 Windows 进程堆管理 308
10.3.4 堆分配算法 311
10.4 本章小结 315

第 11 章 运行库 317
11.1 入口函数和程序初始化 318
11.1.1 程序从 main 开始吗 318
11.1.2 入口函数如何实现 319
11.1.3 运行库与 I/O 327
11.1.4 MSVC CRT 的入口函数初始化 329
11.2 C/C++运行库 335
11.2.1 C 语言运行库 335
11.2.2 C 语言标准库 336
11.2.3 glibc 与 MSVC CRT 340
11.3 运行库与多线程 350
11.3.1 CRT 的多线程困扰 350

11.3.2 CRT 改进 352
11.3.3 线程局部存储实现 353
11.4 C++全局构造与析构 357
11.4.1 glibc 全局构造与析构 358
11.4.2 MSVC CRT 的全局构造和析构 364
11.5 fread 实现 368
11.5.1 缓冲 369
11.5.2 fread_s 370
11.5.3 fread_nolock_s 371
11.5.4 _read 376
11.5.5 文本换行 377
11.5.6 fread 回顾 380
11.6 本章小结 381
第 12 章 系统调用与 API 383
12.1 系统调用介绍 384
12.1.1 什么是系统调用 384
12.1.2 Linux 系统调用 385
12.1.3 系统调用的弊端 387
12.2 系统调用原理 388
12.2.1 特权级与中断 388
12.2.2 基于 int 的 Linux 的经典系统调用实现 390
12.2.3 Linux 的新型系统调用机制 399
12.3 Windows API 401
12.3.1 Windows API 概览 402
12.3.2 为什么要使用 Windows API 404
12.3.3 API 与子系统 408
12.4 本章小结 410
第 13 章 运行库实现 411
13.1 C 语言运行库 412
13.1.1 开始 413
13.1.2 堆的实现 417
13.1.3 IO 与文件操作 420
13.1.4 字符串相关操作 425
13.1.5 格式化字符串 426

13.2 如何使用 Mini CRT 429
13.3 C++运行库实现 433
13.3.1 new 与 delete 435
13.3.2 C++全局构造与析构 437
13.3.3 atexit 实现 439
13.3.4 入口函数修改 441
13.3.5 stream 与 string 442
13.4 如何使用 Mini CRT++ 446
13.5 本章小结 448

附录 A 449
A.1 字节序（Byte Order） 450
A.2 ELF 常见段 451
A.3 常用开发工具命令行参考 453
A.3.1 gcc，GCC 编译器 453
A.3.2 ld，GNU 链接器 454
A.3.3 objdump，GNU 目标文件可执行文件查看器 454
A.3.4 cl，MSVC 编译器 455
A.3.5 link，MSVC 链接器 455
A.3.6 dumpbin，MSVC 的 COFF/PE 文件查看器 456

索引 457

【程序员的自我修养】

第1部分 简介

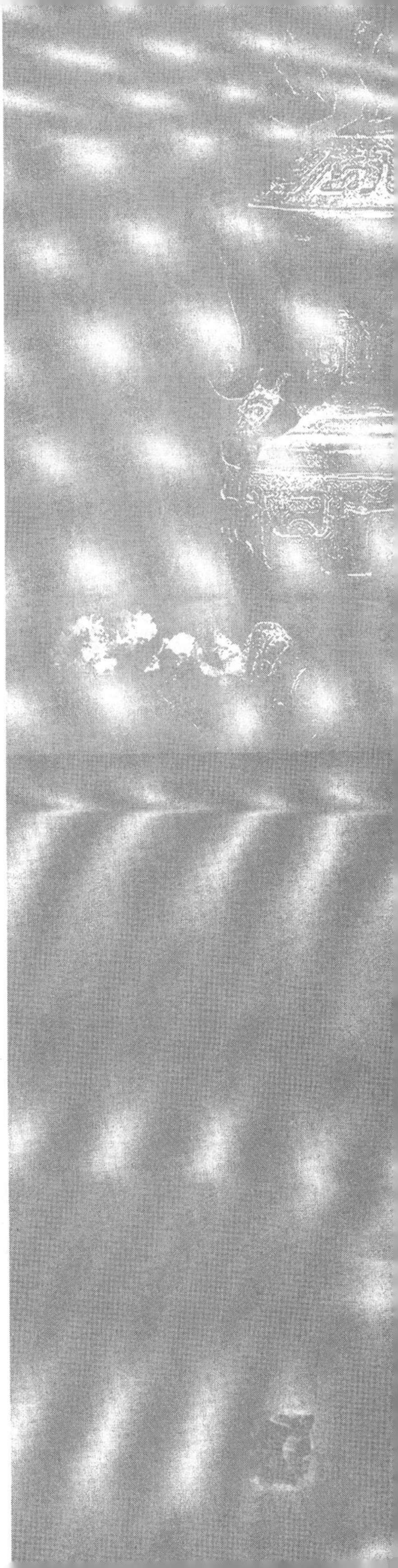

第 1 章

温故而知新

1.1 从 Hello World 说起
1.2 万变不离其宗
1.3 站得高，望得远
1.4 操作系统做什么
1.5 内存不够怎么办
1.6 众人拾柴火焰高
1.7 本章小结

1.1 从 Hello World 说起

毫无疑问，“Hello World”对于程序员来说肯定是如雷贯耳。就是这样一个简单的程序，带领了无数的人进入了程序的世界。简单的事物背后往往又蕴涵着复杂的机制，如果我们深入思考一个简单的“Hello World”程序，就会发现很多问题看似很简单，但实际上我们并没有一个非常清晰的思路；或者在我们脑海里有着模糊的印象，但真正到某些细节的时候可能又模糊不清了。比如对于 C 语言编写的 Hello World 程序：

```
#include <stdio.h>

int main()
{
    printf("Hello World\n");
    return 0;
}
```

对于下面这些问题，你的脑子里能够马上反应出一个很清晰又很明确的答案吗？

- 程序为什么要被编译器编译了之后才可以运行？
- 编译器在把 C 语言程序转换成可以执行的机器码的过程中做了什么，怎么做的？
- 最后编译出来的可执行文件里面是什么？除了机器码还有什么？它们怎么存放的，怎么组织的？
- #include <stdio.h>是什么意思？把 stdio.h 包含进来意味着什么？C 语言库又是什么？它怎么实现的？
- 不同的编译器（Microsoft VC、GCC）和不同的硬件平台（x86、SPARC、MIPS、ARM），以及不同的操作系统（Windows、Linux、UNIX、Solaris），最终编译出来的结果一样吗？为什么？
- Hello World 程序是怎么运行起来的？操作系统是怎么装载它的？它从哪儿开始执行，到哪儿结束？main 函数之前发生了什么？main 函数结束以后又发生了什么？
- 如果没有操作系统，Hello World 可以运行吗？如果要在一台没有操作系统的机器上运行 Hello World 需要什么？应该怎么实现？
- printf 是怎么实现的？它为什么可以有不定数量的参数？为什么它能够在终端上输出字符串？
- Hello World 程序在运行时，它在内存中是什么样子的？

对于上面的问题，如果你确信能够非常清楚地了解里面的各个细节，并且对其中的过程和机制都了如指掌，那么很遗憾，这本书不是为你准备的；如果你发现对其中一些问题并不是很了解，甚至从来没有想到过一个 Hello World 还能引出这么多值得思考的问题，而你又想了解它们，那么恭喜你，这本书就是为你准备的。随着各个章节的逐步展开，我们会从最基本的编译、静态链接到操作系统如何装载程序、动态链接及运行库和标准库的实现，甚至一些操作系统的机制，力争深入浅出地将这些问题层层剥开，最终使得这些程序运行背后的机制形成一个非常清晰而流畅的脉络。

在开始进入庞大而又繁琐的系统软件之前，让我们先进行热身活动，那就是一起来回顾计算机系统的一些基本而又重要的概念。整个计算机系统回顾过程将分为两个部分，分别是硬件部分和软件部分。本书的主要目的不是介绍计算机系统结构，第 1 章的回顾只是巩固和总结计算机软硬件体系里面几个重要的概念，这些概念在我们后面的章节中将时时伴随着我们，失去了它们的支撑，后面的章节将会显得繁琐而又晦涩。如果你自认为这些基本概念很简单，那么你可以大概地浏览一遍几个知识点的标题，然后直接跳到第 2 章；反之，如果你觉得有些概念还不是很清楚，甚至从来没听说过这些概念，那么请你仔细阅读相关章节，相信这个过程对你阅读本书，甚至对你深入了解计算机大有裨益。

1.2 万变不离其宗

计算机是个非常广泛的概念，大到占用数层楼的用于科学计算的超级计算机，小到手机上的嵌入式芯片都可以被称为计算机。虽然它们的外形、结构和性能都千差万别，但至少它们都有“计算”这个概念。在本书里面，我们将计算机的范围限定在最为流行、使用最广泛的 PC 机，更具体地讲是采用兼容 x86 指令集的 32 位 CPU 的个人计算机。原因很简单：因为笔者手上目前只有这种类型的计算机可供操作和实验，不过相信 90%以上的读者也是这样，所以在这一点上我们很快能达成共识。其实选择具体哪种平台并不是最关键的，虽然各种平台的软硬件差别很多，但是本质上它们的基本概念和工作原理都是一样的，只要我们能够掌握一种平台上的技术，那么其他的平台都是大同小异的，很轻松地可以举一反三。所以我们相信，只有你能够深刻地理解 x86 平台下的系统软件背后的机理，当有一天你要在 MIPS 指令集的嵌入式平台上做开发，或者要为 64 位的 Windows 或 Linux 开发应用程序的时候，你很快就能找到它们之间的相通之处。

撇开计算机硬件中纷繁复杂的各种设备、芯片及外围接口等，站在软件开发者的角度看，我们只须抓住硬件的几个关键部件。对于系统程序开发者来说，计算机多如牛毛的硬件设备中，有三个部件最为关键，它们分别是中央处理器 CPU、内存和 I/O 控制芯片，这三个部件几乎就是计算机的核心了；对于普通应用程序开发者来说，他们似乎除了要关心 CPU 以外，其他的硬件细节基本不用关心，对于一些高级平台的开发者来说（如 Java、.NET 或脚本语言开发者），连 CPU 都不需要关心，因为这些平台为它们提供了一个通用的抽象的计算机，他们只要关心这个抽象的计算机就可以了。

早期的计算机没有很复杂的图形功能，CPU 的核心频率也不高，跟内存的频率一样，它们都是直接连接在同一个**总线**（Bus）上的。由于 I/O 设备诸如显示设备、键盘、软盘和磁盘等速度与 CPU 和内存相比还是慢很多，当时也没有复杂的图形设备，显示设备大多是只能输出字符的终端。为了协调 I/O 设备与总线之间的速度，也为了能够让 CPU 能够和 I/O 设备进行通信，一般每个设备都会有一个相应的 I/O 控制器。早期的计算机硬件结构如图 1-1 所示。

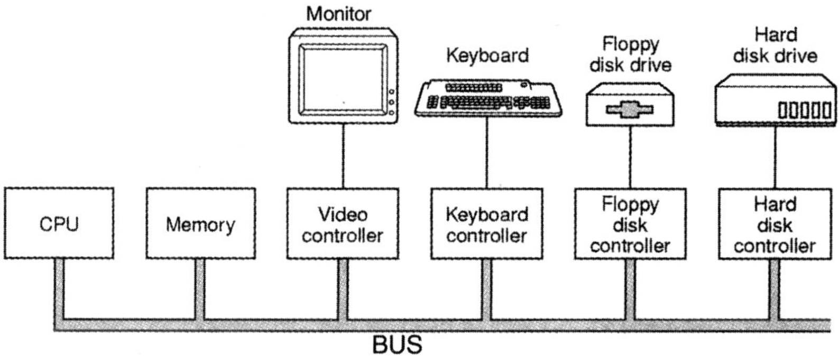

图 1-1　早期的计算机硬件结构

后来由于 CPU 核心频率的提升，导致内存跟不上 CPU 的速度，于是产生了与内存频率一致的系统总线，而 CPU 采用倍频的方式与系统总线进行通信。接着随着图形化的操作系统普及，特别是 3D 游戏和多媒体的发展，使得图形芯片需要跟 CPU 和内存之间大量交换数据，慢速的 I/O 总线已经无法满足图形设备的巨大需求。为了协调 CPU、内存和高速的图形设备，人们专门设计了一个高速的北桥芯片，以便它们之间能够高速地交换数据。

由于北桥运行的速度非常高，所有相对低速的设备如果全都直接连接在北桥上，北桥既须处理高速设备，又须处理低速设备，设计就会十分复杂。于是人们又设计了专门处理低速设备的**南桥**（Southbridge）芯片，磁盘、USB、键盘、鼠标等设备都连接在南桥上，由南桥将它们汇总后连接到北桥上。20 世纪 90 年代的 PC 机在系统总线上采用的是 PCI 结构，而在低速设备上采用的 ISA 总线，采用 PCI/ISA 及南北桥设计的硬件构架如图 1-2 所示。

位于中间是连接所有高速芯片的**北桥**（Northbridge，PCI Bridge），它就像人的心脏，连接并驱动身体的各个部位；它的左边是 CPU，负责所有的控制和运算，就像人的大脑。北桥还连接着几个高速部件，包括左边的内存和下面的 PCI 总线。

PCI 的速度最高为 133 MHz，它还是不能满足人们的需求，于是人们又发明了 AGP、

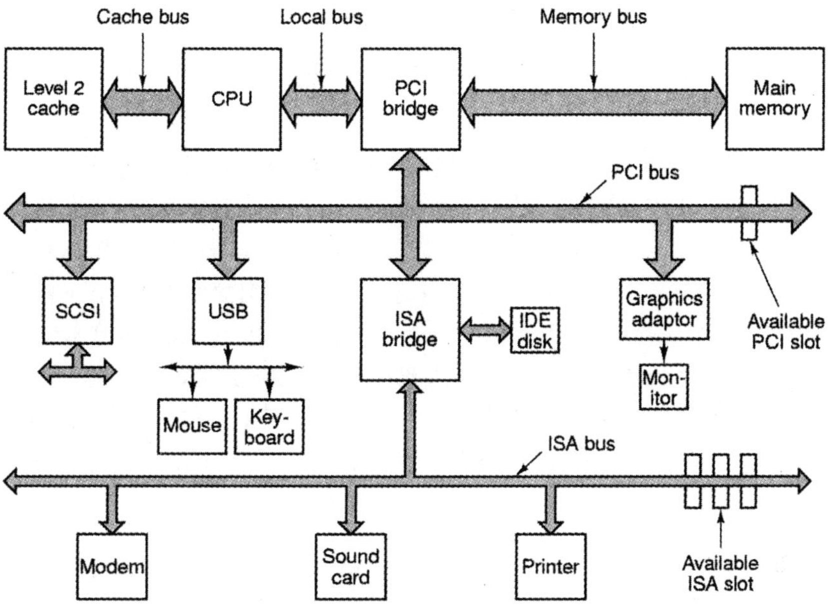

图 1-2 硬件结构框架

PCI Express 等诸多总线结构和相应控制芯片。虽然硬件结构看似越来越复杂，但实际上它还是没有脱离最初的 CPU、内存，以及 I/O 的基本结构。我们从程序开发的角度看待硬件时可以简单地将它看成最初的硬件模型。

SMP 与多核

人们总是希望计算机越来越快，这是毫无疑问的。在过去的 50 年里，CPU 的频率从几十 kHz 到现在的 4GHz，整整提高了数十万倍，基本上每 18 个月频率就会翻倍。但是自 2004 年以来，这种规律似乎已经失效，CPU 的频率自从那时开始再也没有发生质的提高。原因是人们在制造 CPU 的工艺方面已经达到了物理极限，除非 CPU 制造工艺有本质的突破，否则 CPU 的频率将会一直被目前 4GHz 的“天花板”所限制。

在频率上短期内已经没有提高的余地了，于是人们开始想办法从另外一个角度来提高 CPU 的速度，就是增加 CPU 的数量。一个计算机拥有多个 CPU 早就不是什么新鲜事了，很早以前就有了多 CPU 的计算机，其中最常见的一种形式就是**对称多处理器**（SMP，Symmetrical Multi-Processing），简单地讲就是每个 CPU 在系统中所处的地位和所发挥的功能都是一样的，是相互对称的。理论上讲，增加 CPU 的数量就可以提高运算速度，并且理想情况下，速度的提高与 CPU 的数量成正比。但实际上并非如此，因为我们的程序并不都能分解成若干个完全不相干的子问题。就比如一个女人可以花 10 个月生出一个孩子，但是 10 个女人并不能在一个月就生出一个孩子一样。

当然很多时候多处理器是非常有用的，最常见的情况就是在大型的数据库、网络服务器上，它们要同时处理大量的请求，而这些请求之间往往是相互独立的，所以多处理器就可以最大效能地发挥威力。

多处理器应用最多的场合也是这些商用的服务器和需要处理大量计算的环境。而在个人电脑中，使用多处理器则是比较奢侈的行为，毕竟多处理器的成本是很高的。于是处理器的厂商开始考虑将多个处理器“合并在一起打包出售”，这些“被打包”的处理器之间共享比较昂贵的缓存部件，只保留多个核心，并且以一个处理器的外包装进行出售，售价比单核心的处理器只贵了一点，这就是多核处理器（Multi-core Processor）的基本想法。多核处理器实际上就是 SMP 的简化版，当然它们在细节上还有一些差别，但是从程序员的角度来看，它们之间区别很小，逻辑上来看它们是完全相同的。只是多核和 SMP 在缓存共享等方面有细微的差别，使得程序在优化上可以有针对性地处理。简单地讲，除非想把 CPU 的每一滴油水都榨干，否则可以把多核和 SMP 看成同一个概念。

推荐阅读：“Free Lunch is Over”（免费午餐已经结束了）

http://www.gotw.ca/publications/concurrency-ddj.htm

随着 CPU 频率碰到了“天花板”，多核处理器越来越普及，对程序员开发程序的方式也将发生极大的变化，这篇文章很好地分析了将要到来的多核时代对程序开发的挑战和机遇。

1.3 站得高，望得远

系统软件这个概念其实比较模糊，传统意义上一般将用于管理计算机本身的软件称为系统软件，以区别普通的应用程序。系统软件可以分成两块，一块是平台性的，比如操作系统内核、驱动程序、运行库和数以千计的系统工具；另外一块是用于程序开发的，比如编译器、汇编器、链接器等开发工具和开发库。本书将着重介绍系统软件的一部分，主要是链接器和库（包括运行库和开发库）的相关内容。

计算机系统软件体系结构采用一种层的结构，有人说过一句名言：

“计算机科学领域的任何问题都可以通过增加一个间接的中间层来解决”[1]

“Any problem in computer science can be solved by another layer of indirection.”

这句话几乎概括了计算机系统软件体系结构的设计要点，整个体系结构从上到下都是按照严格的层次结构设计的。不仅是计算机系统软件整个体系是这样的，体系里面的每个组件

[1] 遗憾的是，这句经典的名言出处无从考证，据说是有人从图灵奖的获得者 Butler Lampson 的讲座上听来的；也有人说是 EDSAC 的发明者 David Wheeler 讲的；还有人指出这是 CMU 计算机系创始人 Alan Perlis 的名言。

比如操作系统本身，很多应用程序、软件系统甚至很多硬件结构都是按照这种层次的结构组织和设计的。系统软件体系结构中，各种软件的位置如图 1-3 所示。

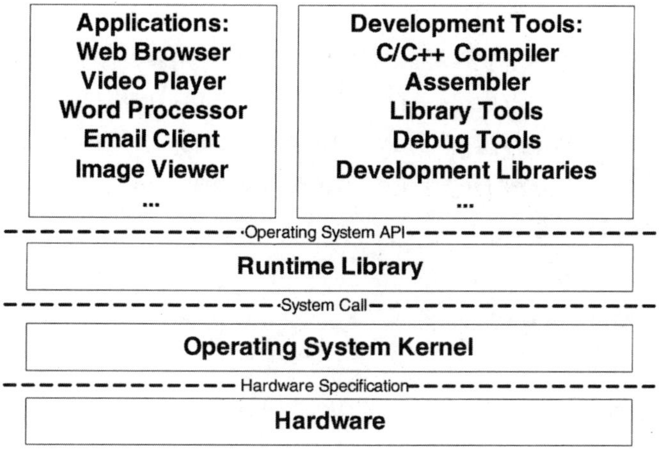

图 1-3 计算机软件体系结构

每个层次之间都须要相互通信，既然须要通信就必须有一个通信的协议，我们一般将其称为**接口**（Interface），接口的下面那层是接口的提供者，由它定义接口；接口的上面那层是接口的使用者，它使用该接口来实现所需要的功能。在层次体系中，接口是被精心设计过的，尽量保持稳定不变，那么理论上层次之间只要遵循这个接口，任何一个层都可以被修改或被替换。除了硬件和应用程序，其他都是所谓的中间层，每个中间层都是对它下面的那层的包装和扩展。正是这些中间层的存在，使得应用程序和硬件之间保持相对的独立，比如硬件和操作系统都日新月异地发展，但是最初为 80386 芯片和 DOS 系统设计的软件在最新的多核处理器和 Windows Vista 下还是能够运行的，这方面归功于硬件和操作系统本身保持了向后兼容性，另一方面不得不归功于这种层次结构的设计方式。最近开始流行的虚拟机技术更是在硬件和操作系统之间增加了一层虚拟层，使得一个计算机上可以同时运行多个操作系统，这也是层次结构带来的好处，在尽可能少改变甚至不改变其他层的情况下，新增加一个层次就可以提供前所未有的功能。

我们的软件体系中，位于最上层的是应用程序，比如我们平时用到的网络浏览器、Email 客户端、多媒体播放器、图片浏览器等。从整个层次结构上来看，开发工具与应用程序是属于同一个层次的，因为它们都使用一个接口，那就是操作系统**应用程序编程接口**（Application Programming Interface）。应用程序接口的提供者是运行库，什么样的运行库提供什么样的 API，比如 Linux 下的 Glibc 库提供 POSIX 的 API；Windows 的运行库提供 Windows API，最常见的 32 位 Windows 提供的 API 又被称为 Win32。

运行库使用操作系统提供的**系统调用接口**（System call Interface），系统调用接口在实现中往往以**软件中断**（Software Interrupt）的方式提供，比如Linux使用0x80号中断作为系统调用接口，Windows使用0x2E号中断作为系统调用接口（从Windows XP Sp2开始，Windows开始采用一种新的系统调用方式）。

操作系统内核层对于硬件层来说是硬件接口的使用者，而硬件是接口的定义者，硬件的接口定义决定了操作系统内核，具体来讲就是驱动程序如何操作硬件，如何与硬件进行通信。这种接口往往被叫做**硬件规格**（Hardware Specification），硬件的生产厂商负责提供硬件规格，操作系统和驱动程序的开发者通过阅读硬件规格文档所规定的各种硬件编程接口标准来编写操作系统和驱动程序。

1.4 操作系统做什么

操作系统的一个功能是提供抽象的接口，另外一个主要功能是管理硬件资源。

计算机硬件的能力是有限的，比如一个CPU一秒钟能够执行的指令条数是1亿条或是1GB的内存能够最多同时存储1GB的数据。无论你是否使用它，资源总是那么多。当然我们不希望自己花钱买回来的硬件成为摆设，充分挖掘硬件的能力，使得计算机运行得更有效率，在更短的时间内处理更多的任务，才是我们的目标。这对于早期动辄数百万美元的古董计算机来说更是如此，人们挖空心思让计算机硬件发挥所有潜能。一个计算机中的资源主要分CPU、存储器（包括内存和磁盘）和I/O设备，我们分别从这三个方面来看看如何挖掘它们的潜力。

1.4.1 不要让CPU打盹

在计算机发展早期，CPU资源十分昂贵，如果一个CPU只能运行一个程序，那么当程序读写磁盘（当时可能是磁带）时，CPU就空闲下来了，这在当时简直就是暴殄天物。于是人们很快编写了一个监控程序，当某个程序暂时无须使用CPU时，监控程序就把另外的正在等待CPU资源的程序启动，使得CPU能够充分地利用起来。这种被称为**多道程序**（Multiprogramming）的方法看似很原始，但是它当时的确大大提高了CPU的利用率。不过这种原始的多道程序技术存在最大的问题是程序之间的调度策略太粗糙。对于多道程序来说，程序之间不分轻重缓急，如果有些程序急需使用CPU来完成一些任务（比如用户交互的任务），那么很有可能很长时间后才有机会分配到CPU。这对于有些响应时间要求高的程序来说是很致命的，想象一下你在Windows上面点击鼠标10分钟以后系统才有反应，那该是多么沮丧的事。

经过稍微改进，程序运行模式变成了一种协作的模式，即每个程序运行一段时间以后都主动让出 CPU 给其他程序，使得一段时间内每个程序都有机会运行一小段时间。这对于一些交互式的任务尤为重要，比如点击一下鼠标或按下一个键盘按键后，程序所要处理的任务可能并不多，但是它需要尽快地被处理，使得用户能够立即看到效果。这种程序协作模式叫做**分时系统**（Time-Sharing System），这时候的监控程序已经比多道程序要复杂多了，完整的操作系统雏形已经逐渐形成了。Windows 的早期版本（Windows 95 和 Windows NT 之前），Mac OS X 之前的 Mac OS 版本都是采用这种分时系统的方式来调度程序的。比如在 Windows 3.1 中，程序调用 Yield、GetMessage 或 PeekMessage 这几个系统调用时，Windows 3.1 操作系统会判断是否有其他程序正在等待 CPU，如果有，则可能暂停执行当前的程序，把 CPU 让出来给其他程序。如果一个程序在进行一个很耗时的计算，一直霸占着 CPU 不放，那么操作系统也没办法，其他程序都只有等着，整个系统看过去好像死机了一样。比如一个程序进入了一个 while(1)的死循环，那么整个系统都停止了。

这在现在看来是很荒唐的事，系统中的任何一个程序死循环都会导致系统死机，这是无法令人接受的。当然当时的 PC 硬件处理能力本身就很弱，PC 上的应用也大多是比较低端的应用，所以这种分时方式勉强也能应付一下当时的交互式环境了。此前在高端领域，非 PC 的大中小型机领域，其实已经在研究一种更为先进的操作系统模式了。这种模式就是我们现在很熟悉的**多任务**（Multi-tasking）**系统**，操作系统接管了所有的硬件资源，并且本身运行在一个受硬件保护的级别。所有的应用程序都以**进程**（Process）的方式运行在比操作系统权限更低的级别，每个进程都有自己独立的地址空间，使得进程之间的地址空间相互隔离。CPU 由操作系统统一进行分配，每个进程根据进程优先级的高低都有机会得到 CPU，但是，如果运行时间超出了一定的时间，操作系统会暂停该进程，将 CPU 资源分配给其他等待运行的进程。这种 CPU 的分配方式即所谓的**抢占式**（Preemptive），操作系统可以强制剥夺 CPU 资源并且分配给它认为目前最需要的进程。如果操作系统分配给每个进程的时间都很短，即 CPU 在多个进程间快速地切换，从而造成了很多进程都在同时运行的假象。目前几乎所有现代的操作系统都是采用这种方式，比如我们熟悉的 UNIX、Linux、Windows NT，以及 Mac OS X 等流行的操作系统。

1.4.2 设备驱动

操作系统作为硬件层的上层，它是对硬件的管理和抽象。对于操作系统上面的运行库和应用程序来说，它们希望看到的是一个统一的硬件访问模式。作为应用程序的开发者，我们不希望在开发应用程序的时候直接读写硬件端口、处理硬件中断等这些繁琐的事情。由于硬件之间千差万别，它们的操作方式和访问方式都有区别。比如我们希望在显示器上画一条直线，对于程序员来说，最好的方式是不管计算机使用什么显卡、什么显示器，多少大小多少分辨率，我们都只要调用一个统一的 LineTo()函数，具体的实现方式由操作系统来完成。试想一下如果程序员需要关心具体的硬件，那么结果会是这样：对于 A 型号的显卡来说，需要往 I/O 端口 0x1001 写一个命令 0x1111，然后从端口 0x1002 中读取一个 4 字节的显存地址，然后使用 DDA（一种画直线的图形算法）逐个地在显存上画点……如果是 B 型号的显卡，可能完全是另外一种方式。这简直就是灾难。不过在操作系统成熟之前，的确存在这样的情况，就是应用程序的程序员需要直接跟硬件打交道。

当成熟的操作系统出现以后，硬件逐渐被抽象成了一系列概念。在 UNIX 中，硬件设备的访问形式跟访问普通的文件形式一样；在 Windows 系统中，图形硬件被抽象成了 GDI，声音和多媒体设备被抽象成了 DirectX 对象；磁盘被抽象成了普通文件系统，等等。程序员逐渐从硬件细节中解放出来，可以更多地关注应用程序本身的开发。这些繁琐的硬件细节全都交给了操作系统，具体地讲是操作系统中的**硬件驱动（Device Driver）程序**来完成。驱动程序可以看作是操作系统的一部分，它往往跟操作系统内核一起运行在特权级，但它又与操作系统内核之间有一定的独立性，使得驱动程序有比较好的灵活性。因为 PC 的硬件多如牛毛，操作系统开发者不可能为每个硬件开发一个驱动程序，这些驱动程序的开发工作通常由硬件生产厂商完成。操作系统开发者为硬件生产厂商提供了一系列接口和框架，凡是按照这个接口和框架开发的驱动程序都可以在该操作系统上使用。让我们以一个读取文件为例子来看看操作系统和驱动程序在这个过程中扮演了什么样的角色。

提到文件的读取，那么不得不提到文件系统这个操作系统中最为重要的组成部分之一。文件系统管理着磁盘中文件的存储方式，比如我们在 Linux 系统下有一个文件“/home/user/test.dat”，长度为 8 000 个字节。那么我们在创建这个文件的时候，Linux 的 ext3 文件系统有可能将这个文件按照这样的方式存储在磁盘中：文件的前 4 096 字节存储在磁盘的 1000 号扇区到 1007 号扇区，每个扇区 512 字节，8 个扇区刚好 4 096 字节；文件的第 4 097 个字节到第 8 000 字节共 3 904 个字节，存储在磁盘的 2000 号扇区到 2007 号扇区，8 个扇区也是 4 096 字节，只不过只存储了 3 904 个有效的字节，剩下的 192 个字节无效。如果把这个文件的存储方式看作是一个链状的结构，它的结构如图 1-4 所示。

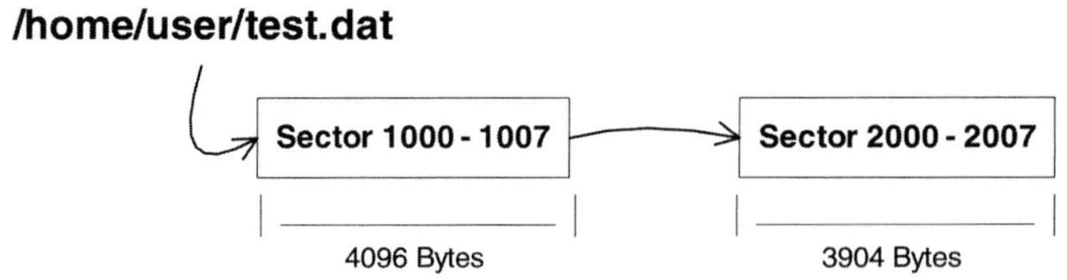

图 1-4 文件在磁盘中的结构

这里我们先穿插一个关于硬盘的结构介绍，关于硬盘结构可能很多读者已经有一个大概的了解，那就是硬盘基本存储单位为扇区（Sector），每个扇区一般为 512 字节。一个硬盘往往有多个盘片，每个盘片分两面，每面按照同心圆划分为若干个磁道，每个磁道划分为若干个扇区。比如一个硬盘有 2 个盘片，每个盘面分 65 536 磁道，每个磁道分 1 024 个扇区，那么硬盘的容量就是 2 * 2 * 65 536 * 1 024 * 512 = 137 438 953 472 字节（128GB）。但是我们可以想象，每个盘面上同心圆的周长不一样，如果按照每个磁道都拥有相同数量的扇区，那么靠近盘面外围的磁道密度肯定比内圈更加稀疏，这样是比较浪费空间的。但是如果不同的磁道扇区数又不同，计算起来就十分麻烦。为了屏蔽这些复杂的硬件细节，现代的硬盘普遍使用一种叫做 LBA（Logical Block Address）的方式，即整个硬盘中所有的扇区从 0 开始编号，一直到最后一个扇区，这个扇区编号叫做**逻辑扇区号**。逻辑扇区号抛弃了所有复杂的磁道、盘面之类的概念。当我们给出一个逻辑的扇区号时，硬盘的电子设备会将其转换成实际的盘面、磁道等这些位置。

文件系统保存了这些文件的存储结构，负责维护这些数据结构并且保证磁盘中的扇区能够有效地组织和利用。那么当我们在 Linux 操作系统中，要读取这个文件的前 4 096 个字节时，我们会使用一个 read 的系统调用来实现。文件系统收到 read 请求之后，判断出文件的前 4 096 个字节位于磁盘的 1000 号逻辑扇区到 1007 号逻辑扇区。然后文件系统就向硬盘驱动发出一个读取逻辑扇区为 1000 号开始的 8 个扇区的请求，磁盘驱动程序收到这个请求以后就向硬盘发出硬件命令。向硬件发送 I/O 命令的方式有很多种，其中最为常见的一种就是通过读写 I/O 端口寄存器来实现。在 x86 平台上，共有 65 536 个硬件端口寄存器，不同的硬件被分配到了不同的 I/O 端口地址。CPU 提供了两条专门的指令“in”和“out”来实现对硬件端口的读和写。

对 IDE 接口来说，它有两个通道，分别为 IDE0 和 IDE1，每个通道上可以连接两个设备，分别为 Master 和 Slave，一个 PC 中最多可以有 4 个 IDE 设备。假设我们的文件位于 IDE0 的 Master 硬盘上，这也是正常情况下硬盘所在的位置。在 PC 中，IDE0 通道的 I/O 端口地址是 0x1F0～0x1F7 及 0x376～0x377。通过读写这些端口地址就能与 IDE 硬盘进行通信。这些端口的作用和操作方式十分复杂，我们以实现读取 1000 号逻辑扇区开始的 8 个扇区为例：

- 第 0x1F3～0x1F6 4 个字节的端口地址是用来写入 LBA 地址的，那么 1000 号逻辑扇区的 LBA 地址为 0x000003E8，所以我们需要往 0x1F3、0x1F4 写入 0x00，往 0x1F5 写入 0x03，往 0x1F6 写入 0xE8。
- 0x1F2 这个地址用来写入命令所需要读写的扇区数。比如读取 8 个扇区即写入 8。
- 0x1F7 这个地址用来写入要执行的操作的命令码，对于读取操作来说，命令字为 0x20。

所以我们要执行的指令为：

```
out 0x1F3, 0x00
out 0x1F4, 0x00
out 0x1F5, 0x03
out 0x1F6, 0xE8
```

```
out 0x1F2, 0x08
out 0x1F7, 0x20
```

在硬盘收到这个命令以后，它就会执行相应的操作，并且将数据读取到事先设置好的内存地址中（这个内存地址也是通过类似的命令方式设置的）。当然这里的例子中只是最简单的情况，实际情况比这个复杂得多，驱动程序须要考虑硬件的状态（是否忙碌或读取错误），调度和分配各个请求以达到最高的性能等。

1.5 内存不够怎么办

上面一节中我们提到了进程的概念，进程的总体目标是希望每个进程从逻辑上来看都可以独占计算机的资源。操作系统的多任务功能使得 CPU 能够在多个进程之间很好地共享，从进程的角度看好像是它独占了 CPU 而不用考虑与其他进程分享 CPU 的事情。操作系统的 I/O 抽象模型也很好地实现了 I/O 设备的共享和抽象，那么唯一剩下的就是主存，也就是内存的分配问题了。

在早期的计算机中，程序是直接运行在物理内存上的，也就是说，程序在运行时所访问的地址都是物理地址。当然，如果一个计算机同时只运行一个程序，那么只要程序要求的内存空间不要超过物理内存的大小，就不会有问题。但事实上为了更有效地利用硬件资源，我们必须同时运行多个程序，正如前面的多道程序、分时系统和多任务中一样，当我们能够同时运行多个程序时，CPU 的利用率将会比较高。那么很明显的一个问题是，**如何将计算机上有限的物理内存分配给多个程序使用**。

假设我们的计算机有 128 MB 内存，程序 A 运行需要 10 MB，程序 B 需要 100 MB，程序 C 需要 20 MB。如果我们需要同时运行程序 A 和 B，那么比较直接的做法是将内存的前 10 MB 分配给程序 A，10 MB～110 MB 分配给 B。这样就能够实现 A 和 B 两个程序同时运行，但是这种简单的内存分配策略问题很多。

- **地址空间不隔离** 所有程序都直接访问物理地址，程序所使用的内存空间不是相互隔离的。恶意的程序可以很容易改写其他程序的内存数据，以达到破坏的目的；有些非恶意的、但是有臭虫的程序可能不小心修改了其他程序的数据，就会使其他程序也崩溃，这对于需要安全稳定的计算环境的用户来说是不能容忍的。用户希望他在使用计算机的时候，其中一个任务失败了，至少不会影响其他任务。
- **内存使用效率低** 由于没有有效的内存管理机制，通常要一个程序执行时，监控程序就将整个程序装入内存中然后开始执行。如果我们忽然要运行程序 C，那么这时内存空间其实已经不够了，这时候我们可以用的一个办法是将其他程序的数据暂时写到磁盘里面，等到要用到的时候再读回来。由于程序所需要的空间是连续的，那么这个例子里面，如果我们将程序 A 换出到磁盘所释放的内存空间是不够的，所以只能将 B 换出到磁盘，然后将 C 读入到内存开始运行。可以看到整个过程中有大量的数据在换入换出，导致效率十分低下。

- **程序运行的地址不确定** 因为程序每次需要装入运行时，我们都需要给它从内存中分配一块足够大的空闲区域，这个空闲区域的位置是不确定的。这给程序的编写造成了一定的麻烦，因为程序在编写时，它访问数据和指令跳转时的目标地址很多都是固定的，这涉及程序的**重定位**问题，我们在第 2 部分和第 3 部分还会详细探讨重定位的问题。

解决这几个问题的思路就是使用我们前文提到过的法宝：增加中间层，即使用一种间接的地址访问方法。整个想法是这样的，我们把程序给出的地址看作是一种**虚拟地址**（Virtual Address），然后通过某些映射的方法，将这个虚拟地址转换成实际的物理地址。这样，只要我们能够妥善地控制这个虚拟地址到物理地址的映射过程，就可以保证任意一个程序所能够访问的物理内存区域跟另外一个程序相互不重叠，以达到地址空间隔离的效果。

1.5.1 关于隔离

让我们回到程序的运行本质上来。用户程序在运行时不希望介入到这些复杂的存储器管理过程中，作为普通的程序，它需要的是一个简单的执行环境，有一个单一的地址空间、有自己的 CPU，好像整个程序占有整个计算机而不用关心其他的程序（当然程序间通信的部分除外，因为这是程序主动要求跟其他程序通信和联系）。所谓的地址空间是个比较抽象的概念，你可以把它想象成一个很大的数组，每个数组的元素是一个字节，而这个数组大小由地址空间的地址长度决定，比如 32 位的地址空间的大小为 2^32 = 4 294 967 296 字节，即 4GB，地址空间有效的地址是 0～4 294 967 295，用十六进制表示就是 0x00000000～0xFFFFFFFF。地址空间分两种：虚拟地址空间（Virtual Address Space）和物理地址空间（Physical Address Space）。物理地址空间是实实在在存在的，存在于计算机中，而且对于每一台计算机来说只有唯一的一个，你可以把物理空间想象成物理内存，比如你的计算机用的是 Intel 的 Pentium 4 的处理器，那么它是 32 位的机器，即计算机地址线有 32 条（实际上是 36 条地址线，不过我们暂时认为它只是 32 条），那么物理空间就有 4GB。但是你的计算机上只装了 512MB 的内存，那么其实物理地址的真正有效部分只有 0x00000000～0x1FFFFFFF，其他部分都是无效的（实际上还有一些外部 I/O 设备映射到物理空间的，也是有效的，但是我们暂时无视其存在）。虚拟地址空间是指虚拟的、人们想象出来的地址空间，其实它并不存在，每个进程都有自己独立的虚拟空间，而且每个进程只能访问自己的地址空间，这样就有效地做到了进程的隔离。

1.5.2 分段（Segmentation）

最开始人们使用的是一种叫做**分段**（Segmentation）的方法，基本思路是把一段与程序所需要的内存空间大小的虚拟空间映射到某个地址空间。比如程序 A 需要 10 MB 内存，那么我们假设有一个地址从 0x00000000 到 0x00A00000 的 10MB 大小的一个假想的空间，也就是虚拟空间，然后我们从实际的物理内存中分配一个相同大小的物理地址，假设是物理地址 0x00100000 开始到 0x00B00000 结束的一块空间。然后我们把这两块相同大小的地址空间一一映射，即虚拟空间中的每个字节相对应于物理空间中的每个字节。这个映射过程由软件来设置，比如操作系统来设置这个映射函数，实际的地址转换由硬件完成。比如当程序 A 中访问地址 0x00001000 时，CPU 会将这个地址转换成实际的物理地址 0x00101000。那么比如程序 A 和程序 B 在运行时，它们的虚拟空间和物理空间映射关系可能如图 1-5 所示。

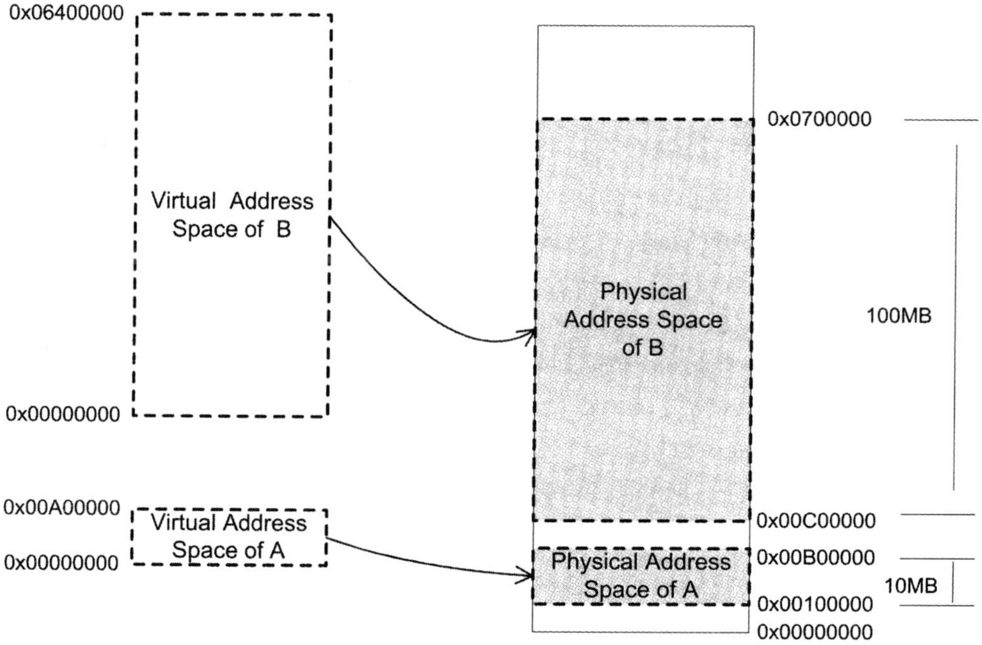

图 1-5 段映射机制

分段的方法基本解决了上面提到的 3 个问题中的第一个和第三个。首先它做到了地址隔离，因为程序 A 和程序 B 被映射到了两块不同的物理空间区域，它们之间没有任何重叠，如果程序 A 访问虚拟空间的地址超出了 0x00A00000 这个范围，那么硬件就会判断这是一个非法的访问，拒绝这个地址请求，并将这个请求报告给操作系统或监控程序，由它来决定如何处理。再者，对于每个程序来说，无论它们被分配到物理地址的哪一个区域，对于程序来说都是透明的，它们不要关心物理地址的变化，它们只要按照从地址 0x00000000 到 0x00A00000 来编写程序、放置变量，所以程序不再需要重定位。

但是分段的这种方法还是没有解决我们的第二个问题，即内存使用效率的问题。分段对内存区域的映射还是按照程序为单位，如果内存不足，被换入换出到磁盘的都是整个程序，这样势必会造成大量的磁盘访问操作，从而严重影响速度，这种方法还是显得粗糙，粒度比较大。事实上，根据程序的局部性原理，当一个程序在运行时，在某个时间段内，它只是频繁地用到了一小部分数据，也就是说，程序的很多数据其实在一个时间段内都是不会被用到的。人们很自然地想到了更小粒度的内存分割和映射的方法，使得程序的局部性原理得到充分的利用，大大提高了内存的使用率。这种方法就是**分页**（Paging）。

1.5.3 分页（Paging）

分页的基本方法是把地址空间人为地等分成固定大小的页，每一页的大小由硬件决定，或硬件支持多种大小的页，由操作系统选择决定页的大小。比如 Intel Pentium 系列处理器支持 4KB 或 4MB 的页大小，那么操作系统可以选择每页大小为 4KB，也可以选择每页大小为 4MB，但是在同一时刻只能选择一种大小，所以对整个系统来说，页就是固定大小的。目前几乎所有的 PC 上的操作系统都使用 4KB 大小的页。我们使用的 PC 机是 32 位的虚拟地址空间，也就是 4GB，那么按 4KB 每页分的话，总共有 1 048 576 个页。物理空间也是同样的分法。

下面我们来看一个简单的例子，如图 1-6 所示，每个虚拟空间有 8 页，每页大小为 1KB，那么虚拟地址空间就是 8KB。我们假设该计算机有 13 条地址线，即拥有 2^13 的物理寻址能力，那么理论上物理空间可以多达 8KB。但是出于种种原因，购买内存的资金不够，只买得起 6KB 的内存，所以物理空间其实真正有效的只是前 6KB。

那么，当我们把进程的虚拟地址空间按页分割，把常用的数据和代码页装载到内存中，把不常用的代码和数据保存在磁盘里，当需要用到的时候再把它从磁盘里取出来即可。以图 1-6 为例，我们假设有两个进程 Process1 和 Process2，它们进程中的部分虚拟页面被映射到了物理页面，比如 VP0、VP1 和 VP7 映射到 PP0、PP2 和 PP3；而有部分页面却在磁盘中，比如 VP2 和 VP3 位于磁盘的 DP0 和 DP1 中；另外还有一些页面如 VP4、VP5 和 VP6 可能尚未被用到或访问到，它们暂时处于未使用的状态。在这里，我们把虚拟空间的页就叫**虚拟页**（VP，Virtual Page），把物理内存中的页叫做**物理页**（PP，Physical Page），把磁盘中的页叫做**磁盘页**（DP，Disk Page）。图中的线表示映射关系，我们可以看到虚拟空间的有些页被映射到同一个物理页，这样就可以实现内存共享。

图 1-6 中 Process1 的 VP2 和 VP3 不在内存中，但是当进程需要用到这两个页的时候，硬件会捕获到这个消息，就是所谓的**页错误**（Page Fault），然后操作系统接管进程，负责将 VP2 和 VP3 从磁盘中读出来并且装入内存，然后将内存中的这两个页与 VP2 和 VP3 之间建立映射关系。以页为单位来存取和交换这些数据非常方便，硬件本身就支持这种以页为单位的操作方式。

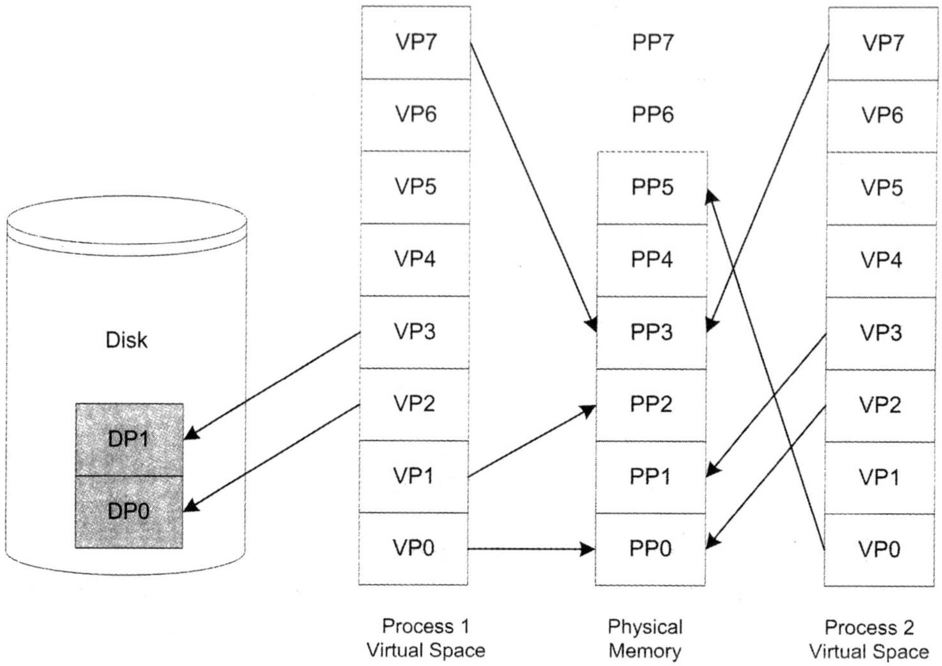

图 1-6 进程虚拟空间、物理空间和磁盘之间的页映射关系

保护也是页映射的目的之一，简单地说就是每个页可以设置权限属性，谁可以修改，谁可以访问等，而只有操作系统有权限修改这些属性，那么操作系统就可以做到保护自己和保护进程。对于保护，我们这里只是简单介绍，详细的介绍和为什么要保护我们将会在本书的第 2 部分再介绍。

虚拟存储的实现需要依靠硬件的支持，对于不同的 CPU 来说是不同的。但是几乎所有的硬件都采用一个叫 MMU（Memory Management Unit）的部件来进行页映射，如图 1-7 所示。

图 1-7 虚拟地址到物理地址的转换

在页映射模式下，CPU 发出的是 Virtual Address，即我们的程序看到的是虚拟地址。经过 MMU 转换以后就变成了 Physical Address。一般 MMU 都集成在 CPU 内部了，不会以独立的部件存在。

1.6 众人拾柴火焰高

1.6.1 线程基础

现代软件系统中，除了进程之外，线程也是一个十分重要的概念。特别是随着 CPU 频率增长开始出现停滞，而开始向多核方向发展。多线程，作为实现软件并发执行的一个重要的方法，也开始具有越来越重要的地位。我们将在这一节回顾线程相关的内容，包括线程的概念、线程的调度、线程安全、用户线程与内核线程之间的映射关系。虽然线程相关的概念与本书的内容并不是十分相关，但是我们相信深刻地理解线程对于更加深入地理解装载、动态链接和运行库，特别是运行库与多线程相关部分的内容会有很大的帮助。

什么是线程

线程（Thread），有时被称为**轻量级进程**（Lightweight Process, LWP），是程序执行流的最小单元。一个标准的线程由线程 ID、当前指令指针（PC）、寄存器集合和堆栈组成。通常意义上，一个进程由一个到多个线程组成，各个线程之间共享程序的内存空间（包括代码段、数据段、堆等）及一些进程级的资源（如打开文件和信号）。一个经典的线程与进程的关系如图 1-8 所示。

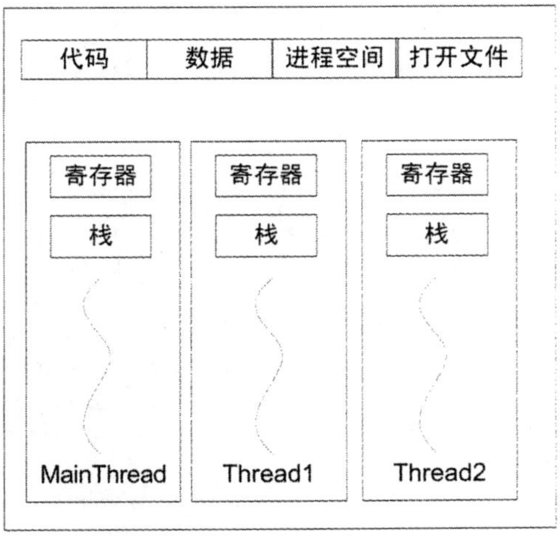

图 1-8 进程内的线程

大多数软件应用中，线程的数量都不止一个。多个线程可以互不干扰地并发执行，并共享进程的全局变量和堆的数据。那么，多个线程与单线程的进程相比，又有哪些优势呢？通常来说，使用多线程的原因有如下几点。

- 某个操作可能会陷入长时间等待，等待的线程会进入睡眠状态，无法继续执行。多线程执行可以有效利用等待的时间。典型的例子是等待网络响应，这可能要花费数秒甚至数十秒。
- 某个操作（常常是计算）会消耗大量的时间，如果只有一个线程，程序和用户之间的交互会中断。多线程可以让一个线程负责交互，另一个线程负责计算。
- 程序逻辑本身就要求并发操作，例如一个多端下载软件（例如 Bittorrent）。
- 多 CPU 或多核计算机（基本就是未来的主流计算机），本身具备同时执行多个线程的能力，因此单线程程序无法全面地发挥计算机的全部计算能力。
- 相对于多进程应用，多线程在数据共享方面效率要高很多。

线程的访问权限

线程的访问非常自由，它可以访问进程内存里的所有数据，甚至包括其他线程的堆栈（如果它知道其他线程的堆栈地址，那么这就是很少见的情况），但实际运用中线程也拥有自己的私有存储空间，包括以下几方面。

- 栈（尽管并非完全无法被其他线程访问，但一般情况下仍然可以认为是私有的数据）。
- 线程局部存储（Thread Local Storage, TLS）。线程局部存储是某些操作系统为线程单独提供的私有空间，但通常只具有很有限的容量。
- 寄存器（包括 PC 寄存器），寄存器是执行流的基本数据，因此为线程私有。

从 C 程序员的角度来看，数据在线程之间是否私有如表 1-1 所示。

表 1-1

线程私有	线程之间共享（进程所有）
● 局部变量 ● 函数的参数 ● TLS 数据	● 全局变量 ● 堆上的数据 ● 函数里的静态变量 ● 程序代码，任何线程都有权利读取并执行任何代码 ● 打开的文件，A 线程打开的文件可以由 B 线程读写

线程调度与优先级

不论是在多处理器的计算机上还是在单处理器的计算机上，线程总是“并发”执行的。当线程数量小于等于处理器数量时（并且操作系统支持多处理器），线程的并发是真正的并发，不同的线程运行在不同的处理器上，彼此之间互不相干。但对于线程数量大于处理器数量的情况，线程的并发会受到一些阻碍，因为此时至少有一个处理器会运行多个线程。

在单处理器对应多线程的情况下，并发是一种模拟出来的状态。操作系统会让这些多线程程序轮流执行，每次仅执行一小段时间（通常是几十到几百毫秒），这样每个线程就“看起来”在同时执行。这样的一个不断在处理器上切换不同的线程的行为称之为**线程调度**（Thread Schedule）。在线程调度中，线程通常拥有至少三种状态，分别是：

- **运行**（Running）：此时线程正在执行。
- **就绪**（Ready）：此时线程可以立刻运行，但 CPU 已经被占用。
- **等待**（Waiting）：此时线程正在等待某一事件（通常是 I/O 或同步）发生，无法执行。

处于运行中线程拥有一段可以执行的时间，这段时间称为**时间片**（Time Slice），当时间片用尽的时候，该进程将进入就绪状态。如果在时间片用尽之前进程就开始等待某事件，那么它将进入等待状态。每当一个线程离开运行状态时，调度系统就会选择一个其他的就绪线程继续执行。在一个处于等待状态的线程所等待的事件发生之后，该线程将进入就绪状态。这 3 个状态的转移如图 1-9 所示。

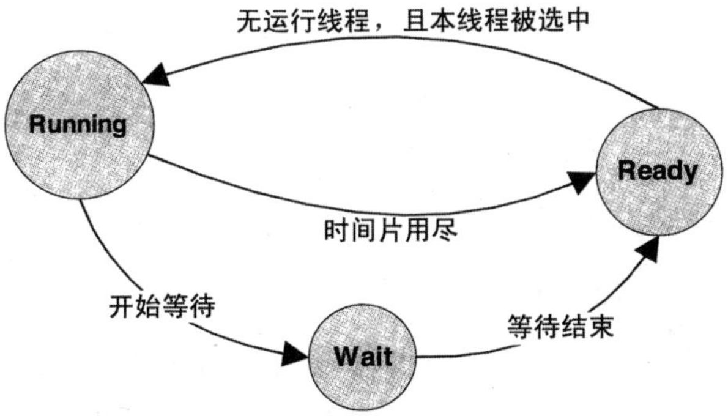

图 1-9 线程状态切换

线程调度自多任务操作系统问世以来就不断地被提出不同的方案和算法。现在主流的调度方式尽管各不相同，但都带有**优先级调度**（Priority Schedule）和**轮转法**（Round Robin）的痕迹。所谓轮转法，即是之前提到的让各个线程轮流执行一小段时间的方法。这决定了线程之间交错执行的特点。而优先级调度则决定了线程按照什么顺序轮流执行。在具有优先级调度的系统中，线程都拥有各自的**线程优先级**（Thread Priority）。具有高优先级的线程会更早地执行，而低优先级的线程常常要等待到系统中已经没有高优先级的可执行的线程存在时才能够执行。在 Windows 中，可以通过使用：

```
BOOL WINAPI SetThreadPriority(HANDLE hThread, int nPriority);
```

来设置线程的优先级，而 Linux 下与线程相关的操作可以通过 pthread 库来实现。

在 Windows 和 Linux 中，线程的优先级不仅可以由用户手动设置，系统还会根据不同线程的表现自动调整优先级，以使得调度更有效率。例如通常情况下，频繁地进入等待状态（进入等待状态，会放弃之后仍然可占用的时间份额）的线程（例如处理 I/O 的线程）比频繁进行大量计算，以至于每次都要把时间片全部用尽的线程要受欢迎得多。其实道理很简单，频繁等待的线程通常只占用很少的时间，CPU 也喜欢先捏软柿子。我们一般把频繁等待的线程称之为 **IO 密集型线程**（IO Bound Thread），而把很少等待的线程称为 **CPU 密集型线程**（CPU Bound Thread）。IO 密集型线程总是比 CPU 密集型线程容易得到优先级的提升。

在优先级调度下，存在一种**饿死**（Starvation）的现象，一个线程被饿死，是说它的优先级较低，在它执行之前，总是有较高优先级的线程要执行，因此这个低优先级线程始终无法执行。当一个 CPU 密集型的线程获得较高的优先级时，许多低优先级的进程就很可能饿死。而一个高优先级的 IO 密集型线程由于大部分时间都处于等待状态，因此相对不容易造成其他线程饿死。为了避免饿死现象，调度系统常常会逐步提升那些等待了过长时间的得不到执行的线程的优先级。在这样的手段下，一个线程只要等待足够长的时间，其优先级一定会提高到足够让它执行的程度。

让我们总结一下，在优先级调度的环境下，线程的优先级改变一般有三种方式。

- 用户指定优先级。
- 根据进入等待状态的频繁程度提升或降低优先级。
- 长时间得不到执行而被提升优先级。

可抢占线程和不可抢占线程

我们之前讨论的线程调度有一个特点，那就是线程在用尽时间片之后会被强制剥夺继续执行的权利，而进入就绪状态，这个过程叫做**抢占**（Preemption），即之后执行的别的线程抢占了当前线程。在早期的一些系统（例如 Windows 3.1）里，线程是不可抢占的。线程必须手动发出一个放弃执行的命令，才能让其他的线程得到执行。在这样的调度模型下，线程必须主动进入就绪状态，而不是靠时间片用尽来被强制进入。如果线程始终拒绝进入就绪状态，并且也不进行任何的等待操作，那么其他的线程将永远无法执行。在不可抢占线程中，线程主动放弃执行无非两种情况。

- 当线程试图等待某事件时（I/O 等）。
- 线程主动放弃时间片。

因此，在不可抢占线程执行的时候，有一个显著的特点，那就是线程调度的时机是确定的，线程调度只会发生在线程主动放弃执行或线程等待某事件的时候。这样可以避免一些因为抢占式线程里调度时机不确定而产生的问题（见下一节：线程安全）。但即使如此，非抢占式线程在今日已经十分少见。

Linux 的多线程

Windows 对进程和线程的实现如同教科书一般标准，Windows 内核有明确的线程和进程的概念。在 Windows API 中，可以使用明确的 API：CreateProcess 和 CreateThread 来创建进程和线程，并且有一系列的 API 来操纵它们。但对于 Linux 来说，线程并不是一个通用的概念。

Linux 对多线程的支持颇为贫乏，事实上，在 Linux 内核中并不存在真正意义上的线程概念。Linux 将所有的执行实体（无论是线程还是进程）都称为**任务**（Task），每一个任务概念上都类似于一个单线程的进程，具有内存空间、执行实体、文件资源等。不过，Linux 下不同的任务之间可以选择共享内存空间，因而在实际意义上，共享了同一个内存空间的多个任务构成了一个进程，这些任务也就成了这个进程里的线程。在 Linux 下，用以下方法可以创建一个新的任务，如表 1-2 所示。

表 1-2

系统调用	作　用
fork	复制当前进程
exec	使用新的可执行映像覆盖当前可执行映像
clone	创建子进程并从指定位置开始执行

fork 函数产生一个和当前进程完全一样的新进程，并和当前进程一样从 fork 函数里返回。例如如下代码：

```
pid_t pid;
if (pid = fork())
{
    ….
}
```

在 fork 函数调用之后，新的任务将启动并和本任务一起从 fork 函数返回。但不同的是本任务的 fork 将返回新任务 pid，而新任务的 fork 将返回 0。

fork 产生新任务的速度非常快，因为 fork 并不复制原任务的内存空间，而是和原任务一起共享一个**写时复制**（Copy on Write, COW）的内存空间（见图 1-10）。所谓写时复制，指的是两个任务可以同时自由地读取内存，但任意一个任务试图对内存进行修改时，内存就会复制一份提供给修改方单独使用，以免影响到其他的任务使用。

fork 只能够产生本任务的镜像，因此须要使用 exec 配合才能够启动别的新任务。exec 可以用新的可执行映像替换当前的可执行映像，因此在 fork 产生了一个新任务之后，新任务可以调用 exec 来执行新的可执行文件。fork 和 exec 通常用于产生新任务，而如果要产生新线程，则可以使用 clone。clone 函数的原型如下：

```
int clone(int (*fn)(void*), void* child_stack, int flags, void* arg);
```

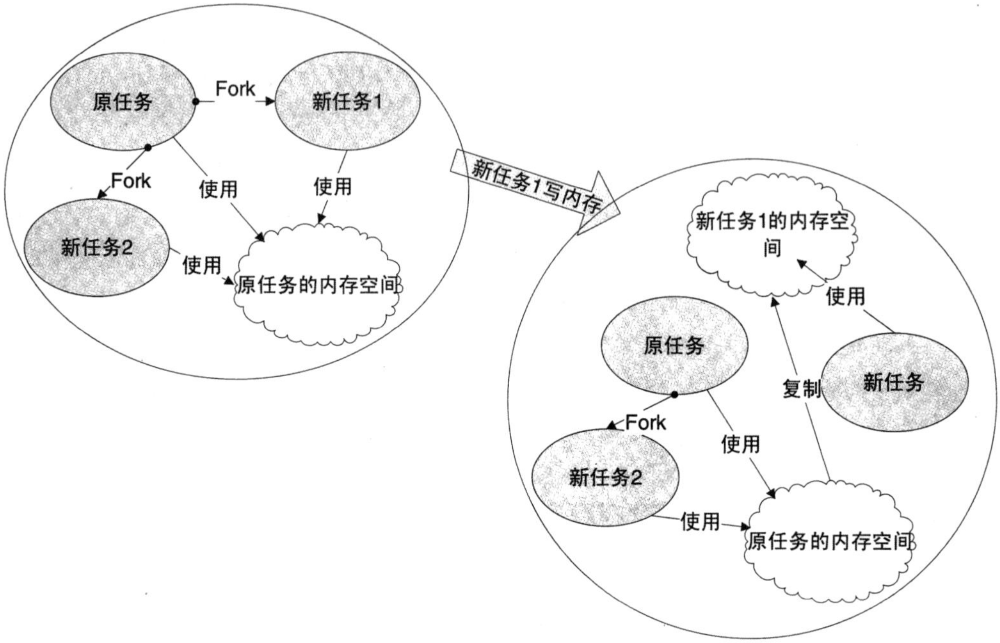

图 1-10 写时复制（Copy-On-Write）

使用 clone 可以产生一个新的任务，从指定的位置开始执行，并且（可选的）共享当前进程的内存空间和文件等。如此就可以在实际效果上产生一个线程。

1.6.2 线程安全

多线程程序处于一个多变的环境当中，可访问的全局变量和堆数据随时都可能被其他的线程改变。因此多线程程序在并发时数据的一致性变得非常重要。

竞争与原子操作

多个线程同时访问一个共享数据，可能造成很恶劣的后果。下面是一个著名的例子，假设有两个线程分别要执行如表 1-3 所示的 C 代码。

表 1-3

线程 1	线程 2
i=1; ++i;	--i;

在许多体系结构上，++i 的实现方法会如下：

（1）读取 i 到某个寄存器 X。

（2）X++。

（3）将 X 的内容存储回 i。

由于线程 1 和线程 2 并发执行，因此两个线程的执行序列很可能如下（注意，寄存器 X 的内容在不同的线程中是不一样的，这里用 $X^{[1]}$和 $X^{[2]}$分别表示线程 1 和线程 2 中的 X），如表 1-4 所示。

表 1-4

执行序号	执行指令	语句执行后变量值	线程
1	i=1	i=1，$X^{[1]}$=未知	1
2	$X^{[1]}$=i	i=1，$X^{[1]}$=1	1
3	$X^{[2]}$=i	i=1，$X^{[2]}$=1	2
4	$X^{[1]}$++	i=1，$X^{[1]}$=2	1
5	$X^{[2]}$--	i=1，$X^{[2]}$=0	2
6	i=$X^{[1]}$	i=2，$X^{[1]}$=2	1
7	i=$X^{[2]}$	i=0，$X^{[2]}$=0	2

从程序逻辑来看，两个线程都执行完毕之后，i 的值应该为 1，但从之前的执行序列可以看到，i 得到的值是 0。实际上这两个线程如果同时执行的话，i 的结果有可能是 0 或 1 或 2。可见，两个程序同时读写同一个共享数据会导致意想不到的后果。

很明显，自增（++）操作在多线程环境下会出现错误是因为这个操作被编译为汇编代码之后不止一条指令，因此在执行的时候可能执行了一半就被调度系统打断，去执行别的代码。我们把单指令的操作称为**原子的**（Atomic），因为无论如何，单条指令的执行是不会被打断的。为了避免出错，很多体系结构都提供了一些常用操作的原子指令，例如 i386 就有一条 inc 指令可以直接增加一个内存单元值，可以避免出现上例中的错误情况。在 Windows 里，有一套 API 专门进行一些原子操作（见表 1-5），这些 API 称为 Interlocked API。

表 1-5

Windows API	作用
InterlockedExchange	原子地交换两个值
InterlockedDecrement	原子地减少一个值
InterlockedIncrement	原子地增加一个值
InterlockedXor	原子地进行异或操作

使用这些函数时，Windows 将保证是原子操作的，因此可以不用担心出现问题。遗憾的是，尽管原子操作指令非常方便，但是它们仅适用于比较简单特定的场合。在复杂的场合下，

比如我们要保证一个复杂的数据结构更改的原子性，原子操作指令就力不从心了。这里我们需要更加通用的手段：锁。

同步与锁

为了避免多个线程同时读写同一个数据而产生不可预料的后果，我们要将各个线程对同一个数据的访问**同步**（Synchronization）。所谓同步，即指在一个线程访问数据未结束的时候，其他线程不得对同一个数据进行访问。如此，对数据的访问被原子化了。

同步的最常见方法是使用**锁**（Lock）。锁是一种非强制机制，每一个线程在访问数据或资源之前首先试图**获取**（Acquire）锁，并在访问结束之后**释放**（Release）锁。在锁已经被占用的时候试图获取锁时，线程会等待，直到锁重新可用。

二元信号量（Binary Semaphore）是最简单的一种锁，它只有两种状态：占用与非占用。它适合只能被唯一一个线程独占访问的资源。当二元信号量处于非占用状态时，第一个试图获取该二元信号量的线程会获得该锁，并将二元信号量置为占用状态，此后其他的所有试图获取该二元信号量的线程将会等待，直到该锁被释放。

对于允许多个线程并发访问的资源，多元信号量简称**信号量**（Semaphore），它是一个很好的选择。一个初始值为 N 的信号量允许 N 个线程并发访问。线程访问资源的时候首先获取信号量，进行如下操作。

- 将信号量的值减 1。
- 如果信号量的值小于 0，则进入等待状态，否则继续执行。

访问完资源之后，线程释放信号量，进行如下操作。

- 将信号量的值加 1。
- 如果信号量的值小于 1，唤醒一个等待中的线程。

互斥量（Mutex）和二元信号量很类似，资源仅同时允许一个线程访问，但和信号量不同的是，信号量在整个系统可以被任意线程获取并释放，也就是说，同一个信号量可以被系统中的一个线程获取之后由另一个线程释放。而互斥量则要求哪个线程获取了互斥量，哪个线程就要负责释放这个锁，其他线程越俎代庖去释放互斥量是无效的。

临界区（Critical Section）是比互斥量更加严格的同步手段。在术语中，把临界区的锁的获取称为进入临界区，而把锁的释放称为离开临界区。临界区和互斥量与信号量的区别在于，互斥量和信号量在系统的任何进程里都是可见的，也就是说，一个进程创建了一个互斥量或信号量，另一个进程试图去获取该锁是合法的。然而，临界区的作用范围仅限于本进程，其他的进程无法获取该锁。除此之外，临界区具有和互斥量相同的性质。

读写锁（Read-Write Lock）致力于一种更加特定的场合的同步。对于一段数据，多个线程同时读取总是没有问题的，但假设操作都不是原子型，只要有任何一个线程试图对这个数据进行修改，就必须使用同步手段来避免出错。如果我们使用上述信号量、互斥量或临界区中的任何一种来进行同步，尽管可以保证程序正确，但对于读取频繁，而仅仅偶尔写入的情况，会显得非常低效。读写锁可以避免这个问题。对于同一个锁，读写锁有两种获取方式，**共享的**（Shared）或**独占的**（Exclusive）。当锁处于自由的状态时，试图以任何一种方式获取锁都能成功，并将锁置于对应的状态。如果锁处于共享状态，其他线程以共享的方式获取锁仍然会成功，此时这个锁分配给了多个线程。然而，如果其他线程试图以独占的方式获取已经处于共享状态的锁，那么它将必须等待锁被所有的线程释放。相应地，处于独占状态的锁将阻止任何其他线程获取该锁，不论它们试图以哪种方式获取。读写锁的行为可以总结如表 1-6 所示。

表 1-6

读写锁状态	以共享方式获取	以独占方式获取
自由	成功	成功
共享	成功	等待
独占	等待	等待

条件变量（Condition Variable）作为一种同步手段，作用类似于一个栅栏。对于条件变量，线程可以有两种操作，首先线程可以等待条件变量，一个条件变量可以被多个线程等待。其次，线程可以唤醒条件变量，此时某个或所有等待此条件变量的线程都会被唤醒并继续支持。也就是说，使用条件变量可以让许多线程一起等待某个事件的发生，当事件发生时（条件变量被唤醒），所有的线程可以一起恢复执行。

可重入（Reentrant）与线程安全

一个函数被重入，表示这个函数没有执行完成，由于外部因素或内部调用，又一次进入该函数执行。一个函数要被重入，只有两种情况：

（1）多个线程同时执行这个函数。

（2）函数自身（可能是经过多层调用之后）调用自身。

一个函数被称为可重入的，表明该函数被重入之后不会产生任何不良后果。举个例子，如下面这个 sqr 函数就是可重入的：

```
int sqr(int x)
{
    return x * x;
}
```

一个函数要成为可重入的，必须具有如下几个特点：

- 不使用任何（局部）静态或全局的非 const 变量。
- 不返回任何（局部）静态或全局的非 const 变量的指针。
- 仅依赖于调用方提供的参数。
- 不依赖任何单个资源的锁（mutex 等）。
- 不调用任何不可重入的函数。

可重入是并发安全的强力保障，一个可重入的函数可以在多线程环境下放心使用。

过度优化

线程安全是一个非常烫手的山芋，因为即使合理地使用了锁，也不一定能保证线程安全，这是源于落后的编译器技术已经无法满足日益增长的并发需求。很多看似无错的代码在优化和并发面前又产生了麻烦。最简单的例子，让我们看看如下代码：

```
x = 0;
Thread1   Thread2
lock();     lock();
x++;       x++;
unlock();   unlock();
```

由于有 lock 和 unlock 的保护，x++的行为不会被并发所破坏，那么 x 的值似乎必然是 2 了。然而，如果编译器为了提高 x 的访问速度，把 x 放到了某个寄存器里，那么我们知道不同线程的寄存器是各自独立的，因此如果 Thread1 先获得锁，则程序的执行可能会呈现如下的情况：

- [Thread1]读取 x 的值到某个寄存器 R[1]（R[1]=0）。
- [Thread1]R[1]++（由于之后可能还要访问 x，因此 Thread1 暂时不将 R[1]写回 x）。
- [Thread2]读取 x 的值到某个寄存器 R[2]（R[2]=0）。
- [Thread2]R[2]++(R[2]=1)。
- [Thread2]将 R[2]写回至 x(x=1)。
- [Thread1]（很久以后）将 R[1]写回至 x(x=1)。

可见在这样的情况下即使正确地加锁，也不能保证多线程安全。下面是另一个例子：

```
x = y = 0;
Thread1  Thread2
x = 1;      y = 1;
r1 = y;     r2 = x;
```

很显然，r1 和 r2 至少有一个为 1，逻辑上不可能同时为 0。然而，事实上 r1=r2=0 的情况确实可能发生。原因在于早在几十年前，CPU 就发展出了动态调度，在执行程序的时候为了提高效率有可能交换指令的顺序。同样，编译器在进行优化的时候，也可能为了效率而交换毫不相干的两条相邻指令（如 x=1 和 r1=y）的执行顺序。也就是说，以上代码执行的时候可能是这样的：

```
x = y = 0;
Thread1   Thread2
r1 = y;     y = 1;
x = 1;     r2 = x;
```

那么 r1=r2=0 就完全可能了。我们可以使用 volatile 关键字试图阻止过度优化，volatile 基本可以做到两件事情：

（1）阻止编译器为了提高速度将一个变量缓存到寄存器内而不写回。

（2）阻止编译器调整操作 volatile 变量的指令顺序。

可见 volatile 可以完美地解决第一个问题，但是 volatile 是否也能解决第二个问题呢？答案是不能。因为即使 volatile 能够阻止编译器调整顺序，也无法阻止 CPU 动态调度换序。

另一个颇为著名的与换序有关的问题来自于 Singleton 模式的 double-check。一段典型的 double-check 的 singleton 代码是这样的（不熟悉 Singleton 的读者可以参考《设计模式：可复用面向对象软件的基础》，但下面所介绍的内容并不真正需要了解 Singleton）：

```
volatile T* pInst = 0;
T* GetInstance()
{
if (pInst == NULL)
{
    lock();
    if (pInst == NULL)
        pInst = new T;
    unlock();
}
return pInst;
}
```

抛开逻辑，这样的代码乍看是没有问题的，当函数返回时，PInst 总是指向一个有效的对象。而 lock 和 unlock 防止了多线程竞争导致的麻烦。双重的 if 在这里另有妙用，可以让 lock 的调用开销降低到最小。读者可以自己揣摩。

但是实际上这样的代码是有问题的。问题的来源仍然是 CPU 的乱序执行。C++里的 new 其实包含了两个步骤：

（1）分配内存。

（2）调用构造函数。

所以 pInst = new T 包含了三个步骤：

（1）分配内存。

（2）在内存的位置上调用构造函数。

（3）将内存的地址赋值给 pInst。

在这三步中，（2）和（3）的顺序是可以颠倒的。也就是说，完全有可能出现这样的情况：pInst 的值已经不是 NULL，但对象仍然没有构造完毕。这时候如果出现另外一个对 GetInstance 的并发调用，此时第一个 if 内的表达式 pInst==NULL 为 false，所以这个调用会直接返回尚未构造完全的对象的地址（pInst）以提供给用户使用。那么程序这个时候会不会崩溃就取决于这个类的设计如何了。

从上面两个例子可以看到 CPU 的乱序执行能力让我们对多线程的安全保障的努力变得异常困难。因此要保证线程安全，阻止 CPU 换序是必需的。遗憾的是，现在并不存在可移植的阻止换序的方法。通常情况下是调用 CPU 提供的一条指令，这条指令常常被称为 barrier。一条 barrier 指令会阻止 CPU 将该指令之前的指令交换到 barrier 之后，反之亦然。换句话说，barrier 指令的作用类似于一个拦水坝，阻止换序“穿透”这个大坝。

许多体系结构的 CPU 都提供 barrier 指令，不过它们的名称各不相同，例如 POWERPC 提供的其中一条指令名叫 lwsync。我们可以这样来保证线程安全：

```
#define barrier() __asm__ volatile ("lwsync")
volatile T* pInst = 0;
T* GetInstance()
{
    if (!pInst)
    {
        lock();
        if (!pInst)
        {
            T* temp = new T;
            barrier();
            pInst = temp;
        }
        unlock();
    }
    return pInst;
}
```

由于 barrier 的存在，对象的构造一定在 barrier 执行之前完成，因此当 pInst 被赋值时，对象总是完好的。

1.6.3 多线程内部情况

三种线程模型

线程的并发执行是由多处理器或操作系统调度来实现的。但实际情况要更为复杂一些：大多数操作系统，包括 Windows 和 Linux，都在内核里提供线程的支持，内核线程（注：这里的内核线程和 Linux 内核里的 kernel_thread 并不是一回事）和我们之前讨论的一样，由多处理器或调度来实现并发。然而用户实际使用的线程并不是内核线程，而是存在于用户态的用户线程。用户态线程并不一定在操作系统内核里对应同等数量的内核线程，例如某些轻量级的线程库，对用户来说如果有三个线程在同时执行，对内核来说很可能只有一个线程。本节我们将详细介绍用户态多线程库的实现方式。

1. 一对一模型

对于直接支持线程的系统，一对一模型始终是最为简单的模型。对一对一模型来说，一个用户使用的线程就唯一对应一个内核使用的线程（但反过来不一定，一个内核里的线程在用户态不一定有对应的线程存在），如图 1-11 所示。

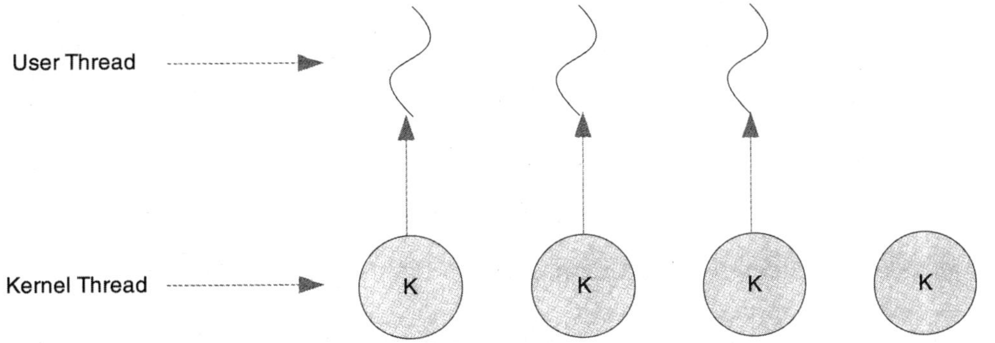

图 1-11 一对一线程模型

这样用户线程就具有了和内核线程一致的优点，线程之间的并发是真正的并发，一个线程因为某原因阻塞时，其他线程执行不会受到影响。此外，一对一模型也可以让多线程程序在多处理器的系统上有更好的表现。

一般直接使用 API 或系统调用创建的线程均为一对一的线程。例如在 Linux 里使用 clone（带有 CLONE_VM 参数）产生的线程就是一个一对一线程，因为此时在内核有一个唯一的线程与之对应。下列代码演示了这一过程：

```
int thread_function(void*)
{ ....}
char thread_stack[4096];

void foo
{
    clone(thread_function, thread_stack, CLONE_VM, 0);
}
```

在 Windows 里，使用 API CreateThread 即可创建一个一对一的线程。

一对一线程缺点有两个：

- 由于许多操作系统限制了内核线程的数量，因此一对一线程会让用户的线程数量受到限制。
- 许多操作系统内核线程调度时，上下文切换的开销较大，导致用户线程的执行效率下降。

2. 多对一模型

多对一模型将多个用户线程映射到一个内核线程上，线程之间的切换由用户态的代码来进行，因此相对于一对一模型，多对一模型的线程切换要快速许多。多对一的模型示意图如图 1-12 所示。

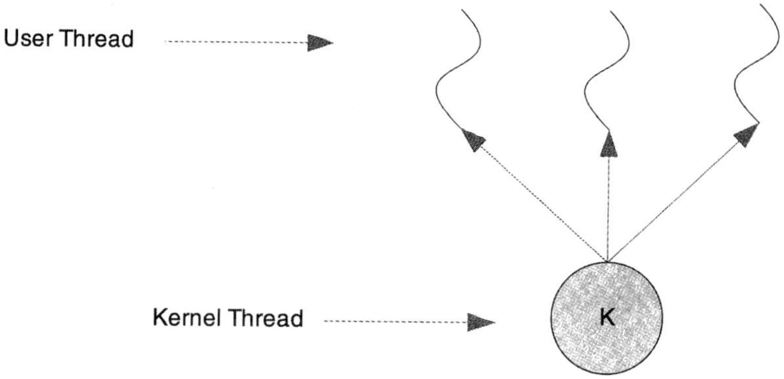

图 1-12 多对一线程模型

多对一模型一大问题是，如果其中一个用户线程阻塞，那么所有的线程都将无法执行，因为此时内核里的线程也随之阻塞了。另外，在多处理器系统上，处理器的增多对多对一模型的线程性能也不会有明显的帮助。但同时，多对一模型得到的好处是高效的上下文切换和几乎无限制的线程数量。

3. 多对多模型

多对多模型结合了多对一模型和一对一模型的特点，将多个用户线程映射到少数但不止一个内核线程上，如图 1-13 所示。

在多对多模型中，一个用户线程阻塞并不会使得所有的用户线程阻塞，因为此时还有别的线程可以被调度来执行。另外，多对多模型对用户线程的数量也没什么限制，在多处理器系统上，多对多模型的线程也能得到一定的性能提升，不过提升的幅度不如一对一模型高。

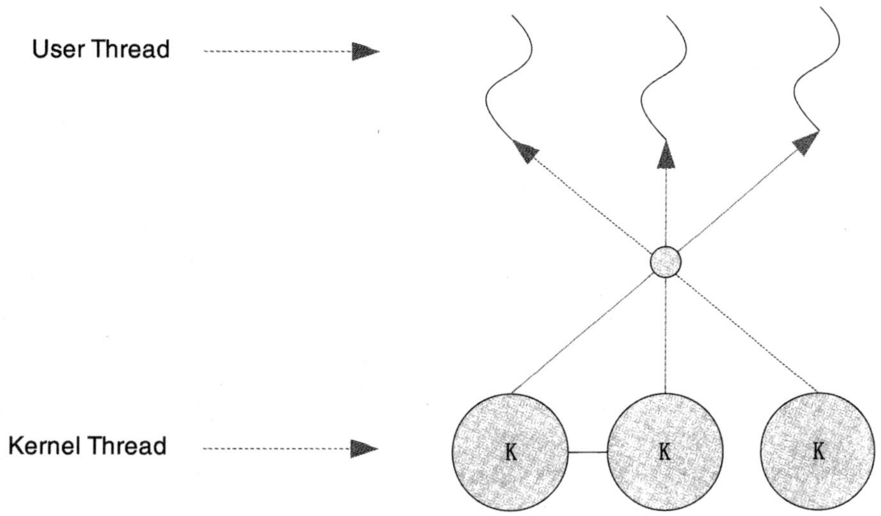

图 1-13 多对多线程模型

1.7 本章小结

在这一章中，我们对整个计算机的软硬件基本结构进行了回顾，包括 CPU 与外围部件的连接方式、SMP 与多核、软硬件层次体系结构、如何充分利用 CPU 及与系统软件十分相关的设备驱动、操作系统、虚拟空间、物理空间、页映射和线程的基础概念。虽然这些概念都是大家所了解的，但是我们认为还是有必要回顾一下，它们跟本书后面章节介绍的内容息息相关。正所谓温故而知新，这就是本章的目的。

【程序员的自我修养】

第2部分 静态链接

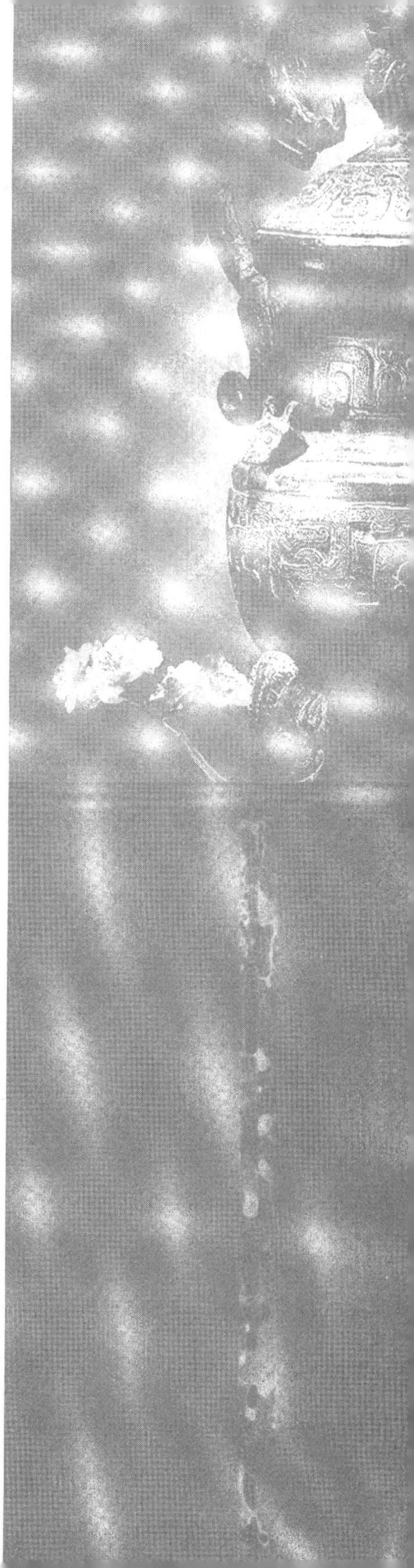

第2章

编译和链接

2.1 被隐藏了的过程

2.2 编译器做了什么

2.3 链接器年龄比编译器长

2.4 模块拼装——静态链接

2.5 本章小结

对于平常的应用程序开发，我们很少需要关注编译和链接过程，因为通常的开发环境都是流行的集成开发环境（IDE），比如 Visual Studio、Delphi 等。这样的 IDE 一般都将编译和链接的过程一步完成，通常将这种编译和链接合并到一起的过程称为**构建**（Build）。即使使用命令行来编译一个源代码文件，简单的一句“gcc hello.c”命令就包含了非常复杂的过程。

IDE 和编译器提供的默认配置、编译和链接参数对于大部分的应用程序开发而言已经足够使用了。但是在这样的开发过程中，我们往往会被这些复杂的集成工具所提供的强大功能所迷惑，很多系统软件的运行机制与机理被掩盖，其程序的很多莫名其妙的错误让我们无所适从，面对程序运行时种种性能瓶颈我们束手无策。我们看到的是这些问题的现象，但是却很难看清本质，所有这些问题的本质就是软件运行背后的机理及支撑软件运行的各种平台和工具，如果能够深入了解这些机制，那么解决这些问题就能够游刃有余，收放自如了。

2.1 被隐藏了的过程

C 语言的经典，“Hello World”程序几乎是每个程序员闭着眼睛都能写出的，编译运行通过一气呵成，基本成了程序入门和开发环境测试的默认的标准。

```
#include <stdio.h>

int main()
{
    printf("Hello World\n");
    return 0;
}
```

在 Linux 下，当我们使用 GCC 来编译 Hello World 程序时，只须使用最简单的命令（假设源代码文件名为 hello.c）：

```
$gcc hello.c
$./a.out
Hello World
```

事实上，上述过程可以分解为 4 个步骤，分别是**预处理**（Prepressing）、**编译**（Compilation）、**汇编**（Assembly）和**链接**（Linking），如图 2-1 所示。

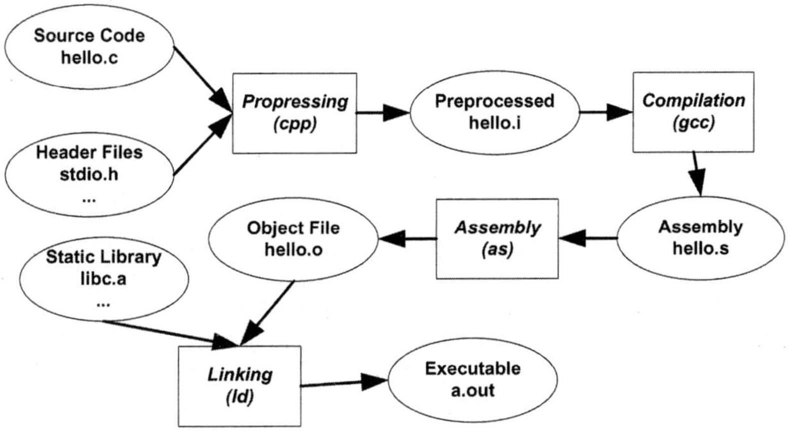

图 2-1 GCC 编译过程分解

2.1.1 预编译

首先是源代码文件 hello.c 和相关的头文件，如 stdio.h 等被预编译器 cpp 预编译成一个.i 文件。对于 C++程序来说，它的源代码文件的扩展名可能是.cpp 或.cxx，头文件的扩展名可能是.hpp，而预编译后的文件扩展名是.ii。第一步预编译的过程相当于如下命令（-E 表示只进行预编译）：

```
$gcc -E hello.c -o hello.i
```

或者：

```
$cpp hello.c > hello.i
```

预编译过程主要处理那些源代码文件中的以“#”开始的预编译指令。比如“#include”、“#define”等，主要处理规则如下：

- 将所有的“#define”删除，并且展开所有的宏定义。
- 处理所有条件预编译指令，比如“#if”、“#ifdef”、“#elif”、“#else”、“#endif”。
- 处理“#include”预编译指令，将被包含的文件插入到该预编译指令的位置。注意，这个过程是递归进行的，也就是说被包含的文件可能还包含其他文件。
- 删除所有的注释“//”和“/* */”。
- 添加行号和文件名标识，比如#2 “hello.c” 2，以便于编译时编译器产生调试用的行号信息及用于编译时产生编译错误或警告时能够显示行号。
- 保留所有的#pragma 编译器指令，因为编译器须要使用它们。

经过预编译后的.i 文件不包含任何宏定义，因为所有的宏已经被展开，并且包含的文件也已经被插入到.i 文件中。所以当我们无法判断宏定义是否正确或头文件包含是否正确时，可以查看预编译后的文件来确定问题。

2.1.2 编译

编译过程就是把预处理完的文件进行一系列词法分析、语法分析、语义分析及优化后生产相应的汇编代码文件，这个过程往往是我们所说的整个程序构建的核心部分，也是最复杂的部分之一。我们将在下一节简单介绍编译的具体几个步骤，这涉及编译原理等一些内容，由于它不是本书介绍的核心内容，所以也仅仅是介绍而已。上面的编译过程相当于如下命令：

```
$gcc -S hello.i -o hello.s
```

现在版本的 GCC 把预编译和编译两个步骤合并成一个步骤，使用一个叫做 cc1 的程序来完成这两个步骤。这个程序位于“/usr/lib/gcc/i486-linux-gnu/4.1/”，我们也可以直接调用 cc1 来完成它：

```
$ /usr/lib/gcc/i486-linux-gnu/4.1/cc1 hello.c
 main
Execution times (seconds)
 preprocessing     :0.01(100%)usr 0.01(33%)sys  0.00( 0%)wall  77 kB( 8%)ggc
 lexical analysis :0.00( 0%)usr  0.00( 0%)sys  0.02(50%)wall  0 kB(0%)ggc
 parser            :0.00( 0%)usr  0.00( 0%)sys  0.01(25%)wall  125 kB(13%)ggc
 expand            :0.00( 0%)usr  0.01(33%)sys  0.00( 0%)wall  6 kB(1%)ggc
 TOTAL             :0.01           0.03           0.04           982 kB
```

或者使用如下命令：

```
$gcc -S hello.c -o hello.s
```

都可以得到汇编输出文件 hello.s。对于 C 语言的代码来说，这个预编译和编译的程序是 cc1，对于 C++来说，有对应的程序叫做 cc1plus；Objective-C 是 cc1obj；fortran 是 f771；Java 是 jc1。**所以实际上 gcc 这个命令只是这些后台程序的包装，它会根据不同的参数要求去调用预编译编译程序 cc1、汇编器 as、链接器 ld。**

2.1.3 汇编

汇编器是将汇编代码转变成机器可以执行的指令，每一个汇编语句几乎都对应一条机器指令。所以汇编器的汇编过程相对于编译器来讲比较简单，它没有复杂的语法，也没有语义，也不需要做指令优化，只是根据汇编指令和机器指令的对照表一一翻译就可以了，“汇编”这个名字也来源于此。上面的汇编过程我们可以调用汇编器 as 来完成：

```
$as hello.s -o hello.o
```

或者：

```
$gcc -c hello.s -o hello.o
```

或者使用 gcc 命令从 C 源代码文件开始，经过预编译、编译和汇编直接输出**目标文件**（Object File）：

```
$gcc -c hello.c -o hello.o
```

2.1.4 链接

链接通常是一个让人比较费解的过程，为什么汇编器不直接输出可执行文件而是输出一个目标文件呢？链接过程到底包含了什么内容？为什么要链接？这恐怕是很多读者心中的疑惑。正是因为这些疑惑总是挥之不去，所以我们特意用这一章的许多篇幅来分析链接，具体地说是分析静态链接的章节。下面让我们来看看怎么样调用 ld 才可以产生一个能够正常运行的 HelloWorld 程序：

```
$ld -static /usr/lib/crt1.o /usr/lib/crti.o
/usr/lib/gcc/i486-linux-gnu/4.1.3/crtbeginT.o
-L/usr/lib/gcc/i486-linux-gnu/4.1.3 -L/usr/lib -L/lib hello.o --start-group
-lgcc -lgcc_eh -lc --end-group /usr/lib/gcc/i486-linux-gnu/4.1.3/crtend.o
/usr/lib/crtn.o
```

如果把所有的路径都省略掉，那么上面的命令就是：

```
ld -static crt1.o crti.o crtbeginT.o hello.o -start-group -lgcc -lgcc_eh -lc
-end-group crtend.o crtn.o
```

可以看到，我们要将一大堆文件链接起来才可以得到“a.out”，即最终的可执行文件。看了这行复杂的命令，可能很多读者的疑惑更多了，crt1.o、crti.o、crtbeginT.o、crtend.o、crtn.o 这些文件是什么？它们做什么用的？-lgcc –lgcc_eh –lc 这些都是什么参数？为什么要使用它们？为什么要将它们和 hello.o 链接起来才可以得到可执行文件？等等。

这些问题正是本书所要介绍的内容，它们看似简单，其实涉及了编译、链接和库，甚至是操作系统的一些很底层的内容。我们将紧紧围绕着这些内容，进行必要的分析。不过在分析这些内容之前，我们还是来关注一下上面这些过程中，编译器担任了一个什么样的角色。

2.2 编译器做了什么

从最直观的角度来讲，编译器就是将高级语言翻译成机器语言的一个工具。比如我们用 C/C++语言写的一个程序可以使用编译器将其翻译成机器可以执行的指令及数据。我们前面也提到了，使用机器指令或汇编语言编写程序是十分费事及乏味的事情，它们使得程序开发的效率十分低下。并且使用机器语言或汇编语言编写的程序依赖于特定的机器，一个为某种 CPU 编写的程序在另外一种 CPU 下完全无法运行，要重新编写，这几乎是令人无法接受的。所以人们期望能够采用类似于自然语言的语言来描述一个程序，但是自然语言的形式不够精确，所以类似于数学定义的编程语言很快就诞生了。20 世纪的六七十年代诞生了很多高级语言，有些至今仍然非常流行，如 FORTRAN、C 语言等（准确地讲，FORTRAN 诞生于 20 世纪 50 年代的 IBM）。高级语言使得程序员们能够更加关注程序逻辑的本身，而尽量少考虑计算机本身的限制，如字长、内存大小、通信方式、存储方式等。高级编程语言的出现使得程序开发的效率大大提高，高级语言的可移植性也使得它在多种计算机平台下能够游刃有余。据研究，高级语言的开发效率是汇编语言和机器语言的 5 倍以上。

让我们继续回到编译器本身的职责上来，编译过程一般可以分为 6 步：扫描、语法分析、语义分析、源代码优化、代码生成和目标代码优化。整个过程如图 2-2 所示。

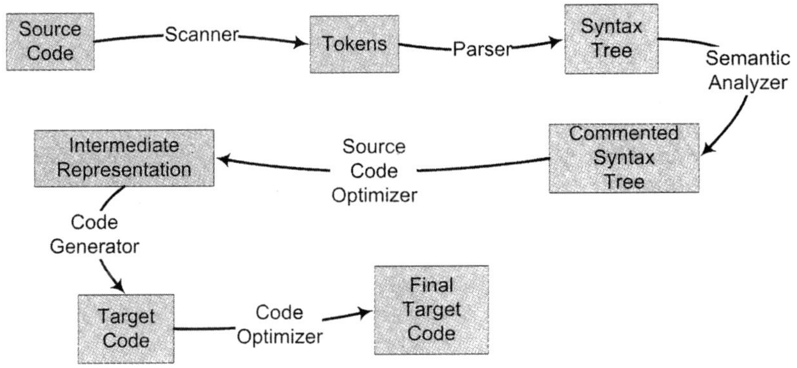

图 2-2 编译过程

我们将结合图 2-2 来简单描述从**源代码**（Source Code）到**最终目标代码**（Final Target Code）的过程。以一段很简单的 C 语言的代码为例子来讲述这个过程。比如我们有一行 C 语言的源代码如下：

```
array[index] = (index + 4) * (2 + 6)
CompilerExpression.c
```

2.2.1 词法分析

首先源代码程序被输入到**扫描器**（Scanner），扫描器的任务很简单，它只是简单地进行词法分析，运用一种类似于**有限状态机**（Finite State Machine）的算法可以很轻松地将源代码的字符序列分割成一系列的**记号**（Token）。比如上面的那行程序，总共包含了 28 个非空字符，经过扫描以后，产生了 16 个记号，如表 2-1 所示。

表 2-1

记号	类型
array	标识符
[	左方括号

续表

记号	类型
index	标识符
]	右方括号
=	赋值
(	左圆括号
index	标识符
+	加号
4	数字
)	右圆括号
*	乘号
(	左圆括号
2	数字
+	加号
6	数字
)	右圆括号

词法分析产生的记号一般可以分为如下几类：关键字、标识符、字面量（包含数字、字符串等）和特殊符号（如加号、等号）。在识别记号的同时，扫描器也完成了其他工作。比如将标识符存放到符号表，将数字、字符串常量存放到文字表等，以备后面的步骤使用。

有一个叫做 lex 的程序可以实现词法扫描，它会按照用户之前描述好的词法规则将输入的字符串分割成一个个记号。因为这样一个程序的存在，编译器的开发者就无须为每个编译器开发一个独立的词法扫描器，而是根据需要改变词法规则就可以了。

另外对于一些有预处理的语言，比如 C 语言，它的宏替换和文件包含等工作一般不归入编译器的范围而交给一个独立的预处理器。

2.2.2 语法分析

接下来**语法分析器**（Grammar Parser）将对由扫描器产生的记号进行语法分析，从而产生**语法树**（Syntax Tree）。整个分析过程采用了**上下文无关语法**（Context-free Grammar）的分析手段，如果你对上下文无关语法及下推自动机很熟悉，那么应该很好理解。否则，可以参考一些计算理论的资料，一般都会有很详细的介绍。此处不再赘述。简单地讲，由语法分析器生成的语法树就是以**表达式**（Expression）为节点的树。我们知道，C 语言的一个语句是一个表达式，而复杂的语句是很多表达式的组合。上面例子中的语句就是一个由赋值表达式、加法表达式、乘法表达式、数组表达式、括号表达式组成的复杂语句。它在经过语法分析器以后形成如图 2-3 所示的语法树。

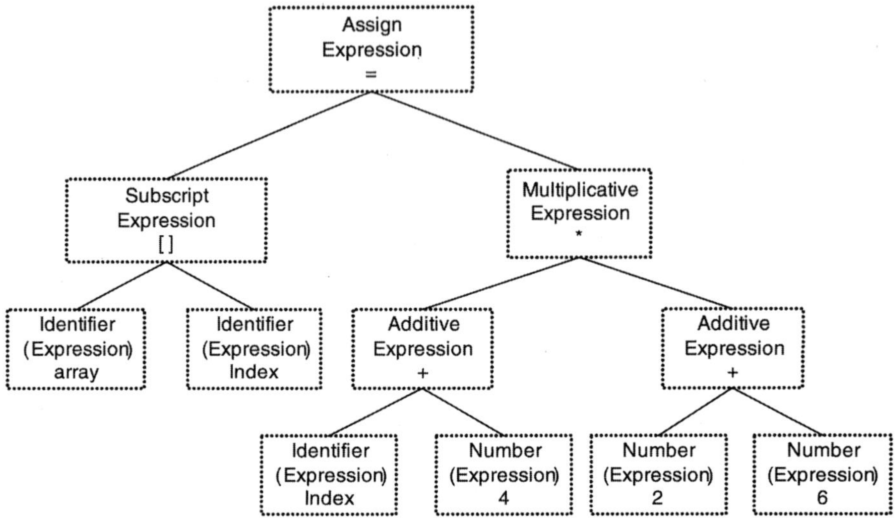

图 2-3 语法树

从图 2-3 中我们可以看到，整个语句被看作是一个赋值表达式；赋值表达式的左边是一个数组表达式，它的右边是一个乘法表达式；数组表达式又由两个符号表达式组成，等等。符号和数字是最小的表达式，它们不是由其他的表达式来组成的，所以它们通常作为整个语法树的叶节点。在语法分析的同时，很多运算符号的优先级和含义也被确定下来了。比如乘法表达式的优先级比加法高，而圆括号表达式的优先级比乘法高，等等。另外有些符号具有多重含义，比如星号*在 C 语言中可以表示乘法表达式，也可以表示对指针取内容的表达式，所以语法分析阶段必须对这些内容进行区分。如果出现了表达式不合法，比如各种括号不匹配、表达式中缺少操作符等，编译器就会报告语法分析阶段的错误。

正如前面词法分析有 lex 一样，语法分析也有一个现成的工具叫做 yacc（Yet Another Compiler Compiler）。它也像 lex 一样，可以根据用户给定的语法规则对输入的记号序列进行解析，从而构建出一棵语法树。对于不同的编程语言，编译器的开发者只须改变语法规则，而无须为每个编译器编写一个语法分析器，所以它又被称为“编译器编译器（Compiler Compiler）”。

2.2.3 语义分析

接下来进行的是语义分析，由**语义分析器**（Semantic Analyzer）来完成。语法分析仅仅是完成了对表达式的语法层面的分析，但是它并不了解这个语句是否真正有意义。比如 C 语言里面两个指针做乘法运算是没有意义的，但是这个语句在语法上是合法的；比如同样一个指针和一个浮点数做乘法运算是否合法等。编译器所能分析的语义是**静态语义**（Static Semantic），所谓静态语义是指在编译期可以确定的语义，与之对应的**动态语义**（Dynamic

Semantic）就是只有在运行期才能确定的语义。

静态语义通常包括声明和类型的匹配，类型的转换。比如当一个浮点型的表达式赋值给一个整型的表达式时，其中隐含了一个浮点型到整型转换的过程，语义分析过程中需要完成这个步骤。比如将一个浮点型赋值给一个指针的时候，语义分析程序会发现这个类型不匹配，编译器将会报错。动态语义一般指在运行期出现的语义相关的问题，比如将 0 作为除数是一个运行期语义错误。

经过语义分析阶段以后，整个语法树的表达式都被标识了类型，如果有些类型需要做隐式转换，语义分析程序会在语法树中插入相应的转换节点。上面描述的语法树在经过语义分析阶段以后成为如图 2-4 所示的形式。

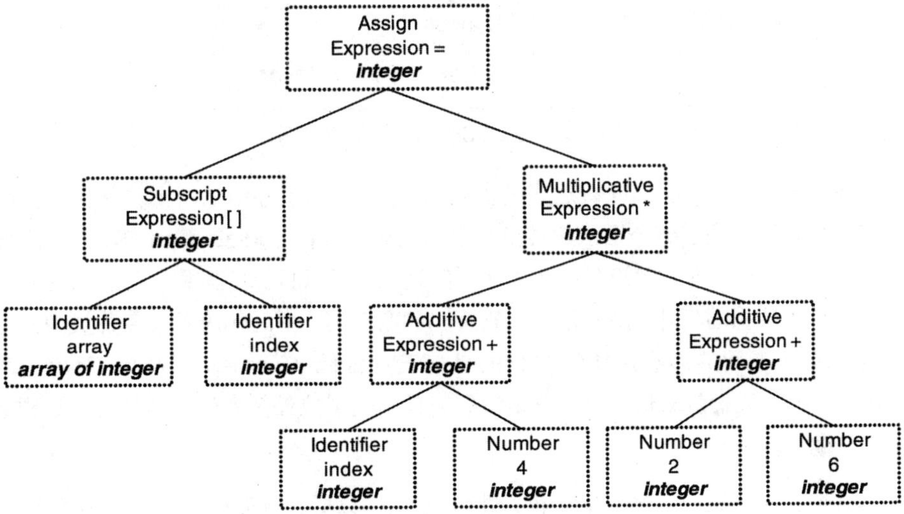

图 2-4 标识语义后的语法树

可以看到，每个表达式（包括符号和数字）都被标识了类型。我们的例子中几乎所有的表达式都是整型的，所以无须做转换，整个分析过程很顺利。语义分析器还对符号表里的符号类型也做了更新。

2.2.4 中间语言生成

现代的编译器有着很多层次的优化，往往在源代码级别会有一个优化过程。我们这里所描述的**源码级优化器**（Source Code Optimizer）在不同编译器中可能会有不同的定义或有一些其他的差异。源代码级优化器会在源代码级别进行优化，在上例中，细心的读者可能已经发现，（2 + 6）这个表达式可以被优化掉，因为它的值在编译期就可以被确定。类似的还有很多其他复杂的优化过程，我们在这里就不详细描述了。经过优化的语法树如图 2-5 所示。

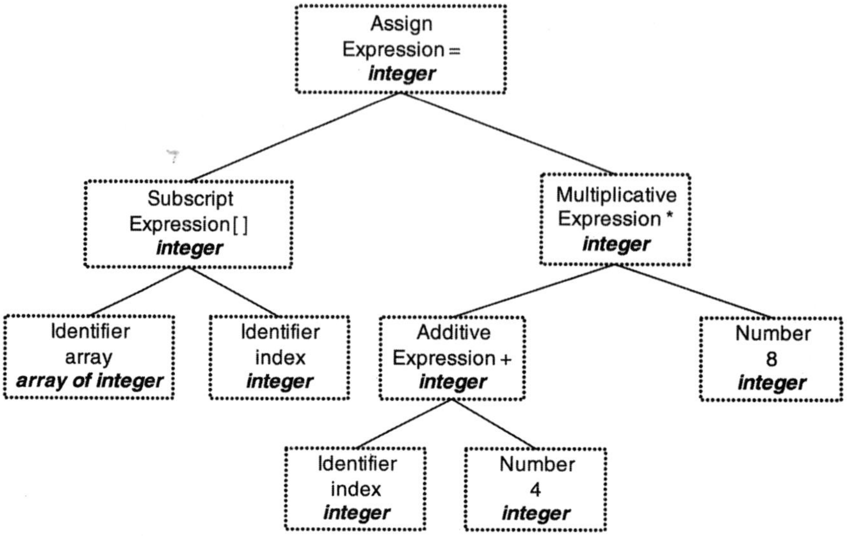

图 2-5 优化后的语法树

我们看到（2 + 6）这个表达式被优化成 8。其实直接在语法树上作优化比较困难，所以源代码优化器往往将整个语法树转换成**中间代码**（Intermediate Code），它是语法树的顺序表示，其实它已经非常接近目标代码了。但是它一般跟目标机器和运行时环境是无关的，比如它不包含数据的尺寸、变量地址和寄存器的名字等。中间代码有很多种类型，在不同的编译器中有着不同的形式，比较常见的有：**三地址码**（Three-address Code）和 **P-代码**（P-Code）。我们就拿最常见的三地址码来作为例子，最基本的三地址码是这样的：

```
x = y op z
```

这个三地址码表示将变量 y 和 z 进行 op 操作以后，赋值给 x。这里 op 操作可以是算数运算，比如加减乘除等，也可以是其他任何可以应用到 y 和 z 的操作。三地址码也得名于此，因为一个三地址码语句里面有三个变量地址。我们上面的例子中的语法树可以被翻译成三地址码后是这样的：

```
t1 = 2 + 6
t2 = index + 4
t3 = t2 * t1
array[index] = t3
```

我们可以看到，为了使所有的操作都符合三地址码形式，这里利用了几个临时变量：t1、t2 和 t3。在三地址码的基础上进行优化时，优化程序会将 2+6 的结果计算出来，得到 t1 = 8。然后将后面代码中的 t1 替换成数字 8。还可以省去一个临时变量 t3，因为 t2 可以重复利用。经过优化以后的代码如下：

```
t2 = index + 4
t2 = t2 * 8
```

```
array[index] = t2
```

中间代码使得编译器可以被分为前端和后端。编译器前端负责产生机器无关的中间代码，编译器后端将中间代码转换成目标机器代码。这样对于一些可以跨平台的编译器而言，它们可以针对不同的平台使用同一个前端和针对不同机器平台的数个后端。

2.2.5 目标代码生成与优化

源代码级优化器产生中间代码标志着下面的过程都属于编辑器后端。编译器后端主要包括**代码生成器**（Code Generator）和**目标代码优化器**（Target Code Optimizer）。让我们先来看看代码生成器。代码生成器将中间代码转换成目标机器代码，这个过程十分依赖于目标机器，因为不同的机器有着不同的字长、寄存器、整数数据类型和浮点数数据类型等。对于上面例子中的中间代码，代码生成器可能会生成下面的代码序列（我们用 x86 的汇编语言来表示，并且假设 index 的类型为 int 型，array 的类型为 int 型数组）：

```
movl index, %ecx            ; value of index to ecx
addl $4, %ecx               ; ecx = ecx + 4
mull $8, %ecx               ; ecx = ecx * 8
movl index, %eax            ; value of index to eax
movl %ecx, array(,eax,4)    ; array[index] = ecx
```

最后目标代码优化器对上述的目标代码进行优化，比如选择合适的寻址方式、使用位移来代替乘法运算、删除多余的指令等。上面的例子中，乘法由一条相对复杂的**基址比例变址寻址**（Base Index Scale Addressing）的 lea 指令完成，随后由一条 mov 指令完成最后的赋值操作，这条 mov 指令的寻址方式与 lea 是一样的。

```
movl    index, %edx
leal    32(,%edx,8), %eax
movl    %eax, array(,%edx,4)
```

现代的编译器有着异常复杂的结构，这是因为现代高级编程语言本身非常地复杂，比如 C++语言的定义就极为复杂，至今没有一个编译器能够完整支持 C++语言标准所规定的所有语言特性。另外现代的计算机 CPU 相当地复杂，CPU 本身采用了诸如流水线、多发射、超标量等诸多复杂的特性，为了支持这些特性，编译器的机器指令优化过程也变得十分复杂。使得编译过程更为复杂的是有些编译器支持多种硬件平台，即允许编译器编译出多种目标 CPU 的代码。比如著名的 GCC 编译器就几乎支持所有 CPU 平台，这也导致了编译器的指令生成过程更为复杂。

经过这些扫描、语法分析、语义分析、源代码优化、代码生成和目标代码优化，编译器忙活了这么多个步骤以后，源代码终于被编译成了目标代码。但是这个目标代码中有一个问题是：**index 和 array 的地址还没有确定**。如果我们要把目标代码使用汇编器编译成真正能够在机器上执行的指令，那么 index 和 array 的地址应该从哪儿得到呢？如果 index 和 array

定义在跟上面的源代码同一个编译单元里面，那么编译器可以为 index 和 array 分配空间，确定它们的地址；那如果是定义在其他的程序模块呢？

这个看似简单的问题引出了我们一个很大的话题：目标代码中有变量定义在其他模块，该怎么办？事实上，定义其他模块的全局变量和函数在最终运行时的绝对地址都要在最终链接的时候才能确定。所以现代的编译器可以将一个源代码文件编译成一个未链接的目标文件，然后由链接器最终将这些目标文件链接起来形成可执行文件。让我们带着这个问题，走进链接的世界。

2.3 链接器年龄比编译器长

> 很久很久以前，在一个非常遥远的银河系……人们编写程序时，将所有源代码都写在同一个文件中，发展到后来一个程序源代码的文件长达数百万行，以至于这个地方的人类已经没有能力维护这个程序了。人们开始寻找新的办法，一场新的软件开发革命即将爆发……

为了更好地理解计算机程序的编译和链接的过程，我们简单地回顾计算机程序开发的历史一定会非常有益。计算机的程序开发并非从一开始就有着这么复杂的自动化编译、链接过程。原始的链接概念远在高级程序语言发明之前就已经存在了，在最开始的时候，程序员（当时程序员的概念应该跟现在相差很大了）先把一个程序在纸上写好，当然当时没有很高级的语言，用的都是机器语言，甚至连汇编语言都没有。当程序须要被运行时，程序员人工将他写的程序写入到存储设备上，最原始的存储设备之一就是纸带，即在纸带上打相应的孔。

这个过程我们可以通过图 2-6 来看到，假设有一种计算机，它的每条指令是 1 个字节，也就是 8 位。我们假设有一种跳转指令，它的高 4 位是 0001，表示这是一条跳转指令；低 4

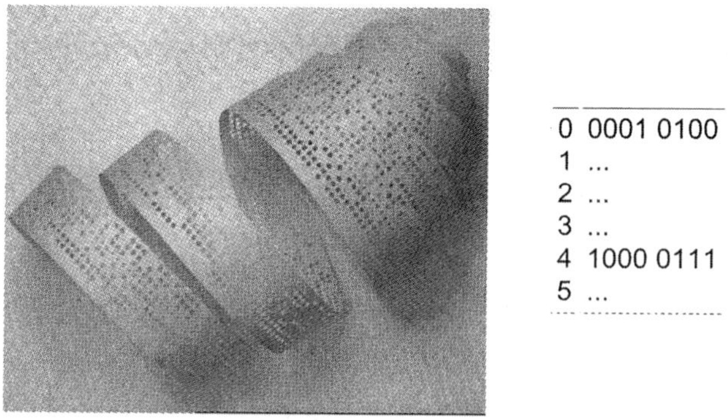

图 2-6 纸带与机器指令

位存放的是跳转目的地的绝对地址。我们可以从图 2-6 中看到，这个程序的第一条指令就是一条跳转指令，它的目的地址是第 5 条指令（**注意，第 5 条指令的绝对地址是 4**）。至于 0 和 1 怎么映射到纸带上，这个应该很容易理解，比如我们可以规定纸带上每行有 8 个孔位，每个孔位代表一位，穿孔表示 0，未穿孔表示 1。

现在问题来了，程序并不是一写好就永远不变化的，它可能会经常被修改。比如我们在第 1 条指令之后、第 5 条指令之前插入了一条或多条指令，那么第 5 条指令及后面的指令的位置将会相应地往后移动，原先第一条指令的低 4 位的数字将需要相应地调整。在这个过程中，程序员需要人工重新计算每个子程序或跳转的目标地址。当程序修改的时候，这些位置都要重新计算，十分繁琐又耗时，并且很容易出错。这种重新计算各个目标的地址过程被叫做**重定位**（**Relocation**）。

如果我们有多条纸带的程序，这些程序之间可能会有类似的跨纸带之间的跳转，这种程序经常修改导致跳转目标地址变化在程序拥有多个模块的时候更为严重。人工绑定进行指令的修正以确保所有的跳转目标地址都正确，在程序规模越来越大以后变得越来越复杂和繁琐。

没办法，这种黑暗的程序员生活是没有办法容忍的。先驱者发明了汇编语言，这相比机器语言来说是个很大的进步。汇编语言使用接近人类的各种符号和标记来帮助记忆，比如指令采用两个或三个字母的缩写，记住“jmp”比记住 0001XXXX 是跳转（jump）指令容易得多了；汇编语言还可以使用符号来标记位置，比如一个符号“divide”表示一个除法子程序的起始地址，比记住从某个位置开始的第几条指令是除法子程序方便得多。最重要的是，这种符号的方法使得人们从具体的指令地址中逐步解放出来。比如前面纸带程序中，我们把刚开始第 5 条指令开始的子程序命名为“foo”，那么第一条指令的汇编就是：

```
jmp foo
```

当然人们可以使用这种符号命名子程序或跳转目标以后，不管这个“foo”之前插入或减少了多少条指令导致“foo”目标地址发生了什么变化，汇编器在每次汇编程序的时候会重新计算“foo”这个符号的地址，然后把所有引用到“foo”的指令修正到这个正确的地址。整个过程不需要人工参与，对于一个有成百上千个类似的符号的程序，程序员终于摆脱了这种低级的繁琐的调整地址的工作，用一句政治口号来说叫做“极大地解放了生产力”。**符号**（**Symbol**）这个概念随着汇编语言的普及迅速被使用，它用来表示一个地址，这个地址可能是一段子程序（后来发展成函数）的起始地址，也可以是一个变量的起始地址。

有了汇编语言以后，生产力大大提高了，随之而来的是软件的规模也开始日渐庞大，这时程序的代码量也已经开始快速地膨胀，导致人们要开始考虑将不同功能的代码以一定的方式组织起来，使得更加容易阅读和理解，以便于日后修改和重复使用。自然而然，人们开始将代码按照功能或性质划分，分别形成不同的功能模块，不同的模块之间按照层次结构或其他结构来组织。这个在现代的软件源代码组织中很常见，比如在 C 语言中，最小的单位是变量和函数，若干个变量和函数组成一个模块，存放在一个“.c”的源代码文件里，然后这些源代码文件按照目录结构来组织。在比较高级的语言中，如 Java 中，每个类是一个基本的模块，若干个类模块组成一个**包**（Package），若干个包组合成一个程序。

在现代软件开发过程中，软件的规模往往都很大，动辄数百万行代码，如果都放在一个模块肯定无法想象。所以现代的大型软件往往拥有成千上万个模块，这些模块之间相互依赖又相对独立。这种按照层次化及模块化存储和组织源代码有很多好处，比如代码更容易阅读、理解、重用，每个模块可以单独开发、编译、测试，改变部分代码不需要编译整个程序等。

在一个程序被分割成多个模块以后，这些模块之间最后如何组合形成一个单一的程序是须解决的问题。模块之间如何组合的问题可以归结为模块之间如何通信的问题，最常见的属于静态语言的 C/C++模块之间通信有两种方式，一种是模块间的函数调用，另外一种是模块间的变量访问。函数访问须知道目标函数的地址，变量访问也须知道目标变量的地址，所以这两种方式都可以归结为一种方式，那就是模块间符号的引用。模块间依靠符号来通信类似于拼图版，定义符号的模块多出一块区域，引用该符号的模块刚好少了那一块区域，两者一拼接刚好完美组合（见图 2-7）。这个模块的拼接过程就是本书的一个主题：**链接**（Linking）。

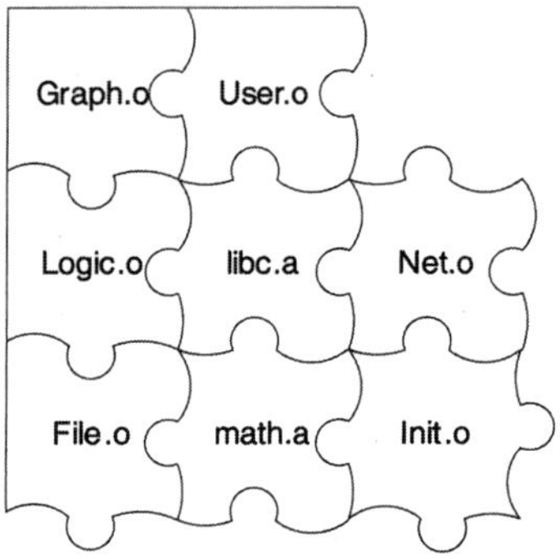

图 2-7 模块间拼合

这种基于符号的模块化的一个直接结果是链接过程在整个程序开发中变得十分重要和突出。我们在本书的后面将可以看到链接器如何将这些编译后的模块链接到一起，最终产生一个可以执行的程序。

2.4 模块拼装——静态链接

程序设计的模块化是人们一直在追求的目标，因为当一个系统十分复杂的时候，我们不得不将一个复杂的系统逐步分割成小的系统以达到各个突破的目的。一个复杂的软件也如此，人们把每个源代码模块独立地编译，然后按照须要将它们“组装”起来，这个组装模块的过程就是**链接**（Linking）。链接的主要内容就是把各个模块之间相互引用的部分都处理好，使得各个模块之间能够正确地衔接。链接器所要做的工作其实跟前面所描述的“程序员人工调整地址”本质上没什么两样，只不过现代的高级语言的诸多特性和功能，使得编译器、链接器更为复杂，功能更为强大，但从原理上来讲，它的工作无非就是把一些指令对其他符号地址的引用加以修正。链接过程主要包括了**地址和空间分配**（Address and Storage Allocation）、**符号决议**（Symbol Resolution）和**重定位**（Relocation）等这些步骤。

符号决议有时候也被叫做符号绑定（Symbol Binding）、名称绑定（Name Binding）、名称决议（Name Resolution），甚至还有叫做地址绑定（Address Binding）、指令绑定（Instruction Binding）的，大体上它们的意思都一样，但从细节角度来区分，它们之间还是存在一定区别的，比如“决议”更倾向于静态链接，而“绑定”更倾向于动态链接，即它们所使用的范围不一样。在静态链接，我们将统一称为符号决议。

最基本的静态链接过程如图 2-8 所示。每个模块的源代码文件（如.c）文件经过编译器编译成**目标文件**（Object File，一般扩展名为.o 或.obj），目标文件和**库**（Library）一起链接

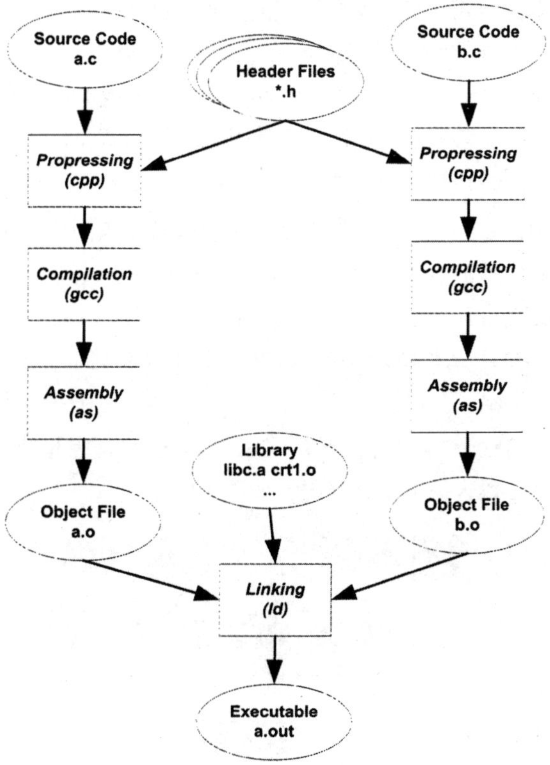

图 2-8 链接过程

形成最终可执行文件。而最常见的库就是**运行时库**（Runtime Library），它是支持程序运行的基本函数的集合。库其实是一组目标文件的包，就是一些最常用的代码编译成目标文件后打包存放。关于库本书的后面还会再详细分析。

> 我们认为对于 Object 文件没有一个很合适的中文名称，把它叫做**中间目标文件**比较合适，简称为**目标文件**，所以本书后面的内容都将称 Object 文件为**目标文件**，很多时候我们也把目标文件称为模块。

现代的编译和链接过程也并非想象中的那么复杂，它还是一个比较容易理解的概念。比如我们在程序模块 main.c 中使用另外一个模块 func.c 中的函数 foo()。我们在 main.c 模块中每一处调用 foo 的时候都必须确切知道 foo 这个函数的地址，但是由于每个模块都是单独编译的，在编译器编译 main.c 的时候它并不知道 foo 函数的地址，所以它暂时把这些调用 foo 的指令的目标地址搁置，等待最后链接的时候由链接器去将这些指令的目标地址修正。如果没有链接器，须要我们手工把每个调用 foo 的指令进行修正，填入正确的 foo 函数地址。当 func.c 模块被重新编译，foo 函数的地址有可能改变时，我们在 main.c 中所有使用到 foo 的地址的指令将要全部重新调整。这些繁琐的工作将成为程序员的噩梦。使用链接器，你可以直接引用其他模块的函数和全局变量而无须知道它们的地址，因为链接器在链接的时候，会根据你所引用的符号 foo，自动去相应的 func.c 模块查找 foo 的地址，然后将 main.c 模块中所有引用到 foo 的指令重新修正，让它们的目标地址为真正的 foo 函数的地址。这就是静态链接的最基本的过程和作用。

在链接过程中，对其他定义在目标文件中的函数调用的指令须要被重新调整，对使用其他定义在其他目标文件的变量来说，也存在同样的问题。让我们结合具体的 CPU 指令来了解这个过程。假设我们有个全局变量叫做 var，它在目标文件 A 里面。我们在目标文件 B 里面要访问这个全局变量，比如我们在目标文件 B 里面有这么一条指令：

```
movl    $0x2a, var
```

这条指令就是给这个 var 变量赋值 0x2a，相当于 C 语言里面的语句 var = 42。然后我们编译目标文件 B，得到这条指令机器码，如图 2-9 所示。

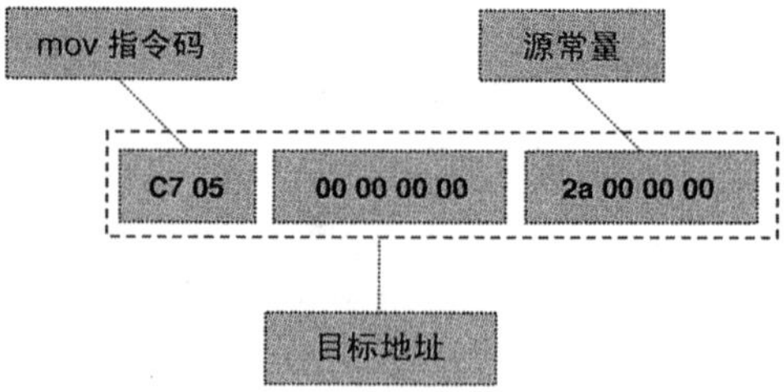

图 2-9 传送指令

由于在编译目标文件 B 的时候，编译器并不知道变量 var 的目标地址，所以编译器在没法确定地址的情况下，将这条 mov 指令的目标地址置为 0，等待链接器在将目标文件 A 和 B 链接起来的时候再将其修正。我们假设 A 和 B 链接后，变量 var 的地址确定下来为 0x1000，那么链接器将会把这个指令的目标地址部分修改成 0x10000。这个地址修正的过程也被叫做**重定位**（Relocation），每个要被修正的地方叫一个**重定位入口**（Relocation Entry）。重定位所做的就是给程序中每个这样的绝对地址引用的位置"打补丁"，使它们指向正确的地址。

2.5 本章小结

在这一章中，我们首先回顾了从程序源代码到最终可执行文件的 4 个步骤：预编译、编译、汇编、链接，分析了它们的作用及相互之间的联系，IDE 集成开发工具和编译器默认的命令通常将这些步骤合并成一步，使得我们通常很少关注这些步骤。

我们还详细回顾了上面这 4 个步骤中的主要部分，即编译步骤。介绍了编译器将 C 程序源代码转变成汇编代码的若干个步骤：词法分析、语法分析、语义分析、中间代码生成、目标代码生成与优化。最后我们介绍了链接的历史和静态链接的一系列基本概念：重定位、符号、符号决议、目标文件、库、运行库等概念。

第3章

目标文件里有什么

3.1 目标文件的格式
3.2 目标文件是什么样的
3.3 挖掘 SimpleSection.o
3.4 ELF 文件结构描述
3.5 链接的接口——符号
3.6 调试信息
3.7 本章小结

编译器编译源代码后生成的文件叫做**目标文件**，那么目标文件里面到底存放的是什么呢？或者我们的源代码在经过编译以后是怎么存储的？我们将在这一节剥开目标文件的层层外壳，去探索它最本质的内容。

目标文件从结构上讲，它是已经编译后的可执行文件格式，只是还没有经过链接的过程，其中可能有些符号或有些地址还没有被调整。其实它本身就是按照可执行文件格式存储的，只是跟真正的可执行文件在结构上稍有不同。

可执行文件格式涵盖了程序的编译、链接、装载和执行的各个方面。了解它的结构并深入剖析它对于认识系统、了解背后的机理大有好处。

3.1 目标文件的格式

现在 PC 平台流行的**可执行文件格式（Executable）**主要是 Windows 下的 PE（Portable Executable）和 Linux 的 ELF（Executable Linkable Format），它们都是 COFF（Common file format）格式的变种。目标文件就是源代码编译后但未进行链接的那些中间文件（Windows 的.obj 和 Linux 下的.o），它跟可执行文件的内容与结构很相似，所以一般跟可执行文件格式一起采用一种格式存储。从广义上看，目标文件与可执行文件的格式其实几乎是一样的，所以我们可以广义地将目标文件与可执行文件看成是一种类型的文件，在 Windows 下，我们可以统称它们为 PE-COFF 文件格式。在 Linux 下，我们可以将它们统称为 ELF 文件。其他不太常见的可执行文件格式还有 Intel/Microsoft 的 OMF（Object Module Format）、Unix a.out 格式和 MS-DOS .COM 格式等。

不光是**可执行文件**（Windows 的.exe 和 Linux 下的 ELF 可执行文件）按照可执行文件格式存储。**动态链接库**（DLL，Dynamic Linking Library）（Windows 的.dll 和 Linux 的.so）及**静态链接库**（Static Linking Library）（Windows 的.lib 和 Linux 的.a）文件都按照可执行文件格式存储。它们在 Windows 下都按照 PE-COFF 格式存储，Linux 下按照 ELF 格式存储。静态链接库稍有不同，它是把很多目标文件捆绑在一起形成一个文件，再加上一些索引，你可以简单地把它理解为一个包含有很多目标文件的文件包。ELF 文件标准里面把系统中采用 ELF 格式的文件归为如表 3-1 所列举的 4 类。

表 3-1

ELF 文件类型	说明	实例
可重定位文件 （Relocatable File）	这类文件包含了代码和数据，可以被用来链接成可执行文件或共享目标文件，静态链接库也可以归为这一类	Linux 的.o Windows 的.obj

续表

ELF 文件类型	说明	实例
可执行文件 (Executable File)	这类文件包含了可以直接执行的程序，它的代表就是 ELF 可执行文件，它们一般都没有扩展名	比如/bin/bash 文件 Windows 的.exe
共享目标文件 (Shared Object File)	这种文件包含了代码和数据，可以在以下两种情况下使用。一种是链接器可以使用这种文件跟其他的可重定位文件和共享目标文件链接，产生新的目标文件。第二种是动态链接器可以将几个这种共享目标文件与可执行文件结合，作为进程映像的一部分来运行	Linux 的 .so，如 /lib/glibc-2.5.so Windows 的 DLL
核心转储文件 (Core Dump File)	当进程意外终止时，系统可以将该进程的地址空间的内容及终止时的一些其他信息转储到核心转储文件	Linux 下的 core dump

我们可以在 Linux 下使用 file 命令来查看相应的文件格式，上面几种文件在 file 命令下会显示出相应的类型：

```
$ file foobar.o
foobar.o: ELF 32-bit LSB relocatable, Intel 80386, version 1 (SYSV), not
stripped

$ file /bin/bash
/bin/bash: ELF 32-bit LSB executable, Intel 80386, version 1 (SYSV), for
GNU/Linux 2.6.8, dynamically linked (uses shared libs), stripped

$ file /lib/ld-2.6.1.so
/lib/libc-2.6.1.so: ELF 32-bit LSB shared object, Intel 80386, version 1
(SYSV), for GNU/Linux 2.6.8, stripped
```

目标文件与可执行文件格式的小历史

目标文件与可执行文件格式跟操作系统和编译器密切相关，所以不同的系统平台下会有不同的格式，但这些格式又大同小异，目标文件格式与可执行文件格式的历史几乎是操作系统的发展史。

COFF 是由 Unix System V Release 3 首先提出并且使用的格式规范，后来微软公司基于 COFF 格式，制定了 PE 格式标准，并将其用于当时的 Windows NT 系统。System V Release 4 在 COFF 的基础上引入了 ELF 格式，目前流行的 Linux 系统也以 ELF 作为基本可执行文件格式。这也就是为什么目前 PE 和 ELF 如此相似的主要原因，因为它们都是源于同一种可执行文件格式 COFF。

Unix 最早的可执行文件格式为 a.out 格式，它的设计非常地简单，以至于后来共享库这个概念出现的时候，a.out 格式就变得捉襟见肘了。于是人们设计了 COFF 格式来解决这些问题，这个设计非常通用，以至于 COFF 的继承者到目前还在被广泛地使用。

COFF 的主要贡献是在目标文件里面引入了“段”的机制，不同的目标文件可以拥有不同数量及不同类型的“段”。另外，它还定义了调试数据格式。

注意 下文的剖析我们以 ELF 结构为主。然后会专门分析 PE-COFF 文件结构，并对比其与 ELF 的异同。

3.2 目标文件是什么样的

我们大概能猜到，目标文件中的内容至少有编译后的机器指令代码、数据。没错，除了这些内容以外，目标文件中还包括了链接时所需要的一些信息，比如符号表、调试信息、字符串等。一般目标文件将这些信息按不同的属性，以 **“节”**（Section）的形式存储，有时候也叫 **“段”**（Segment），在一般情况下，它们都表示一个一定长度的区域，基本上不加以区别，唯一的区别是在 ELF 的链接视图和装载视图的时候，后面会专门提到。在本书中，默认情况下统一将它们称为“段”。

程序源代码编译后的机器指令经常被放在**代码段**（Code Section）里，代码段常见的名字有“.code”或“.text”；全局变量和局部静态变量数据经常放在**数据段**（Data Section），数据段的一般名字都叫“.data”。让我们来看一个简单的程序被编译成目标文件后的结构，如图 3-1 所示。

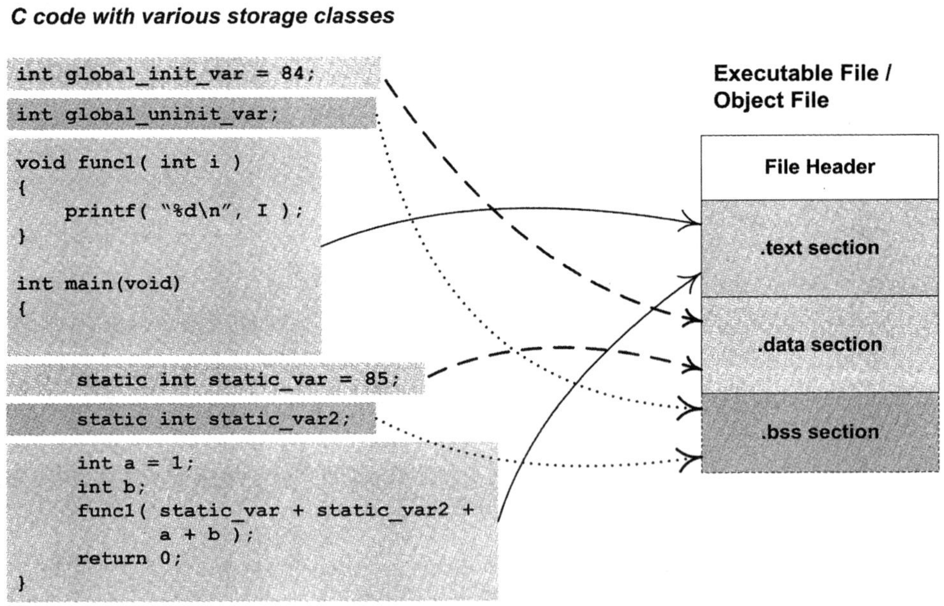

图 3-1 程序与目标文件

假设图 3-1 的可执行文件（目标文件）的格式是 ELF，从图中可以看到，ELF 文件的开头是一个“文件头”，它描述了整个文件的文件属性，包括文件是否可执行、是静态链接还是动态链接及入口地址（如果是可执行文件）、目标硬件、目标操作系统等信息，文件头还包括一个**段表**（Section Table），段表其实是一个描述文件中各个段的数组。段表描述了文件中各个段在文件中的偏移位置及段的属性等，从段表里面可以得到每个段的所有信息。文件头后面就是各个段的内容，比如代码段保存的就是程序的指令，数据段保存的就是程序的静态变量等。

对照图 3-1 来看，一般 C 语言的编译后执行语句都编译成机器代码，保存在.text 段；已初始化的全局变量和局部静态变量都保存在. data 段；未初始化的全局变量和局部静态变量一般放在一个叫.“bss”的段里。我们知道未初始化的全局变量和局部静态变量默认值都为 0，本来它们也可以被放在.data 段的，但是因为它们都是 0，所以为它们在.data 段分配空间并且存放数据 0 是没有必要的。程序运行的时候它们的确是要占内存空间的，并且可执行文件必须记录所有未初始化的全局变量和局部静态变量的大小总和，记为.bss 段。**所以.bss 段只是为未初始化的全局变量和局部静态变量预留位置而已**，它并没有内容，所以它在文件中也不占据空间。

BSS 历史

BSS（Block Started by Symbol）这个词最初是 UA-SAP 汇编器（United Aircraft Symbolic Assembly Program）中的一个伪指令，用于为符号预留一块内存空间。该汇编器由美国联合航空公司于 20 世纪 50 年代中期为 IBM 704 大型机所开发。

后来BSS这个词被作为关键字引入到了IBM 709和7090/94机型上的标准汇编器FAP（Fortran Assembly Program），用于定义符号并且为该符号预留给定数量的未初始化空间。

Unix FAQ section 1.3（http://www.faqs.org/faqs/unix-faq/faq/part1/section-3.html）里面有 Unix 和 C 语言之父 Dennis Rithcie 对 BSS 这个词由来的解释。

总体来说，程序源代码被编译以后主要分成两种段：程序指令和程序数据。代码段属于程序指令，而数据段和.bss 段属于程序数据。

很多人可能会有疑问：为什么要那么麻烦，把程序的指令和数据的存放分开？混杂地放在一个段里面不是更加简单？其实数据和指令分段的好处有很多。主要有如下几个方面。

- 一方面是当程序被装载后，数据和指令分别被映射到两个虚存区域。由于数据区域对于进程来说是可读写的，而指令区域对于进程来说是只读的，所以这两个虚存区域的权限可以被分别设置成可读写和只读。这样可以防止程序的指令被有意或无意地改写。

- 另外一方面是对于现代的 CPU 来说，它们有着极为强大的缓存（Cache）体系。由于缓存在现代的计算机中地位非常重要，所以程序必须尽量提高缓存的命中率。指令区和数据区的分离有利于提高程序的局部性。现代 CPU 的缓存一般都被设计成数据缓存和指令缓存分离，所以程序的指令和数据被分开存放对 CPU 的缓存命中率提高有好处。
- 第三个原因，其实也是最重要的原因，就是当系统中运行着多个该程序的副本时，它们的指令都是一样的，所以内存中只须要保存一份改程序的指令部分。对于指令这种只读的区域来说是这样，对于其他的只读数据也一样，比如很多程序里面带有的图标、图片、文本等资源也是属于可以共享的。当然每个副本进程的数据区域是不一样的，它们是进程私有的。不要小看这个共享指令的概念，它在现代的操作系统里面占据了极为重要的地位，特别是在有动态链接的系统中，可以节省大量的内存。比如我们常用的 Windows Internet Explorer 7.0 运行起来以后，它的总虚存空间为 112 844 KB，它的私有部分数据为 15 944 KB，即有 96 900 KB 的空间是共享部分（数据来源见图 3-2）。如果系统中运行了数百个进程，可以想象共享的方法将节省大量空间。关于内存共享的更为深入的内容我们将在装载这一章探讨。

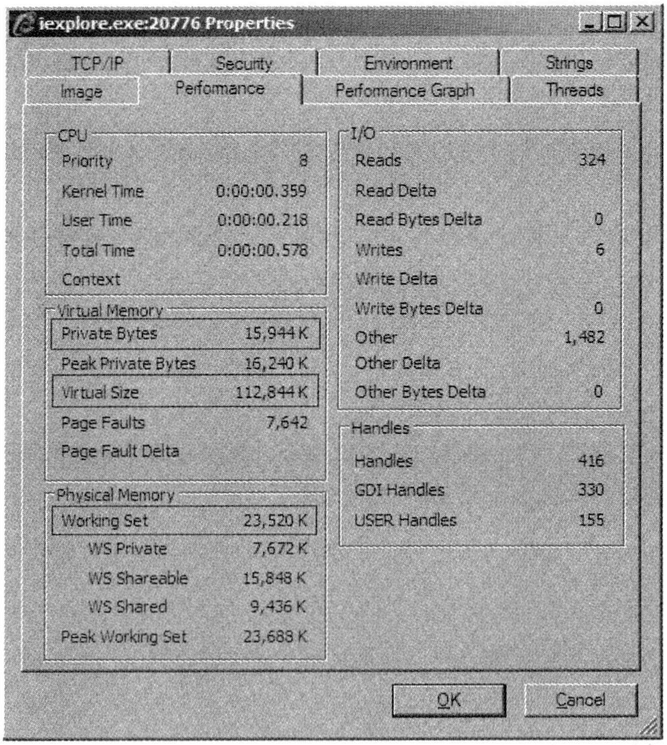

图 3-2 Process Explorer 下查看进程 IExplorer.exe 的进程信息

3.3 挖掘 SimpleSection.o

前面对于目标文件只是作了概念上的阐述，如果不彻底深入目标文件的具体细节，相信这样的分析也只是泛泛而谈，没有真正深入理解的效果。就像知道 TCP/IP 协议是基于包的结构，但是从来却没有看到过包的结构是怎样的，包的头部有哪些内容？目标地址和源地址是怎么存放的？如果不了解这些，那么对于 TCP/IP 的了解是粗略的，不够细致的。很多问题其实在表面上看似很简单，其实深入内部会发现很多鲜为人知的秘密，或者发现以前自己认为理所当然的东西居然是错误的，或者是有偏差的。对于系统软件也是如此，不了解 ELF 文件的结构细节就像学习了 TCP/IP 网络没有了解 IP 包头的结构一样。本节后面的内容就是以 ELF 目标文件格式作为例子，彻底深入剖析目标文件，争取不放过任何一个字节。

真正了不起的程序员对自己的程序的每一个字节都了如指掌。

——佚名

我们就以前面提到过的 SimpleSection.c 编译出来的目标文件作为分析对象，这个程序是经过精心挑选的，具有一定的代表性而又不至于过于繁琐和复杂。在接下来所进行的一系列编译、链接和相关的实验过程中，我们将会用到第 1 章所提到过的工具套件，比如 GCC 编译器、binutils 等工具，如果你忘了这些工具怎么使用，那么在阅读过程中可以再回去参考本书第 1 部分的内容。图 3-1 中的程序代码如清单 3-1 所示。

清单 3-1

```
/*
 * SimpleSection.c
 *
 * Linux:
 *   gcc -c SimpleSection.c
 *
 * Windows:
 *   cl SimpleSection.c /c /Za
 */

int printf( const char* format, ... );

int global_init_var = 84;
int global_uninit_var;

void func1( int i )
{
    printf( "%d\n",  i );
}

int main(void)
{
    static int static_var = 85;
    static int static_var2;
```

```
    int a = 1;
    int b;

    func1( static_var + static_var2 + a + b );

    return a;
}
```

注意 如不加说明，则以下所分析的都是 32 位 Intel x86 平台下的 ELF 文件格式。

我们使用 GCC 来编译这个文件（参数 -c 表示只编译不链接）：

$ gcc –c SimpleSection.c

我们得到了一个 1 104 字节（该文件大小可能会因为编译器版本以及机器平台不同而变化）的 SimpleSection.o 目标文件。我们可以使用 binutils 的工具 objdump 来查看 object 内部的结构，这个工具在第 1 部分已经介绍过了，它可以用来查看各种目标文件的结构和内容。运行以下命令：

$ objdump -h SimpleSection.o

```
SimpleSection.o:     file format elf32-i386

Sections:
Idx Name          Size      VMA       LMA       File off  Algn
  0 .text         0000005b  00000000  00000000  00000034  2**2
                  CONTENTS, ALLOC, LOAD, RELOC, READONLY, CODE
  1 .data         00000008  00000000  00000000  00000090  2**2
                  CONTENTS, ALLOC, LOAD, DATA
  2 .bss          00000004  00000000  00000000  00000098  2**2
                  ALLOC
  3 .rodata       00000004  00000000  00000000  00000098  2**0
                  CONTENTS, ALLOC, LOAD, READONLY, DATA
  4 .comment      0000002a  00000000  00000000  0000009c  2**0
                  CONTENTS, READONLY
  5 .note.GNU-stack 00000000  00000000  00000000  000000c6  2**0
                  CONTENTS, READONLY
```

GCC 和 binutils 可被移植到各种平台上，所以它们支持多种目标文件格式。比如 Windows 下的 GCC 和 binutils 支持 PE 文件格式、Linux 版本支持 ELF 格式。Linux 还有一个很不错的工具叫 readelf，它是专门针对 ELF 文件格式的解析器，很多时候它对 ELF 文件的分析可以跟 objdump 相互对照，所以我们下面会经常用到这个工具。

参数“-h”就是把 ELF 文件的各个段的基本信息打印出来。我们也可以使用“objdump –x”把更多的信息打印出来，但是“-x”输出的这些信息又多又复杂，对于不熟悉 ELF 和 objdump 的读者来说可能会很陌生。我们还是先把 ELF 段的结构分析清楚。从上面的结果来看，SimpleSection.o 的段的数量比我们想象中的要多，除了最基本的代码段、数据段和

BSS 段以外，还有 3 个段分别是**只读数据段**（.rodata）、**注释信息段**（.comment）和**堆栈提示段**（.note.GNU-stack），这 3 个额外的段的意义我们暂且不去细究。先来看看几个重要的段的属性，其中最容易理解的是段的长度（Size）和段所在的位置（File Offset），每个段的第 2 行中的“CONTENTS”、“ALLOC”等表示段的各种属性，“CONTENTS”表示该段在文件中存在。我们可以看到 BSS 段没有“CONTENTS”，表示它实际上在 ELF 文件中不存在内容。“.note.GNU-stack”段虽然有“CONTENTS”，但它的长度为 0，这是个很古怪的段，我们暂且忽略它，认为它在 ELF 文件中也不存在。那么 ELF 文件中实际存在的也就是“.text”、“.data”、“.rodata”和“.comment”这 4 个段了，它们的长度和在文件中的偏移位置我们已经用粗体表示出来了。它们在 ELF 中的结构如图 3-3 所示。

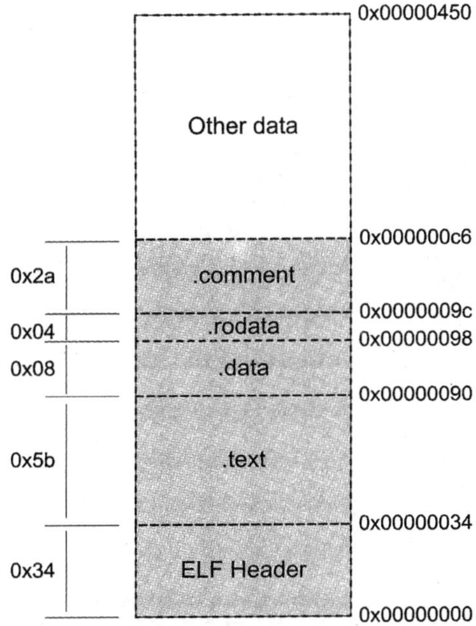

图 3-3 SimpleSection.o

了解了这几个段在 SimpleSection.o 的基本分布，接着将逐个来看这几个段，看看它们包含了什么内容。

有一个专门的命令叫做“size”，它可以用来查看 ELF 文件的代码段、数据段和 BSS 段的长度（dec 表示 3 个段长度的和的十进制，hex 表示长度和的十六进制）：

```
$ size SimpleSection.o
  text   data   bss   dec   hex  filename
    95      8     4   107    6b  SimpleSection.o
```

3.3.1 代码段

挖掘各个段的内容，我们还是离不开 objdump 这个利器。objdump 的“-s”参数可以将所有段的内容以十六进制的方式打印出来，“-d”参数可以将所有包含指令的段反汇编。我们将 objdump 输出中关于代码段的内容提取出来，分析一下关于代码段的内容（省略号表示略去无关内容）：

```
$ objdump -s -d SimpleSection.o
……
Contents of section .text:
 0000 5589e583 ec088b45 08894424 04c70424  U......E..D$...$
 0010 00000000 e8fcffff ffc9c38d 4c240483  ............L$..
 0020 e4f0ff71 fc5589e5 5183ec14 c745f401  ...q.U..Q....E..
 0030 0000008b 15040000 00a10000 00008d04  ................
 0040 020345f4 0345f889 0424e8fc ffffff8b  ..E..E...$......
 0050 45f483c4 14595d8d 61fcc3             E....Y].a..
……
00000000 <func1>:
   0:   55                      push   %ebp
   1:   89 e5                   mov    %esp,%ebp
   3:   83 ec 08                sub    $0x8,%esp
   6:   8b 45 08                mov    0x8(%ebp),%eax
   9:   89 44 24 04             mov    %eax,0x4(%esp)
   d:   c7 04 24 00 00 00 00    movl   $0x0,(%esp)
  14:   e8 fc ff ff ff          call   15 <func1+0x15>
  19:   c9                      leave
  1a:   c3                      ret

0000001b <main>:
  1b:   8d 4c 24 04             lea    0x4(%esp),%ecx
  1f:   83 e4 f0                and    $0xfffffff0,%esp
  22:   ff 71 fc                pushl  -0x4(%ecx)
  25:   55                      push   %ebp
  26:   89 e5                   mov    %esp,%ebp
  28:   51                      push   %ecx
  29:   83 ec 14                sub    $0x14,%esp
  2c:   c7 45 f4 01 00 00 00    movl   $0x1,-0xc(%ebp)
  33:   8b 15 04 00 00 00       mov    0x4,%edx
  39:   a1 00 00 00 00          mov    0x0,%eax
  3e:   8d 04 02                lea    (%edx,%eax,1),%eax
  41:   03 45 f4                add    -0xc(%ebp),%eax
  44:   03 45 f8                add    -0x8(%ebp),%eax
  47:   89 04 24                mov    %eax,(%esp)
  4a:   e8 fc ff ff ff          call   4b <main+0x30>
  4f:   8b 45 f4                mov    -0xc(%ebp),%eax
  52:   83 c4 14                add    $0x14,%esp
  55:   59                      pop    %ecx
  56:   5d                      pop    %ebp
  57:   8d 61 fc                lea    -0x4(%ecx),%esp
  5a:   c3                      ret
```

“Contents of section .text”就是.text 的数据以十六进制方式打印出来的内容，总共 0x5b

字节，跟前面我们了解到的“.text”段长度相符合，最左面一列是偏移量，中间 4 列是十六进制内容，最右面一列是.text 段的 ASCII 码形式。对照下面的反汇编结果，可以很明显地看到，.text 段里所包含的正是 SimpleSection.c 里两个函数 func1()和 main()的指令。.text 段的第一个字节“0x55”就是“func1()”函数的第一条“push %ebp”指令，而最后一个字节 0xc3 正是 main()函数的最后一条指令“ret”。

3.3.2 数据段和只读数据段

.data 段保存的是那些已经**初始化了的全局静态变量和局部静态变量**。前面的 SimpleSection.c 代码里面一共有两个这样的变量，分别是 global_init_varabal 与 static_var。这两个变量每个 4 个字节，一共刚好 8 个字节，所以“.data”这个段的大小为 8 个字节。

SimpleSection.c 里面我们在调用“printf”的时候，用到了一个字符串常量“%d\n”，它是一种只读数据，所以它被放到了“.rodata”段，我们可以从输出结果看到“.rodata”这个段的 4 个字节刚好是这个字符串常量的 ASCII 字节序，最后以\0 结尾。

“.rodata”段存放的是只读数据，一般是程序里面的只读变量（如 const 修饰的变量）和字符串常量。单独设立“.rodata”段有很多好处，不光是在语义上支持了 C++的 const 关键字，而且操作系统在加载的时候可以将“.rodata”段的属性映射成只读，这样对于这个段的任何修改操作都会作为非法操作处理，保证了程序的安全性。另外在某些嵌入式平台下，有些存储区域是采用只读存储器的，如 ROM，这样将“.rodata”段放在该存储区域中就可以保证程序访问存储器的正确性。

另外值得一提的是，有时候编译器会把字符串常量放到“.data”段，而不会单独放在“.rodata”段。有兴趣的读者可以试着把 SimpleSection.c 的文件名改成 SimpleSection.cpp，然后用各种 MSVC 编译器编译一下看看字符串常量的存放情况。

```
$ objdump -x -s -d SimpleSection.o
……
Sections:
  Idx Name          Size      VMA       LMA       File off  Algn
        1 .data     00000008  00000000  00000000  00000090  2**2
                    CONTENTS, ALLOC,    LOAD,     DATA
        3 .rodata   00000004  00000000  00000000  00000098  2**0
                    CONTENTS, ALLOC,    LOAD,     READONLY, DATA
……
Contents of section .data:
 0000 54000000 55000000                     T...U...
Contents of section .rodata:
 0000 25640a00                               %d..
……
```

我们看到“.data”段里的前 4 个字节，从低到高分别为 0x54、0x00、0x00、0x00。这个值刚好是 global_init_varabal，即十进制的 84。global_init_varabal 是个 4 字节长度的 int 类型，为什么存放的次序为 0x54、0x00、0x00、0x00 而不是 0x00、0x00、0x00、0x54？这涉及 CPU 的**字节序**（Byte Order）的问题，也就是所谓的大端（Big-endian）和小端（Little-endian）的问题。关于字节序的问题本书的**附录**有详细的介绍。而最后 4 个字节刚好是 static_init_var 的值，即 85。

3.3.3 BSS 段

.bss 段存放的是**未初始化的全局变量和局部静态变量**，如上述代码中 global_uninit_var 和 static_var2 就是被存放在.bss 段，其实更准确的说法是.bss 段为它们预留了空间。但是我们可以看到该段的大小只有 4 个字节，这与 global_uninit_var 和 static_var2 的大小的 8 个字节不符。

其实我们可以通过**符号表**（Symbol Table）（后面章节介绍符号表）看到，只有 static_var2 被存放在了.bss 段，而 global_uninit_var 却没有被存放在任何段，只是一个未定义的"COMMON 符号"。这其实是跟不同的语言与不同的编译器实现有关，有些编译器会将**全局的未初始化变量**存放在目标文件.bss 段，有些则不存放，只是预留一个**未定义的全局变量符号**，等到最终链接成可执行文件的时候再在.bss 段分配空间。我们将在"弱符号与强符号"和"COMMON 块"这两个章节深入分析这个问题。原则上讲，我们可以简单地把它当作全局未初始化变量存放在.bss 段。值得一提的是**编译单元内部可见的静态变量**（比如给 global_uninit_var 加上 static 修饰）的确是存放在.bss 段的，这一点很容易理解。

```
$ objdump -x -s -d SimpleSection.o
......
Sections:
   Idx Name          Size      VMA       LMA       File off  Algn
        2 .bss       00000004  00000000  00000000  00000098  2**2
                     ALLOC
......
```

Quiz 变量存放位置

现在让我们来做一个小的测试，请看以下代码：

```
static int x1 = 0;
static int x2 = 1;
```

x1 和 x2 会被放在什么段中呢？

x1 会被放在.bss 中，x2 会被放在.data 中。为什么一个在.bss 段，一个在.data 段？ 因为 x1 为 0，可以认为是未初始化的，因为未初始化的都是 0，所以被优化掉了可以放在.bss，这样可以节省磁盘空间，因为.bss 不占磁盘空间。另外一个变量 x2 初始化值为 1，是初始化的，所以放在.data 段中。

注意 这种类似的编译器的优化会对我们分析系统软件背后的机制带来很多障碍，使得很多问题不能一目了然，本书将尽量避开这些优化过程，还原机制和原理本身。

3.3.4 其他段

除了.text、.data、.bss 这 3 个最常用的段之外，ELF 文件也有可能包含其他的段，用来保存与程序相关的其他信息。表 3-2 中列举了 ELF 的一些常见的段。

表 3-2

常用的段名	说明
.rodata1	Read only Data，这种段里存放的是只读数据，比如字符串常量、全局 const 变量。跟“.rodata”一样
.comment	存放的是编译器版本信息，比如字符串："GCC: (GNU) 4.2.0"
.debug	调试信息
.dynamic	动态链接信息，详见本书第 2 部分
.hash	符号哈希表
.line	调试时的行号表，即源代码行号与编译后指令的对应表
.note	额外的编译器信息。比如程序的公司名、发布版本号等
.strtab	String Table.字符串表，用于存储 ELF 文件中用到的各种字符串
.symtab	Symbol Table.符号表
.shstrtab	Section String Table.段名表
.plt .got	动态链接的跳转表和全局入口表，详见本书第 2 部分
.init .fini	程序初始化与终结代码段。见“C++全局构造与析构”一节

这些段的名字都是由“.”作为前缀，表示这些表的名字是系统保留的，应用程序也可以使用一些非系统保留的名字作为段名。比如我们可以在 ELF 文件中插入一个“music”的段，里面存放了一首 MP3 音乐，当 ELF 文件运行起来以后可以读取这个段播放这首 MP3。但是应用程序自定义的段名不能使用“.”作为前缀，否则容易跟系统保留段名冲突。一个 ELF 文件也可以拥有几个相同段名的段，比如一个 ELF 文件中可能有两个或两个以上叫做“.text”的段。还有一些保留的段名是因为 ELF 文件历史遗留问题造成的，以前用过的一些名字如.sdata、.tdesc、.sbss、.lit4、.lit8、.reginfo、.gptab、.liblist、.conflict。可以不用理会这些段，它们已经被遗弃了。

Q&A

Q：如果我们要将一个二进制文件，比如图片、MP3音乐、词典一类的东西作为目标文件中的一个段，该怎么做？

A：可以使用 objcopy 工具，比如我们有一个图片文件“image.jpg”，大小为0x82100字节：

```
$ objcopy -I binary -O elf32-i386 -B i386 image.jpg image.o
$ objdump -ht image.o

image.o:     file format elf32-i386

Sections:
Idx Name          Size      VMA       LMA       File off  Algn
  0 .data         00081200  00000000  00000000  00000034  2**0
                  CONTENTS, ALLOC, LOAD, DATA
SYMBOL TABLE:
00000000 l    d  .data  00000000 .data
00000000 g       .data  00000000 _binary_image_jpg_start
00081200 g       .data  00000000 _binary_image_jpg_end
00081200 g       *ABS*  00000000 _binary_image_jpg_size
```

符号“_binary_image_jpg_start”、“_binary_image_jpg_end”和“_binary_image_jpg_size”分别表示该图片文件在内存中的起始地址、结束地址和大小，我们可以在程序里面直接声明并使用它们。

自定义段

正常情况下，GCC 编译出来的目标文件中，代码会被放到“.text”段，全局变量和静态变量会被放到“.data”和“.bss”段，正如我们前面所分析的。但是有时候你可能希望变量或某些部分代码能够放到你所指定的段中去，以实现某些特定的功能。比如为了满足某些硬件的内存和I/O的地址布局，或者是像Linux操作系统内核中用来完成一些初始化和用户空间复制时出现页错误异常等。GCC提供了一个扩展机制，使得程序员可以指定变量所处的段：

```
__attribute__((section("FOO"))) int global = 42;

__attribute__((section("BAR"))) void foo()
{
}
```

我们在全局变量或函数之前加上“__attribute__((section(“name”)))”属性就可以把相应的变量或函数放到以“name”作为段名的段中。

3.4 ELF 文件结构描述

我们已经通过 SimpleSection.o 的结构大致了解了 ELF 文件的轮廓，接着就来看看 ELF

文件的结构格式。图 3-4 描述的是 ELF 目标文件的总体结构，我们省去了 ELF 一些繁琐的结构，把最重要的结构提取出来，形成了如图 3-4 所示的 ELF 文件基本结构图，随着我们讨论的展开，ELF 文件结构会在这个基本结构之上慢慢变得复杂起来。

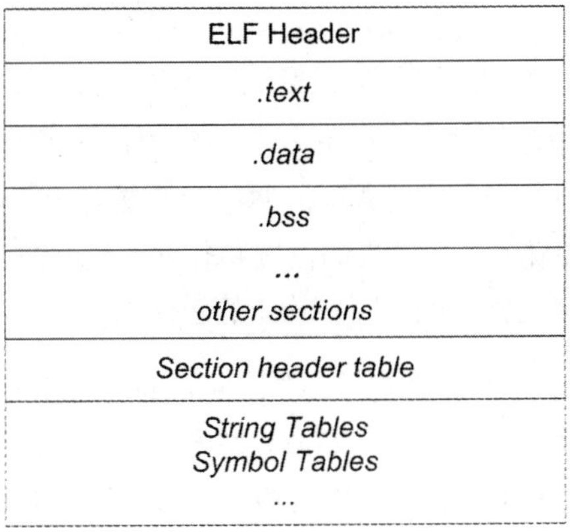

图 3-4 ELF 结构

ELF 目标文件格式的最前部是 **ELF 文件头**（ELF Header），它包含了描述整个文件的基本属性，比如 ELF 文件版本、目标机器型号、程序入口地址等。紧接着是 ELF 文件各个段。其中 ELF 文件中与段有关的重要结构就是**段表**（Section Header Table），该表描述了 ELF 文件包含的所有段的信息，比如每个段的段名、段的长度、在文件中的偏移、读写权限及段的其他属性。接着将详细分析 ELF 文件头、段表等 ELF 关键的结构。另外还会介绍一些 ELF 中辅助的结构，比如字符串表、符号表等，这些结构我们在本节只是简单介绍一下，到相关章节中再详细展开。

3.4.1 文件头

我们可以用 readelf 命令来详细查看 ELF 文件，代码如清单 3-2 所示。

清单 3-2 查看 ELF 文件头

```
$readelf -h SimpleSection.o
ELF Header:
  Magic:   7f 45 4c 46 01 01 01 00 00 00 00 00 00 00 00 00
  Class:                             ELF32
  Data:                              2's complement, little endian
  Version:                           1 (current)
  OS/ABI:                            UNIX - System V
  ABI Version:                       0
  Type:                              REL (Relocatable file)
  Machine:                           Intel 80386
  Version:                           0x1
  Entry point address:               0x0
  Start of program headers:          0 (bytes into file)
```

```
  Start of section headers:          280 (bytes into file)
  Flags:                             0x0
  Size of this header:               52 (bytes)
  Size of program headers:           0 (bytes)
  Number of program headers:         0
  Size of section headers:           40 (bytes)
  Number of section headers:         11
  Section header string table index: 8
```

从上面输出的结果可以看到，ELF 的文件头中定义了 **ELF 魔数、文件机器字节长度、数据存储方式、版本、运行平台、ABI 版本、ELF 重定位类型、硬件平台、硬件平台版本、入口地址、程序头入口和长度、段表的位置和长度及段的数量**等。这些数值中有关描述 ELF 目标平台的部分，与我们常见的 32 位 Intel 的硬件平台基本上一样。

ELF 文件头结构及相关常数被定义在“/usr/include/elf.h”里，因为 ELF 文件在各种平台下都通用，ELF 文件有 32 位版本和 64 位版本。它的文件头结构也有这两种版本，分别叫做“Elf32_Ehdr”和“Elf64_Ehdr”。32 位版本与 64 位版本的 ELF 文件的文件头内容是一样的，只不过有些成员的大小不一样。为了对每个成员的大小做出明确的规定以便于在不同的编译环境下都拥有相同的字段长度，“elf.h”使用 typedef 定义了一套自己的变量体系，如表 3-3 所示。

表 3-3

自定义类型	描述	原始类型	长度（字节）
Elf32_Addr	32 位版本程序地址	uint32_t	4
Elf32_Half	32 位版本的无符号短整形	uint16_t	2
Elf32_Off	32 位版本的偏移地址	uint32_t	4
Elf32_Sword	32 位版本有符号整形	uint32_t	4
Elf32_Word	32 位版本无符号整形	int32_t	4
Elf64_Addr	64 位版本程序地址	uint64_t	8
Elf64_Half	64 位版本的无符号短整形	uint16_t	2
Elf64_Off	64 位版本的偏移地址	uint64_t	8
Elf64_Sword	64 位版本有符号整形	uint32_t	4
Elf64_Word	64 位版本无符号整形	int32_t	4

我们这里以 32 位版本的文件头结构“Elf32_Ehdr”作为例子来描述，它的定义如下：

```
typedef struct {
    unsigned char e_ident[16];
    Elf32_Half e_type;
    Elf32_Half e_machine;
    Elf32_Word e_version;
    Elf32_Addr e_entry;
```

```
    Elf32_Off  e_phoff;
    Elf32_Off  e_shoff;
    Elf32_Word e_flags;
    Elf32_Half e_ehsize;
    Elf32_Half e_phentsize;
    Elf32_Half e_phnum;
    Elf32_Half e_shentsize;
    Elf32_Half e_shnum;
    Elf32_Half e_shstrndx;
} Elf32_Ehdr;
```

让我们拿 ELF 文件头结构跟前面 readelf 输出的 ELF 文件头信息相比照，可以看到输出的信息与 ELF 文件头中的结构很多都一一对应。有点例外的是“Elf32_Ehdr”中的 e_ident 这个成员对应了 readelf 输出结果中的“Class”、“Data”、“Version”、“OS/ABI”和“ABI Version”这 5 个参数。剩下的参数与“Elf32_Ehdr”中的成员都一一对应。我们在表 3-4 中简单地列举一下，让大家有个初步的印象，详细的定义可以在 ELF 标准文档里面找到。表 3-4 是 ELF 文件头中各个成员的含义与 readelf 输出结果的对照表。

表 3-4 ELF 文件头结构成员含义

成员	readelf 输出结果与含义
e_ident	Magic: 7f 45 4c 46 01 01 01 00 00 00 00 00 00 00 00 00 Class: ELF32 Data: 2's complement, little endian Version: 1 (current) OS/ABI: UNIX - System V ABI Version: 0
e_type	Type: REL (Relocatable file) ELF 文件类型
e_machine	Machine: Intel 80386 ELF 文件的 CPU 平台属性。相关常量以 EM_开头
e_version	Version: 0x1 ELF 版本号。一般为常数 1
e_entry	Entry point address: 0x0 入口地址，规定 ELF 程序的入口虚拟地址，操作系统在加载完该程序后从这个地址开始执行进程的指令。可重定位文件一般没有入口地址，则这个值为 0
e_phoff	Start of program headers: 0 (bytes into file) 这个暂时不关心，请参考后面的“ELF 链接视图和执行视图”一节
e_shoff	Start of section headers: 280 (bytes into file) 段表在文件中的偏移，上面的例子里这个值是 280，也就是段表从文件的第 281 个字节开始

续表

成员	readelf 输出结果与含义
e_word	Flags: 0x0 ELF 标志位，用来标识一些 ELF 文件平台相关的属性。相关常量的格式一般为 EF_machine_flag，machine 为平台，flag 为标志
e_ehsize	Size of this header: 52 (bytes) 即 ELF 文件头本身的大小，这个例子里面为 52 字节
e_phentsize	Size of program headers: 0 (bytes) 这个暂时不关心，请参考后面的“ELF 链接视图和执行视图”一节
e_phnum	Number of program headers: 0 这个暂时不关心，请参考后面的“ELF 链接视图和执行视图”一节
e_shentsize	Size of section headers: 40 (bytes) 段表描述符的大小，这个一般等于 sizeof(Elf32_Shdr)。具体参照“段表”一节
e_shnum	Number of section headers: 11 段表描述符数量。这个值等于 ELF 文件中拥有的段的数量，上面那个例子里面为 11
e_shstrndx	Section header string table index: 8 段表字符串表所在的段在段表中的下标。这个名称有点绕口，一下子反应不过来？没关系，让我们后面探讨了什么是字符串表之后再回头来看这个

这些字段的相关常量都定义在“elf.h”里面，我们在表 3-5 中会列举一些常见的常量，完整的常量定义请参考“elf.h”。

ELF 魔数 我们可以从前面 readelf 的输出看到，最前面的“Magic”的 16 个字节刚好对应“Elf32_Ehdr”的 e_ident 这个成员。这 16 个字节被 ELF 标准规定用来标识 ELF 文件的平台属性，比如这个 ELF 字长（32 位/64 位）、字节序、ELF 文件版本，如图 3-5 所示。

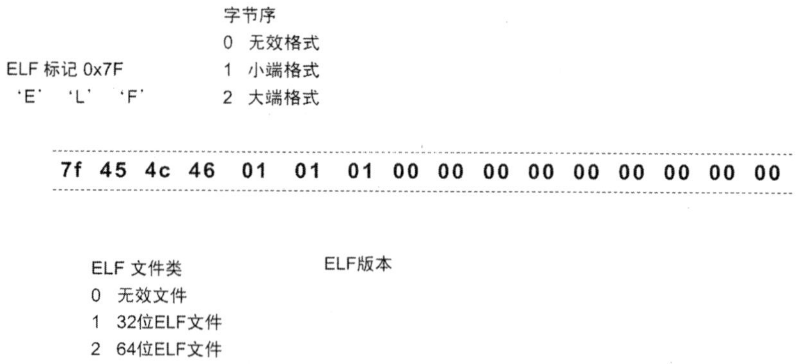

图 3-5 ELF 魔数

最开始的 4 个字节是所有 ELF 文件都必须相同的标识码，分别为 0x7F、0x45、0x4c、0x46，第一个字节对应 ASCII 字符里面的 DEL 控制符，后面 3 个字节刚好是 ELF 这 3 个字母的 ASCII 码。这 4 个字节又被称为 ELF 文件的魔数，几乎所有的可执行文件格式的最开始的几个字节都是魔数。比如 a.out 格式最开始两个字节为 0x01、0x07；PE/COFF 文件最开始两个个字节为 0x4d、0x5a，即 ASCII 字符 MZ。这种魔数用来确认文件的类型，操作系统在加载可执行文件的时候会确认魔数是否正确，如果不正确会拒绝加载。

接下来的一个字节是用来标识 ELF 的文件类的，0x01 表示是 32 位的，0x02 表示是 64 位的；第 6 个字是字节序，规定该 ELF 文件是大端的还是小端的（见附录：字节序）。第 7 个字节规定 ELF 文件的主版本号，一般是 1，因为 ELF 标准自 1.2 版以后就再也没有更新了。后面的 9 个字节 ELF 标准没有定义，一般填 0，有些平台会使用这 9 个字节作为扩展标志。

各种魔数的由来

a.out 格式的魔数为 0x01、0x07，为什么会规定这个魔数呢?

UNIX 早年是在 PDP 小型机上诞生的，当时的系统在加载一个可执行文件后直接从文件的第一个字节开始执行，人们一般在文件的最开始放置一条跳转（jump）指令，这条指令负责跳过接下来的 7 个机器字的文件头到可执行文件的真正入口。而 0x01 0x07 这两个字节刚好是当时 PDP-11 的机器的跳转 7 个机器字的指令。为了跟以前的系统保持兼容性，这条跳转指令被当作魔数一直被保留到了几十年后的今天。

计算机系统中有很多怪异的设计背后有着很有趣的历史和传统，了解它们的由来可以让我们了解到很多很有意思的事情。这让我想起了经济学里面所谓的“路径依赖”，其中一个很有意思的叫“马屁股决定航天飞机”的故事在网上流传很广泛，有兴趣的话你可以在 google 以“马屁股”和“航天飞机”作为关键字搜索一下。

ELF 文件标准历史

20 世纪 90 年代，一些厂商联合成立了一个委员会，起草并发布了一个 ELF 文件格式标准供公开使用，并且希望所有人能够遵循这项标准并且从中获益。1993 年，委员会发布了 ELF 文件标准。当时参与该委员会的有来自于编译器的厂商，如 Watcom 和 Borland；来自 CPU 的厂商如 IBM 和 Intel；来自操作系统的厂商如 IBM 和 Microsoft。1995 年，委员会发布了 ELF 1.2 标准，自此委员会完成了自己的使命，不久就解散了。所以 ELF 文件格式标准的最新版本为 1.2。

文件类型　e_type 成员表示 ELF 文件类型，即前面提到过的 3 种 ELF 文件类型，每个文件类型对应一个常量。系统通过这个常量来判断 ELF 的真正文件类型，而不是通过文件的扩展名。相关常量以“ET_”开头，如表 3-5 所示。

表 3-5

常量	值	含义
ET_REL	1	可重定位文件，一般为.o 文件
ET_EXEC	2	可执行文件
ET_DYN	3	共享目标文件，一般为.so 文件

机器类型 ELF 文件格式被设计成可以在多个平台下使用。这并不表示同一个 ELF 文件可以在不同的平台下使用（就像 java 的字节码文件那样），而是表示不同平台下的 ELF 文件都遵循同一套 ELF 标准。e_machine 成员就表示该 ELF 文件的平台属性，比如 3 表示该 ELF 文件只能在 Intel x86 机器下使用，这也是我们最常见的情况。相关的常量以“EM_”开头，如表 3-6 所示。

表 3-6

常量	值	含义
EM_M32	1	AT&T WE 32100
EM_SPARC	2	SPARC
EM_386	3	Intel x86
EM_68K	4	Motorola 68000
EM_88K	5	Motorola 88000
EM_860	6	Intel 80860

3.4.2 段表

我们知道 ELF 文件中有很多各种各样的段，这个**段表**（Section Header Table）就是保存这些段的基本属性的结构。段表是 ELF 文件中除了文件头以外最重要的结构，它描述了 ELF 的各个段的信息，比如每个段的段名、段的长度、在文件中的偏移、读写权限及段的其他属性。也就是说，ELF 文件的段结构就是由段表决定的，编译器、链接器和装载器都是依靠段表来定位和访问各个段的属性的。段表在 ELF 文件中的位置由 ELF 文件头的“e_shoff”成员决定，比如 SimpleSection.o 中，段表位于偏移 0x118。

前文中我们使用了“objudmp -h”来查看 ELF 文件中包含的段，结果是 SimpleSection 里面看到了总共有 6 个段，分别是“.code”、“.data”、“.bss”、“.rodata”、“.comment”和“.note.GNU-stack”。实际上的情况却有所不同，“objdump -h”命令只是把 ELF 文件中关键的段显示了出来，而省略了其他的辅助性的段，比如：符号表、字符串表、段名字符串表、重定位表等。我们可以使用 readelf 工具来查看 ELF 文件的段，它显示出来的结果才是真正的段表结构：

```
$ readelf -S SimpleSection.o
There are 11 section headers, starting at offset 0x118:

Section Headers:
  [Nr] Name              Type          Addr     Off    Size   ES Flg Lk Inf Al
  [ 0]                   NULL          00000000 000000 000000 00 0    0  0
  [ 1] .text             PROGBITS      00000000 000034 00005b 00 AX   0  0   4
  [ 2] .rel.text         REL           00000000 000428 000028 08      9  1   4
  [ 3] .data             PROGBITS      00000000 000090 000008 00 WA   0  0   4
  [ 4] .bss              NOBITS        00000000 000098 000004 00 WA   0  0   4
  [ 5] .rodata           PROGBITS      00000000 000098 000004 00 A    0  0   1
  [ 6] .comment          PROGBITS      00000000 00009c 00002a 00 0    0  1
  [ 7] .note.GNU-stack   PROGBITS      00000000 0000c6 000000 00 0    0  1
  [ 8] .shstrtab         STRTAB        00000000 0000c6 000051 00 0    0  1
  [ 9] .symtab           SYMTAB        00000000 0002d0 0000f0 10      10 10    4
  [10] .strtab           STRTAB        00000000 0003c0 000066 00 0    0  1
Key to Flags:
  W (write), A (alloc), X (execute), M (merge), S (strings)
  I (info), L (link order), G (group), x (unknown)
  O (extra OS processing required) o (OS specific), p (processor specific)
```

readelf 输出的结果就是 ELF 文件段表的内容，那么就让我们对照这个输出来看看段表的结构。段表的结构比较简单，它是一个以“Elf32_Shdr”结构体为元素的数组。数组元素的个数等于段的个数，每个“Elf32_Shdr”结构体对应一个段。“Elf32_Shdr”又被称为**段描述符**（Section Descriptor）。对于 SimpleSection.o 来说，段表就是有 11 个元素的数组。ELF 段表的这个数组的第一个元素是无效的段描述符，它的类型为“NULL”，除此之外每个段描述符都对应一个段。也就是说 SimpleSection.o 共有 10 个有效的段。

数组的存放方式

ELF 文件里面很多地方采用了这种与段表类似的数组方式保存。一般定义一个固定长度的结构，然后依次存放。这样我们就可以使用下标来引用某个结构。

Elf32_Shdr 被定义在“/usr/include/elf.h”，代码如清单 3-3 所示。

清单 3-3　Elf32_Shdr 段描述符结构

```
typedef struct
{
  Elf32_Word    sh_name;
  Elf32_Word    sh_type;
  Elf32_Word    sh_flags;
  Elf32_Addr    sh_addr;
  Elf32_Off     sh_offset;
  Elf32_Word    sh_size;
  Elf32_Word    sh_link;
  Elf32_Word    sh_info;
  Elf32_Word    sh_addralign;
  Elf32_Word    sh_entsize;
} Elf32_Shdr;
```

Elf32_Shdr 的各个成员的含义如表 3-7 所示。

表 3-7

sh_name	Section name 段名[1] 段名是个字符串，它位于一个叫做“.shstrtab”的字符串表。sh_name 是段名字符串在“.shstrtab”中的偏移
sh_type	Section type 段的类型 详见后文“段的类型”
sh_flags	Section flag 段的标志位 详见后文“段的标志位”
sh_addr	Section Address 段虚拟地址[2] 如果该段可以被加载，则 sh_addr 为该段被加载后在进程地址空间中的虚拟地址；否则 sh_addr 为 0
sh_offset	Section Offset 段偏移 如果该段存在于文件中，则表示该段在文件中的偏移；否则无意义。比如 sh_offset 对于 BSS 段来说就没有意义
sh_size	Section Size 段的长度
sh_link 和 sh_info	Section Link and Section Information 段链接信息 详见后文“段的链接信息”
sh_addralign	Section Address Alignment 段地址对齐 有些段对段地址对齐有要求，比如我们假设有个段刚开始的位置包含了一个 double 变量，因为 Intel x86 系统要求浮点数的存储地址必须是本身的整数倍，也就是说保存 double 变量的地址必须是 8 字节的整数倍。这样对一个段来说，它的 sh_addr 必须是 8 的整数倍。 由于地址对齐的数量都是 2 的指数倍，sh_addralign 表示是地址对齐数量中的指数，即 sh_addrlign = 3 表示对齐为 2 的 3 次方倍，即 8 倍，依此类推。所以一个段的地址 sh_addr 必须满足下面的条件，即 sh_addr % (2 ** sh_addralign) = 0。**表示指数运算。 如果 sh_addralign 为 0 或 1，则表示该段没有对齐要求
sh_entsize	Section Entry Size 项的长度 有些段包含了一些固定大小的项，比如符号表，它包含的每个符号所占的大小都是一样的。对于这种段，sh_entsize 表示每个项的大小。如果为 0，则表示该段不包含固定大小的项

注 1：事实上段的名字对于编译器、链接器来说是有意义的，但是对于操作系统来说并没有实质的意义，对于操作系统来说，一个段该如何处理取决于它的属性和权限，即由段的类型和段的标志位这两个成员决定。

注 2：关于这些字段，涉及一些映像文件的加载的概念，我们将在本书的第 2 部分详细介绍其相关内容，读者也可以先阅读第 2 部分的最前面一章“可执行文件的装载与进程”，了解一下加载的概念，然后再来阅读关于段的虚拟大小和虚拟地址的内容。当然，如果读者对映像文件加载过程比较熟悉，应该很容易理解这些内容。

让我们对照 Elf32_Shdr 和“readelf -S”的输出结果，可以很明显看到，结构体的每一个成员对应于输出结果中从第二列“Name”开始的每一列。于是 SimpleSection 的段表的位置如图 3-6 所示。

到了这一步，我们才彻彻底底把 SimpleSection 的所有段的位置和长度给分析清楚了。在图 3-6 中，SectionTable 长度为 0x1b8，也就是 440 个字节，它包含了 11 个段描述符，每个段描述符为 40 个字节，这个长度刚好等于 sizeof(Elf32_Shdr)，符合段描述符的结构体长度；整个文件最后一个段“.rel.text”结束后，长度为 0x450，即 1104 字节，刚好是 SimpleSection.o 的文件长度。中间 Section Table 和“.rel.text”都因为对齐的原因，与前面的段之间分别有一个字节和两个字节的间隔。

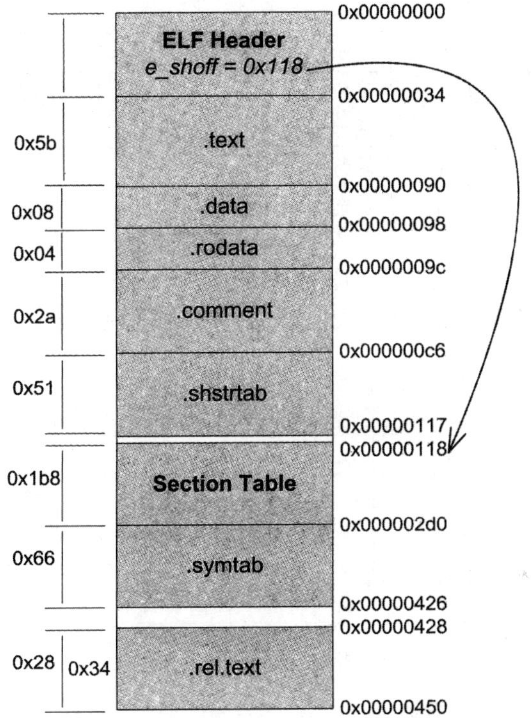

图 3-6 SimpleSection.o 的 Section Table 及所有段的位置和长度

段的类型（sh_type） 正如前面所说的，段的名字只是在链接和编译过程中有意义，但它不能真正地表示段的类型。我们也可以将一个数据段命名为“.text”，对于编译器和链接器来说，主要决定段的属性的是段的类型（sh_type）和段的标志位（sh_flags）。段的类型相关常量以 SHT_开头，列举如表 3-8 所示。

表 3-8

常量	值	含义
SHT_NULL	0	无效段
SHT_PROGBITS	1	程序段。代码段、数据段都是这种类型的
SHT_SYMTAB	2	表示该段的内容为符号表

续表

常量	值	含义
SHT_STRTAB	3	表示该段的内容为字符串表
SHT_RELA	4	重定位表。该段包含了重定位信息，具体参考“静态地址决议和重定位”这一节
SHT_HASH	5	符号表的哈希表。见“符号表”这一节
SHT_DYNAMIC	6	动态链接信息 具体见“动态链接”一章
SHT_NOTE	7	提示性信息
SHT_NOBITS	8	表示该段在文件中没内容，比如.bss 段
SHT_REL	9	该段包含了重定位信息，具体参考“静态地址决议和重定位”这一节
SHT_SHLIB	10	保留
SHT_DNYSYM	11	动态链接的符号表。具体见“动态链接”一章

段的标志位（sh_flag） 段的标志位表示该段在进程虚拟地址空间中的属性，比如是否可写，是否可执行等。相关常量以 SHF_开头，如表 3-9 所示。

表 3-9

常量	值	含义
SHF_WRITE	1	表示该段在进程空间中可写
SHF_ALLOC	2	表示该段在进程空间中须要分配空间。有些包含指示或控制信息的段不须要在进程空间中被分配空间，它们一般不会有这个标志。像代码段、数据段和.bss 段都会有这个标志位
SHF_EXECINSTR	4	表示该段在进程空间中可以被执行，一般指代码段

对于系统保留段，表 3-10 列举了它们的属性。

表 3-10

Name	sh_type	sh_flag
.bss	SHT_NOBITS	SHF_ALLOC + SHF_WRITE
.comment	SHT_PROGBITS	none
.data	SHT_PROGBITS	SHF_ALLOC + SHF_WRITE
.data1	SHT_PROGBITS	SHF_ALLOC + SHF_WRITE
.debug	SHT_PROGBITS	none
.dynamic	SHT_DYNAMIC	SHF_ALLOC + SHF_WRITE. 在有些系统下.dynamic 段可能是只读的，所以没有 SHF_WRITE 标志位
.hash	SHT_HASH	SHF_ALLOC
.line	SHT_PROGBITS	none

续表

Name	sh_type	sh_flag
.note	SHT_NOTE	none
.rodata	SHT_PROGBITS	SHF_ALLOC
.rodata1	SHT_PROGBITS	SHF_ALLOC
.shstrtab	SHT_STRTAB	none
.strtab	SHT_STRTAB	如果该 ELF 文件中有可装载的段须要用到该字符串表，那么该字符串表也将被装载到进程空间，则有 SHF_ALLOC 标志位
.symtab	SHT_SYMTAB	同字符串表
.text	SHT_PROGBITS	SHF_ALLOC + SHF_EXECINSTR

段的链接信息（sh_link、sh_info） 如果段的类型是与链接相关的（不论是动态链接或静态链接），比如重定位表、符号表等，那么 sh_link 和 sh_info 这两个成员所包含的意义如表 3-11 所示。对于其他类型的段，这两个成员没有意义。

表 3-11

sh_type	sh_link	sh_info
SHT_DYNAMIC	该段所使用的字符串表在段表中的下标	0
SHT_HASH	该段所使用的符号表在段表中的下标	0
SHT_REL	该段所使用的相应符号表在段表中的下标	该重定位表所作用的段在段表中的下标
SHT_RELA	该段所使用的相应符号表在段表中的下标	该重定位表所作用的段在段表中的下标
SHT_SYMTAB	操作系统相关的	操作系统相关的
SHT_DYNSYM	操作系统相关的	操作系统相关的
other	SHN_UNDEF	0

3.4.3 重定位表

我们注意到，SimpleSection.o 中有一个叫做“.rel.text”的段，它的类型（sh_type）为“SHT_REL”，也就是说它是一个**重定位表**（Relocation Table）。正如我们最开始所说的，链接器在处理目标文件时，须要对目标文件中某些部位进行重定位，即代码段和数据段中那些对绝对地址的引用的位置。这些重定位的信息都记录在 ELF 文件的重定位表里面，对于每个须要重定位的代码段或数据段，都会有一个相应的重定位表。比如 SimpleSection.o 中的“.rel.text”就是针对“.text”段的重定位表，因为“.text”段中至少有一个绝对地址的引用，那就是对“printf”函数的调用；而“.data”段则没有对绝对地址的引用，它只包含了几个常量，所以 SimpleSection.o 中没有针对“.data”段的重定位表“.rel.data”。

一个重定位表同时也是 ELF 的一个段，那么这个段的类型（sh_type）就是“SHT_REL”

类型的，它的"sh_link"表示符号表的下标，它的"sh_info"表示它作用于哪个段。比如".rel.text"作用于".text"段，而".text"段的下标为"1"，那么".rel.text"的"sh_info"为"1"。

关于重定位表的内部结构我们在这里先不展开了，在下一章分析静态链接过程的时候，我们还会详细地分析重定位表的结构。

3.4.4 字符串表

ELF文件中用到了很多字符串，比如段名、变量名等。因为字符串的长度往往是不定的，所以用固定的结构来表示它比较困难。一种很常见的做法是把字符串集中起来存放到一个表，然后使用字符串在表中的偏移来引用字符串。比如表3-12这个字符串表。

表3-12

偏移	+0	+1	+2	+3	+4	+5	+6	+7	+8	+9
+0	\0	h	e	l	l	o	w	o	r	l
+10	d	\0	M	y	v	a	r	i	a	b
+20	l	e	\0							

那么偏移与它们对应的字符串如表3-13所示。

表3-13

偏移	字符串
0	空字符串
1	helloworld
6	world
12	Myvariable

通过这种方法，在ELF文件中引用字符串只须给出一个数字下标即可，不用考虑字符串长度的问题。一般字符串表在ELF文件中也以段的形式保存，常见的段名为".strtab"或".shstrtab"。这两个字符串表分别为**字符串表**（String Table）和**段表字符串表**（Section Header String Table）。顾名思义，**字符串表**用来保存普通的字符串，比如符号的名字；**段表字符串表**用来保存段表中用到的字符串，最常见的就是段名（sh_name）。

接着我们再回头看这个ELF文件头中的"e_shstrndx"的含义，我们在前面提到过，"e_shstrndx"是Elf32_Ehdr的最后一个成员，它是"Section header string table index"的缩写。我们知道**段表字符串表**本身也是ELF文件中的一个普通的段，知道它的名字往往叫做".shstrtab"。那么这个"e_shstrndx"就表示".shstrtab"在段表中的下标，即**段表字符串表**在段表中的下标。前面的SimpleSection.o中，"e_shstrndx"的值为8，我们再对照"readelf -S"的输出结果，可以看到".shstrtab"这个段刚好位于段表中的下标为8的位置上。由此，我们可以得出结论，只有分析 ELF 文件头，就可以得到段表和段表字符串表的位置，从而解析整个 ELF 文件。

3.5 链接的接口——符号

链接过程的本质就是要把多个不同的目标文件之间相互“粘”到一起，或者说像玩具积木一样，可以拼装形成一个整体。为了使不同目标文件之间能够相互粘合，这些目标文件之间必须有固定的规则才行，就像积木模块必须有凹凸部分才能够拼合。在链接中，目标文件之间相互拼合实际上是目标文件之间对地址的引用，即对函数和变量的地址的引用。比如目标文件 B 要用到了目标文件 A 中的函数“foo”，那么我们就称目标文件 A **定义**（Define）了函数“foo”，称目标文件 B **引用**（Reference）了目标文件 A 中的函数“foo”。这两个概念也同样适用于变量。每个函数或变量都有自己独特的名字，才能避免链接过程中不同变量和函数之间的混淆。在链接中，我们将函数和变量统称为**符号**（Symbol），函数名或变量名就是**符号名**（Symbol Name）。

我们可以将符号看作是链接中的粘合剂，整个链接过程正是基于符号才能够正确完成。链接过程中很关键的一部分就是符号的管理，每一个目标文件都会有一个相应的**符号表**（Symbol Table），这个表里面记录了目标文件中所用到的所有符号。每个定义的符号有一个对应的值，叫做**符号值**（Symbol Value），对于变量和函数来说，符号值就是它们的地址。除了函数和变量之外，还存在其他几种不常用到的符号。我们将符号表中所有的符号进行分类，它们有可能是下面这些类型中的一种：

- 定义在本目标文件的全局符号，可以被其他目标文件引用。比如 SimpleSection.o 里面的“func1”、“main”和“global_init_var”。
- 在本目标文件中引用的全局符号，却没有定义在本目标文件，这一般叫做**外部符号**（External Symbol），也就是我们前面所讲的符号引用。比如 SimpleSection.o 里面的“printf”。
- 段名，这种符号往往由编译器产生，它的值就是该段的起始地址。比如 SimpleSection.o 里面的“.text”、“.data”等。
- 局部符号，这类符号只在编译单元内部可见。比如 SimpleSection.o 里面的“static_var”和“static_var2”。调试器可以使用这些符号来分析程序或崩溃时的核心转储文件。这些局部符号对于链接过程没有作用，链接器往往也忽略它们。
- 行号信息，即目标文件指令与源代码中代码行的对应关系，它也是可选的。

对于我们来说，最值得关注的就是全局符号，即上面分类中的第一类和第二类。因为链接过程只关心全局符号的相互“粘合”，局部符号、段名、行号等都是次要的，它们对于其他目标文件来说是“不可见”的，在链接过程中也是无关紧要的。我们可以使用很多工具来查看 ELF 文件的符号表，比如 readelf、objdump、nm 等，比如使用“nm”来查看“SimpleSection.o”的符号结果如下：

```
$ nm SimpleSection.o
00000000 T func1
00000000 D global_init_var
00000004 C global_uninit_var
0000001b T main
         U printf
00000004 d static_var.1286
00000000 b static_var2.1287
```

3.5.1 ELF 符号表结构

ELF 文件中的符号表往往是文件中的一个段，段名一般叫“.symtab”。符号表的结构很简单，它是一个 Elf32_Sym 结构（32 位 ELF 文件）的数组，每个 Elf32_Sym 结构对应一个符号。这个数组的第一个元素，也就是下标 0 的元素为无效的“未定义”符号。Elf32_Sym 的结构定义如下：

```
typedef struct {
    Elf32_Word st_name;
    Elf32_Addr st_value;
    Elf32_Word st_size;
    unsigned char st_info;
    unsigned char st_other;
    Elf32_Half st_shndx;
} Elf32_Sym;
```

这几个成员的定义如表 3-14 所示。

表 3-14

st_name	符号名。这个成员包含了该符号名在字符串表中的下标（还记得字符串表吧？）
st_value	符号相对应的值。这个值跟符号有关，可能是一个绝对值，也可能是一个地址等，不同的符号，它所对应的值含义不同，见下文“符号值”
st_size	符号大小。对于包含数据的符号，这个值是该数据类型的大小。比如一个 double 型的符号它占用 8 个字节。如果该值为 0，则表示该符号大小为 0 或未知
st_info	符号类型和绑定信息，见下文“符号类型与绑定信息”
st_other	该成员目前为 0，没用
st_shndx	符号所在的段，见下文“符号所在段”

符号类型和绑定信息（st_info） 该成员低 4 位表示符号的类型（Symbol Type），高 28 位表示符号绑定信息（Symbol Binding），如表 3-15、表 3-16 所示。

表 3-15

符号绑定信息		
宏定义名	值	说明
STB_LOCAL	0	局部符号，对于目标文件的外部不可见
STB_GLOBAL	1	全局符号，外部可见
STB_WEAK	2	弱引用，详见“弱符号与强符号”

表 3-16

符号类型		
宏定义名	值	说明
STT_NOTYPE	0	未知类型符号
STT_OBJECT	1	该符号是个数据对象，比如变量、数组等
STT_FUNC	2	该符号是个函数或其他可执行代码
STT_SECTION	3	该符号表示一个段，这种符号必须是 STB_LOCAL 的
STT_FILE	4	该符号表示文件名，一般都是该目标文件所对应的源文件名，它一定是 STB_LOCAL 类型的，并且它的 st_shndx 一定是 SHN_ABS

符号所在段（st_shndx）如果符号定义在本目标文件中，那么这个成员表示符号所在的段在段表中的下标；但是如果符号不是定义在本目标文件中，或者对于有些特殊符号，sh_shndx 的值有些特殊，如表 3-17 所示。

表 3-17

符号所在段特殊常量		
宏定义名	值	说明
SHN_ABS	0xfff1	表示该符号包含了一个绝对的值。比如表示文件名的符号就属于这种类型的
SHN_COMMON	0xfff2	表示该符号是一个“COMMON 块”类型的符号，一般来说，未初始化的全局符号定义就是这种类型的，比如 SimpleSection.o 里面的 global_uninit_var。有关“COMMON”详见“深入静态链接”之“COMMON 块”
SHN_UNDEF	0	表示该符号未定义。这个符号表示该符号在本目标文件被引用到，但是定义在其他目标文件中

符号值（st_value） 我们前面已经介绍过，每个符号都有一个对应的值，如果这个符号是一个函数或变量的定义，那么符号的值就是这个函数或变量的地址，更准确地讲应该按下面这几种情况区别对待。

- 在目标文件中，如果是符号的定义并且该符号不是“COMMON 块”类型的（即 st_shndx

不为 SHN_COMMON，具体请参照“深入静态链接”一章中的“COMMON 块”)，则 st_value 表示该符号在段中的偏移。即符号所对应的函数或变量位于由 st_shndx 指定的段，偏移 st_value 的位置。这也是目标文件中定义全局变量的符号的最常见情况，比如 SimpleSection.o 中的“func1”、“main”和“global_init_var”。

- 在目标文件中，如果符号是“COMMON 块”类型的（即 st_shndx 为 SHN_COMMON)，则 st_value 表示该符号的对齐属性。比如 SimpleSection.o 中的“global_uninit_var”。
- 在可执行文件中，st_value 表示符号的虚拟地址。这个虚拟地址对于动态链接器来说十分有用。我们将在第 3 部分讲述动态链接器。

根据上面的介绍，我们对 ELF 文件的符号表有了大致的了解，接着将以 SimpleSection.o 里面的符号为例子，分析各个符号在符号表中的状态。这里使用 readelf 工具来查看 ELF 文件的符号，虽然 objdump 工具也可以达到同样的目的，但是总体来看 readelf 的输出格式更为清晰：

```
$ readelf -s SimpleSection.o

Symbol table '.symtab' contains 15 entries:
   Num:    Value  Size Type    Bind   Vis      Ndx Name
     0: 00000000     0 NOTYPE  LOCAL  DEFAULT  UND
     1: 00000000     0 FILE    LOCAL  DEFAULT  ABS SimpleSection.c
     2: 00000000     0 SECTION LOCAL  DEFAULT    1
     3: 00000000     0 SECTION LOCAL  DEFAULT    3
     4: 00000000     0 SECTION LOCAL  DEFAULT    4
     5: 00000000     0 SECTION LOCAL  DEFAULT    5
     6: 00000000     4 OBJECT  LOCAL  DEFAULT    4 static_var2.1534
     7: 00000004     4 OBJECT  LOCAL  DEFAULT    3 static_var.1533
     8: 00000000     0 SECTION LOCAL  DEFAULT    7
     9: 00000000     0 SECTION LOCAL  DEFAULT    6
    10: 00000000     4 OBJECT  GLOBAL DEFAULT    3 global_init_var
    11: 00000000    27 FUNC    GLOBAL DEFAULT    1 func1
    12: 00000000     0 NOTYPE  GLOBAL DEFAULT  UND printf
    13: 0000001b    64 FUNC    GLOBAL DEFAULT    1 main
    14: 00000004     4 OBJECT  GLOBAL DEFAULT  COM global_uninit_var
```

readelf 的输出格式与上面描述的 Elf32_Sym 的各个成员几乎一一对应，第一列 Num 表示符号表数组的下标，从 0 开始，共 15 个符号；第二列 Value 就是符号值，即 st_value；第三列 Size 为符号大小，即 st_size；第四列和第五列分别为符号类型和绑定信息，即对应 st_info 的低 4 位和高 28 位；第六列 Vis 目前在 C/C++语言中未使用，我们可以暂时忽略它；第七列 Ndx 即 st_shndx，表示该符号所属的段；当然最后一列也最明显，即符号名称。从上面的输出可以看到，第一个符号，即下标为 0 的符号，永远是一个未定义的符号。对于另外几个符号解释如下。

- func1 和 main 函数都是定义在 SimpleSection.c 里面的，它们所在的位置都为代码段，所以 Ndx 为 1，即 SimpleSection.o 里面，.text 段的下标为 1。这一点可以通过 readelf –a

或 objdump –x 得到验证。它们是函数，所以类型是 STT_FUNC；它们是全局可见的，所以是 STB_GLOBAL；Size 表示函数指令所占的字节数；Value 表示函数相对于代码段起始位置的偏移量。

- 再来看 printf 这个符号，该符号在 SimpleSection.c 里面被引用，但是没有被定义。所以它的 Ndx 是 SHN_UNDEF。
- global_init_var 是已初始化的全局变量，它被定义在.bss 段，即下标为 3。
- global_uninit_var 是未初始化的全局变量，它是一个 SHN_COMMON 类型的符号，它本身并没有存在于 BSS 段；关于未初始化的全局变量具体请参见“COMMON 块”。
- static_var.1533 和 static_var2.1534 是两个静态变量，它们的绑定属性是 STB_LOCAL，即只是编译单元内部可见。至于为什么它们的变量名从“static_var”和“static_var2”变成了现在这两个“static_var.1533”和“static_var2.1534”，我们在下面一节“符号修饰”中将会详细介绍。
- 对于那些 STT_SECTION 类型的符号，它们表示下标为 Ndx 的段的段名。它们的符号名没有显示，其实它们的符号名即它们的段名。比如 2 号符号的 Ndx 为 1，那么它即表示.text 段的段名，该符号的符号名应该就是“.text”。如果我们使用“objdump –t”就可以清楚地看到这些段名符号。
- “SimpleSection.c”这个符号表示编译单元的源文件名。

3.5.2 特殊符号

当我们使用 ld 作为链接器来链接生产可执行文件时，它会为我们定义很多特殊的符号，这些符号并没有在你的程序中定义，但是你可以直接声明并且引用它，我们称之为特殊符号。其实这些符号是被定义在 ld 链接器的链接脚本中的，我们在后面的“链接过程控制”这一节中会再来回顾这个问题。目前你只须认为这些符号是特殊的，你无须定义它们，但可以声明它们并且使用。链接器会在将程序最终链接成可执行文件的时候将其解析成正确的值，注意，只有使用 ld 链接生产最终可执行文件的时候这些符号才会存在。几个很具有代表性的特殊符号如下。

- __executable_start，该符号为程序起始地址，注意，不是入口地址，是程序的最开始的地址。
- __etext 或_etext 或 etext，该符号为代码段结束地址，即代码段最末尾的地址。
- _edata 或 edata，该符号为数据段结束地址，即数据段最末尾的地址。
- _end 或 end，该符号为程序结束地址。
- 以上地址都为程序被装载时的虚拟地址，我们在装载这一章时再来回顾关于程序被装载后的虚拟地址。

我们可以在程序中直接使用这些符号：

```
/*
 * SpecialSymbol.c
 */
#include <stdio.h>

extern char __executable_start[];
extern char etext[], _etext[], __etext[];
extern char edata[], _edata[];
extern char end[], _end[];


int main()
{
    printf("Executable Start %X\n", __executable_start);
    printf("Text End %X %X %X\n", etext, _etext, __etext);
    printf("Data End %X %X\n", edata, _edata);
    printf("Executable End %X %X\n", end, _end);

    return 0;
}

$ gcc SpecialSymbol.c -o SpecialSymbol
$ ./SpecialSymbol
Executable Start 8048000
Text End 80484D4 80484D4 80484D4
Data End 804963C 804963C
Executable End 8049640 8049640
```

另外还有不少其他的特殊符号，在此不一一列举了，它们跟 ld 的链接脚本有关。具体请参阅本书第 7 章的“链接过程控制”。

3.5.3 符号修饰与函数签名

约在 20 世纪 70 年代以前，编译器编译源代码产生目标文件时，符号名与相应的变量和函数的名字是一样的。比如一个汇编源代码里面包含了一个函数 foo，那么汇编器将它编译成目标文件以后，foo 在目标文件中的相对应的符号名也是 foo。当后来 UNIX 平台和 C 语言发明时，已经存在了相当多的使用汇编编写的库和目标文件。这样就产生了一个问题，那就是如果一个 C 程序要使用这些库的话，C 语言中不可以使用这些库中定义的函数和变量的名字作为符号名，否则将会跟现有的目标文件冲突。比如有个用汇编编写的库中定义了一个函数叫做 main，那么我们在 C 语言里面就不可以再定义一个 main 函数或变量了。同样的道理，如果一个 C 语言的目标文件要用到一个使用 Fortran 语言编写的目标文件，我们也必须防止它们的名称冲突。

为了防止类似的符号名冲突，UNIX 下的 C 语言就规定，C 语言源代码文件中的所有全局的变量和函数经过编译以后，相对应的符号名前加上下划线“_”。而 Fortran 语言的源代码经过编译以后，所有的符号名前加上“_”，后面也加上“_”。比如一个 C 语言函数“foo”，那么它编译后的符号名就是“_foo”；如果是 Fortran 语言，就是“_foo_”。

这种简单而原始的方法的确能够暂时减少多种语言目标文件之间的符号冲突的概率，但还是没有从根本上解决符号冲突的问题。比如同一种语言编写的目标文件还有可能会产生符号冲突，当程序很大时，不同的模块由多个部门（个人）开发，它们之间的命名规范如果不严格，则有可能导致冲突。于是像 C++这样的后来设计的语言开始考虑到了这个问题，增加了**名称空间**（Namespace）的方法来解决多模块的符号冲突问题。

但是随着时间的推移，很多操作系统和编译器被完全重写了好几遍，比如 UNIX 也分化成了很多种，整个环境发生了很大的变化，上面所提到的跟 Fortran 和古老的汇编库的符号冲突问题已经不是那么明显了。在现在的 Linux 下的 GCC 编译器中，默认情况下已经去掉了在 C 语言符号前加“_”的这种方式；但是 Windows 平台下的编译器还保持的这样的传统，比如 Visual C++编译器就会在 C 语言符号前加“_”，GCC 在 Windows 平台下的版本（cygwin、mingw）也会加“_”。GCC 编译器也可以通过参数选项“-fleading-underscore”或“-fno-leading-underscore”来打开和关闭是否在 C 语言符号前加上下划线。

C++符号修饰

众所周知，强大而又复杂的 C++拥有类、继承、虚机制、重载、名称空间等这些特性，它们使得符号管理更为复杂。最简单的例子，两个相同名字的函数 func(int)和 func(double)，尽管函数名相同，但是参数列表不同，这是 C++里面函数重载的最简单的一种情况，那么编译器和链接器在链接过程中如何区分这两个函数呢？为了支持 C++这些复杂的特性，人们发明了**符号修饰**（Name Decoration）或**符号改编**（Name Mangling）的机制，下面我们来看看 C++的符号修饰机制。

首先出现的一个问题是 C++允许多个不同参数类型的函数拥有一样的名字，就是所谓的函数重载；另外 C++还在语言级别支持名称空间，即允许在不同的名称空间有多个同样名字的符号。比如清单 3-4 这段代码。

清单 3-4 C++ 函数的名称修饰

```
int func(int);
float func(float);

class C {
    int func(int);
    class C2 {
        int func(int);
    };
};

namespace N {
    int func(int);
```

```
    class C {
        int func(int);
    };
}
```

这段代码中有 6 个同名函数叫 func，只不过它们的返回类型和参数及所在的名称空间不同。我们引入一个术语叫做**函数签名**（Function Signature），函数签名包含了一个函数的信息，包括函数名、它的参数类型、它所在的类和名称空间及其他信息。函数签名用于识别不同的函数，就像签名用于识别不同的人一样，函数的名字只是函数签名的一部分。由于上面 6 个同名函数的参数类型及所处的类和名称空间不同，我们可以认为它们的函数签名不同。在编译器及链接器处理符号时，它们使用某种**名称修饰**的方法，使得每个函数签名对应一个**修饰后名称**（Decorated Name）。编译器在将 C++源代码编译成目标文件时，会将函数和变量的名字进行修饰，形成符号名，也就是说，C++的源代码编译后的目标文件中所使用的符号名是相应的函数和变量的修饰后名称。C++编译器和链接器都使用符号来识别和处理函数和变量，所以对于不同函数签名的函数，即使函数名相同，编译器和链接器都认为它们是不同的函数。上面的 6 个函数签名在 GCC 编译器下，相对应的修饰后名称如表 3-18 所示。

表 3-18

函数签名	修饰后名称（符号名）
int func(int)	_Z4funci
float func(float)	_Z4funcf
int C::func(int)	_ZN1C4funcEi
int C::C2::func(int)	_ZN1C2C24funcEi
int N::func(int)	_ZN1N4funcEi
int N::C::func(int)	_ZN1N1C4funcEi

GCC 的基本 C++名称修饰方法如下：所有的符号都以"_Z"开头，对于嵌套的名字（在名称空间或在类里面的），后面紧跟"N"，然后是各个名称空间和类的名字，每个名字前是名字字符串长度，再以"E"结尾。比如 N::C::func 经过名称修饰以后就是_ZN1N1C4funcE。对于一个函数来说，它的参数列表紧跟在"E"后面，对于 int 类型来说，就是字母"i"。所以整个 N::C::func(int)函数签名经过修饰为_ZN1N1C4funcEi。更为具体的修饰方法我们在这里不详细介绍，有兴趣的读者可以参考 GCC 的名称修饰标准。幸好我们平时程序开发中也很少手工分析名称修饰问题，所以无须很详细地了解这个过程。binutils 里面提供了一个叫"c++filt"的工具可以用来解析被修饰过的名称，比如：

```
$ c++filt _ZN1N1C4funcEi
N::C::func(int)
```

签名和名称修饰机制不光被使用到函数上，C++中的全局变量和静态变量也有同样的机制。对于全局变量来说，它跟函数一样都是一个全局可见的名称，它也遵循上面的名称修饰机制，比如一个名称空间 foo 中的全局变量 bar，它修饰后的名字为：_ZN3foo3barE。值得注意的是，变量的类型并没有被加入到修饰后名称中，所以不论这个变量是整形还是浮点型甚至是一个全局对象，它的名称都是一样的。

名称修饰机制也被用来防止静态变量的名字冲突。比如 main()函数里面有一个静态变量叫 foo，而 func()函数里面也有一个静态变量叫 foo。为了区分这两个变量，GCC 会将它们的符号名分别修饰成两个不同的名字_ZZ4mainE3foo 和_ZZ4funcvE3foo，这样就区分了这两个变量。

不同的编译器厂商的名称修饰方法可能不同，所以不同的编译器对于同一个函数签名可能对应不同的修饰后名称。比如上面的函数签名中在 Visual C++编译器下，它们的修饰后名称如表 3-19 所示。

表 3-19

函数签名	修饰后名称
int func(int)	?func@@YAHH@Z
float func(float)	?func@@YAMM@Z
int C::func(int)	?func@C@@AAEHH@Z
int C::C2::func(int)	?func@C2@C@@AAEHH@Z
int N::func(int)	?func@N@@YAHH@Z
int N::C::func(int)	?func@C@N@@AAEHH@Z

我们以 int N::C::func(int)这个函数签名来猜测 Visual C++的名称修饰规则（当然，你只须大概了解这个修饰规则就可以了）。修饰后名字由“?”开头，接着是函数名由“@”符号结尾的函数名；后面跟着由“@”结尾的类名“C”和名称空间“N”，再一个“@”表示函数的名称空间结束；第一个“A”表示函数调用类型为“__cdecl”（函数调用类型我们将在第 4 章详细介绍），接着是函数的参数类型及返回值，由“@”结束，最后由“Z”结尾。可以看到函数名、参数的类型和名称空间都被加入了修饰后名称，这样编译器和链接器就可以区别同名但不同参数类型或名字空间的函数，而不会导致 link 的时候函数多重定义。

Visual C++的名称修饰规则并没有对外公开，当然，一般情况下我们也无须了解这套规则，但是有时候可能须要将一个修饰后名字转换成函数签名，比如在链接、调试程序的时候可能会用到。Microsoft 提供了一个 UnDecorateSymbolName()的 API，可以将修饰后名称转换成函数签名。下面这段代码使用 UnDecorateSymbolName()将修饰后名称转换成函数签名：

```
/* 2-4.c
 * Compile: cl 2-4.c /link Dbghelp.lib
 * Usage: 2-4.exe DecroatedName
 */
#include <Windows.h>
#include <Dbghelp.h>

int main( int argc, char* argv[] )
```

```
{
    char buffer[256];

    if(argc == 2)
    {
        UnDecorateSymbolName( argv[1], buffer, 256, 0 );
        printf( buffer );
    }
    else
    {
        printf( "Usage: 2-4.exe DecroatedName\n" );
    }

    return 0;
}
```

由于不同的编译器采用不同的名字修饰方法，必然会导致由不同编译器编译产生的目标文件无法正常相互链接，这是导致不同编译器之间不能互操作的主要原因之一。我们后面的关于 C++ ABI 和 COM 的这一节将会详细讨论这个问题。

3.5.4 extern “C”

C++为了与C兼容，在符号的管理上，C++有一个用来声明或定义一个C的符号的“extern “C””关键字用法：

```
extern "C" {
    int func(int);
    int var;
}
```

C++编译器会将在 extern “C” 的大括号内部的代码当作 C 语言代码处理。所以很明显，上面的代码中，C++的名称修饰机制将不会起作用。它声明了一个 C 的函数 func，定义了一个整形全局变量 var。从上文我们得知，在 Visual C++平台下会将 C 语言的符号进行修饰，所以上述代码中的 func 和 var 的修饰后符号分别是_func 和_var；但是在 Linux 版本的 GCC 编译器下却没有这种修饰，extern “C”里面的符号都为修饰后符号，即前面不用加下划线。如果单独声明某个函数或变量为 C 语言的符号，那么也可以使用如下格式：

```
extern "C" int func(int);
extern "C" int var;
```

上面的代码声明了一个 C 语言的函数 func 和变量 var。我们可以使用上述的机制来做一个小实验：

```
// ManualNameMangling.cpp
// g++ ManualNameMangling.cpp -o ManualNameMangling

#include <stdio.h>

namespace myname {
    int var = 42;
```

```
}

extern "C" double _ZN6myname3varE;

int main()
{
    printf( "%d\n", _ZN6myname3varE );
    return 0;
}
```

上面的代码中，我们在 myname 的名称空间中定义了一个全局变量 var。根据我们所掌握的 GCC 名称修饰规则，这个变量修饰后的名称为“_ZN6myname3varE”，然后我们手工使用 extern “C”的方法声明一个外部符号_ZN6myname3varE，并将其打印出来。我们使用 GCC 来编译这个程序并且运行它，我们就可以得到程序输出为 42：

```
$ g++ ManaulNameMangling.cpp -o ManualNameMangling
$ ./ManualNameMangling
42
```

很多时候我们会碰到有些头文件声明了一些 C 语言的函数和全局变量，但是这个头文件可能会被 C 语言代码或 C++代码包含。比如很常见的，我们的 C 语言库函数中的 string.h 中声明了 memset 这个函数，它的原型如下：

```
void *memset (void *, int, size_t);
```

如果不加任何处理，当我们的 C 语言程序包含 string.h 的时候，并且用到了 memset 这个函数，编译器会将 memset 符号引用正确处理；但是在 C++语言中，编译器会认为这个 memset 函数是一个 C++函数，将 memset 的符号修饰成_Z6memsetPvii，这样链接器就无法与 C 语言库中的 memset 符号进行链接。所以对于 C++来说，必须使用 extern “C”来声明 memset 这个函数。但是 C 语言又不支持 extern “C”语法，如果为了兼容 C 语言和 C++语言定义两套头文件，未免过于麻烦。幸好我们有一种很好的方法可以解决上述问题，就是使用 C++的宏“__cplusplus”，C++编译器会在编译 C++的程序时默认定义这个宏，我们可以使用条件宏来判断当前编译单元是不是 C++代码。具体代码如下：

```
#ifdef __cplusplus
extern "C" {
#endif

void *memset (void *, int, size_t);

#ifdef __cplusplus
}
#endif
```

如果当前编译单元是 C++代码，那么 memset 会在 extern “C”里面被声明；如果是 C 代码，就直接声明。上面这段代码中的技巧几乎在所有的系统头文件里面都被用到。

3.5.5 弱符号与强符号

我们经常在编程中碰到一种情况叫符号重复定义。多个目标文件中含有相同名字全局符号的定义，那么这些目标文件链接的时候将会出现符号重复定义的错误。比如我们在目标文件 A 和目标文件 B 都定义了一个全局整形变量 global，并将它们都初始化，那么链接器将 A 和 B 进行链接时会报错：

```
b.o:(.data+0x0): multiple definition of `global'
a.o:(.data+0x0): first defined here
```

这种符号的定义可以被称为**强符号**（Strong Symbol）。有些符号的定义可以被称为**弱符号**（Weak Symbol）。对于 C/C++语言来说，编译器默认函数和初始化了的全局变量为强符号，未初始化的全局变量为弱符号。我们也可以通过 GCC 的"__attribute__((weak))"来定义任何一个强符号为弱符号。注意，强符号和弱符号都是针对定义来说的，不是针对符号的引用。比如我们有下面这段程序：

```
extern int ext;

int weak;
int strong = 1;
__attribute__((weak)) weak2 = 2;

int main()
{
    return 0;
}
```

上面这段程序中，"weak"和"weak2"是弱符号，"strong"和"main"是强符号，而"ext"既非强符号也非弱符号，因为它是一个外部变量的引用。针对强弱符号的概念，链接器就会按如下规则处理与选择被多次定义的全局符号：

- 规则 1：不允许强符号被多次定义（即不同的目标文件中不能有同名的强符号）；如果有多个强符号定义，则链接器报符号重复定义错误。
- 规则 2：如果一个符号在某个目标文件中是强符号，在其他文件中都是弱符号，那么选择强符号。
- 规则 3：如果一个符号在所有目标文件中都是弱符号，那么选择其中占用空间最大的一个。比如目标文件 A 定义全局变量 global 为 int 型，占 4 个字节；目标文件 B 定义 global 为 double 型，占 8 个字节，那么目标文件 A 和 B 链接后，符号 global 占 8 个字节（尽量不要使用多个不同类型的弱符号，否则容易导致很难发现的程序错误）。

弱引用和强引用 目前我们所看到的对外部目标文件的符号引用在目标文件被最终链接成可执行文件时，它们须要被正确决议，如果没有找到该符号的定义，链接器就会报符号未定义错误，这种被称为**强引用**（Strong Reference）。与之相对应还有一种**弱引用**（Weak Reference），在处理弱引用时，如果该符号有定义，则链接器将该符号的引用决议；如果该符号未被定义，则链接器对于该引用不报错。链接器处理强引用和弱引用的过程几乎一样，只是对于未定义的弱引用，链接器不认为它是一个错误。一般对于未定义的弱引用，链接器默认其为 0，或者是一个特殊的值，以便于程序代码能够识别。弱引用和弱符号主要用于库的链接过程，我们将在“库”这一章再来详细讲述。弱符号跟链接器的 COMMON 块概念联系很紧密，我们在后面“深入静态链接”这一章中的“COMMON 块”一节还会回顾弱符号的概念。

在 GCC 中，我们可以通过使用“__attribute__((weakref))”这个扩展关键字来声明对一个外部函数的引用为弱引用，比如下面这段代码：

```
__attribute__ ((weakref)) void foo();

int main()
{
    foo();
}
```

我们可以将它编译成一个可执行文件，GCC 并不会报链接错误。但是当我们运行这个可执行文件时，会发生运行错误。因为当 main 函数试图调用 foo 函数时，foo 函数的地址为 0，于是发生了非法地址访问的错误。一个改进的例子是：

```
__attribute__ ((weakref)) void foo();

int main()
{
    if(foo) foo();
}
```

这种**弱符号**和**弱引用**对于库来说十分有用，比如库中定义的弱符号可以被用户定义的强符号所覆盖，从而使得程序可以使用自定义版本的库函数；或者程序可以对某些扩展功能模块的引用定义为弱引用，当我们将扩展模块与程序链接在一起时，功能模块就可以正常使用；如果我们去掉了某些功能模块，那么程序也可以正常链接，只是缺少了相应的功能，这使得程序的功能更加容易裁剪和组合。

在 Linux 程序的设计中，如果一个程序被设计成可以支持单线程或多线程的模式，就可以通过弱引用的方法来判断当前的程序是链接到了单线程的 Glibc 库还是多线程的 Glibc 库（是否在编译时有-lpthread 选项），从而执行单线程版本的程序或多线程版本的程序。我们可以在程序中定义一个 pthread_create 函数的弱引用，然后程序在运行时动态判断是否链接到 pthread 库从而决定执行多线程版本还是单线程版本：

```
#include <stdio.h>
#include <pthread.h>
```

```
int pthread_create(
pthread_t*,
    const pthread_attr_t*,
    void* (*)(void*),
    void*) __attribute__ ((weak));

int main()
{
    if(pthread_create) {
        printf("This is multi-thread version!\n");
        // run the multi-thread version
        // main_multi_thread()
    } else {
        printf("This is single-thread version!\n");
        // run the single-thread version
        // main_single_thread()
    }
}
```

编译运行结果如下：

```
$ gcc pthread.c -o pt
$ ./pt
This is single-thread version!
$ gcc pthread.c -lpthread -o pt
$ ./pt
This is multi-thread version!
```

3.6 调试信息

目标文件里面还有可能保存的是调试信息。几乎所有现代的编译器都支持源代码级别的调试，比如我们可以在函数里面设置断点，可以监视变量变化，可以单步行进等，前提是编译器必须提前将源代码与目标代码之间的关系等，比如目标代码中的地址对应源代码中的哪一行、函数和变量的类型、结构体的定义、字符串保存到目标文件里面。甚至有些高级的编译器和调试器支持查看 STL 容器的内容，即程序员在调试过程中可以直接观察 STL 容器中的成员的值。

如果我们在 GCC 编译时加上“-g”参数，编译器就会在产生的目标文件里面加上调试信息，我们通过 readelf 等工具可以看到，目标文件里多了很多“debug”相关的段：

```
  [Nr] Name              Type       Addr     Off    Size   ES Flg Lk Inf Al
...
  [ 4] .debug_abbrev     PROGBITS   00000000 000040 000034 00  0   0  1
  [ 5] .debug_info       PROGBITS   00000000 000074 0000af 00  0   0  1
  [ 6] .rel.debug_info   REL        00000000 000738 000038 08  9   5  4
  [ 7] .debug_line       PROGBITS   00000000 000123 000037 00  0   0  1
  [ 8] .rel.debug_line   REL        00000000 000770 000008 08  19  7  4
  [ 9] .debug_frame      PROGBITS   00000000 00015c 000034 00  0   0  4
  [10] .rel.debug_frame  REL        00000000 000778 000010 08  19  9  4
  [11] .debug_loc        PROGBITS   00000000 000190 00002c 00  0   0  1
```

```
  [12] .debug_pubnames   PROGBITS 00000000 0001bc 00001a 00  0   0  1
  [13] .rel.debug_pubnam REL      00000000 000788 000008 08  19  12 4
  [14] .debug_aranges    PROGBITS 00000000 0001d6 000020 00  0   0  1
  [15] .rel.debug_arange REL      00000000 000790 000010 08  19  14 4
...
```

这些段中保存的就是调试信息。现在的 ELF 文件采用一个叫 DWARF（Debug With Arbitrary Record Format）的标准的调试信息格式，现在该标准已经发展到了第三个版本，即 DWARF 3，由 DWARF 标准委员会 2006 年颁布。Microsoft 也有自己相应的调试信息格式标准，叫 CodeView。关于调试信息的具体内容我们在这里不再详细展开了，它将是另外一个独立的并且很大的话题，对我们理解整个系统软件的意义不大，有兴趣的读者可以参考相应的格式标准。但是值得一提的是，调试信息在目标文件和可执行文件中占用很大的空间，往往比程序的代码和数据本身大好几倍，所以当我们开发完程序并要将它发布的时候，须要把这些对于用户没有用的调试信息去掉，以节省大量的空间。在 Linux 下，我们可以使用"strip"命令来去掉 ELF 文件中的调试信息：

```
$strip foo
```

3.7 本章小结

在这一章中我们深入分析了各种目标文件格式，主要介绍了 ELF 文件的代码段、数据段和 BSS 段等与程序运行密切相关的段结构。除此之外，我们还详细介绍了 ELF 文件的文件头、段表、重定位表、字符串表、符号表、调试表等相关结构。

从这一章中我们了解到，无论是可执行文件、目标文件或库，它们实际上都是一样基于段的文件或是这种文件的集合。程序的源代码经过编译以后，按照代码和数据分别存放到相应的段中，编译器（汇编器）还会将一些辅助性的信息，诸如符号、重定位信息等也按照表的方式存放到目标文件中，而通常情况下，一个表往往就是一个段。

有了这些目标文件之后，接下来的问题就是如何将它们组合起来，形成一个可以使用的程序或一个更大的模块，这就是静态链接所要解决的问题，我们将在下一章中详细介绍。

第 4 章

静态链接

4.1 空间与地址分配

4.2 符号解析与重定位

4.3 COMMON 块

4.4 C++相关问题

4.5 静态库链接

4.6 链接过程控制

4.7 BFD 库

4.8 本章小结

通过前面对 ELF 文件格式的介绍，使我们对 ELF 目标文件从整体轮廓到某些局部的细节都有了一定的了解。接下来的问题是：当我们有两个目标文件时，如何将它们链接起来形成一个可执行文件？这个过程中发生了什么？这基本上就是链接的核心内容：静态链接。在这一节里，我们将使用下面这两个源代码文件“a.c”和“b.c”作为例子展开分析：

```
/* a.c */
extern int shared;

int main()
{
    int a = 100;
    swap( &a, &shared );
}
```

```
/* b.c */
int shared = 1;

void swap( int* a, int* b )
{
    *a ^= *b ^= *a ^= *b;
}
```

假设我们的程序只有这两个模块“a.c”和“b.c”。首先我们使用 gcc 将“a.c”和“b.c”分别编译成目标文件“a.o”和“b.o”：

```
$ gcc -c a.c b.c
```

经过编译以后我们就得到了“a.o”和“b.o”这两个目标文件。从代码中可以看到，“b.c”总共定义了两个全局符号，一个是变量“shared”，另外一个是函数“swap”；“a.c”里面定义了一个全局符号就是“main”。模块“a.c”里面引用到了“b.c”里面的“swap”和“shared”。我们接下来要做的就是把“a.o”和“b.o”这两个目标文件链接在一起并最终形成一个可执行文件“ab”。

4.1 空间与地址分配

对于链接器来说，整个链接过程中，它就是将几个输入目标文件加工后合并成一个输出文件。那么在这个例子里，我们的输入就是目标文件“a.o”和“b.o”，输出就是可执行文件“ab”。我们在前面详细分析了 ELF 文件的格式，我们知道，可执行文件中的代码段和数据段都是由输入的目标文件中合并而来的。那么我们链接过程就很明显产生了第一个问题：对于多个输入目标文件，链接器如何将它们的各个段合并到输出文件？或者说，输出文件中的空间如何分配给输入文件？

4.1.1 按序叠加

一个最简单的方案就是将输入的目标文件按照次序叠加起来，如图 4-1 所示。

图 4-1 中的做法的确很简单，就是直接将各个目标文件依次合并。但是这样做会造成一

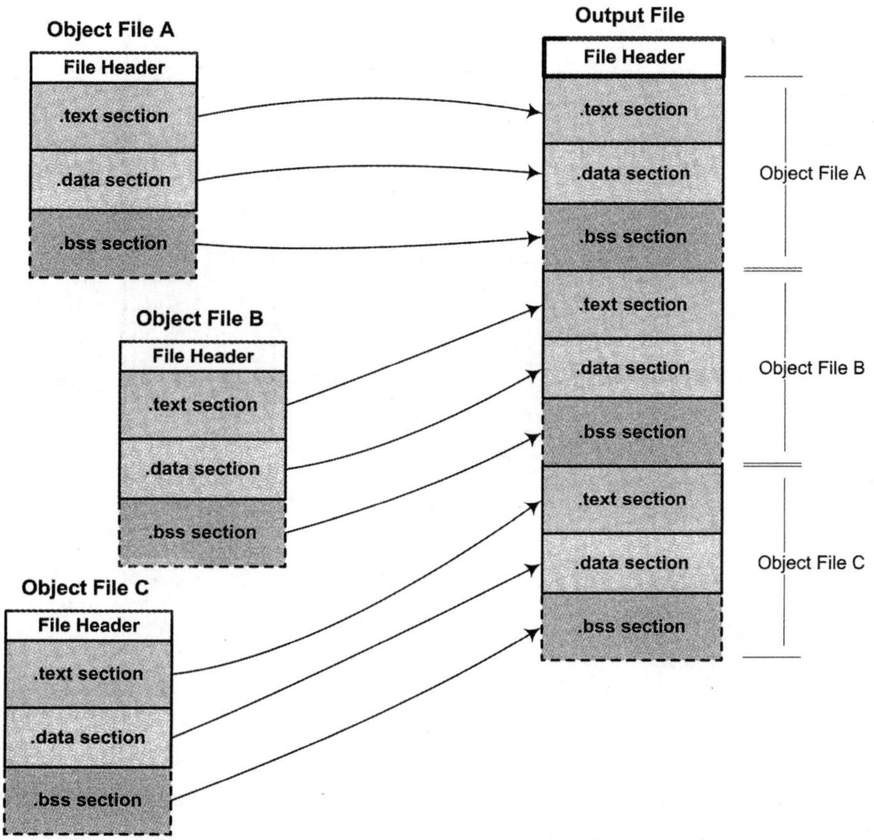

图 4-1 简单的空间分配策略

个问题，在有很多输入文件的情况下，输出文件将会有很多零散的段。比如一个规模稍大的应用程序可能会有数百个目标文件，如果每个目标文件都分别有.text 段、.data 段和.bss 段，那最后的输出文件将会有成百上千个零散的段。这种做法非常浪费空间，因为每个段都须要有一定的地址和空间对齐要求，比如对于 x86 的硬件来说，段的装载地址和空间的对齐单位是页，也就是 4 096 字节（关于地址和空间对齐，我们在后面还会有专门的章节详细介绍）。那么就是说如果一个段的长度只有 1 个字节，它也要在内存中占用 4 096 字节。这样会造成内存空间大量的内部碎片，所以这并不是一个很好的方案。

4.1.2 相似段合并

一个更实际的方法是将相同性质的段合并到一起，比如将所有输入文件的“.text”合并到输出文件的“.text”段，接着是“.data”段、“.bss”段等，如图 4-2 所示。

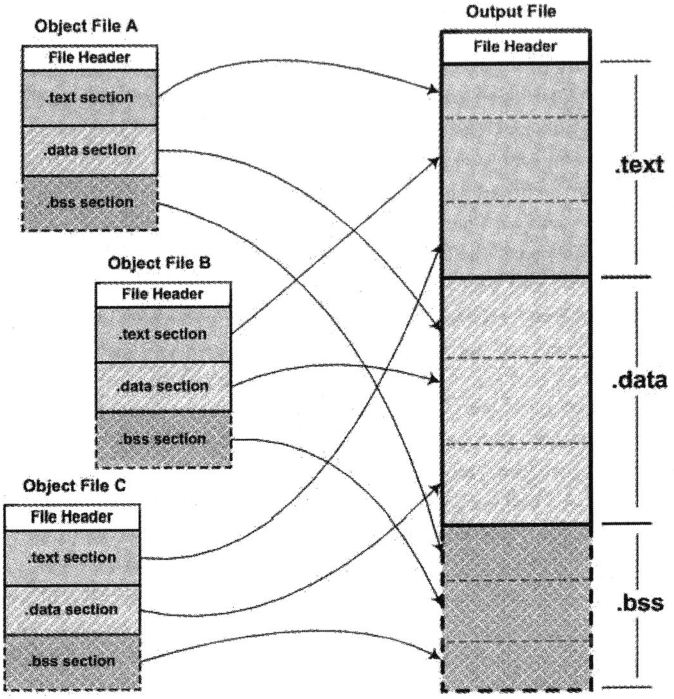

图 4-2 实际的空间分配策略

正如我们前文所提到的，“.bss”段在目标文件和可执行文件中并不占用文件的空间，但是它在装载时占用地址空间。所以链接器在合并各个段的同时，也将“.bss”合并，并且分配虚拟空间。从“.bss”段的空间分配上我们可以思考一个问题，那就是这里的所谓的“空间分配”到底是什么空间？

“链接器为目标文件分配地址和空间”这句话中的“地址和空间”其实有两个含义：第一个是在输出的可执行文件中的空间；第二个是在装载后的虚拟地址中的虚拟地址空间。对于有实际数据的段，比如“.text”和“.data”来说，它们在文件中和虚拟地址中都要分配空间，因为它们在这两者中都存在；而对于“.bss”这样的段来说，分配空间的意义只局限于虚拟地址空间，因为它在文件中并没有内容。**事实上，我们在这里谈到的空间分配只关注于虚拟地址空间的分配**，因为这个关系到链接器后面的关于地址计算的步骤，而可执行文件本身的空间分配与链接过程关系并不是很大。

关于可执行文件和虚拟地址空间之间的关系请参考第 10 章“可执行文件的装载与进程”。

现在的链接器空间分配的策略基本上都采用上述方法中的第二种，使用这种方法的链接器一般都采用一种叫**两步链接**（Two-pass Linking）的方法。也就是说整个链接过程分两步。

第一步 空间与地址分配 扫描所有的输入目标文件，获得它们的各个段的长度、属性和位置，并且将输入目标文件中的符号表中所有的符号定义和符号引用收集起来，统一放到一个全局符号表。这一步中，链接器将能够获得所有输入目标文件的段长度，并且将它们合并，计算出输出文件中各个段合并后的长度与位置，并建立映射关系。

第二步 符号解析与重定位 使用上面第一步中收集到的所有信息，读取输入文件中段的数据、重定位信息，并且进行符号解析与重定位、调整代码中的地址等。事实上第二步是链接过程的核心，特别是重定位过程。

我们使用 ld 链接器将“a.o”和“b.o”链接起来：

```
$ld a.o b.o -e main -o ab
```

- -e main 表示将 main 函数作为程序入口，ld 链接器默认的程序入口为_start。
- -o ab 表示链接输出文件名为 ab，默认为 a.out。

让我们使用 objdump 来查看链接前后地址的分配情况，代码如清单 4-1 所示。

清单 4-1 链接前后各个段的属性

```
$ objdump -h a.o
...
Sections:
Idx Name          Size      VMA       LMA       File off  Algn
  0 .text         00000034  00000000  00000000  00000034  2**2
                  CONTENTS, ALLOC, LOAD, RELOC, READONLY, CODE
  1 .data         00000000  00000000  00000000  00000068  2**2
                  CONTENTS, ALLOC, LOAD, DATA
  2 .bss          00000000  00000000  00000000  00000068  2**2
                  ALLOC
...
$ objdump -h b.o
...
Sections:
Idx Name        Size        VMA       LMA       File off  Algn
  0 .text         0000003e  00000000  00000000  00000034  2**2
                  CONTENTS, ALLOC, LOAD, READONLY, CODE
  1 .data         00000004  00000000  00000000  00000074  2**2
                  CONTENTS, ALLOC, LOAD, DATA
  2 .bss          00000000  00000000  00000000  00000078  2**2
                  ALLOC
...
$objdump -h ab
...
Sections:
Idx Name          Size      VMA       LMA       File off  Algn
  0 .text         00000072  08048094  08048094  00000094  2**2
                CONTENTS, ALLOC, LOAD, READONLY, CODE
  1 .data         00000004  08049108  08049108  00000108  2**2
                CONTENTS, ALLOC, LOAD, DATA
...
```

VMA 表示 Virtual Memory Address，即虚拟地址，LMA 表示 Load Memory Address，即加载地址，正常情况下这两个值应该是一样的，但是在有些嵌入式系统中，特别是在那些程序放在 ROM 的系统中时，LMA 和 VMA 是不相同的。这里我们只要关注 VMA 即可。

链接前后的程序中所使用的地址已经是程序在进程中的虚拟地址，即我们关心上面各个段中的 VMA（Virtual Memory Address）和 Size，而忽略**文件偏移**（File off）。我们可以看到，在链接之前，目标文件中的所有段的 VMA 都是 0，因为虚拟空间还没有被分配，所以它们默认都为 0。等到链接之后，可执行文件"ab"中的各个段都被分配到了相应的虚拟地址。这里的输出程序"ab"中，".text"段被分配到了地址 0x08048094，大小为 0x72 字节；".data"段从地址 0x08049108 开始，大小为 4 字节。整个链接过程前后，目标文件各段的分配、程序虚拟地址如图 4-3 所示。

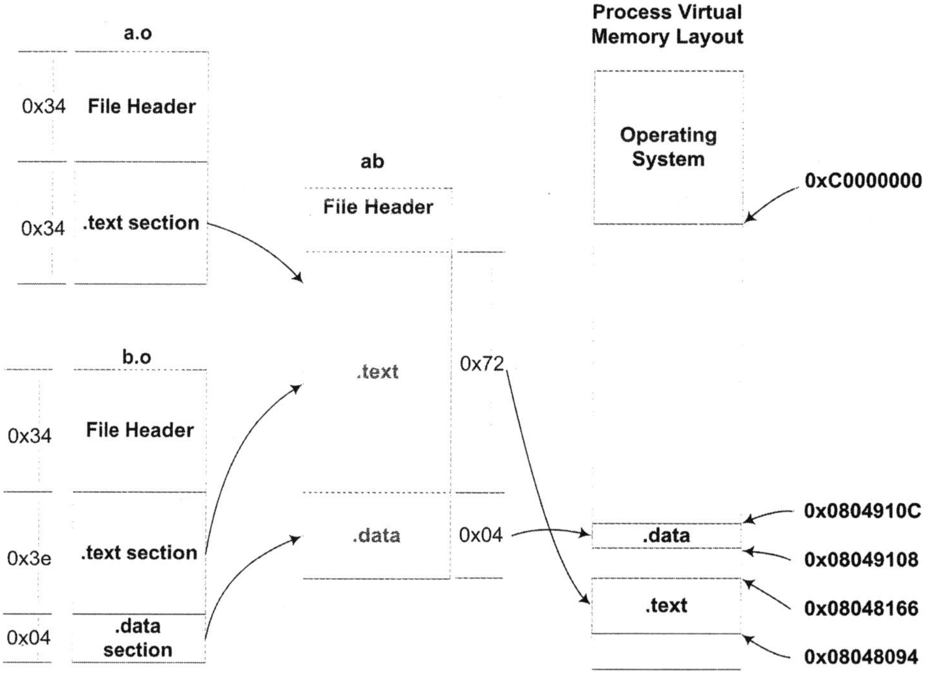

图 4-3 目标文件、可执行文件与进程空间

我们在图 4-3 中忽略了像.comment 这种无关紧要的段，只关心代码段和数据段。由于在本例中没有".bss"段，所以我们也将其简化了。从图 4-3 中可以看到，"a.o"和"b.o"的代码段被先后叠加起来，合并成"ab"的一个.text 段，加起来的长度为 0x72。所以"ab"的代码段里面肯定包含了 main 函数和 swap 函数的指令代码。

那么，为什么链接器要将可执行文件“ab”的“.text”分配到 0x08048094、将“.data”分配 0x08049108？而不是从虚拟空间的 0 地址开始分配呢？这涉及操作系统的进程虚拟地址空间的分配规则，在 Linux 下，ELF 可执行文件默认从地址 0x08048000 开始分配。关于进程的虚拟地址分配等相关内容我们将在第 6 章“可执行文件的装载与进程”这一章进行详细的分析。

4.1.3 符号地址的确定

我们还是以“a.o”和“b.o”作为例子，来分析这两个步骤中链接器的工作过程。在第一步的扫描和空间分配阶段，链接器按照前面介绍的空间分配方法进行分配，这时候输入文件中的各个段在链接后的虚拟地址就已经确定了，比如“.text”段起始地址为 0x08048094，“.data”段的起始地址为 0x08049108。

当前面一步完成之后，链接器开始计算各个符号的虚拟地址。因为各个符号在段内的相对位置是固定的，所以这时候其实“main”、“shared”和“swap”的地址也已经是确定的了，只不过链接器须要给每个符号加上一个偏移量，使它们能够调整到正确的虚拟地址。比如我们假设“a.o”中的“main”函数相对于“a.o”的“.text”段的偏移是 X，但是经过链接合并以后，“a.o”的“.text”段位于虚拟地址 0x08048094，那么“main”的地址应该是 0x08048094 + X。从前面“objdump”的输出看到，“main”位于“a.o”的“.text”段的最开始，也就是偏移为 0，所以“main”这个符号在最终的输出文件中的地址应该是 0x08048094 + 0，即 0x08048094。我们也可以通过完全一样的计算方法得知所有符号的地址，在这个例子里面，只有三个全局符号，所以链接器在更新全局符号表的符号地址以后，各个符号的最终地址如表 4-1 所示。

表 4-1

符号	类型	虚拟地址
main	函数	0x08048094
swap	函数	0x080480c8
shared	变量	0x08048108

4.2 符号解析与重定位

4.2.1 重定位

在完成空间和地址的分配步骤以后，链接器就进入了符号解析与重定位的步骤，这也是静态链接的核心内容。在分析符号解析和重定位之前，首先让我们来看看“a.o”里面是怎么使用这两个外部符号的，也就是说我们在"a.c"的源程序里面使用了"shared"变量和"swap"函数，那么编译器在将"a.c"编译成指令时，它如何访问"shared"变量？如何调用"swap"函数？

使用 objdump 的"-d"参数可以看到"a.o"的代码段反汇编结果：

```
$objdump -d a.o

a.o:     file format elf32-i386

Disassembly of section .text:

00000000 <main>:
   0:   8d 4c 24 04             lea    0x4(%esp),%ecx
   4:   83 e4 f0                and    $0xfffffff0,%esp
   7:   ff 71 fc                pushl  0xfffffffc(%ecx)
   a:   55                      push   %ebp
   b:   89 e5                   mov    %esp,%ebp
   d:   51                      push   %ecx
   e:   83 ec 24                sub    $0x24,%esp
  11:   c7 45 f8 64 00 00 00    movl   $0x64,0xfffffff8(%ebp)
  18:   c7 44 24 04 00 00 00    movl   $0x0,0x4(%esp)
  1f:   00
  20:   8d 45 f8                lea    0xfffffff8(%ebp),%eax
  23:   89 04 24                mov    %eax,(%esp)
  26:   e8 fc ff ff ff          call   27 <main+0x27>
  2b:   83 c4 24                add    $0x24,%esp
  2e:   59                      pop    %ecx
  2f:   5d                      pop    %ebp
  30:   8d 61 fc                lea    0xfffffffc(%ecx),%esp
  33:   c3                      ret
```

我们知道在程序的代码里面使用的都是虚拟地址，在这里也可以看到"main"的起始地址为 0x00000000，这是因为在未进行前面提到过的空间分配之前，目标文件代码段中的起始地址以 0x00000000 开始，等到空间分配完成以后，各个函数才会确定自己在虚拟地址空间中的位置。

我们可以很清楚地看到"a.o"的反汇编结果中，"a.o"共定义了一个函数 main。这个函数占用 0x33 个字节，共 17 条指令；最左边那列是每条指令的偏移量，每一行代表一条指令（有些指令的长度很长，如第偏移为 0x18 的 mov 指令，它的二进制显示占据了两行）。我们已经用粗体标出了两个引用"shared"和"swap"的位置，对于"shared"的引用是一条"mov"指令，这条指令总共 8 个字节，它的作用是将"shared"的地址赋值到 ESP 寄存器+4 的偏移地址中去，前面 4 个字节是指令码，后面 4 个字节是"shared"的地址，我们只关心后面的 4 个字节部分，如图 4-4 所示。

当源代码"a.c"在被编译成目标文件时，编译器并不知道"shared"和"swap"的地址，因为它们定义在其他目标文件中。所以编译器就暂时把地址 0 看作是"shared"的地址，我们可以看到这条"mov"指令中，关于"shared"的地址部分为"0x00000000"。

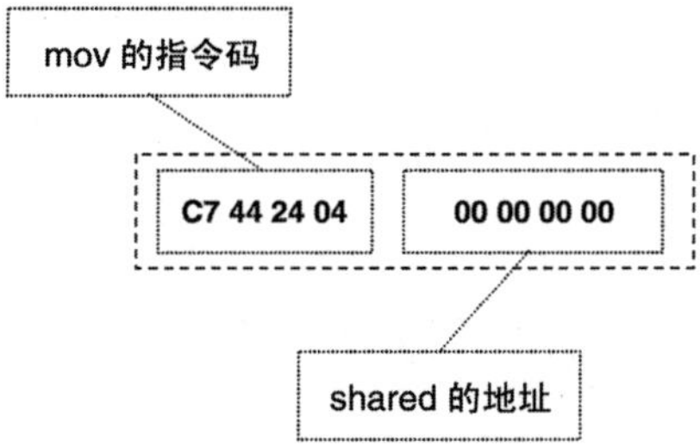

图 4-4 绝对地址指令

另外一个是偏移为 0x26 的指令的一条调用指令，它其实就表示对 swap 函数的调用，如图 4-5 所示。

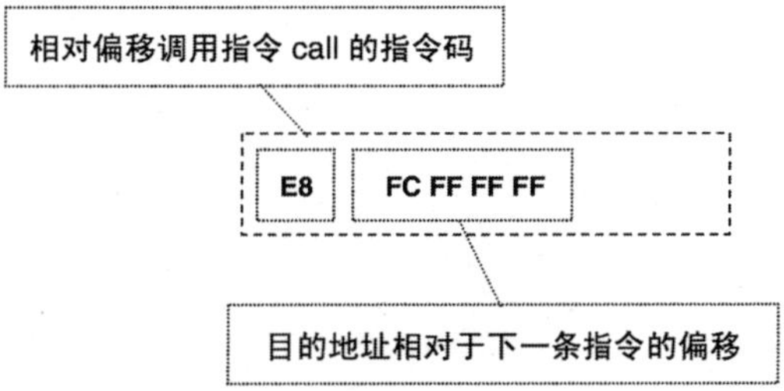

图 4-5 相对地址指令

这条指令共 5 个字节，前面的 0xE8 是操作码（Operation Code），从 Intel 的 IA-32 体系软件开发者手册（IA-32 Intel Architecture Software Developer's Manual，参考文献里有详细介绍）可以查阅到，这条指令是一条**近址相对位移调用指令**（**Call near, relative, displacement relative to next instruction**），后面 4 个字节就是被调用函数的相对于**调用指令的下一条指令的偏移量**。在没有重定位之前，相对偏移被置为 0xFFFFFFFC（小端），它是常量"–4"的补码形式。

让我们来仔细看这条指令的含义。紧跟在这条 call 指令后面的那条指令为 add 指令，add 指令的地址为 0x2b，而相对于 add 指令偏移为"–4"的地址即 0x2b – 4 = 0x27。所以这条 call 指令的实际调用地址为 0x27。我们可以看到 0x27 存放着并不是 swap 函数的地址，跟前面"shared"一样，"0xFFFFFFFC"只是一个临时的假地址，因为在编译的时候，编译器并不知道"swap"的真正地址。

编译器把这两条指令的地址部分暂时用地址"0x00000000"和"0xFFFFFFFC"代替着，把真正的地址计算工作留给了链接器。我们通过前面的空间与地址分配可以得知，链接器在完成地址和空间分配之后就已经可以确定所有符号的虚拟地址了，那么链接器就可以根据符号的地址对每个需要重定位的指令进行地位修正。我们用 objdump 来反汇编输出程序“ab”的代码段，可以看到 main 函数的两个重定位入口都已经被修正到正确的位置：

```
$objdump -d ab
ab:     file format elf32-i386

Disassembly of section .text:

08048094 <main>:
 8048094:    8d 4c 24 04             lea     0x4(%esp),%ecx
 8048098:    83 e4 f0                and    $0xfffffff0,%esp
 804809b:    ff 71 fc                pushl  0xfffffffc(%ecx)
 804809e:    55                      push   %ebp
 804809f:    89 e5                   mov    %esp,%ebp
 80480a1:    51                      push   %ecx
 80480a2:    83 ec 24                sub    $0x24,%esp
 80480a5:    c7 45 f8 64 00 00 00    movl   $0x64,0xfffffff8(%ebp)
 80480ac:    c7 44 24 04 08 91 04    movl    $0x8049108,0x4(%esp)
 80480b3:    08
 80480b4:    8d 45 f8                lea     0xfffffff8(%ebp),%eax
 80480b7:    89 04 24                mov    %eax,(%esp)
 80480ba:    e8 09 00 00 00          call    80480c8 <swap>
 80480bf:    83 c4 24                add    $0x24,%esp
 80480c2:    59                      pop    %ecx
 80480c3:    5d                      pop    %ebp
 80480c4:    8d 61 fc                lea     0xfffffffc(%ecx),%esp
 80480c7:    c3                      ret

080480c8 <swap>:
 80480c8:    55                      push   %ebp
...
```

经过修正以后，“shared”和“swap”的地址分别为 0x08049108 和 0x00000009（小端字节序）。关于“shared”很好理解，因为“shared”变量的地址的确是 0x08049108。对于“swap”来说稍显晦涩。我们前面介绍过，这个“call”指令是一条**近址相对位移调用指令**，它后面跟的是**调用指令的下一条指令**的偏移量，“call”指令的下一条指令是“add”，它的地址是 0x080480bf，所以“相对于 add 指令偏移量为 0x00000009”的地址为 0x080480bf + 9 = 0x080480c8，即刚好是“swap ”函数的地址。有兴趣的读者可以阅读后面的“指令修正方式”一节，那里我们将更加详细介绍指令修正时的地址计算方式。

4.2.2 重定位表

那么链接器是怎么知道哪些指令是要被调整的呢？这些指令的哪些部分要被调整？怎么调整？比如上面例子中“mov”指令和“call”指令的调整方式就有所不同。事实上在 ELF 文件中，有一个叫**重定位表**（Relocation Table）的结构专门用来保存这些与重定位相关的信息，我们在前面介绍 ELF 文件结构时已经提到过了重定位表，它在 ELF 文件中往往是一个或多个段。

对于可重定位的 ELF 文件来说，它必须包含有重定位表，用来描述如何修改相应的段里的内容。对于每个要被重定位的 ELF 段都有一个对应的重定位表，而一个重定位表往往就是 ELF 文件中的一个段，所以其实**重定位表**也可以叫**重定位段**，我们在这里统一称作**重定位表**。比如代码段“.text”如有要被重定位的地方，那么会有一个相对应叫“.rel.text”的段保存了代码段的重定位表；如果代码段“.data”有要被重定位的地方，就会有一个相对应叫“.rel.data”的段保存了数据段的重定位表。我们可以使用 objdump 来查看目标文件的重定位表：

```
$ objdump -r a.o

a.o:     file format elf32-i386

RELOCATION RECORDS FOR [.text]:
OFFSET   TYPE              VALUE
0000001c R_386_32           shared
00000027 R_386_PC32         swap
```

这个命令可以用来查看“a.o”里面要重定位的地方，即“a.o”所有引用到外部符号的地址。每个要被重定位的地方叫一个**重定位入口**（Relocation Entry），我们可以看到“a.o”里面有两个重定位入口。重定位入口的**偏移**（Offset）表示该入口在要被重定位的段中的位置，“RELOCATION RECORDS FOR [.text]”表示这个重定位表是**代码段的重定位表**，所以偏移表示代码段中须要被调整的位置。对照前面的反汇编结果可以知道，这里的 0x1c 和 0x27 分别就是代码段中“mov”指令和“call”指令的地址部分。

对于 32 位的 Intel x86 系列处理器来说，重定位表的结构也很简单，它是一个 Elf32_Rel 结构的数组，每个数组元素对应一个重定位入口。Elf32_Rel 的定义如下：

```
typedef struct {
   Elf32_Addr r_offset;
   Elf32_Word r_info;
} Elf32_Rel;
```

r_offset	重定位入口的偏移。对于**可重定位文件**来说，这个值是该重定位入口所要修正的位置的第一个字节相对于段起始的偏移；对于**可执行文件或共享对象文件**来说，这个值是该重定位入口所要修正的位置的第一个字节的虚拟地址。 我们这里只关心可重定位文件的情况，可执行文件或共享对象文件的情况，将在下一章“动态链接”再作分析
r_info	重定位入口的类型和符号。这个成员的低 8 位表示重定位入口的类型，高 24 位表示重定位入口的符号在符号表中的下标。 因为各种处理器的指令格式不一样，所以重定位所修正的指令地址格式也不一样。每种处理器都有自己一套重定位入口的类型。对于**可执行文件和共享目标文件**来说，它们的重定位入口是动态链接类型的，请参考“动态链接”一章

4.2.3 符号解析

在我们通常的观念里，之所以要链接是因为我们目标文件中用到的符号被定义在其他目标文件，所以要将它们链接起来。比如我们直接使用 ld 来链接“a.o”，而不将“b.o”作为输入。链接器就会发现 shared 和 swap 两个符号没有被定义，没有办法完成链接工作：

```
$ ld a.o
a.o: In function `main':
a.c:(.text+0x1c): undefined reference to `shared'
a.c:(.text+0x27): undefined reference to `swap'
```

这也是我们平时在编写程序的时候最常碰到的问题之一，就是链接时符号未定义。导致这个问题的原因很多，最常见的一般都是链接时缺少了某个库，或者输入目标文件路径不正确或符号的声明与定义不一样。所以从普通程序员的角度看，符号的解析占据了链接过程的主要内容。

通过前面指令重定位的介绍，我们可以更加深层次地理解为什么缺少符号的定义会导致链接错误。其实重定位过程也伴随着符号的解析过程，每个目标文件都可能定义一些符号，也可能引用到定义在其他目标文件的符号。重定位的过程中，每个重定位的入口都是对一个符号的引用，那么当链接器须要对某个符号的引用进行重定位时，它就要确定这个符号的目标地址。这时候链接器就会去查找由所有输入目标文件的符号表组成的全局符号表，找到相应的符号后进行重定位。

比如我们查看“a.o”的符号表：

```
$ readelf -s a.o

Symbol table '.symtab' contains 10 entries:
   Num:    Value  Size Type    Bind   Vis      Ndx Name
     0: 00000000 0 NOTYPE  LOCAL  DEFAULT  UND
     1: 00000000 0 FILE    LOCAL  DEFAULT  ABS a.c
     2: 00000000 0 SECTION LOCAL  DEFAULT    1
     3: 00000000 0 SECTION LOCAL  DEFAULT    3
     4: 00000000 0 SECTION LOCAL  DEFAULT    4
     5: 00000000 0 SECTION LOCAL  DEFAULT    6
     6: 00000000 0 SECTION LOCAL  DEFAULT    5
     7: 00000000   52 FUNC    GLOBAL DEFAULT    1 main
     8: 00000000 0 NOTYPE  GLOBAL DEFAULT  UND shared
     9: 00000000 0 NOTYPE  GLOBAL DEFAULT  UND swap
```

“GLOBAL”类型的符号，除了“main”函数是定义在代码段之外，其他两个“shared”和“swap”都是“UND”，即“undefined”未定义类型，这种未定义的符号都是因为该目标文件中有关于它们的重定位项。所以在链接器扫描完所有的输入目标文件之后，所有这些未定义的符号都应该能够在全局符号表中找到，否则链接器就报符号未定义错误。

4.2.4 指令修正方式

不同的处理器指令对于地址的格式和方式都不一样。比如对于 32 位 Intel x86 处理器来说，转移跳转指令（jmp 指令）、子程序调用指令（call 指令）和数据传送指令（mov 指令）寻址方式千差万别。直至 2006 年为止，Intel x86 系列 CPU 的 jmp 指令有 11 种寻址模式；call 指令有 10 种；mov 指令则有多达 34 种寻址模式！这些寻址方式有如下几方面的区别：

- 近址寻址或远址寻址。
- 绝对寻址或相对寻址。
- 寻址长度为 8 位、16 位、32 位或 64 位。

但是对于 32 位 x86 平台下的 ELF 文件的重定位入口所修正的指令寻址方式只有两种：

- 绝对近址 32 位寻址。
- 相对近址 32 位寻址。

这两种重定位方式指令修正方式**每个被修正的位置的长度都为 32 位，即 4 个字节**。而且都是近址寻址，不用考虑 Intel 的段间远址寻址。唯一的区别就是绝对寻址和相对寻址。前面我们提到过，重定位入口的 r_info 成员低 8 位表示重定位入口类型，如表 4-2 所示。

表 4-2

x86 基本重定位类型		
宏定义	值	重定位修正方法
R_386_32	1	绝对寻址修正 S + A
R_386_PC32	2	相对寻址修正 S + A – P

A = 保存在被修正位置的值

P = 被修正的位置（相对于段开始的偏移量或者虚拟地址），注意，该值可通过 r_offset 计算得到

S = 符号的实际地址，即由 r_info 的高 24 位指定的符号的实际地址

对照前面 a.o 的重定位信息，我们可以看到第一个重定位入口是对 swap 符号的引用，类型为 R_386_PC32，查阅 Intel 指令手册，它的确是一条**相对位移调用指令**；而 shared 是 R_386_32 类型的，它修正的是一条传输指令的源，该传输指令的源是一个立即数，即 shared 的绝对地址。所以这两个重定位入口很具有代表性，分别代表了两种不同的重定位地址修正方式。

现在让我们假设在将 a.o 和 b.o 链接成最终可执行文件后，main 函数的虚拟地址为 0x1000，swap 函数的虚拟地址为 0x2000；shared 变量的虚拟地址为 0x3000。那么我们的链

接器将如何修正 a.o 里面这两个重定位入口呢？

绝对寻址修正 让我们先看 a.o 的第一个重定位入口，即偏移为 0x18 的这条 mov 指令的修正，它的修正方式是 R_386_32，即绝对地址修正。对于这个重定位入口，它修正后的结果应该是 S + A。

- S 是符号 shared 的实际地址，即 0x3000。
- A 是被修正位置的值，即 0x00000000。

所以最后这个重定位入口修正后地址为：0x3000 + 0x00000000 = 0x3000。即指令修正后应该是：

```
...
1011:    c7 45 f8 64 00 00 00      movl   $0x64,0xfffffff8(%ebp)
1018:    c7 44 24 04 00 30 00      movl   $0x3000,0x4(%esp)
101f:    00
1020:    8d 45 f8               lea 0xfffffff8(%ebp),%eax
...
```

相对寻址修正* 让我们再来看看 a.o 的第二个重定位入口，即偏移为 0x26 的这条 call 指令的修正，它的指令修正方式是 R_386_PC32，即相对寻址修正。对于这个重定位入口，它修正后的结果应该是 S + A – P。

- S 是符号 swap 的实际地址，即 0x2000；
- A 是被修正位置的值，即 0xFFFFFFFC（-4）；
- P 为被修正的位置，当链接成可执行文件时，这个值应该是被修正位置的虚拟地址，即 0x1000 + 0x27。

所以最后这个重定位入口修正后地址为：0x2000 + (-4) – (0x1000 + 0x27) = 0xFD5。即指令修正后应该是：

```
...
1023:  8d 45 f8                lea 0xfffffff8(%ebp),%eax
1026:  e8 d5 0f 00 00          call    0xfd5
102b:  89 04 24                mov    %eax,(%esp)
...

2000<swap>:
...
```

这条相对位移调用指令调用的地址是该指令下一条指令的起始地址加上偏移量，即：0x102b + 0xfd5 = 0x2000，刚好是 swap 函数的地址。

从这两个例子可以看出来，绝对寻址修正和相对寻址修正的区别就是绝对寻址修正后的地址为该符号的实际地址；相对寻址修正后的地址为符号距离被修正位置的**地址差**。

4.3 COMMON 块

正如前面提到过的，由于弱符号机制允许同一个符号的定义存在于多个文件中，所以可能会导致的一个问题是：如果一个弱符号定义在多个目标文件中，而它们的类型又不同，怎么办？目前的链接器本身并不支持符号的类型，即变量类型对于链接器来说是透明的，它只知道一个符号的名字，并不知道类型是否一致。那么当我们定义的多个符号定义类型不一致时，链接器该如何处理呢？让我们来分析一下多个符号定义类型不一致的几种情况，主要分三种情况：

- 两个或两个以上强符号类型不一致；
- 有一个强符号，其他都是弱符号，出现类型不一致；
- 两个或两个以上弱符号类型不一致。

对于上述三种情况，第一种情况是无须额外处理的，因为多个强符号定义本身就是非法的，链接器会报符号多重定义错误；链接器要处理的就是后两种情况。

事实上，现在的编译器和链接器都支持一种叫 COMMON 块（Common Block）的机制，这种机制最早来源于 Fortran，早期的 Fortran 没有动态分配空间的机制，程序员必须事先声明它所需要的临时使用空间的大小。Fortran 把这种空间叫 COMMON 块，当不同的目标文件需要的 COMMON 块空间大小不一致时，以最大的那块为准。

现代的链接机制在处理弱符号的时候，采用的就是与 COMMON 块一样的机制。前面我们在 SimpleSection.c 这个例子中已经看到，编译器将**未初始化的全局变量定义**作为弱符号处理。比如符号 global_uninit_var，它在符号表中的各个值为（使用 readelf -s）：

```
st_name = "global_uninit_var"
st_value = 4
st_size = 4
st_info = 0x11 STB_GLOBAL STT_OBJECT
st_other = 0
st_shndx = 0xfff2 SHN_COMMON
```

可以看到它是一个全局的数据对象，它的类型为 SHN_COMMON 类型，这是一个典型的弱符号。那么如果我们在另外一个文件中也定义了 global_uninit_var 变量，且未初始化，它的类型为 double，占 8 个字节，情况会怎么样呢？按照 COMMON 类型的链接规则，原则上讲最终链接后输出文件中，global_uninit_var 的大小以输入文件中最大的那个为准。即这两个文件链接后输出文件中 global_uninit_var 所占的空间为 8 个字节。

当然 COMMON 类型的链接规则是针对符号都是弱符号的情况，如果其中有一个符号为强符号，那么最终输出结果中的符号所占空间与强符号相同。值得注意的是，如果链接过程中有弱符号大小大于强符号，那么 ld 链接器会报如下警告：

```
ld: warning: alignment 4 of symbol `global' in a.o is smaller than 8 in b.o
```

这种使用 COMMON 块的方法实际上是一种类似“黑客”的取巧办法，直接导致需要 COMMON 机制的原因是编译器和链接器允许不同类型的弱符号存在，但最本质的原因还是链接器不支持符号类型，即链接器无法判断各个符号的类型是否一致。

现在我们再回头总结性地思考关于未初始化的全局变量的问题：在目标文件中，编译器为什么不直接把**未初始化的全局变量**也当作**未初始化的局部静态变量**一样处理，为它在 BSS 段分配空间，而是将其标记为一个 COMMON 类型的变量？

通过了解链接器处理多个弱符号的过程，我们可以想到，当编译器将一个编译单元编译成目标文件的时候，如果该编译单元包含了弱符号（未初始化的全局变量就是典型的弱符号），那么该弱符号最终所占空间的大小在此时是未知的，因为有可能其他编译单元中该符号所占的空间比本编译单元该符号所占的空间要大。所以编译器此时无法为该弱符号在 BSS 段分配空间，因为所须要空间的大小未知。但是链接器在链接过程中可以确定弱符号的大小，因为当链接器读取所有输入目标文件以后，任何一个弱符号的最终大小都可以确定了，所以它可以在最终输出文件的 BSS 段为其分配空间。所以总体来看，未初始化全局变量最终还是被放在 BSS 段的。

> 关于多个文件中出现同一个变量的多个定义的原因，还有一种说法是由于早期 C 语言程序员粗心大意，经常忘记在声明变量时在前面加上“extern”关键字，使得编译器会在多个目标文件中产生同一个变量的定义。为了解决这个问题，编译器和链接器干脆就把未初始化的变量都当作 COMMON 类型的处理。

GCC 的“-fno-common”也允许我们把所有未初始化的全局变量不以 COMMON 块的形式处理，或者使用“__attribute__”扩展：

```
int global __attribute__((nocommon));
```

一旦一个未初始化的全局变量不是以 COMMON 块的形式存在，那么它就相当于一个强符号，如果其他目标文件中还有同一个变量的强符号定义，链接时就会发生符号重复定义错误。

4.4 C++相关问题

C++的一些语言特性使之必须由编译器和链接器共同支持才能完成工作。最主要的有两个方面，一个是 C++的重复代码消除，还有一个就是全局构造与析构。另外由于 C++语言的各种特性，比如虚拟函数、函数重载、继承、异常等，使得它背后的数据结构异常复杂，这些数据结构往往在不同的编译器和链接器之间相互不能通用，使得 C++程序的二进制兼容性成了一个很大的问题，我们在这一节还将讨论 C++程序的二进制兼容性问题。

4.4.1 重复代码消除

C++编译器在很多时候会产生重复的代码，比如模板（Templates）、外部内联函数（Extern Inline Function）和虚函数表（Virtual Function Table）都有可能在不同的编译单元里生成相同的代码。最简单的情况就拿模板来说，模板从本质上来讲很像宏，当模板在一个编译单元里被实例化时，它并不知道自己是否在别的编译单元也被实例化了。所以当一个模板在多个编译单元同时实例化成相同的类型的时候，必然会生成重复的代码。当然，最简单的方案就是不管这些，将这些重复的代码都保留下来。不过这样做的主要问题有以下几方面。

- 空间浪费。可以想象一个有几百个编译单元的工程同时实例化了许多个模板，最后链接的时候必须将这些重复的代码消除掉，否则最终程序的大小肯定会膨胀得很厉害。
- 地址较易出错。有可能两个指向同一个函数的指针会不相等。
- 指令运行效率较低。因为现代的 CPU 都会对指令和数据进行缓存，如果同样一份指令有多份副本，那么指令 Cache 的命中率就会降低。

一个比较有效的做法就是将每个模板的实例代码都单独地存放在一个段里，每个段只包含一个模板实例。比如有个模板函数是 add<T>()，某个编译单元以 int 类型和 float 类型实例化了该模板函数，那么该编译单元的目标文件中就包含了两个该模板实例的段。为了简单起见，我们假设这两个段的名字分别叫.temp.add<int> 和 .temp.add<float>。这样，当别的编译单元也以 int 或 float 类型实例化该模板函数后，也会生成同样的名字，这样链接器在最终链接的时候可以区分这些相同的模板实例段，然后将它们合并入最后的代码段。

这种做法的确被目前主流的编译器所采用，GNU GCC 编译器和 VISUAL C++编译器都采用了类似的方法。GCC 把这种类似的须要在最终链接时合并的段叫“Link Once”，它的做法是将这种类型的段命名为“.gnu.linkonce.name”，其中“name”是该模板函数实例的**修饰后名称**。VISUAL C++编译器做法稍有不同，它把这种类型的段叫做“COMDAT”，这种“COMDAT”段的属性字段（PE 文件的段表结构里面的 IMAGE_SECTION_HEADER 的 Characteristics 成员）都有 IMAGE_SCN_LNK_COMDAT（0x00001000）这个标记，在链接器看到这个标记后，它就认为该段是 COMDAT 类型的，在链接时会将重复的段丢弃。

这种重复代码消除对于模板来说是这样的，对于外部内联函数和虚函数表的做法也类似。比如对于一个有虚函数的类来说，有一个与之相对应的虚函数表（Virtual Function Table，一般简称 vtbl），编译器会在用到该类的多个编译单元生成虚函数表，造成代码重复；外部内联函数、默认构造函数、默认拷贝构造函数和赋值操作符也有类似的问题。它们的解决方式基本跟模板的重复代码消除类似。

这种方法虽然能够基本上解决代码重复的问题，但还是存在一些问题。比如相同名称的段可能拥有不同的内容，这可能由于不同的编译单元使用了不同的编译器版本或者编译优化选项，导致同一个函数编译出来的实际代码有所不同。那么这种情况下链接器可能会做出一个选择，那就是随意选择其中任何一个副本作为链接的输入，然后同时提供一个警告信息。

函数级别链接

由于现在的程序和库通常来讲都非常庞大，一个目标文件可能包含成千上百个函数或变量。当我们须要用到某个目标文件中的任意一个函数或变量时，就须要把它整个地链接进来，也就是说那些没有用到的函数也被一起链接了进来。这样的后果是链接输出文件会变得很大，所有用到的没用到的变量和函数都一起塞到了输出文件中。

VISUAL C++编译器提供了一个编译选项叫**函数级别链接**（Functional-Level Linking，/Gy），这个选项的作用就是让所有的函数都像前面模板函数一样，单独保存到一个段里面。当链接器须要用到某个函数时，它就将它合并到输出文件中，对于那些没有用的函数则将它们抛弃。这种做法可以很大程度上减小输出文件的长度，减少空间浪费。但是这个优化选项会减慢编译和链接过程，因为链接器须要计算各个函数之间的依赖关系，并且所有函数都保持到独立的段中，目标函数的段的数量大大增加，重定位过程也会因为段的数目的增加而变得复杂，目标文件随着段数目的增加也会变得相对较大。

GCC 编译器也提供了类似的机制，它有两个选择分别是“-ffunction-sections”和“-fdata-sections”，这两个选项的作用就是将每个函数或变量分别保持到独立的段中。

4.4.2 全局构造与析构

我们知道一般的一个 C/C++程序是从 main 开始执行的，随着 main 函数的结束而结束。然而，其实在 main 函数被调用之前，为了程序能够顺利执行，要先初始化进程执行环境，比如堆分配初始化（malloc、free）、线程子系统等，关于 main 之前所执行的部分，我们将在本书的第 4 部分详细介绍。C++的全局对象构造函数也是在这一时期被执行的，我们知道 C++的全局对象的构造函数在 main 之前被执行，C++全局对象的析构函数在 main 之后被执行。

Linux 系统下一般程序的入口是“_start”，这个函数是 Linux 系统库（Glibc）的一部分。当我们的程序与 Glibc 库链接在一起形成最终可执行文件以后，这个函数就是程序的初始化部分的入口，程序初始化部分完成一系列初始化过程之后，会调用 main 函数来执行程序的主体。在 main 函数执行完成以后，返回到初始化部分，它进行一些清理工作，然后结束进程。对于有些场合，程序的一些特定的操作必须在 main 函数之前被执行，还有一些操作必须在 main 函数之后被执行，其中很具有代表性的就是 C++的全局对象的构造和析构函数。因此 ELF 文件还定义了两种特殊的段。

- .init 该段里面保存的是可执行指令，它构成了进程的初始化代码。因此，当一个程序开始运行时，在 main 函数被调用之前，Glibc 的初始化部分安排执行这个段的中的代码。
- .fini 该段保存着进程终止代码指令。因此，当一个程序的 main 函数正常退出时，Glibc 会安排执行这个段中的代码。

这两个段.init 和.fini 的存在有着特别的目的，如果一个函数放到.init 段，在 main 函数执行前系统就会执行它。同理，假如一个函数放到.fint 段，在 main 函数返回后该函数就会被执行。利用这两个特性，C++的全局构造和析构函数就由此实现。我们将在第 11 章中作详细介绍。

4.4.3 C++与 ABI

既然每个编译器都能将源代码编译成目标文件，那么有没有不同编译器编译出来的目标文件是不能够相互链接的呢？有没有可能将 MSVC 编译出来的目标文件和 GCC 编译出来的目标文件链接到一起，形成一个可执行文件呢？

对于上面这些问题，首先我们可以想到的是，如果要将两个不同编译器的编译结果链接到一起，那么，首先链接器必须支持这两个编译器产生的目标文件的格式。比如 MSVC 编译的目标文件是 PE/COFF 格式的，而 GCC 编译的结果是 ELF 格式的，链接器必须同时认识这两种格式才行，否则肯定没戏。那是不是链接器只要同时认识目标文件的格式就可以了呢？

事实并不像我们想象的那么简单，如果要使两个编译器编译出来的目标文件能够相互链接，那么这两个目标文件必须满足下面这些条件：采用同样的目标文件格式、拥有同样的符号修饰标准、变量的内存分布方式相同、函数的调用方式相同，等等。其中我们把符号修饰标准、变量内存布局、函数调用方式等这些跟可执行代码二进制兼容性相关的内容称为 ABI（Application Binary Interface）。

ABI & API

很多时候我们会碰到 API（Application Programming Interface）这个概念，它与 ABI 只有一字之差，而且非常类似，很多人经常将它们的概念搞混。那么它们之间有什么区别呢？实际上它们都是所谓的应用程序接口，只是它们所描述的接口所在的层面不一样。API 往往是指源代码级别的接口，比如我们可以说 POSIX 是一个 API 标准、Windows 所规定的应用程序接口是一个 API；而 ABI 是指二进制层面的接口，ABI 的兼容程度比 API 要更为严格，比如我们可以说 C++的对象内存分布（Object Memory Layout）是 C++ ABI 的一部分。API 更关注源代码层面的，比如 POSIX 规定 printf()

> 这个函数的原型，它能保证这个函数定义在所有遵循 POSIX 标准的系统之间都是一样的，但是它不保证 printf 在实际的每个系统中执行时，是否按照从右到左将参数压入堆栈，参数在堆栈中如何分布等这些实际运行时的二进制级别的问题。比如有两台机器，一台是 Intel x86，另外一台是 MIPS 的，它们都安装了 Linux 系统，由于 Linux 支持 POSIX 标准，所以它们的 C 运行库都应该有 printf 函数。但实际上 printf 在被调用过程中，这些关于参数和堆栈分布的细节在不同的机器上肯定是不一样的，甚至调用 printf 的指令也是不一样的（x86 是 call 指令，MIPS 是 jal 指令），这就是说，API 相同并不表示 ABI 相同。
>
> ABI 的概念其实从开始至今一直存在，因为人们总是希望程序能够在不经任何修改的情况下得到重用，最好的情况是二进制的指令和数据能够不加修改地得到重用。人们始终在朝这个方向努力，但是由于现实的因素，二进制级别的重用还是很难实现。最大的问题之一就是各种硬件平台、编程语言、编译器、链接器和操作系统之间的 ABI 相互不兼容，由于 ABI 的不兼容，各个目标文件之间无法相互链接，二进制兼容性更加无从谈起。

影响 ABI 的因素非常多，硬件、编程语言、编译器、链接器、操作系统等都会影响 ABI。我们可以从 C 语言的角度来看一个编程语言是如何影响 ABI 的。对于 C 语言的目标代码来说，以下几个方面会决定目标文件之间是否二进制兼容：

- 内置类型（如 int、float、char 等）的大小和在存储器中的放置方式（大端、小端、对齐方式等）。
- 组合类型（如 struct、union、数组等）的存储方式和内存分布。
- 外部符号（external-linkage）与用户定义的符号之间的命名方式和解析方式，如函数名 func 在 C 语言的目标文件中是否被解析成外部符号_func。
- 函数调用方式，比如参数入栈顺序、返回值如何保持等。
- 堆栈的分布方式，比如参数和局部变量在堆栈里的位置，参数传递方法等。
- 寄存器使用约定，函数调用时哪些寄存器可以修改，哪些须要保存，等等。

当然这只是一部分因素，还有其他因素我们在此不一一列举了。到了 C++的时代，语言层面对 ABI 的影响又增加了很多额外的内容，可以看到，正是这些内容使 C++要做到二进制兼容比 C 来得更为不易：

- 继承类体系的内存分布，如基类，虚基类在继承类中的位置等。
- **指向成员函数的指针**（pointer-to-member）的内存分布，如何通过指向成员函数的指针来调用成员函数，如何传递 this 指针。
- 如何调用虚函数，vtable 的内容和分布形式，vtable 指针在 object 中的位置等。
- template 如何实例化。

- 外部符号的修饰。
- 全局对象的构造和析构。
- 异常的产生和捕获机制。
- 标准库的细节问题，RTTI 如何实现等。
- 内嵌函数访问细节。

C++一直为人诟病的一大原因是它的二进制兼容性不好，或者说比起 C 语言来更为不易。不仅不同的编译器编译的二进制代码之间无法相互兼容，有时候连同一个编译器的不同版本之间兼容性也不好。比如我有一个库 A 是公司 Company A 用 Compiler A 编译的，我有另外一个库 B 是公司 Company B 用 Compiler B 编译的，当我想写一个 C++程序来同时使用库 A 和 B 将会很是棘手。有人说，那么我每次只要用同一个编译器编译所有的源代码就能解决问题了。不错，对于小型项目来说这个方法的确可行，但是考虑到一些大型的项目，以上的方法实际上并不可行。

很多时候，库厂商往往不希望库用户看到库的源代码，所以一般是以二进制的方式提供给用户。这样，当用户的编译器型号与版本与编译库所用的编译器型号和版本不同时，就可能产生不兼容。如果让库的厂商提供所有的编译器型号和版本编译出来的库给用户，这基本上不现实，特别是厂商对库已经停止了维护后，使用这样陈年老“库”实在是一件令人头痛的事。以上的情况对于系统中已经存在的静态库或动态库须要被多个应用程序使用的情况也几乎相同，或者一个程序由多个公司或多个部门一起开发，也有类似的问题。

所以人们一直期待着能有统一的 C++二进制兼容标准（C++ ABI），诸多的团体和社区都在致力于 C++ ABI 标准的统一。但是目前情况还是不容乐观，基本形成以微软的 VISUAL C++和 GNU 阵营的 GCC（采用 Intel Itanium C++ ABI 标准）为首的两大派系，各持己见互不兼容。早先时候，*NIX 系统下的 ABI 也十分混乱，这个情况一直延续到 LSB（Linux Standard Base）和 Intel 的 Itanium C++ ABI 标准出来后才有所改善，但并未彻底解决 ABI 的问题，由于现实的因素，这个问题还会长期地存在，这也是为什么有这么多像我们这样的程序员能够存在的原因。

4.5 静态库链接

程序之所以有用，因为它会有输入输出，这些输入输出的对象可以是数据，可以是人，也可以是另外一个程序，还可以是另外一台计算机，一个没有输入输出的程序没有任何意义。但是一个程序如何做到输入输出呢？最简单的办法是使用操作系统提供的**应用程序编程接口**（API, Application Programming Interface）。当然，操作系统也只是一个程序，它怎么实现跟人机交互设备、跟其他计算机以及其他程序交互呢？这一点我们在第 1 章介绍操作系统和 I/O 时已经简单介绍过了。

让我们还是先回到一个比较初步的问题，就是程序如何使用操作系统提供的 API。在一般的情况下，一种语言的开发环境往往会附带有**语言库**（Language Library）。这些库就是对操作系统的 API 的包装，比如我们经典的 C 语言版“Hello World”程序，它使用 C 语言标准库的“printf”函数来输出一个字符串，“printf”函数对字符串进行一些必要的处理以后，最后会调用操作系统提供的 API。各个操作系统下，往终端输出字符串的 API 都不一样，在 Linux 下，它是一个“write”的系统调用，而在 Windows 下它是“WriteConsole”系统 API。

库里面还带有那些很常用的函数，比如 C 语言标准库里面有很常用一个函数取得一个字符串的长度叫 strlen()，该函数即遍历整个字符串后返回字符串长度，这个函数并没有调用任何操作系统的 API，也没有做任何输入输出。但是很大一部分库函数都是要调用操作系统的 API 的，比如最常用的往终端输出格式化字符串的 printf 就是会调用操作系统，往终端里面打印一些字符串。我们将在第 4 部分更加详细地介绍库的概念。这里我们只是简单地介绍静态库的链接过程。

其实一个静态库可以简单地看成**一组目标文件的集合**，即很多目标文件经过压缩打包后形成的一个文件。比如我们在 Linux 中最常用的 C 语言静态库 libc 位于/usr/lib/libc.a，它属于 glibc 项目的一部分；像 Windows 这样的平台上，最常用的 C 语言库是由集成开发环境所附带的运行库，这些库一般由编译器厂商提供，比如 Visual C++附带了多个版本的 C/C++运行库。表 4-3 列出了 VC2008（内部版本号 VC9）所附带的一部分 C 运行库（库文件存放在 VC 安装目录下的 lib\目录）。

表 4-3

C 运行库	相关 DLL	描述
libcmt.lib		Multithreaded Static 多线程静态库
msvcrt.lib	msvcr90.dll	Multithreaded Dynamic 多线程动态库
libcmtd.lib		Multithreaded Static Debug 多线程静态调试库
msvcrtd.lib	msvcrt90d.dll	Multithreaded Dynamic Debug 多线程动态调试库

表 4-3 中只是简单列举了几种 C 语言运行库，我们在这里将介绍一个程序的目标文件如何与 C 语言运行库链接形成一个可执行文件。关于库的更详细内容，将在第 4 部分展开讨论。

我们知道在一个 C 语言的运行库中，包含了很多跟系统功能相关的代码，比如输入输出、文件操作、时间日期、内存管理等。glibc 本身是用 C 语言开发的，它由成百上千个 C 语言源代码文件组成，也就是说，编译完成以后有相同数量的目标文件，比如输入输出有 printf.o，scanf.o；文件操作有 fread.o，fwrite.o；时间日期有 date.o，time.o；内存管理有 malloc.o 等。把这些零散的目标文件直接提供给库的使用者，很大程度上会造成文件传输、管理和组织方面的不便，于是通常人们使用“ar”压缩程序将这些目标文件压缩到一起，并且对其进行编号和索引，以便于查找和检索，就形成了 libc.a 这个静态库文件。在我的机器上，该文件有 2.8 MB 大小，我们也可以使用“ar”工具来查看这个文件包含了哪些目标文件：

```
$ar -t libc.a
init-first.o
libc-start.o
sysdep.o
version.o
check_fds.o
libc-tls.o
elf-init.o
dso_handle.o
errno.o
errno-loc.o
iconv_open.o
iconv.o
iconv_close.o
gconv_open.o
gconv.o
gconv_close.o
gconv_db.o
gconv_conf.o
...
```

提示 Visual C++也提供了与 Linux 下的 ar 类似的工具，叫 lib.exe，这个程序可以用来创建、提取、列举.lib 文件中的内容。使用“lib /LIST libcmt.lib”就可以列举出 libcmt.lib 中所有的目标文件。Visual C++ libcmt.lib 中包含 949 个目标文件。具体参数请参照 MSDN。

libc.a 里面总共包含了 1 400 个目标文件，那么，我们如何在这么多目标文件中找到“printf”函数所在的目标文件呢？答案是使用“objdump”或“readelf”加上文本查找工具如“grep”，使用“objdump”查看 libc.a 的符号可以发现如下结果：

```
$objdump -t libc.a
...
printf.o:     file format elf32-i386

SYMBOL TABLE:
00000000 l    d  .text  00000000 .text
00000000 l    d  .data  00000000 .data
00000000 l    d  .bss   00000000 .bss
00000000 l    d  .comment   00000000 .comment
00000000 l    d  .note.GNU-stack    00000000 .note.GNU-stack
00000000 g    F  .text  00000026 __printf
00000000         *UND*  00000000 stdout
00000000         *UND*  00000000 vfprintf
00000000 g    F  .text  00000026 printf
00000000 g    F  .text  00000026 _IO_printf
...
```

可以看到“printf”函数被定义在了“printf.o”这个目标文件中。这里我们似乎找到了最终的机制，那就是“Hello World”程序编译出来的目标文件只要和 libc.a 里面的“printf.o”

链接在一起，最后就可以形成一个可用的可执行文件了。这个解释似乎很完美，实际上已经很接近最后的答案了。那么我们就按照这个方案去尝试一下，假设“Hello World”程序的源代码为“hello.c”，使用如下方法编译：

```
$gcc -c -fno-builtin hello.c
```

我们得到了目标文件为“hello.o”，这里要使用“-fno-builtin”参数是因为默认情况下，GCC会自作聪明地将“Hello World”程序中只使用了一个字符串参数的“printf”替换成“puts”函数，以提高运行速度，我们要使用“-fno-builtin”关闭这个内置函数优化选项。现在我们还缺“printf.o”，通过“ar”工具解压出“printf.o”：

```
$ar -x libc.a
```

这个命令会将libc.a中的所有目标文件“解压”至当前目录。我们也可以找到“printf.o”，然后将其与“hello.o”链接在一起：

```
$ld hello.o printf.o
ld: warning: cannot find entry symbol _start; defaulting to 0000000008048080
printf.o: In function `_IO_printf':
(.text+0x18): undefined reference to `stdout'
printf.o: In function `_IO_printf':
(.text+0x20): undefined reference to `vfprintf'
```

链接却失败了，原因是缺少两个外部符号的定义。其实眼尖的读者可能已经在最开始打印“printf.o”的符号表时就看出一点问题来了，那就是“printf.o”里面有两个“UND”的符号“stdout”和“vfprintf”，也就是有两个未定义的符号。正是这两个未定义的符号打破了看似完美的解释，很明显：“printf.o”依赖于其他的目标文件。

用同样的方法，我们可以找到“stdout”这个符号所在的目标文件，它位于“stdio.o”；而“vfprintf”位于“vfprintf.o”。很不幸的是这两个文件还依赖于其他的目标文件，因为它们也有未定义的符号。这些变量和函数都分布在glibc的各个目标文件之中，如果我们能够一一将它们收集齐，那么理论上就可以将它们链接在一起，最后跟“hello.o”链接成一个可执行文件。但是，如果靠人工这样做的代价实在是太大了，我们在这里不打算演示这样一个繁琐的过程。幸好ld链接器会处理这一切繁琐的事务，自动寻找所有需要的符号及它们所在的目标文件，将这些目标文件从“libc.a”中“解压”出来，最终将它们链接在一起成为一个可执行文件。那么我们可不可以就这么认为：将“hello.o”和“libc.a”链接起来就可以得到可执行文件呢？理论上这样就可以了，如图4-6所示。

实际情况恐怕还是令人失望的，现在Linux系统上的库比我们想象的要复杂。当我们编译和链接一个普通C程序的时候，不仅要用到C语言库libc.a，而且还有其他一些辅助性质的目标文件和库。我们可以使用下面的GCC命令编译“hello.c”，“-verbose”表示将整个编译链接过程的中间步骤打印出来：

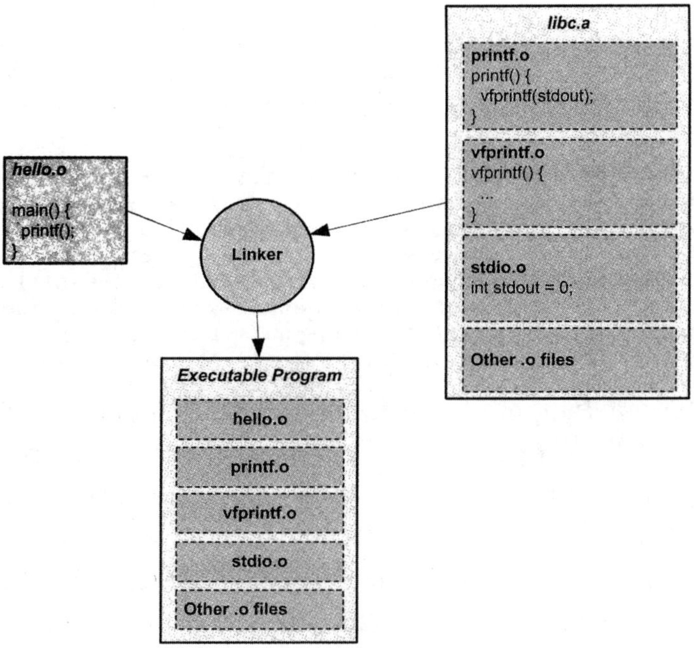

图 4-6 静态库链接

```
$gcc -static --verbose -fno-builtin hello.c
Using built-in specs.
Target: i486-linux-gnu
Configured with: ../src/configure -v
--enable-languages=c,c++,fortran,objc,obj-c++,treelang --prefix=/usr
--enable-shared --with-system-zlib --libexecdir=/usr/lib
--without-included-gettext --enable-threads=posix --enable-nls
--with-gxx-include-dir=/usr/include/c++/4.1.3 --program-suffix=-4.1
--enable-__cxa_atexit --enable-clocale=gnu --enable-libstdcxx-debug
--enable-mpfr --enable-checking=release i486-linux-gnu
Thread model: posix
gcc version 4.1.3 20070929 (prerelease) (Ubuntu 4.1.2-16ubuntu2)
 /usr/lib/gcc/i486-linux-gnu/4.1.3/cc1 -quiet -v hello.c -quiet -dumpbase
hello.c -mtune=generic -auxbase hello -version -fno-builtin
-fstack-protector -fstack-protector -o /tmp/ccUhtGSB.s
ignoring nonexistent directory "/usr/local/include/i486-linux-gnu"
ignoring nonexistent directory
"/usr/lib/gcc/i486-linux-gnu/4.1.3/../../../../i486-linux-gnu/include"
ignoring nonexistent directory "/usr/include/i486-linux-gnu"
#include "..." search starts here:
#include <...> search starts here:
 /usr/local/include
 /usr/lib/gcc/i486-linux-gnu/4.1.3/include
 /usr/include
End of search list.
GNU C version 4.1.3 20070929 (prerelease) (Ubuntu 4.1.2-16ubuntu2)
(i486-linux-gnu)
       compiled by GNU C version 4.1.3 20070929 (prerelease) (Ubuntu
4.1.2-16ubuntu2).
```

```
GGC heuristics: --param ggc-min-expand=64 --param ggc-min-heapsize=64493
Compiler executable checksum: caf034d6752b947185f431aa3e927159
 as --traditional-format -V -Qy -o /tmp/ccQZRPL5.o /tmp/ccUhtGSB.s
GNU assembler version 2.18 (i486-linux-gnu) using BFD version (GNU Binutils
for Ubuntu) 2.18
 /usr/lib/gcc/i486-linux-gnu/4.1.3/collect2 -m elf_i386 --hash-style=both
-static /usr/lib/gcc/i486-linux-gnu/4.1.3/../../../../lib/crt1.o
/usr/lib/gcc/i486-linux-gnu/4.1.3/../../../../lib/crti.o
/usr/lib/gcc/i486-linux-gnu/4.1.3/crtbeginT.o
-L/usr/lib/gcc/i486-linux-gnu/4.1.3 -L/usr/lib/gcc/i486-linux-gnu/4.1.3
-L/usr/lib/gcc/i486-linux-gnu/4.1.3/../../../../lib -L/lib/../lib
-L/usr/lib/../lib /tmp/ccQZRPL5.o --start-group -lgcc -lgcc_eh -lc
--end-group /usr/lib/gcc/i486-linux-gnu/4.1.3/crtend.o
/usr/lib/gcc/i486-linux-gnu/4.1.3/../../../../lib/crtn.o
```

关键的三个步骤上面已经用粗体表示出来了，第一步是调用 cc1 程序，这个程序实际上就是 GCC 的 C 语言编译器，它将“hello.c”编译成一个临时的汇编文件“/tmp/ccUhtGSB.s”；然后调用 as 程序，as 程序是 GNU 的汇编器，它将“/tmp/ccUhtGSB.s”汇编成临时目标文件“/tmp/ccQZRPL5.o”，这个“/tmp/ccQZRPL5.o”实际上就是前面的“hello.o”；接着最关键的步骤是最后一步，GCC 调用 collect2 程序来完成最后的链接。但是按照我们之前的理解，链接过程应该由 ld 链接器来完成，这里怎么忽然杀出个 collect2？这是个什么程序？

实际上 collect2 可以看作是 ld 链接器的一个包装，它会调用 ld 链接器来完成对目标文件的链接，然后再对链接结果进行一些处理，主要是收集所有与程序初始化相关的信息并且构造初始化的结构。在第 4 部分我们会介绍程序的初始化结构的相关内容，还会再介绍 collect2 程序。在这里，可以简单地把 collect2 看作是 ld 链接器。可以看到最后一步中，至少有下列几个库和目标文件被链接入了最终可执行文件：

- crt1.o
- crti.o
- crtbeginT.o
- libgcc.a
- libgcc_eh.a
- libc.a
- crtend.o
- crtn.o

这些库和目标文件现在看来可能很不熟悉，我们将在第 4 部分专门介绍这些库及它们背后的原理。

Q&A

Q：为什么静态运行库里面一个目标文件只包含一个函数？比如 libc.a 里面 printf.o 只有

printf()函数、strlen.o 只有 strlen()函数，为什么要这样组织？

A：我们知道，链接器在链接静态库的时候是以目标文件为单位的。比如我们引用了静态库中的 printf()函数，那么链接器就会把库中包含 printf()函数的那个目标文件链接进来，如果很多函数都放在一个目标文件中，很可能很多没用的函数都被一起链接进了输出结果中。由于运行库有成百上千个函数，数量非常庞大，每个函数独立地放在一个目标文件中可以尽量减少空间的浪费，那些没有被用到的目标文件（函数）就不要链接到最终的输出文件中。

4.6 链接过程控制

绝大部分情况下，我们使用链接器提供的默认链接规则对目标文件进行链接。这在一般情况下是没有问题的，但对于一些特殊要求的程序，比如操作系统内核、BIOS（Basic Input Output System）或一些在没有操作系统的情况下运行的程序（如引导程序 Boot Loader，或者嵌入式系统的程序，或者有一些脱离操作系统的硬盘分区软件 PQMagic 等），以及另外的一些须要特殊的链接过程的程序，如一些内核驱动程序等，它们往往受限于一些特殊的条件，如需要指定输出文件的各个段虚拟地址、段的名称、段存放的顺序等，因为这些特殊的环境，特别是某些硬件条件的限制，往往对程序的各个段的地址有着特殊的要求。

由于整个链接过程有很多内容须要确定：使用哪些目标文件？使用哪些库文件？是否在最终可执行文件中保留调试信息、输出文件格式（可执行文件还是动态链接库）？还要考虑是否要导出某些符号以供调试器、程序本身或其他程序使用等。

提示 操作系统内核，从本质上来讲，它本身也是一个程序。比如 Windows 的内核 ntoskrnl.exe 就是一个我们平常看到的 PE 文件，它的位置位于\WINDOWS\system32\ntoskrnl.exe。很多人误以为 Window 操作系统的内核很庞大，由很多文件组成。这是一个误解，其实真正的 Windows 内核就是这个文件。

4.6.1 链接控制脚本

链接器一般都提供多种控制整个链接过程的方法，以用来产生用户所需要的文件。一般链接器有如下三种方法。

- 使用命令行来给链接器指定参数，我们前面所使用的 ld 的-o、-e 参数就属于这类。这种方法我们已经在前面使用很多次了。
- 将链接指令存放在目标文件里面，编译器经常会通过这种方法向链接器传递指令。方法也比较常见，只是我们平时很少关注，比如 VISUAL C++编译器会把链接参数放在

PE 目标文件的.drectve 段以用来传递参数。具体可以参考 PE/COFF 一节中的.drectve 段介绍。

- 使用链接控制脚本，使用链接控制脚本方法就是本节要介绍的，也是最为灵活、最为强大的链接控制方法。

由于各个链接器平台的链接控制过程各不相同，我们只能侧重一个平台来介绍。ld 链接器的链接脚本功能非常强大，我们接下来以 ld 作为主要介绍对象。VISUAL C++也允许使用脚本来控制整个链接过程，VISUAL C++ 把这种控制脚本叫做**模块定义文件**（Module-Definition File），它们的扩展名一般为.def。

前面我们在使用 ld 链接器的时候，没有指定链接脚本，其实 ld 在用户没有指定链接脚本的时候会使用默认链接脚本。我们可以使用下面的命令行来查看 ld 默认的链接脚本：

```
$ ld -verbose
```

默认的 ld 链接脚本存放在/usr/lib/ldscripts/下，不同的机器平台、输出文件格式都有相应的链接脚本。比如 Intel IA32 下的普通可执行 ELF 文件链接脚本文件为 elf_i386.x；IA32 下共享库的链接脚本文件为 elf_i386.xs 等。具体可以看每个文件的注释。ld 会根据命令行要求使用相应的链接脚本文件来控制链接过程，当我们使用 ld 来链接生成一个可执行文件的时候，它就会使用 elf_i386.x 作为链接控制脚本；当我们使用 ld 来生成一个共享目标文件的时候，它就会使用 elf_i386.xs 作为链接控制脚本。

当然，为了更加精确地控制链接过程，我们可以自己写一个脚本，然后指定该脚本为链接控制脚本。比如可以使用-T 参数：

```
$ ld -T link.script
```

4.6.2 最“小”的程序

为了演示链接的控制过程，我们接着要做一个最小的程序：这个程序的功能是在终端上输出“Hello world!”。可能很多人的第一反应就是我们学 C 语言时候的那个经典的使用 printf 的 helloworld，然后对着屏幕盲打一遍该程序源代码后编译链接一气呵成，连鼠标都没有移动一下，非常好，你的 C 语言基础很扎实☺。但是我们这里要演示的程序稍微有所不同。

- 首先，经典的 helloworld 使用了 printf 函数，该函数是系统 C 语言库的一部分。为了使用该函数，我们必须在链接时将 C 语言库与程序的目标文件链接产生最终可执行文件。我们希望“小程序”能够脱离 C 语言运行库，使得它成为一个独立于任何库的纯正的“程序”。
- 其次，经典的 helloworld 由于使用了库，所以必须有 main 函数。我们知道一般程序的入口在库的_start，由库负责初始化后调用 main 函数来执行程序的主体部分。为了不使用 main 这个我们已经感到厌烦的函数名，“小程序”使用 nomain 作为整个程序的入口。

- 接着，经典的 helloworld 会产生多个段：main 程序的指令部分会产生.text 段、字符串常量“Hello world!\n”会被放在数据段或只读数据段，还有 C 库所包含的各种段。为了演示 ld 链接脚本的控制过程，我们将“小程序”的所有段都合并到一个叫“tinytext”的段，注意：这个段是我们任意命名的，是由链接脚本控制链接过程生成的。

TinyHelloWorld.c 源代码如下：

```
char* str = "Hello world!\n";

void print()
{
    asm( "movl $13,%%edx \n\t"
         "movl %0,%%ecx  \n\t"
         "movl $0,%%ebx  \n\t"
         "movl $4,%%eax  \n\t"
         "int $0x80      \n\t"
         ::"r"(str):"edx","ecx","ebx");
}

void exit()
{
    asm( "movl $42,%ebx  \n\t"
         "movl $1,%eax  \n\t"
         "int $0x80     \n\t" );
}

void nomain()
{
    print();
    exit();
}
```

从源代码我们可以看到，程序入口为 nomain()函数，然后该函数调用 print()函数，打印“Hello World”，接着调用 exit()函数，结束进程。这里的 print 函数使用了 Linux 的 WRITE 系统调用，exit()函数使用了 EXIT 系统调用。这里我们使用了 GCC 内嵌汇编，对这种内嵌汇编格式不熟悉的话，请参照 GCC 手册关于内嵌汇编的部分。这里简单介绍系统调用：系统调用通过 0x80 中断实现，其中 eax 为调用号，ebx、ecx、edx 等通用寄存器用来传递参数，比如 WRITE 调用是往一个文件句柄写入数据，如果用 C 语言来描述它的原型就是：

```
int write(int filedesc, char* buffer, int size);
```

- WRITE 调用的调用号为 4，则 eax = 0。
- filedesc 表示被写入的文件句柄，使用 ebx 寄存器传递，我们这里是要往默认终端(stdout)输出，它的文件句柄为 0，即 ebx = 0。
- buffer 表示要写入的缓冲区地址，使用 ecx 寄存器传递，我们这里要输出字符串 str，所以 ecx = str。

- size 表示要写入的字节数，使用 edx 寄存器传递，字符串“Hello world!\n”长度为 13 字节，所以 edx = 13。

同理，EXIT 系统调用中，ebx 表示进程**退出码**（Exit Code），比如我们平时的 main 程序中的 return 的数值会返回给系统库，由系统库将该数值传递给 EXIT 系统调用。这样父进程就可以接收到子进程的退出码。EXIT 系统调用的调用号为 1，即 eax = 1。你可以通过下面的方法得到上一条 bash 命令执行的程序的退出码)：

```
$ ./TinyHelloWorld
$ echo $?
42
```

这里要调用 EXIT 结束进程是因为如果是普通程序，main()函数结束后控制权返回给系统库，由系统库负责调用 EXIT，退出进程。我们这里的 nomain()结束后系统控制权不会返回，可能会执行到 nomain()后面不正常的指令，最后导致进程异常退出。

关于系统库已经系统调用的细节我们在这里不详细展开，将在第 12 章进行更为详细的介绍。

我们先不急于使用链接脚本，而先使用普通命令行的方式来编译和链接 TinyHelloWorld.c：

```
$ gcc -c -fno-builtin TinyHelloWorld.c
$ ld -static -e nomain -o TinyHelloWorld TinyHelloWorld.o
```

第一步是使用 GCC 将 TinyHelloWorld.c 编译成 TinyHelloWorld.o，接着使用 ld 将 TinyHelloWorld.o 链接成可执行文件 TinyHelloWorld。这里 GCC 和 ld 的参数的意义如下。

- -fno-builtin　GCC 编译器提供了很多**内置函数**（Built-in Function），它会把一些常用的 C 库函数替换成编译器的内置函数，以达到优化的功能。比如 GCC 会将只有字符串参数的 printf 函数替换成 puts，以节省格式解析的时间。exit()函数也是 GCC 的内置参数之一，所以我们要使用-fno-builtin 参数来关闭 GCC 内置函数功能。
- -static　这个参数表示 ld 将使用静态链接的方式来链接程序，而不是使用默认的动态链接的方式。
- -e nomain　表示该程序的入口函数为 nomain，还记得 ELF 文件头 Elf32_Ehdr 的 e_entry 成员吗？这个参数就是将 ELF 文件头的 e_entry 成员赋值成 nomain 函数的地址。
- -o TinyHelloWorld　表示指定输出可执行文件名为 TinyHelloWorld。

我们得到了一个 924 字节（依赖于系统环境）的 ELF 可执行文件，运行它以后能够正确打印“Hello world!”并且正常退出。但是当我们用 objdump 或 readelf 查看 TinyHelloWorld 这个文件时，会发现它有 4 个段：.text、.rodata、.data 和.comment。通过前面的介绍我们可以猜到：

- .text 肯定保存的是程序的指令，它是只读的。
- .rodata 保存的是字符串“Hello World!\n”，它也是只读的。
- .data 保存的是 str 全局变量，看上去它是可读写的，但我们并没有在程序中改写该变量，所以实际上它也是只读的。
- .comment 保存的是编译器和系统版本信息，这些信息也是只读的。由于.comment 里面保存的数据并不关键，对于程序的运行没有作用，所以可以将其丢弃。

鉴于这些段的属性如此相似，原则上讲，我们可以把它们合并到一个段里面，该段的属性是可执行、可读的，包含程序的数据和指令。为了达到这个目的，我们必须使用 ld 链接脚本来控制链接过程。

4.6.3 使用 ld 链接脚本

如果把整个链接过程比作一台计算机，那么 ld 链接器就是计算机的 CPU，所有的目标文件、库文件就是输入，链接结果输出的可执行文件就是输出，而链接控制脚本正是这台计算机的“程序”，它控制 CPU 的运行，以“程序”要求的方式将输入加工成所需要的输出结果。链接控制脚本“程序”使用一种特殊的语言写成，即 ld 的链接脚本语言，这种语言并不复杂，只有为数不多的几种操作。

无论是输出文件还是输入文件，它们的主要的数据就是文件中的各种段，我们把输入文件中的段称为**输入段**（Input Sections），输出文件中的段称为**输出段**（Output Sections）。简单来讲，控制链接过程无非是控制输入段如何变成输出段，比如哪些输入段要合并一个输出段，哪些输入段要丢弃；指定输出段的名字、装载地址、属性，等等。我们先来看看 TinyHelloWorld 的链接脚本 TinyHelloWorld.lds（一般链接脚本名都以 lds 作为扩展名 ld script），有个感性的认识：

```
ENTRY(nomain)

SECTIONS
{
    . = 0x08048000 + SIZEOF_HEADERS;

    tinytext  : { *(.text) *(.data) *(.rodata) }

    /DISCARD/ : { *(.comment) }
}
```

这是一个非常简单的链接脚本，第一行的 ENTRY(nomain)指定了程序的入口为 nomain()函数；后面的 SECTIONS 命令一般是链接脚本的主体，这个命令指定了各种输入段到输出段的变换，SECTIONS 后面紧跟着的一对大括号里面包含了 SECTIONS 变换规则，其中有三条语句，每条语句一行。第一条是赋值语句，后面两条是段转换规则，它们的含义分别如下：

- . = 0x08048000 + SIZEOF_HEADERS　第一条赋值语句的意思是将当前虚拟地址设置成 0x08048000 + SIZEOF_HEADERS，SIZEOF_HEADERS 为输出文件的文件头大小。“.”表示当前虚拟地址，因为这条语句后面紧跟着输出段“tinytext”，所以“tinytext”段的起始虚拟地址即为 0x08048000 + SIZEOF_HEADERS。它将当前虚拟地址设置成一个比较巧妙的值，以便于装载时页映射更为方便。具体请参考本书第 2 部分关于装载的章节。
- tinytext　: { *(.text) *(.data) *(.rodata) }　第二条是个段转换规则，它的意思即为所有输入文件中的名字为“.text”、“.data”或“.rodata”的段依次合并到输出文件的“tinytext”。
- /DISCARD/ : { *(.comment) }　第三条规则为：将所有输入文件中的名字为“.comment”的段丢弃，不保存到输出文件中。

通过上述两条转换规则，我们就达到了 TinyHelloWorld 程序的第三个要求：最终输出的可执行文件只有一个叫“tinytext”的段。我们通过下面的命令行来编译 TinyHelloWorld，并且启用该链接控制脚本：

```
$ gcc -c -fno-builtin TinyHelloWorld.c
$ ld -static -T TinyHelloWorld.lds -o TinyHelloWorld TinyHelloWorld.o
```

我们得到了一个 588 字节的 ELF 可执行文件：TinyHelloWorld，并且执行这个程序能够在终端上正确显示“Hello World!”。如果你使用 objdump 查看 TinyHelloWorld 的段，你会很高兴地发现，我们达到了目的：整个程序只有一个段“tinytext”。但是兴奋之余你可能又想用 readelf 工具查看一下，发现程序除了 tinytext 之外居然还有其他 3 个段：.shstrtab、.symtab 和.strtab。这 3 个段我们在前面已经介绍过了，它们分别是**段名字符串表**、**符号表**和**字符串表**。在默认情况下，ld 链接器在产生可执行文件时会产生这 3 个段。对于可执行文件来说，符号表和字符串表是可选的，但是段名字符串表为用户保存段名，所以它是必不可少的。

你可以通过 ld 的-s 参数禁止链接器产生符号表，或者使用 strip 命令来去除程序中的符号表，去掉符号表后的 TinyHelloWorld 只有 340 个字节，但它仍然是一个有效的 ELF 可执行文件，能够正确执行并输出结果。

有人专门研究了如何得到一个最小的 ELF 可执行文件，最后成果是最小的 ELF 可执行文件为 45 个字节。这个程序的功能是以 42 为进程退出码正常退出进程，没有任何输入和输出。上面的 TinyHelloWorld 也是以这个特殊的值 42 作为退出码。

追溯“42”这个奇怪的数字来源，可能因为《银河系漫游指南》里面的终极电脑给出的关于生命、宇宙及万物的终极答案是 42。

4.6.4 ld 链接脚本语法简介

ld 链接器的链接脚本语法继承于 AT&T 链接器命令语言的语法，风格有点像 C 语言，它本身并不复杂。链接脚本由一系列语句组成，语句分两种，一种是**命令语句**，另外一种是**赋值语句**。我们前面的链接脚本里面的 ENTRY(nomain)就是命令语句；而. = 0x08480000 + SIZEOF_HEADERS 则是一个经典的赋值语句。之所以说链接脚本语法像 C 语言，主要有如下几点相似之处。

- **语句之间使用分号“;”作为分割符** 原则上讲语句之间都要以“;“作为分割符，但是对于命令语句来说也可以使用换行来结束该语句，对于赋值语句来说必须以“;”结束。
- **表达式与运算符** 脚本语言的语句中可以使用 C 语言类似的表达式和运算操作符，比如+、-、*、/、+=、-=、*=等，甚至包括&、|、>>、<<等这些位操作符。
- **注释和字符引用** 使用/* */作为注释。脚本文件中使用到的文件名、格式名或段名等凡是包含“;”或其他的分隔符的，都要使用双引号将该名字全称引用起来，如果文件名包含引号，则很不幸，无法处理。

赋值语句比较简单，我们在这里就不详细介绍了。命令语句一般的格式是由一个关键字和紧跟其后的参数所组成。比如前面的 TinyHelloWorld.lds 就是由两个命令语句组成：一个 ENTRY 命令语句和一个 SECTIONS 语句，“ENTRY”和“SECTIONS”为这两个语句的关键字。其中 SECTIONS 语句比较复杂，它又包含了一个赋值语句及一些 SECTIONS 语句所特有的映射规则。其实除了 SECTIONS 命令语句之外，其他命令语句都比较简单，毕竟 SECTIONS 负责指定链接过程的段转换过程，这也是链接的最核心和最复杂的部分。我们先来看看一些常用的命令语句，如表 4-4 所示。

表 4-4

命令语句	说明
ENTRY(*symbol*)	指定符号 *symbol* 的值为入口地址（Entry Point）。入口地址即进程执行的第一条用户空间的指令在进程地址空间的地址，它被指定在 ELF 文件头 Elf32_Ehdr 的 e_entry 成员中。ld 有多种方法可以设置进程入口地址，它们之间的优先级按以下顺序排列（编号越靠前，优先级越高）： 1. ld 命令行的-e 选项 2. 链接脚本的 ENTRY(symbol)命令 3. 如果定义了_start 符号，使用_start 符号值 4. 如果存在.text 段，使用.text 段的第一字节的地址 5. 使用值 0
STARTUP(*filename*)	将文件 filename 作为链接过程中的第一个输入文件。具体请参见“链接顺序”
SEARCH_DIR(*path*)	将路径 path 加入到 ld 链接器的库查找目录。ld 会根据指定的目录去查找相应的库。跟“-L*path*”命令有着相同的作用

续表

命令语句	说明
INPUT(*file, file, ...*) INPUT(*file file ...*)	将指定文件作为链接过程中的输入文件
INCLUDE *filename*	将指定文件包含进本链接脚本。类似于C语言中的#include预处理
PROVIDE(*symbol*)	在链接脚本中定义某个符号。该符号可以在程序中被引用。其实前文提到的特殊符号都是由系统默认的链接脚本通过PROVIDE命令定义在脚本中的

这里只是大概提及以下几个常用的命令语句格式，更多的命令语句的意义及它们的格式请参照 ld 的使用手册。除了这些简单的命令语句之外，剩下最重要、也是最复杂的就是 SECTIONS 命令了。SECTIONS 命令语句最基本格式为：

```
SECTIONS
{
    ...
    secname : { contents }
    ...
}
```

secname 表示输出段的段名，secname 后面必须有一个空格符，这样使得输出段名不会有歧义，后面紧跟着冒号和一对大括号。大括号里面的 contents 描述了一套规则和条件，它表示符合这种条件的输入段将合并到这个输出段中。输出段名的命名方法必须符合输出文件格式的要求，比如，如果使用 ld 生产一个 a.out 格式的文件，那么输出段名就不可以使用除“.text”、“.data”和“.bss”之外的任何名字，因为 a.out 格式规定段名只允许这三个名字。

有一个特殊的段名叫“/DISCARD/”，如果使用这个名字作为输出段名，那么所有符合后面 contents 所规定的条件的段都将被丢弃，不输出到输出文件中。

接着，我们最应该关心的是 contents 这个规则。contents 中可以包含若干个条件，每个条件之间以空格隔开，如果输入段符合这些条件中的任意一个即表示这个输入段符合 contents 规则。条件的写法如下：

```
filename(sections)
```

filename 表示输入文件名，sections 表示输入段名。让我们举几个条件的例子来看看：

- file1.o(.data)　表示输入文件中名为 file1.o 的文件中名叫.data 的段符合条件。
- file1.o(.data .rodata) 或 file1.o(.data, .rodata)　表示输入文件中名为 file1.o 的文件中的名叫.data 或.rodata 的段符合条件。
- file1.o　如果直接指定文件名而省略后面的小括号和段名，则表示 file1.o 的所有段都符合条件。
- *(.data)　所有输入文件中的名字为.data 的文件符合条件。 * 是通配符，类似于正则

表达式中的 *，我们还可以使用正则表达式中的 ?、[]等规则。

- [a-z]*(.text*[A-Z]) 这个条件比较复杂，它表示所有输入文件中以小写字母 a 到 z 开头的文件中所有段名以.text 开头，并且以大写字母 A 到 Z 结尾的段。从这个规则中你也许可以看到一些链接脚本功能的强大。

很明显，当我们回头再看 TinyHelloWorld.lds 链接脚本，发现它的 SECTIONS 命令中除了有一条赋值语句之外，还有两条段规则，相信你能够很快地根据上面给出的条件做出定义分析。

4.7 BFD 库

由于现代的硬件和软件平台种类非常繁多，它们之间千差万别，比如，硬件中 CPU 有 8 位的、16 位的，一直到 64 位的；字节序有大端的也有小端的；有些有 MMU 有些没有；有些对访问内存地址对齐有着特殊要求，比如 MIPS，而有些则没有，比如 x86。软件平台有些支持动态链接，而有些不支持；有些支持调试，有些又不支持。这些五花八门的软硬件平台基础导致了每个平台都有它独特的目标文件格式，即使同一个格式比如 ELF 在不同的软硬件平台都有着不同的变种。种种差异导致编译器和链接器很难处理不同平台之间的目标文件，特别是对于像 GCC 和 binutils 这种跨平台的工具来说，最好有一种统一的接口来处理这些不同格式之间的差异。

BFD 库（Binary File Descriptor library）就是这样的一个 GNU 项目，它的目标就是希望通过一种统一的接口来处理不同的目标文件格式。BFD 这个项目本身是 binutils 项目的一个子项目。BFD 把目标文件抽象成一个统一的模型，比如在这个抽象的目标文件模型中，最开始有一个描述整个目标文件总体信息的“文件头”，就跟我们实际的 ELF 文件一样，文件头后面是一系列的段，每个段都有名字、属性和段的内容，同时还抽象了符号表、重定位表、字符串表等类似的概念，使得 BFD 库的程序只要通过操作这个抽象的目标文件模型就可以实现操作所有 BFD 支持的目标文件格式。

现在 GCC（更具体地讲是 GNU 汇编器 GAS， GNU Assembler)、链接器 ld、调试器 GDB 及 binutils 的其他工具都通过 BFD 库来处理目标文件，而不是直接操作目标文件。这样做最大的好处是将编译器和链接器本身同具体的目标文件格式隔离开来，一旦我们须要支持一种新的目标文件格式，只须要在 BFD 库里面添加一种格式就可以了，而不须要修改编译器和链接器。到目前为止，BFD 库支持大约 25 种处理器平台，将近 50 种目标文件格式。

当我们安装了 BFD 开发库以后（在我的 ubuntu 下，包含 BFD 开发库的软件包的名字叫 binutils-dev)，我们就可以在程序中使用它。比如下面这段程序可以输出该 BFD 库所支持的所有的目标文件格式：

```
/* target.c */
#include <stdio.h>
#include "bfd.h"

int main()
{
    const char** t = bfd_target_list();
    while(*t) {
        printf("%s\n", *t);
        t++;
    }
}
```

编译运行：

```
$gcc -o target target.c -lbfd
$./target
elf32-i386
a.out-i386-linux
efi-app-ia32
elf32-little
elf32-big
elf64-x86-64
efi-app-x86_64
elf64-little
elf64-big
srec
symbolsrec
tekhex
binary
ihex
trad-core
```

关于 BFD 的具体资料可以参考 binutils 网站的文档：*http://sources.redhat.com/binutils/*。

4.8 本章小结

本章我们首先介绍了静态链接中的第一个步骤，即目标文件在被链接成最终可执行文件时，输入目标文件中的各个段是如何被合并到输出文件中的，链接器如何为它们分配在输出文件中的空间和地址。一旦输入段的最终地址被确定，接下来就可以进行符号的解析与重定位，链接器会把各个输入目标文件中对于外部符号的引用进行解析，把每个段中须重定位的指令和数据进行“修补”，使它们都指向正确的位置。

在本章里，我们还对几个静态链接中的问题进行了分析，比如为什么未初始化的全局/静态变量要使用 COMMON 块、C++会对链接器和目标文件有什么样的要求、如何使用脚本控制链接过程使得输出的可执行文件能够满足某些特殊的需求，比如不使用默认 C 语言运行库的程序、运行于嵌入式系统的程序，甚至是操作系统内核、驱动程序，等等。

第5章

Windows PE/COFF

5.1 Windows 的二进制文件格式 PE/COFF

5.2 PE 的前身——COFF

5.3 链接指示信息

5.4 调试信息

5.5 大家都有符号表

5.6 Windows 下的 ELF——PE

5.7 本章小结

5.1 Windows的二进制文件格式PE/COFF

在32位Windows平台下，微软引入了一种叫PE（Protable Executable）的可执行格式。作为Win32平台的标准可执行文件格式，PE有着跟ELF一样良好的平台扩展性和灵活性。PE文件格式事实上与ELF同根同源，它们都是由COFF（Common Object File Format）格式发展而来的，更加具体地讲是来源于当时著名的DEC（Digital Equipment Corporation）的VAX/VMS上的COFF文件格式。因为当微软开始开发Windows NT的时候，最初的成员都是来自于DEC公司的VAX/VMS小组，所以他们很自然就将原来系统上熟悉的工具和文件格式都搬了过来，并且在此基础上做重新设计和改动。

微软将它的可执行文件格式命名为“Portable Executable”，从字面意义上讲是希望这个可执行文件格式能够在不同版本的Windows平台上使用，并且可以支持各种CPU。比如从Windows NT、Windows 95到Windows XP及Windows Vista，还有Windows CE都是使用PE可执行文件格式。不过可惜的是Windows的PC版只支持x86的CPU，所以我们几乎只要关注PE在x86上的各种性质就行了。

请注意，上面在讲到PE文件格式的时候，只是说Windows平台下的**可执行文件**采用该格式。事实上，在Windows平台，VISUAL C++编译器产生的**目标文件**仍然使用COFF格式。由于PE是COFF的一种扩展，所以它们的结构在很大程度上相同，甚至跟ELF文件的基本结构也相同，都是基于段的结构。所以我们下面在讨论Windows平台上的文件结构时，目标文件默认为COFF格式，而可执行文件为PE格式。但很多时候我们可以将它们统称为PE/COFF文件，当然我们在下文中也会对比PE与COFF在结构方面的区别之处。

随着64位Windows的发布，微软对64位Windows平台上的PE文件结构稍微做了一些修改，这个新的文件格式叫做PE32+。新的PE32+并没有添加任何结构，最大的变化就是把那些原来32位的字段变成了64位，比如文件头中与地址相关的字段。绝大部分情况下，PE32+与PE的格式一致，我们可以将它看作是一般的PE文件。

与ELF文件相同，PE/COFF格式也是采用了那种基于段的格式。一个段可以包含代码、数据或其他信息，在PE/COFF文件中，至少包含一个代码段，这个代码段的名字往往叫做“.code”，数据段叫做“.data”。不同的编译器产生的目标文件的段名不同，VISUAL C++使用“.code”和“.data”，而Borland的编译器使用“CODE”，“DATA”。也就是说跟ELF一样，段名只有提示性作用，并没有实际意义。当然，如果使用链接脚本来控制链接，段名可能会起到一定的作用。

跟 ELF 一样，PE 中也允许程序员将变量或函数放到自定义的段。在 GCC 中我们使用 "__attribute__((section("name")))" 扩展属性，在 VISUAL C++中可以使用 "#pragma" 编译器指示。比如下面这个语句：

```
#pragma data_seg("FOO")
int global = 1;
#pragma data_seg(".data")
```

就表示把所有全局变量 "global" 放到 "FOO" 段里面去，然后再使用 "#pragram" 将这个编译器指示换回来，恢复到 ".data"，否则，任何全局变量和静态变量都会被放到 "FOO" 段。

5.2 PE的前身——COFF

还记得刚开始分析 ELF 文件格式时的那个 SimpleSection.c 吗？我们接下来还是以它为例子，看看在 Windows 下，它被编译成 COFF 目标文件时，所有的变量和函数是怎么存储的。在这个过程中，我们将用到 "Microsoft Visual C++" 的编译环境。包括编译器 "cl"、链接器 "link"、可执行文件查看器 "dumpbin" 等，你可以通过 Microsoft 的官方网站下载免费的 Visual C++ Express 2005 版，这已经足够用了。

要使用这些工具，我们要在 Windows 命令行下面运行它们，Visual C++在安装完成后就会有一个批处理文件用来建立运行这些工具所需要的环境。它位于**开始/程序/Microsoft Visual Studio 2005/Visual Studio Tools/ Visual Studio 2005 Command Prompt**，这样我们就可以通过命令行使用 VC++的编译器了。然后使用 "cd" 命令进入到源代码所在目录后运行：

```
cl /c /Za SimpleSection.c
```

"cl" 是 VISUAL C++的编译器，即 "Compiler" 的缩写。/c 参数表示只编译，不链接，即将.c 文件编译成.obj 文件，而不调用链接器生成.exe 文件。如果不加这个参数，cl 会在编译 "SimpleSection.c" 文件以后，再调用 link 链接器将该产生的 SimpleSection.obj 文件与默认的 C 运行库链接，产生可执行文件 SimpleSection.exe。

VISUAL C++有一些 C 和 C++语言的专有扩展，这些扩展并没有定义 ANSI C 标准或 ANSI C++标准，具体可以参阅 MSDN 的 Microsoft Extensions to C and C++这一节。"/Za" 参数禁用这些扩展，使得我们的程序跟标准的 C/C++兼容，这样可以尽量地看到问题的本质。另外值得一提的是，使用/Za 参数时，编译器自动定义了__STDC__这个宏，我们可以在程序里通过判断这个宏是否被定义而确定编译器是否禁用了 Microsoft C/C++语法扩展。

编译完成以后我们得到了一个 971 字节的 SimpleSection.obj 目标文件，当然文件大小可能会因为编译器版本、选项及机器平台不同而不同。跟 GNU 的工具链中的“objdump”一样，Visual C++也提供了一个用于查看目标文件和可执行文件的工具，就是“dumpbin”。下面这个命令可以查看 SimpleSection.obj 的结构：

```
dumpbin /ALL SimpleSection.obj > SimpleSection.txt
```

“/ALL”参数是将打印输出目标文件的所有相关信息，包括文件头、每个段的属性和段的原始数据及符号表。由于输出信息较多，如果直接打印到终端上，可能不太便于查看，所以我们将其导向到一个输出文件“SimpleSection.txt”中。因为在接下来的分析过程中，我们将会经常用到这个“dumpbin”的输出结果，所以将它保存在“SimpleSection.txt”文件中，以便后面分析时逐一对照。我们也可以用“/SUMMARY”选项来查看整个文件的基本信息，它只输出所有段的段名和长度：

```
dumpbin SimpleSection.obj /SUMMARY
Microsoft (R) COFF/PE Dumper Version 8.00.50727.762
Copyright (C) Microsoft Corporation.  All rights reserved.


Dump of file SimpleSection.obj

File Type: COFF OBJECT

  Summary

           4 .bss
           C .data
          86 .debug$S
          18 .drectve
          4E .text
```

COFF 文件结构

几乎跟 ELF 文件一样，COFF 也是由文件头及后面的若干个段组成，再加上文件末尾的符号表、调试信息的内容，就构成了 COFF 文件的基本结构，我们在 COFF 文件中几乎都可以找到与 ELF 文件结构相对应的地方。COFF 文件的文件头部包括了两部分，一个是描述文件总体结构和属性的**映像头**（Image Header），另外一个是描述该文件中包含的段属性的**段表**（Section Table）。文件头后面紧跟着的就是文件的段，包括代码段、数据段等，最后还有符号表等。整体结构如图 5-1 所示。

映像（Image）：因为 PE 文件在装载时被直接映射到进程的虚拟空间中运行，它是进程的虚拟空间的映像。所以 PE 可执行文件很多时候被叫做**映像文件**（Image File）。

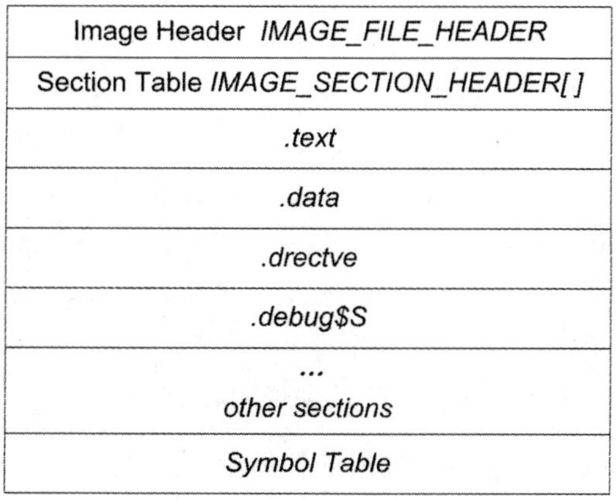

COFF Object File Format

图 5-1 COFF 目标文件格式

文件头里描述 COFF 文件总体属性的映像头是一个"IMAGE_FILE_HEADER"的结构，很明显，它跟 ELF 中的"Elf32_Ehdr"结构的作用相同。这个结构及相关常数被定义在"VC\PlatformSDK\include\WinNT.h"里面：

```
typedef struct _IMAGE_FILE_HEADER {
    WORD    Machine;
    WORD    NumberOfSections;
    DWORD   TimeDateStamp;
    DWORD   PointerToSymbolTable;
    DWORD   NumberOfSymbols;
    WORD    SizeOfOptionalHeader;
    WORD    Characteristics;
} IMAGE_FILE_HEADER, *PIMAGE_FILE_HEADER;
```

再回头对照前面"SimpleSection.txt"中的输出信息，我们可以看到输出的信息里面最开始一段"FILE HEADER VALUES"中的内容跟 COFF 映像头中的成员是一一对应的：

```
File Type: COFF OBJECT

FILE HEADER VALUES
             14C machine (x86)
               5 number of sections
        45C975E6 time date stamp Wed Feb 07 14:47:02 2007
             1E0 file pointer to symbol table
              14 number of symbols
               0 size of optional header
               0 characteristics
```

可以看到这个目标文件的文件类型是"COFF OBJECT"，也就是 COFF 目标文件格式。文件头里面还包含了目标机器类型，例子里的类型是 0x14C，微软定义该类型为 x86 兼容 CPU。按照微软的预想，PE/COFF 结构的可执行文件应该可以在不同类型的硬件平台上使用，所以预留了该字段。如果你安装了 VC 或 Windows SDK（也叫 Platform SDK），就可以在 WinNT.h 里面找到相应的以“IMAGE_FILE_MACHINE_”开头的目标机器类型的定义。VISUAL C++里面附带的 Platform SDK 定义了 28 种 CPU 类型，从 x86 到 MIPS R 系列、ALPHA、ARM、PowerPC 等。但是由于目前 Windows 只能应用在为数不多的平台上（目前只有 x86 平台），所以我们看到的这个类型值几乎都是 0x14C。文件头里面的“Number of Sections”是指该 PE 所包含的“段”的数量。“Time date stamp”是指 PE 文件的创建时间。“File pointer to symbol table”是符号表在 PE 中的位置。“Size of optional header”是指 Optional Header 的大小，这个结构只存在于 PE 可执行文件，COFF 目标文件中该结构不存在，所以为 0，我们在后面介绍 PE 文件结构时还会提到这个成员。

映像头后面紧跟着的就是 COFF 文件的段表，它是一个类型为“IMAGE_SECTION_HEADER”结构的数组，数组里面每个元素代表一个段，这个结构跟 ELF 文件中的“Elf32_Shdr”很相似。很明显，这个数组元素的个数刚好是该 COFF 文件所包含的段的数量，也就是映像头里面的“NumberOfSections”。这个结构是用来描述每个段的属性的，它也被定义在 WinNT.h 里面：

```
typedef struct _IMAGE_SECTION_HEADER {
    BYTE    Name[8];
    union {
            DWORD   PhysicalAddress;
            DWORD   VirtualSize;
    } Misc;
    DWORD   VirtualAddress;
    DWORD   SizeOfRawData;
    DWORD   PointerToRawData;
    DWORD   PointerToRelocations;
    DWORD   PointerToLinenumbers;
    WORD    NumberOfRelocations;
    WORD    NumberOfLinenumbers;
    DWORD   Characteristics;
} IMAGE_SECTION_HEADER, *PIMAGE_SECTION_HEADER;
```

可以看到每个段所拥有的属性包括段名（Section Name）、物理地址（Physical address）、虚拟地址（Virtual address）、原始数据大小（Size of raw data）、段在文件中的位置（File pointer to raw data）、该段的重定位表在文件中的位置（File pointer to relocation table）、该段的行号表在文件中的位置（File pointer to line numbers）、标志位（Characteristics）等。我们挑几个重要的字段来进行分析，主要有 VirtualSize、VirtualAddress、SizeOfRawData 和 Characteristics 这几个字段，如表 5-1 所示。

表 5-1

字段	含义
VirtualSize	该段被加载至内存后的大小
VirtualAddress	该段被加载至内存后的虚拟地址

续表

字段	含义
SizeOfRawData	该段在文件中的大小。注意：这个值有可能跟 VirtualSize 的值不一样，比如.bss 段的 SizeOfRawData 是 0，而 VirtualSize 值是.bss 段的大小。另外涉及一些内存对齐等问题，这个值往往比 VirtualSize 小 关于.bss 的内容请阅读后面的“.bss 段”一节
Characteristics	段的属性，属性里包含的主要是段的类型（代码、数据、bss）、对齐方式及可读可写可执行等权限。段的属性是一些标志位的组合，这些标志位被定义在 WinNT.h 里，比如 IMAGE_SCN_CNT_CODE（0x00000020）表示该段里面包含的是代码；IMAGE_SCN_MEM_READ（0x40000000）表示该段在内存中是可读的；IMAGE_SCN_MEM_EXECUTE（0x20000000）表示该段在内存中是可执行的，等等

段表以后就是一个个的段的实际内容了，我们在分析 ELF 文件的过程中已经分析过代码段、数据段和 BSS 段的内容及它们的存储方式，COFF 中这几个段的内容与 ELF 中几乎一样，我们在这里也不详细介绍了。在这里我们准备介绍两个 ELF 文件中不存在的段，这两个段就是“.drectve”段和“.debug$S”段。

5.3 链接指示信息

我们将“SimpleSection.txt”中关于“.drectve”段相关的内容摘录如下：

```
SECTION HEADER #1
.drectve name
    0 physical address
    0 virtual address
    18 size of raw data
    DC file pointer to raw data (000000DC to 000000F3)
    0 file pointer to relocation table
    0 file pointer to line numbers
    0 number of relocations
    0 number of line numbers
  100A00 flags
        Info
        Remove
        1 byte align

RAW DATA #1
  00000000: 20 20 20 2F 44 45 46 41 55 4C 54 4C 49 42 3A 22     /DEFAULTLIB:"
  00000010: 4C 49 42 43 4D 54 22 20                         LIBCMT"

   Linker Directives
   -----------------
   /DEFAULTLIB:"LIBCMT"
```

“.drectve 段”实际上是“Directive”的缩写，它的内容是编译器传递给链接器的指令

（Directive），即编译器希望告诉链接器应该怎样链接这个目标文件。段名后面就是段的属性，包括地址、长度、位置等我们这些在分析 ELF 时已经很熟知的属性，最后一个属性是标志位“flags”，即 IMAGE_SECTION_HEADERS 里面的 Characteristics 成员。“.drectve”段的标志位为“0x100A00”，它是表 5-2 中的标志位的组合。

表 5-2

标志位	宏定义	意义
0x00100000	IMAGE_SCN_ALIGN_1BYTES	1个字节对齐。相当于不对齐
0x00000800	IMAGE_SCN_LNK_REMOVE	最终链接成映像文件时抛弃该段
0x00000200	IMAGE_SCN_LNK_INFO	该段包含的是注释或其他信息

“dumpbin”已经为我们打印出了标志位的三个组合属性：Info、Remove、1 byte align。即该段是信息段，并非程序数据；该段可以在最后链接成可执行文件的时候被抛弃；该段在文件中的对齐方式是 1 个字节对齐。

输出信息中紧随其后的是该段在文件中的原始数据（RAW DATA #1，用十六进制显示的原始数据及相应的 ASCII 字符）。“dumpbin”知道该段是个“.drectve”段，并且对段的内容进行了解析，解析结果为一个“/DEFAULTLIB:‘LIBCMT’”的链接指令（Linker Directives），实际上它就是“cl”编译器希望传给“link”链接器的参数。这个参数表示编译器希望告诉链接器，该目标文件需要 LIBCMT 这个默认库。LIBCMT 的全称是（Library C Multithreaded），它表示 VC 的**静态链接的多线程 C 库**，对应的文件在 VC 安装目录下的 lib/libcmt.lib，我们在前面介绍静态库链接时已经简单介绍过了。所以当我们使用“link”命令链接“SimpleSection.obj”时，链接器看到输入文件中有这个段，就会将“/DEFAULT: ‘LIBCMT’”参数添加到链接参数中，即将 libcmt.lib 加入链接输入文件中。

注意 我们可以在 cl 编译器参数里面加入/Zl 来关闭默认 C 库的链接指令。

5.4 调试信息

COFF 文件中所有以“.debug”开始的段都包含着调试信息。比如“.debug$S”表示包含的是符号（Symbol）相关的调试信息段；“.debug$P”表示包含**预编译头文件**（Precompiled Header Files）相关的调试信息段；“.debug$T”表示包含**类型**（Type）相关的调试信息段。在“SimpleSection.obj”中，我们只看到了“.debug$S”段，也就是只有调试时的相关信息。我们可以从该段的文本信息中看到目标文件的原始路径，编译器信息等。调试信息段的具体格式被定义在 **PE 格式文件标准**中，我们在这里就不详细展开了。调试段相关信息在“SimpleSection.txt”中的内容如下：

```
SECTION HEADER #2
.debug$S name
    0 physical address
    0 virtual address
    86 size of raw data
    F4 file pointer to raw data (000000F4 to 00000179)
    0 file pointer to relocation table
    0 file pointer to line numbers
    0 number of relocations
    0 number of line numbers
42100040 flags
        Initialized Data
        Discardable
        1 byte align
        Read Only

RAW DATA #2
  00000000: 02 00 00 00 46 00 09 00 00 00 00 00 3F 43 3A 5C  ....F.......?C:\
  00000010: 57 6F 72 6B 69 6E 67 5C 62 6F 6F 6B 5C 63 6F 64  Working\book\cod
  00000020: 65 5C 43 68 61 70 74 65 72 20 32 5C 53 69 6D 70  e\Chapter 2\Simp
  00000030: 6C 65 53 65 63 74 69 6F 6E 73 5C 53 69 6D 70 6C  leSections\Simpl
  00000040: 65 53 65 63 74 69 6F 6E 2E 6F 62 6A 38 00 13 10  eSection.obj8...
  00000050: 00 22 00 00 07 00 0E 00 00 00 27 C6 0E 00 00 00  .".........'?....
  00000060: 27 C6 21 4D 69 63 72 6F 73 6F 66 74 20 28 52 29  '?!Microsoft (R)
  00000070: 20 4F 70 74 69 6D 69 7A 69 6E 67 20 43 6F 6D 70   Optimizing Comp
```

5.5 大家都有符号表

"SimpleSection.txt"的最后部分是 COFF 符号表（Symbol table），COFF 文件的符号表包含的内容几乎跟 ELF 文件的符号表一样，主要就是符号名、符号的类型、所在的位置。我们把"SimpleSection.txt"关于符号表的输出摘录如下：

```
COFF SYMBOL TABLE
000 006DC627 ABS    notype       Static       | @comp.id
001 00000001 ABS    notype       Static       | @feat.00
002 00000000 SECT1  notype       Static       | .drectve
    Section length   18, #relocs  0, #linenums 0, checksum    0
004 00000000 SECT2  notype       Static       | .debug$S
    Section length   86, #relocs  0, #linenums 0, checksum    0
006 00000004 UNDEF  notype       External     | _global_uninit_var
007 00000000 SECT3  notype       Static       | .data
    Section length    C, #relocs  0, #linenums 0, checksum AC5AB941
009 00000000 SECT3  notype       External     | _global_init_var
00A 00000004 SECT3  notype       Static       | $SG594
00B 00000008 SECT3  notype       Static
                                 | ?static_var@?1??main@@9@9
(`main'::`2'::static_var)
00C 00000000 SECT4  notype       Static       | .text
    Section length   4E, #relocs  5, #linenums 0, checksum CC61DB94
00E 00000000 SECT4  notype ()    External     | _func1
00F 00000000 UNDEF  notype ()    External     | _printf
010 00000020 SECT4  notype ()    External     | _main
```

```
011 00000000 SECT5  notype       Static     | .bss
    Section length    4, #relocs   0, #linenums    0, checksum      0
013 00000000 SECT5  notype       Static     | ?static_var2@?1??main@@9@9
('main'::'2'::static_var2)
```

在输出结果的最左列是符号的编号，也是符号在符号表中的下标。接着是符号的大小，即符号所表示的对象所占用的空间。第三列是符号所在的位置，ABS（Absolute）表示符号是个绝对值，即一个常量，它不存在于任何段中；SECT1（Section #1）表示符号所表示的对象定义在本COFF文件的第一个段中，即本例中的“.drectve”段；UNDEF（Undefined）表示符号是未定义的，即这个符号被定义在其他目标文件。第四列是符号类型，可以看到对于C语言的符号，COFF只区分了两种，一种是变量和其他符号，类行为notype，另外一种是函数，类型为notype ()，这个符号类型值可以用于其他一些需要强符号类型的语言或系统中，可以给链接器更多的信息来识别符号的类型。第五列是符号的可见范围，Static表示符号是局部变量，只有目标文件内部是可见的；External表示符号是全局变量，可以被其他目标文件引用。最后一列是符号名，对于不需要修饰的符号名，“dumpbin”直接输出原始的符号名；对于那些经过修饰的符号名，它会把修饰前和修饰后的名字都打印出来，后面括号里面的就是未修饰的符号名。

从符号表的dump输出信息中，我们可以看到“_global_init_varabal”这个符号位于Section #3，即“.data”段，它的长度是4个字节，可见范围是全局。另外还有一个为$SG574的符号，其实它表示的是程序中的那个“%d\n”字符串常量。因为程序中要引用到这个字符串常量，而该字符串常量又没有名字，所以编译器自动为它生成了一个名字，并且作为符号放在符号表里面，可以看到这个符号对外部是不可见的。可以看到，ELF文件中并没有为字符串常量自动生成的符号，另外所有的段名都是一个符号，“dumpbin”如果碰到某个符号是一个段的段名，那么它还会解析该符号所表示的段的基本属性，每个段名符号后面紧跟着一行就是段的基本属性，分别是段长度、重定位数、行号数和校验和。

5.6 Windows下的ELF——PE

PE文件是基于COFF的扩展，它比COFF文件多了几个结构。最主要的变化有两个：第一个是文件最开始的部分不是COFF文件头，而是**DOS MZ可执行文件格式的文件头和桩代码**（DOS MZ File Header and Stub）；第二个变化是原来的COFF文件头中的“IMAGE_FILE_HEADER”部分扩展成了PE文件文件头结构“IMAGE_NT_HEADERS”，这个结构包括了原来的“Image Header”及新增的**PE扩展头部结构**（PE Optional Header）。PE文件的结构如图5-2所示。

DOS下的可执行文件的扩展名与Windows下的可执行文件扩展名一样，都是“.exe”，但是DOS下的可执行文件格式是“MZ”格式（因为这个格式比较古老，我们在这里并不打

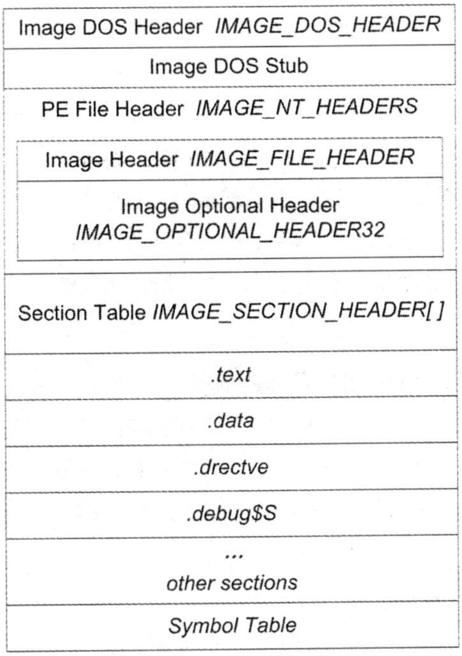

图 5-2 PE 文件格式

算展开介绍这种格式)，与 Windows 下的 PE 格式完全不同，虽然它们使用相同的扩展名。在 Windows 发展的早期，那时候 DOS 系统还如日中天，而且早期的 Windows 版本还不能脱离 DOS 环境独立运行，所以为了照顾 DOS 系统，那些为 Windows 编写的程序必须尽量兼容原有的 DOS 系统，所以 PE 文件在设计之初就背负着历史的累赘。PE 文件中"Image DOS Header"和"DOS Stub"这两个结构就是为了兼容 DOS 系统而设计的，其中"IMAGE_DOS_HEADER"结构其实跟 DOS 的"MZ"可执行结构的头部完全一样，所以从某个角度看，PE 文件其实也是一个"MZ"文件。"IMAGE_DOS_HEADER"的结构中有的前两个字节是"e_magic"结构，它是里面包含了"MZ"这两个字母的 ASCII 码；"e_cs"和"e_ip"两个成员指向程序的入口地址。

当 PE 可执行映像在 DOS 下被加载的时候，DOS 系统检测该文件，发现最开始两个字节是"MZ"，于是认为它是一个"MZ"可执行文件。然后 DOS 系统就将 PE 文件当作正常的"MZ"文件开始执行。DOS 系统会读取"e_cs"和"e_ip"这两个成员的值，以跳转到程序的入口地址。然而 PE 文件中，"e_cs"和"e_ip"这两个成员并不指向程序真正的入口地址，而是指向文件中的"DOS Stub"。"DOS Stub"是一段可以在 DOS 下运行的一小段代码，这段代码的唯一作用是向终端输出一行字："This program cannot be run in DOS"，然后退出程序，表示该程序不能在 DOS 下运行。所以我们如果在 DOS 系统下运行 Windows 的程序就可以看到上面这句话，这是因为 PE 文件结构兼容 DOS"MZ"可执行文件结构的缘故。

"IMAGE_DOS_HEADER"结构也被定义在 WinNT.h 里面，该结构的大多数成员我们都不关心，唯一值得关心的是"e_lfanew"成员，这个成员表明了 PE 文件头（IMAGE_NT_HEADERS）在 PE 文件中的偏移，我们须要使用这个值来定位 PE 文件头。这个成员在 DOS 的"MZ"文件格式中它的值永远为 0，所以当 Windows 开始执行一个后缀名为".exe"的文件时，它会判断"e_lfanew"成员是否为 0。如果为 0，则该".exe"文件是一个 DOS"MZ"可执行文件，Windows 会启动 DOS 子系统来执行它；如果不为 0，那么它就是一个 Windows 的 PE 可执行文件，"e_lfanew"的值表示"IMAGE_NT_HEADERS"在文件中的偏移。

"IMAGE_NT_HEADERS"是 PE 真正的文件头，它包含了一个**标记**（Signature）和两个结构体。标记是一个常量，对于一个合法的 PE 文件来说，它的值为 0x00004550，按照小端字节序，它对应的是'P'、'E'、'\0'、'\0'这 4 个字符的 ASCII 码。文件头包含的两个结构分别是**映像头**（Image Header）、**PE 扩展头部结构**（Image Optional Header）。这个结构定义如下：

```
typedef struct _IMAGE_NT_HEADERS {
    DWORD Signature;
    IMAGE_FILE_HEADER FileHeader;
    IMAGE_OPTIONAL_HEADER OptionalHeader;
} IMAGE_NT_HEADERS, *PIMAGE_NT_HEADERS;
```

"Image Header"，我们在介绍 COFF 目标文件结构时已经和"SectionTable"一起介绍过了。这里新出现的是 PE 扩展头部结构，这个结构的字面意思是"可选"（Optional），也就是说不是必需的，但实际上对于 **PE 可执行文件**（**包括 DLL**）来说，它是必需的。这里的可选可能是相对于 COFF 目标文件来说的。该结构里面包含了很多重要的信息，同样，我们可以在"WinNT.h"里面找到该结构的定义：

```
typedef struct _IMAGE_OPTIONAL_HEADER {
    //
    // Standard fields.
    //
    WORD    Magic;
    BYTE    MajorLinkerVersion;
    BYTE    MinorLinkerVersion;
    DWORD   SizeOfCode;
    DWORD   SizeOfInitializedData;
    DWORD   SizeOfUninitializedData;
    DWORD   AddressOfEntryPoint;
    DWORD   BaseOfCode;
    DWORD   BaseOfData;

    //
    // NT additional fields.
    //
    DWORD   ImageBase;
    DWORD   SectionAlignment;
    DWORD   FileAlignment;
```

```
    WORD    MajorOperatingSystemVersion;
    WORD    MinorOperatingSystemVersion;
    WORD    MajorImageVersion;
    WORD    MinorImageVersion;
    WORD    MajorSubsystemVersion;
    WORD    MinorSubsystemVersion;
    DWORD   Win32VersionValue;
    DWORD   SizeOfImage;
    DWORD   SizeOfHeaders;
    DWORD   CheckSum;
    WORD    Subsystem;
    WORD    DllCharacteristics;
    DWORD   SizeOfStackReserve;
    DWORD   SizeOfStackCommit;
    DWORD   SizeOfHeapReserve;
    DWORD   SizeOfHeapCommit;
    DWORD   LoaderFlags;
    DWORD   NumberOfRvaAndSizes;
    IMAGE_DATA_DIRECTORY DataDirectory[IMAGE_NUMBEROF_DIRECTORY_ENTRIES];
} IMAGE_OPTIONAL_HEADER32, *PIMAGE_OPTIONAL_HEADER32;
```

我们这里所讨论的“Optional Image Header”是 32 位版本的“IMAGE_OPTIONAL_HEADER32”。因为 64 位的 Windows 也采用 PE 结构，所以也就有了 64 位的 PE 可执行文件格式。为了区别这两种格式，Windows 中把 32 位的 PE 文件格式叫做 PE32，把 64 位的 PE 文件格式叫做 PE32+。这两种格式就像 ELF32 和 ELF64 一样，都大同小异，只不过关于地址和长度的一些成员从 32 位扩展成了 64 位，还增加了若干个额外的成员之外，没有其他区别。“WinNT.h”里面定义了 64 位版本的“Optional Image Header”，叫做“IMAGE_OPTIONAL_HEADER64”。

我们平时可以使用“IMAGE_OPTIONAL_HEADER”作为“Optional Image Header”的定义。它是一个宏，在 64 位的 Windows 下，Visual C++在编译时会定义“_WIN64”这个宏，那么“IMAGE_OPTIONAL_HEADER”就被定义成“IMAGE_OPTIONAL_HEADER64”；32 位 Windows 下没有定义“_WIN64”这个宏，那么它就是 IMAGE_OPTIONAL_HEADER32。跟 ELF 文件中一样，我们这里只介绍 32 位版本的格式，64 位的格式与 32 位区别不大。

“Optional Header”里面有很多成员，有些部分跟 PE 文件的装载与运行相关。我们不打算先在这里一一列举所有成员的具体含义，只是挑选一部分跟静态链接有关的加以介绍，其他的成员在本书的其他部分会再次回顾。这些成员很多都是跟 Windows 系统相关联的，很多关于 Windows 系统的编程书籍上也都会有介绍，也可以在 Microsoft 的 MSDN 上找到关于它们的信息。

5.6.1 PE 数据目录

在 Windows 系统装载 PE 可执行文件时，往往须要很快地找到一些装载所需要的数据结构，比如导入表、导出表、资源、重定位表等。这些常用的数据的位置和长度都被保存在了一个叫**数据目录**（Data Directory）的结构里面，其实它就是前面“IMAGE_OPTIONAL_HEADER”结构里面的“DataDirectory”成员。这个成员是一个“IMAGE_DATA_DIRECTORY”的结构数组，相关的定义如下：

```
typedef struct _IMAGE_DATA_DIRECTORY {
    DWORD   VirtualAddress;
    DWORD   Size;
} IMAGE_DATA_DIRECTORY, *PIMAGE_DATA_DIRECTORY;

#define IMAGE_NUMBEROF_DIRECTORY_ENTRIES    16
```

可以看到这个数组的大小为16，IMAGE_DATA_DIRECTORY结构有两个成员，分别是虚拟地址以及长度。DataDirectory 数组里面每一个元素都对应一个包含一定含义的表。“WinNT.h”里面定义了一些以“IMAGE_DIRECTORY_ENTRY_”开头的宏，数值从0到15，它们实际上就是相关的表的宏定义在数组中的下标。比如“IMAGE_DIRECTORY_ENTRY_EXPORT”被定义为0，所以这个数组的第一个元素所包含的地址和长度就是**导出表**（Export Table）所在的地址和长度。

这个数组中还包含其他的表，比如导入表、资源表、异常表、重定位表、调试信息表、线程私有存储（TLS）等的地址和长度。这些表多数跟装载和DLL动态链接有关，与静态链接没什么关系，所以我们在此不展开分析。在本书的第3部分我们会经常碰到这些表，在这里我们只要通过解析DataDirectory结构了解这些表的位置和长度就可以了。

5.7 本章小结

在这一章中，我们介绍了Windows下的可执行文件和目标文件格式PE/COFF。PE/COFF文件与ELF文件非常相似，它们都是基于段的结构的二进制文件格式。Windows下最常见的目标文件格式就是COFF文件格式，微软的编译器产生的目标文件都是这种格式。COFF文件有一个很有意思的段叫“.drectve段”，这个段中保存的是编译器传递给链接器的命令行参数，可以通过这个段实现指定运行库等功能。

Windows下的可执行文件、动态链接库等都使用PE文件格式，PE文件格式是COFF文件格式的改进版本，增加了PE文件头、数据目录等一些结构，使得能够满足程序执行时的需求。

第3部分

装载与动态链接

第 6 章

可执行文件的装载与进程

6.1 进程虚拟地址空间

6.2 装载的方式

6.3 从操作系统角度看可执行文件的装载

6.4 进程虚存空间分布

6.5 Linux 内核装载 ELF 过程简介

6.6 Windows PE 的装载

6.7 本章小结

可执行文件只有装载到内存以后才能被 CPU 执行。早期的程序装载十分简陋，装载的基本过程就是把程序从外部存储器中读取到内存中的某个位置。随着硬件 MMU 的诞生，多进程、多用户、虚拟存储的操作系统出现以后，可执行文件的装载过程变得非常复杂。

通过这一章，我们希望能通过介绍 ELF 文件在 Linux 下的装载过程，来层层拨开迷雾，看看可执行文件装载的本质到底是什么。首先会介绍什么是进程的虚拟地址空间？为什么进程要有自己独立的虚拟地址空间？然后我们将从历史的角度来看装载的几种方式，包括覆盖装载、页映射。接着还会介绍进程虚拟地址空间的分布情况，比如代码段、数据段、BSS 段、堆、栈分别在进程地址空间中怎么分布，它们的位置和长度如何决定。

6.1 进程虚拟地址空间

我们在第 1 章已经回顾了关于虚拟地址空间和地址映射的一些基本概念。基于这些现代的计算机硬件体系结构和操作系统的概念，我们将逐步结合现实的系统，来分析这些概念是如何在实际中被应用的，并且影响到我们构建程序的方方面面。

程序和进程有什么区别

程序（或者狭义上讲可执行文件）是一个静态的概念，它就是一些预先编译好的指令和数据集合的一个文件；进程则是一个动态的概念，它是程序运行时的一个过程，很多时候把动态库叫做运行时（Runtime）也有一定的含义。有人做过一个很有意思的比喻，说把程序和进程的概念跟做菜相比较的话，那么程序就是菜谱，计算机的 CPU 就是人，相关的厨具则是计算机的其他硬件，整个炒菜的过程就是一个进程。计算机按照程序的指示把输入数据加工成输出数据，就好像菜谱指导着人把原料做成美味可口的菜肴。从这个比喻中我们还可以扩大到更大范围，比如一个程序能在两个 CPU 上执行等。

我们知道每个程序被运行起来以后，它将拥有自己独立的**虚拟地址空间**（Virtual Address Space），这个虚拟地址空间的大小由计算机的硬件平台决定，具体地说是由 CPU 的位数决定的。硬件决定了地址空间的最大理论上限，即硬件的寻址空间大小，比如 32 位的硬件平台决定了虚拟地址空间的地址为 0 到 $2^{32}-1$，即 0x00000000～0xFFFFFFFF，也就是我们常说的 4 GB 虚拟空间大小；而 64 位的硬件平台具有 64 位寻址能力，它的虚拟地址空间达到了 2^{64} 字节，即 0x0000000000000000～0xFFFFFFFFFFFFFFFF，总共 17 179 869 184 GB，这个寻址能力从现在来看，几乎是无限的，但是历史总是会嘲弄人，或许有一天我们会觉得 64 位的地址空间很小，就像我们现在觉得 32 位地址不够用一样。当人们第一次推出 32 位处理器的时候，很多人都在疑惑 4 GB 这么大的地址空间有什么用。

其实从程序的角度看，我们可以通过判断 C 语言程序中的指针所占的空间来计算虚拟地址空间的大小。一般来说，C 语言指针大小的位数与虚拟空间的位数相同，如 32 位平台下的指针为 32 位，即 4 字节；64 位平台下的指针为 64 位，即 8 字节。当然有些特殊情况下，这种规则不成立，比如早期的 MSC 的 C 语言分长指针、短指针和近指针，这是为了适应当时畸形处理器而设立的，现在基本可以不予考虑。

我们在下文的讨论中以 32 位的地址空间为主，64 位的与 32 位类似。

那么 32 位平台下的 4 GB 虚拟空间，我们的程序是否可以任意使用呢？很遗憾，不行。因为程序在运行的时候处于操作系统的监管下，操作系统为了达到监控程序运行等一系列目的，进程的虚拟空间都在操作系统的掌握之中。进程只能使用那些操作系统分配给进程的地址，如果访问未经允许的空间，那么操作系统就会捕获到这些访问，将进程的这种访问当作非法操作，强制结束进程。我们经常在 Windows 下碰到令人讨厌的“进程因非法操作需要关闭”或 Linux 下的“Segmentation fault”很多时候是因为进程访问了未经允许的地址。

那么到底这 4 GB 的进程虚拟地址空间是怎样的分配状态呢？首先以 Linux 操作系统作为例子，默认情况下，Linux 操作系统将进程的虚拟地址空间做了如图 6-1 所示的分配。

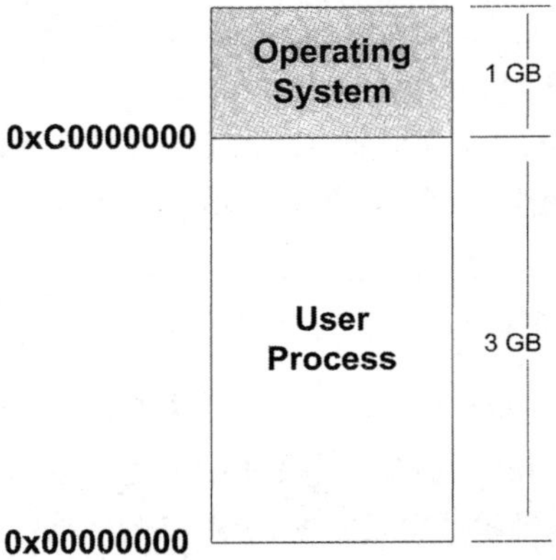

图 6-1 Linux 进程虚拟空间分布

整个 4 GB 被划分成两部分，其中操作系统本身用去了一部分：从地址 0xC0000000 到 0xFFFFFFFF，共 1 GB。剩下的从 0x00000000 地址开始到 0xBFFFFFFF 共 3 GB 的空间都是留给进程使用的。那么从原则上讲，我们的进程最多可以使用 3 GB 的虚拟空间，也就是说整个进程在执行的时候，所有的代码、数据包括通过 C 语言 malloc()等方法申请的虚拟空间之和不可以超过 3 GB。在现代的程序中，3 GB 的虚拟空间有时候是不够用的，比如一些大型的数据库系统、数值计算、图形图像处理、虚拟现实、游戏等程序需要占用的内存空间较大，这使得 32 位硬件平台的虚拟地址空间显得捉襟见肘。当然一本万利的方法就是使用 64

位处理器，把虚拟地址空间扩展到 17 179 869 184 GB。当然不是人人都能顺利地更换 64 位处理器，更何况有很多现有的程序只能运行在 32 位处理器下。那么 32 位 CPU 的平台能不能使用超过 4 GB 的空间呢？这个问题我们将在后面的“PAE”一节中进行介绍。

不知读者是否注意到，上文提到这 3 GB 的空间“原则上”是可以给进程使用的，但令人遗憾的是，进程并不能完全使用这 3 GB 的虚拟空间，其中有一部分是预留给其他用途的，我们在后面还会提到。

对于 Windows 操作系统来说，它的进程虚拟地址空间划分是操作系统占用 2 GB，那么进程只剩下 2 GB 空间。2 GB 空间对一些程序来说太小了，所以 Windows 有个启动参数可以将操作系统占用的虚拟地址空间减少到 1 GB，即跟 Linux 分布一样。方法如下：修改 Windows 系统盘根目录下的 Boot.ini，加上“/3G”参数。

```
[boot loader]
timeout=30
default=multi(0)disk(0)rdisk(0)partition(1)\WINDOWS
[operating systems]
multi(0)disk(0)rdisk(0)partition(1)\WINDOWS="Microsoft Windows XP
Professional" /3G /fastdetect /NoExecute=OptIn
```

PAE

32 位的 CPU 下，程序使用的空间能不能超过 4 GB 呢？这个问题其实应该从两个角度来看，首先，问题里面的“空间”如果是指虚拟地址空间，那么答案是“否”。因为 32 位的 CPU 只能使用 32 位的指针，它最大的寻址范围是 0 到 4 GB；如果问题里面的“空间”指计算机的内存空间，那么答案为“是”。Intel 自从 1995 年的 Pentium Pro CPU 开始采用了 36 位的物理地址，也就是可以访问高达 64 GB 的物理内存。

从硬件层面上来讲，原先的 32 位地址线只能访问最多 4 GB 的物理内存。但是自从扩展至 36 位地址线之后，Intel 修改了页映射的方式，使得新的映射方式可以访问到更多的物理内存。Intel 把这个地址扩展方式叫做 PAE（Physical Address Extension）。

当然扩展的物理地址空间，对于普通应用程序来说正常情况下感觉不到它的存在，因为这主要是操作系统的事，在应用程序里，只有 32 位的虚拟地址空间。那么应用程序该如何使用这些大于常规的内存空间呢？一个很常见的方法就是操作系统提供一个窗口映射的方法，把这些额外的内存映射到进程地址空间中来。应用程序可以根据需要来选择申请和映射，比如一个应用程序中 0x10000000～0x20000000 这一段 256 MB 的虚拟地址空间用来做窗口，程序可以从高于 4 GB 的物理空间中申请多个大小为 256 MB 的物理空间，编号成 A、B、C 等，然后根据需要将这个窗口映射到不同的物理空间块，用到 A 时将 0x10000000～0x20000000 映射到 A，用到 B、C 时再映射过去，如此重复操作即可。在 Windows 下，这种访问内存的操作方式叫做 AWE（Address Windowing Extensions）；而像 Linux 等 UNIX

类操作系统则采用 mmap()系统调用来实现。

当然这只是一种补救 32 位地址空间不够大时的非常规手段，真正的解决方法还是应该使用 64 位的处理器和操作系统。这不仅使人想起了 DOS 时代 16 位地址不够用时，也采用了类似的 16 位 CPU 字长，20 位地址线长度，系统有着 640 KB、1 MB 等诸多访问限制。由于很多应用程序须访问超过 1 MB 的内存，所以当时也有很多类似 PAE 和 AWE 的方法，比如当时很著名的 XMS（eXtended Memory Specification）。

Windows 下的 PAE 和 AWE 可以使用与/3G 相似的启动选项/PAE 和/AWE 打开。

6.2 装载的方式

程序执行时所需要的指令和数据必须在内存中才能够正常运行，最简单的办法就是将程序运行所需要的指令和数据全都装入内存中，这样程序就可以顺利运行，这就是最简单的静态装入的办法。但是很多情况下程序所需要的内存数量大于物理内存的数量，当内存的数量不够时，根本的解决办法就是添加内存。相对于磁盘来说，内存是昂贵且稀有的，这种情况自计算机磁盘诞生以来一直如此。所以人们想尽各种办法，希望能够在不添加内存的情况下让更多的程序运行起来，尽可能有效地利用内存。后来研究发现，程序运行时是有局部性原理的，所以我们可以将程序最常用的部分驻留在内存中，而将一些不太常用的数据存放在磁盘里面，这就是动态装入的基本原理。

覆盖装入（Overlay）和**页映射**（Paging）是两种很典型的动态装载方法，它们所采用的思想都差不多，原则上都是利用了程序的局部性原理。动态装入的思想是程序用到哪个模块，就将哪个模块装入内存，如果不用就暂时不装入，存放在磁盘中。

注意 按照 2009 年 2 月的数据，以一个普通的希捷 7200RPM 的桌面 PC 硬盘为例，它拥有 8 MB 缓存，500 GB 的容量，价格是 459 元。按照每 GB 的价格来算，DDR2 667 内存每 GB 约 150 元，而硬盘每 GB 的价格不到 1 元，价格大约是内存的 1/200。

6.2.1 覆盖装入

覆盖装入在没有发明虚拟存储之前使用比较广泛，现在已经几乎被淘汰了。虽然这种方法很鳖脚，在被虚拟存储惯坏了的现代 PC 机程序员眼里可能不屑一顾，但是它在计算机发展的初期的确为程序能够在内存受限的机器下正常运行提供了一种解决方案。它所体现的一些思想还是很有意义的。值得一提的是，在一些现代嵌入式的内存受限环境下，特别是诸如 DSP 等，这种方法或许还有用武之地。

覆盖装入的方法把挖掘内存潜力的任务交给了程序员，程序员在编写程序的时候必须手工将程序分割成若干块，然后编写一个小的辅助代码来管理这些模块何时应该驻留内存而何时应该被替换掉。这个小的辅助代码就是所谓的覆盖管理器（Overlay Manager）。最简单的情况下，一个程序有主模块“main”，main 分别会调用到模块 A 和模块 B，但是 A 和 B 之间不会相互调用；这三个模块的大小分别是 1 024 字节、512 字节和 256 字节。假设不考虑内存对齐、装载地址限制的情况，理论上运行这个程序需要有 1 792 个字节的内存。如果我们采用覆盖装入的办法，那么在内存中可以这样安排，如图 6-2 所示。

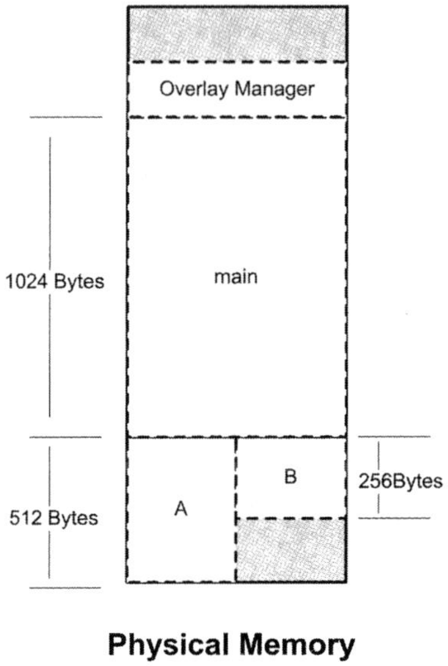

图 6-2　简单覆盖载入

由于模块 A 和模块 B 之间相互调用依赖关系，我们可以把模块 A 和模块 B 在内存中“相互覆盖”，即两个模块共享块内存区域。当 main 模块调用模块 A 时，覆盖管理器保证将模块 A 从文件中读入内存；当模块 main 调用模块 B 时，则覆盖管理器将模块 B 从文件中读入内存，由于这时模块 A 不会被使用，那么模块 B 可以装入到原来模块 A 所占用的内存空间。很明显，除了覆盖管理器，整个程序运行只需要 1 536 个字节，比原来的方案节省了 256 字节的空间。覆盖管理器本身往往很小，从数十字节到数百字节不等，一般都常驻内存。

上面的例子是最简单的覆盖情况，但是事实上程序往往不止两个模块，而模块之间的调用关系也比上面的例子要复杂。在多个模块的情况下，程序员需要手工**将模块按照它们之间的调用依赖关系组织成树状结构**。

按照图 6-3 的组织关系，模块 main 依赖于模块 A 和 B，模块 A 依赖于 C 和 D；模块 B 依赖于 E 和 F，则它们在内存中的覆盖方式如图中所示。很明显，这个程序的运行方式与前面的例子大同小异，值得注意的是，覆盖管理器需要保证两点。

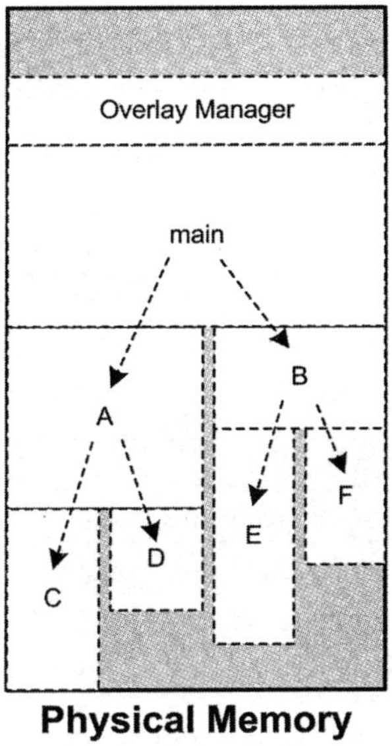

图 6-3 复杂的覆盖载入

- 这个树状结构中从任何一个模块到树的根（也就是 main）模块都叫**调用路径**。当该模块被调用时，整个调用路径上的模块必须都在内存中。比如程序正在模块 E 中执行代码，那么模块 B 和模块 main 必须都在内存中，以确保模块 E 执行完毕以后能够正确返回至模块 B 和模块 main。
- **禁止跨树间调用**。任意一个模块不允许跨过树状结构进行调用。比如上面例子中，模块 A 不可以调用模块 B、E、F；模块 C 不可以调用模块 D、B、E、F 等。因为覆盖管理器不能够保证跨树间的模块能够存在于内存中。不过很多时候可能两个子模块都需要依赖于某个模块，比如模块 E 和模块 C 都需要另外一个模块 G，那么最方便的做法是将模块 G 并入到 main 模块中，这样 G 就在 E 和 C 的调用路径上了。

当然，由于跨模块间的调用都需要经过覆盖管理器，以确保所有被调用到的模块都能够正确地驻留在内存，而且一旦模块没有在内存中，还需要从磁盘或其他存储器读取相应的模块，所以覆盖装入的速度肯定比较慢，不过这也是一种折中的方案，是典型的利用时间换取空间的方法。

6.2.2 页映射

页映射是虚拟存储机制的一部分，它随着虚拟存储的发明而诞生。前面我们已经介绍了页映射的基本原理，这里我们再结合可执行文件的装载来阐述一下页映射是如何被应用到动态装载中去的。与覆盖装入的原理相似，页映射也不是一下子就把程序的所有数据和指令都装入内存，而是将内存和所有磁盘中的数据和指令按照“页（Page）”为单位划分成若干个页，以后所有的装载和操作的单位就是页。以目前的情况，硬件规定的页的大小有 4 096 字节、8 192 字节、2 MB、4 MB 等，最常见的 Intel IA32 处理器一般都使用 4 096 字节的页，那么 512 MB 的物理内存就拥有 512 * 1024 * 1024 / 4 096 = 131 072 个页。

为了演示页映射的基本机制，假设我们的 32 位机器有 16 KB 的内存，每个页大小为 4 096 字节，则共有 4 个页，如表 6-1 所示。

表 6-1

页编号	地址
F0	0x00000000－0x00000FFF
F1	0x00001000－0x00001FFF
F2	0x00002000－0x00002FFF
F3	0x00003000－0x00003FFF

假设程序所有的指令和数据总和为 32 KB，那么程序总共被分为 8 个页。我们将它们编号为 P0～P7。很明显，16 KB 的内存无法同时将 32 KB 的程序装入，那么我们将按照动态装入的原理来进行整个装入过程。如果程序刚开始执行时的入口地址在 P0，这时装载管理器（我们假设装载过程由一个叫装载管理器的家伙来控制，就像覆盖管理器一样）发现程序的 P0 不在内存中，于是将内存 F0 分配给 P0，并且将 P0 的内容装入 F0；运行一段时间以后，程序需要用到 P5，于是装载管理器将 P5 装入 F1；就这样，当程序用到 P3 和 P6 的时候，它们分别被装入到了 F2 和 F3，它们的映射关系如图 6-4 所示。

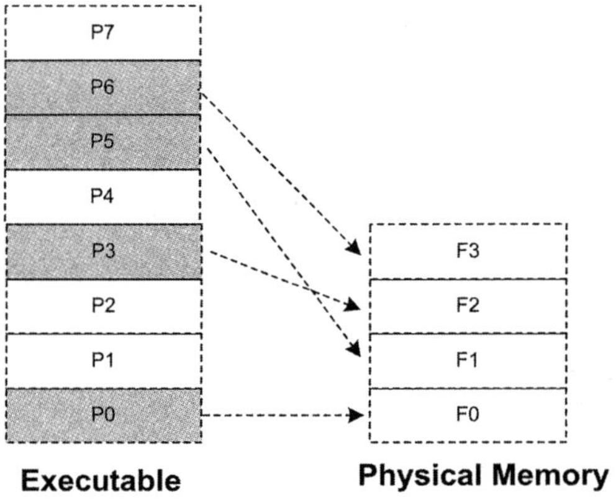

图 6-4 页映射与页装载

很明显，如果这时候程序只需要 P0、P3、P5 和 P6 这 4 个页，那么程序就能一直运行下去。但是问题很明显，如果这时候程序需要访问 P4，那么装载管理器必须做出抉择，它必须放弃目前正在使用的 4 个内存页中的其中一个来装载 P4。至于选择哪个页，我们有很多种算法可以选择，比如可以选择 F0，因为它是第一个被分配掉的内存页（这个算法我们可以称之为 FIFO，先进先出算法）；假设装载管理器发现 F2 很少被访问到，那么我们可以选择 F2（这种算法可以称之为 LUR，最少使用算法）。假设我们放弃 P0，那么这时候 F0 就装入了 P4。程序接着按照这样的方式运行。

可能很多读者已经发现了，这个所谓的装载管理器就是现代的操作系统，更加准确地讲就是操作系统的存储管理器。目前几乎所有的主流操作系统都是按照这种方式装载可执行文件的，我们熟悉的 Windows 对 PE 文件的装载及 Linux 对 ELF 文件的装载都是这样完成的，接着我们将从操作系统的角度来看可执行文件的装载。

6.3 从操作系统角度看可执行文件的装载

从上面页映射的动态装入的方式可以看到，可执行文件中的页可能被装入内存中的任意页。比如程序需要 P4 的时候，它可能会被装入 F0～F3 这 4 个页中的任意一个。很明显，如果程序使用物理地址直接进行操作，那么每次页被装入时都需要进行重定位。正如我们在第 1 章中所提到的，在虚拟存储中，现代的硬件 MMU 都提供地址转换的功能。有了硬件的地址转换和页映射机制，操作系统动态加载可执行文件的方式跟静态加载有了很大的区别。

我们经常看到各种可执行文件的装载过程的描述，虽然大致能够明白这个过程，但是总觉得似乎还有那么一层迷雾阻隔着，一旦涉及细节总是有一些模糊。本节我们将站在操作系统的角度来阐述一个可执行文件如何被装载，并且同时在进程中执行。

6.3.1 进程的建立

事实上，从操作系统的角度来看，一个进程最关键的特征是它拥有独立的虚拟地址空间，这使得它有别于其他进程。很多时候一个程序被执行同时都伴随着一个新的进程的创建，那么我们就来看看这种最通常的情形：创建一个进程，然后装载相应的可执行文件并且执行。在有虚拟存储的情况下，上述过程最开始只需要做三件事情：

- 创建一个独立的虚拟地址空间。
- 读取可执行文件头，并且建立虚拟空间与可执行文件的映射关系。
- 将 CPU 的指令寄存器设置成可执行文件的入口地址，启动运行。

首先是创建虚拟地址空间。回忆第 1 章的页映射机制，我们知道一个虚拟空间由一组页映射函数将虚拟空间的各个页映射至相应的物理空间，那么创建一个虚拟空间实际上并不是创建空间而是创建映射函数所需要的相应的数据结构，在 i386 的 Linux 下，创建虚拟地址空间实际上只是分配一个页目录（Page Directory）就可以了，甚至不设置页映射关系，这些映射关系等到后面程序发生页错误的时候再进行设置。

读取可执行文件头，并且建立虚拟空间与可执行文件的映射关系。上面那一步的页映射关系函数是虚拟空间到物理内存的映射关系，这一步所做的是虚拟空间与可执行文件的映射关系。我们知道，当程序执行发生页错误时，操作系统将从物理内存中分配一个物理页，然后将该“缺页”从磁盘中读取到内存中，再设置缺页的虚拟页和物理页的映射关系，这样程序才得以正常运行。但是很明显的一点是，当操作系统捕获到缺页错误时，它应知道程序当前所需要的页在可执行文件中的哪一个位置。这就是虚拟空间与可执行文件之间的映射关系。从某种角度来看，这一步是整个装载过程中最重要的一步，也是传统意义上“装载”的过程。

由于可执行文件在装载时实际上是被映射的虚拟空间，所以可执行文件很多时候又被叫做**映像文件**（Image）。

让我们考虑最简单的情况，假设我们的 ELF 可执行文件只有一个代码段“.text“，它的虚拟地址为 0x08048000，它在文件中的大小为 0x000e1，对齐为 0x1000。由于虚拟存储的页映射都是以页为单位的，在 32 位的 Intel IA32 下一般为 4 096 字节，所以 32 位 ELF 的对齐粒度为 0x1000。由于该.text 段大小不到一个页，考虑到对齐该段占用一个段。所以一旦该可执行文件被装载，可执行文件与执行该可执行文件进程的虚拟空间的映射关系如图 6-5 所示。

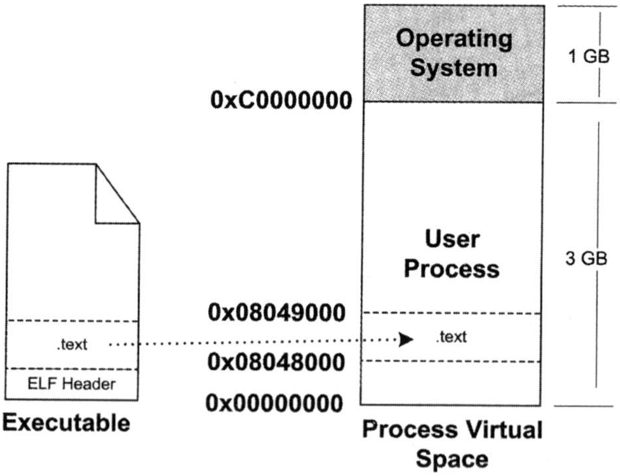

图 6-5 可执行文件与进程虚拟空间

很明显，这种映射关系只是保存在操作系统内部的一个数据结构。Linux 中将进程虚拟空间中的一个段叫做**虚拟内存区域**（VMA, Virtual Memory Area）；在 Windows 中将这个叫做**虚拟段**（Virtual Section），其实它们都是同一个概念。比如上例中，操作系统创建进程后，会在进程相应的数据结构中设置有一个.text 段的 VMA：它在虚拟空间中的地址为 0x08048000～0x08049000，它对应 ELF 文件中偏移为 0 的.text，它的属性为只读（一般代码段都是只读的），还有一些其他的属性。

VMA 是一个很重要的概念，它对于我们理解程序的装载执行和操作系统如何管理进程的虚拟空间有非常重要的帮助。

上面的例子中，我们描述的是最简单的只有一个段的可执行文件映射的情况。操作系统在内部保存这种结构，很明显是因为当程序执行发生段错误时，它可以通过查找这样的一个数据结构来定位错误页在可执行文件中的位置，此内容后面会详细介绍。

将 CPU 指令寄存器设置成可执行文件入口，启动运行。第三步其实也是最简单的一步，操作系统通过设置 CPU 的指令寄存器将控制权转交给进程，由此进程开始执行。这一步看似简单，实际上在操作系统层面上比较复杂，它涉及内核堆栈和用户堆栈的切换、CPU 运行权限的切换。不过从进程的角度看这一步可以简单地认为操作系统执行了一条跳转指令，直接跳转到可执行文件的入口地址。还记得 ELF 文件头中保存有入口地址吗？没错，就是这个地址。

6.3.2 页错误

上面的步骤执行完以后，其实可执行文件的真正指令和数据都没有被装入内存中。操作系统只是通过可执行文件头部的信息建立起可执行文件和进程虚存之间的映射关系而已。假设在上面的例子中，程序的入口地址为 0x08048000，即刚好是.text 段的起始地址。当 CPU 开始打算执行这个地址的指令时，发现页面 0x08048000～0x08049000 是个空页面，于是它就认为这是一个**页错误**（Page Fault）。CPU 将控制权交给操作系统，操作系统有专门的页错误处理例程来处理这种情况。这时候我们前面提到的装载过程的第二步建立的数据结构起到了很关键的作用，操作系统将查询这个数据结构，然后找到空页面所在的 VMA，计算出相应的页面在可执行文件中的偏移，然后在物理内存中分配一个物理页面，将进程中该虚拟页与分配的物理页之间建立映射关系，然后把控制权再还回给进程，进程从刚才页错误的位置重新开始执行。

随着进程的执行，页错误也会不断地产生，操作系统也会为进程分配相应的物理页面来满足进程执行的需求，如图 6-6 所示。当然有可能进程所需要的内存会超过可用的内存数量，特别是在有多个进程同时执行的时候，这时候操作系统就需要精心组织和分配物理内存，甚至有时候应将分配给进程的物理内存暂时收回等，这就涉及了操作系统的虚拟存储管理。这里不再展开，有兴趣的读者可以参考相应的操作系统方面的资料。

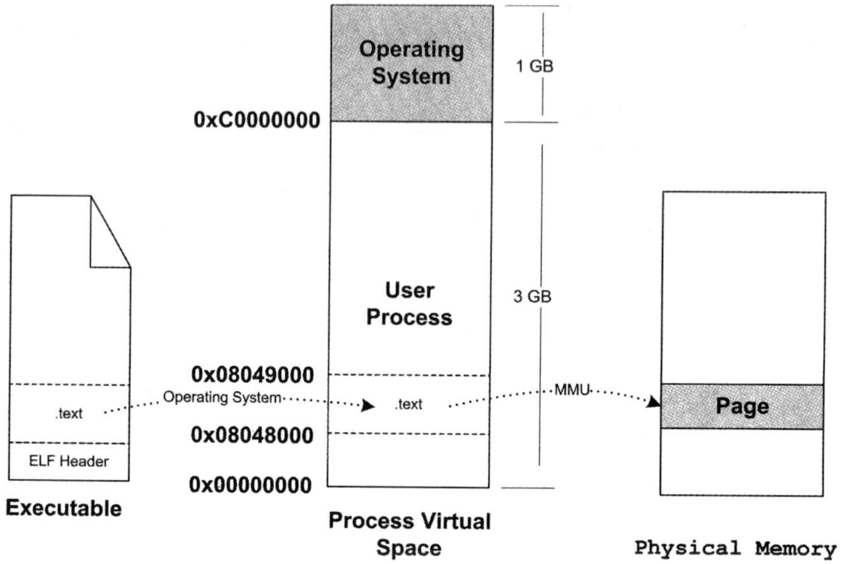

图 6-6 页错误

6.4 进程虚存空间分布

6.4.1 ELF 文件链接视图和执行视图

前面例子的可执行文件中只有一个代码段，所以它被操作系统装载至进程地址空间之后，相对应的只有一个 VMA。不过实际情况会比这复杂得多，在一个正常的进程中，可执行文件中包含的往往不止代码段，还有数据段、BSS 等，所以映射到进程虚拟空间的往往不止一个段。

当段的数量增多时，就会产生空间浪费的问题。因为我们知道，ELF 文件被映射时，是以系统的页长度作为单位的，那么每个段在映射时的长度应该都是系统页长度的整数倍；如果不是，那么多余部分也将占用一个页。一个 ELF 文件中往往有十几个段，那么内存空间的浪费是可想而知的。有没有办法尽量减少这种内存浪费呢？

当我们站在操作系统装载可执行文件的角度看问题时，可以发现它实际上并不关心可执行文件各个段所包含的实际内容，操作系统只关心一些跟装载相关的问题，最主要的是段的权限（可读、可写、可执行）。ELF 文件中，段的权限往往只有为数不多的几种组合，基本上是三种：

- 以代码段为代表的权限为可读可执行的段。
- 以数据段和 BSS 段为代表的权限为可读可写的段。
- 以只读数据段为代表的权限为只读的段。

那么我们可以找到一个很简单的方案就是：**对于相同权限的段，把它们合并到一起当作一个段进行映射**。比如有两个段分别叫“.text”和“.init”，它们包含的分别是程序的可执行代码和初始化代码，并且它们的权限相同，都是可读并且可执行的。假设.text 为 4 097 字节，.init 为 512 字节，这两个段分别映射的话就要占用三个页面，但是，如果将它们合并成一起映射的话只须占用两个页面，如图 6-7 所示。

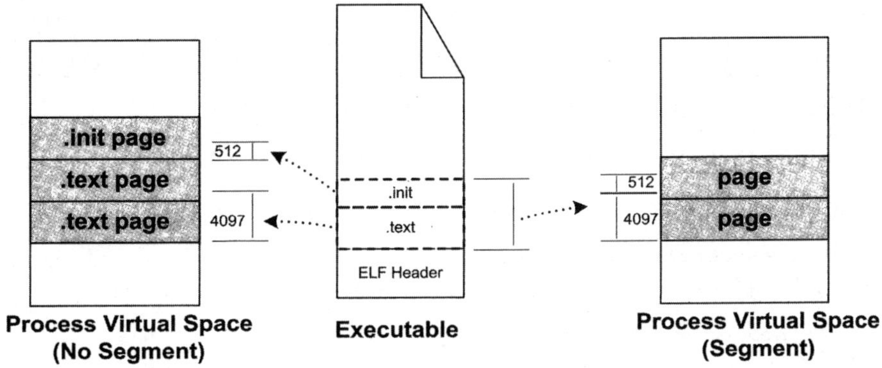

图 6-7 ELF Segment

ELF 可执行文件引入了一个概念叫做“Segment”，一个“Segment”包含一个或多个属性类似的“Section”。正如我们上面的例子中看到的，如果将“.text”段和“.init”段合并在一起看作是一个“Segment”，那么装载的时候就可以将它们看作一个整体一起映射，也就是说映射以后在进程虚存空间中只有一个相对应的 VMA，而不是两个，这样做的好处是可以很明显地减少页面内部碎片，从而节省了内存空间。

我们很难将“Segment”和“Section”这两个词从中文的翻译上加以区分，因为很多时候 Section 也被翻译成“段”，回顾第 2 章，我们也没有很严格区分这两个英文词汇和两个中文词汇“段”和“节”之间的相互翻译。很明显，从链接的角度看，ELF 文件是按“Section”存储的，事实也的确如此；从装载的角度看，ELF 文件又可以按照“Segment”划分。我们在这里就对“Segment”不作翻译，一律按照原词。

“Segment”的概念实际上是从装载的角度重新划分了 ELF 的各个段。在将目标文件链接成可执行文件的时候，链接器会尽量把相同权限属性的段分配在同一空间。比如可读可执行的段都放在一起，这种段的典型是代码段；可读可写的段都放在一起，这种段的典型是数据段。在 ELF 中把这些属性相似的、又连在一起的段叫做一个“Segment”，而系统正是按照“Segment”而不是“Section”来映射可执行文件的。

下面的例子是一个很小的程序，程序本身是不停地循环执行“sleep”操作，除非用户发信号给它，否则就一直运行。它的源代码如下：

```
#include <stdlib.h>

int main()
{
    while(1) {
        sleep(1000);
    }
    return 0;
}
```

我们使用静态连接的方式将其编译连接成可执行文件，然后得到的可执行文件“SectionMapping.elf”是一个 Linux 下很典型的可执行文件：

```
$gcc -static SectionMapping.c -o SectionMapping.elf
```

使用 readelf 可以看到，这个可执行文件中总共有 33 个段（Section）：

```
$readelf -S SectionMapping.elf
There are 33 section headers, starting at offset 0x74594:

Section Headers:
  [Nr] Name              Type      Addr     Off    Size   ES Flg Lk Inf Al
  [ 0]                   NULL      00000000 000000 000000 00      0   0  0
  [ 1] .note.ABI-tag     NOTE      080480d4 0000d4 000020 00   A  0   0  4
  [ 2] .init             PROGBITS  080480f4 0000f4 000017 00  AX  0   0  4
  [ 3] .text             PROGBITS  08048110 000110 055948 00  AX  0   0 16
  [ 4] __libc_freeres_fn PROGBITS  0809da60 055a60 000a8b 00  AX  0   0 16
  [ 5] .fini             PROGBITS  0809e4ec 0564ec 00001c 00  AX  0   0  4
  [ 6] .rodata           PROGBITS  0809e520 056520 0169e8 00   A  0   0 32
  [ 7] __libc_subfreeres PROGBITS  080b4f08 06cf08 00002c 00   A  0   0  4
  [ 8] __libc_atexit     PROGBITS  080b4f34 06cf34 000004 00   A  0   0  4
  [ 9] .eh_frame         PROGBITS  080b4f38 06cf38 003a0c 00   A  0   0  4
  [10] .gcc_except_table PROGBITS  080b8944 070944 0000a1 00   A  0   0  1
  [11] .tdata            PROGBITS  080b99e8 0709e8 000010 00 WAT  0   0  4
  [12] .tbss             NOBITS    080b99f8 0709f8 000018 00 WAT  0   0  4
  [13] .ctors            PROGBITS  080b99f8 0709f8 000008 00  WA  0   0  4
  [14] .dtors            PROGBITS  080b9a00 070a00 00000c 00  WA  0   0  4
  [15] .jcr              PROGBITS  080b9a0c 070a0c 000004 00  WA  0   0  4
  [16] .data.rel.ro      PROGBITS  080b9a10 070a10 00002c 00  WA  0   0  4
  [17] .got              PROGBITS  080b9a3c 070a3c 000008 04  WA  0   0  4
  [18] .got.plt          PROGBITS  080b9a44 070a44 00000c 04  WA  0   0  4
  [19] .data             PROGBITS  080b9a60 070a60 000720 00  WA  0   0 32
  [20] .bss              NOBITS    080ba180 071180 001ad4 00  WA  0   0 32
  [21] __libc_freeres_pt NOBITS    080bbc54 071180 000014 00  WA  0   0  4
  [22] .comment          PROGBITS  00000000 071180 002df0 00      0   0  1
  [23] .debug_aranges    PROGBITS  00000000 073f70 000058 00      0   0  8
  [24] .debug_pubnames   PROGBITS  00000000 073fc8 000025 00      0   0  1
```

```
  [25] .debug_info       PROGBITS  00000000 073fed 0001ad 00      0   0  1
  [26] .debug_abbrev     PROGBITS  00000000 07419a 000066 00      0   0  1
  [27] .debug_line       PROGBITS  00000000 074200 00013d 00      0   0  1
  [28] .debug_str        PROGBITS  00000000 07433d 0000bb 01  MS  0   0  1
  [29] .debug_ranges     PROGBITS  00000000 0743f8 000048 00      0   0  8
  [30] .shstrtab         STRTAB    00000000 074440 000152 00      0   0  1
  [31] .symtab           SYMTAB    00000000 074abc 007ab0 10     32 898  4
  [32] .strtab           STRTAB    00000000 07c56c 006e68 00      0   0  1
Key to Flags:
  W (write), A (alloc), X (execute), M (merge), S (strings)
  I (info), L (link order), G (group), x (unknown)
  O (extra OS processing required) o (OS specific), p (processor specific)
```

我们可以使用 readelf 命令来查看 ELF 的“Segment”。正如描述“Section”属性的结构叫做段表，描述“Segment”的结构叫程序头（Program Header），它描述了 ELF 文件该如何被操作系统映射到进程的虚拟空间：

```
$ readelf -l SectionMapping.elf

Elf file type is EXEC (Executable file)
Entry point 0x8048110
There are 5 program headers, starting at offset 52

Program Headers:
  Type           Offset   VirtAddr   PhysAddr   FileSiz MemSiz  Flg Align
  LOAD           0x000000 0x08048000 0x08048000 0x709e5 0x709e5 R E 0x1000
  LOAD           0x0709e8 0x080b99e8 0x080b99e8 0x00798 0x02280 RW  0x1000
  NOTE           0x0000d4 0x080480d4 0x080480d4 0x00020 0x00020 R   0x4
  TLS            0x0709e8 0x080b99e8 0x080b99e8 0x00010 0x00028 R   0x4
  GNU_STACK      0x000000 0x00000000 0x00000000 0x00000 0x00000 RW  0x4

 Section to Segment mapping:
  Segment Sections...
   00     .note.ABI-tag .init .text __libc_freeres_fn .fini .rodata
__libc_subfreeres __libc_atexit .eh_frame .gcc_except_table
   01     .tdata .ctors .dtors .jcr .data.rel.ro .got .got.plt .data .bss
__libc_freeres_ptrs
   02     .note.ABI-tag
   03     .tdata .tbss
   04
```

我们可以看到，这个可执行文件中共有 5 个 Segment。从装载的角度看，我们目前只关心两个“LOAD”类型的 Segment，因为只有它是需要被映射的，其他的诸如“NOTE”、“TLS”、“GNU_STACK”都是在装载时起辅助作用的，我们在这里不详细展开。可以用图 6-8 来表示“SectionMapping.elf”可执行文件的段与进程虚拟空间的映射关系。

由图 6-8 可以发现，“SectionMapping.elf”被重新划分成了三个部分，有一些段被归入可读可执行的，它们被统一映射到一个 VMA0；另外一部分段是可读可写的，它们被映射到了 VMA1；还有一部分段在程序装载时没有被映射的，它们是一些包含调试信息和字符串表等段，这些段在程序执行时没有用，所以不需要被映射。很明显，所有相同属性的“Section”被归类到一个“Segment”，并且映射到同一个 VMA。

所以总的来说，“Segment”和“Section”是从不同的角度来划分同一个 ELF 文件。这个在 ELF 中被称为不同的**视图**（View），从“Section”的角度来看 ELF 文件就是**链接视图**（Linking View），从“Segment”的角度来看就是**执行视图**（Execution View）。当我们在谈到 ELF 装载时，“段”专门指“Segment”；而在其他的情况下，“段”指的是“Section”。

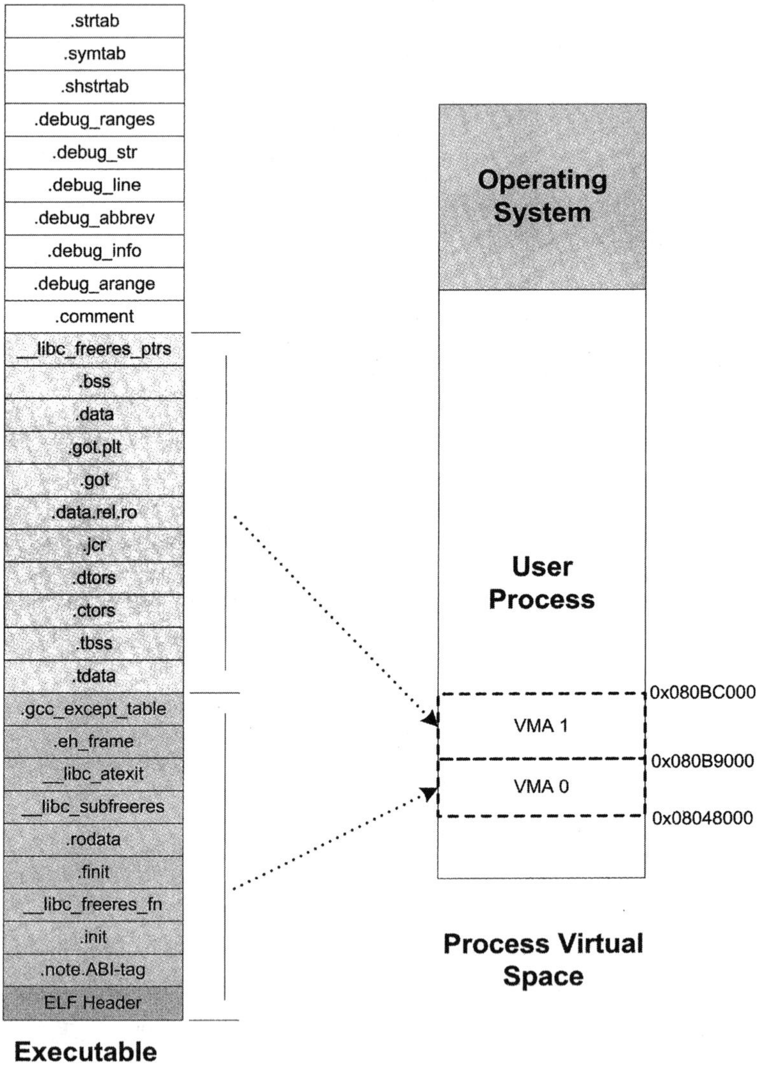

图 6-8 ELF 可执行文件与进程虚拟空间映射关系

ELF 可执行文件中有一个专门的数据结构叫做**程序头表**（Program Header Table）用来保存“Segment”的信息。因为 ELF 目标文件不需要被装载，所以它没有程序头表，而

ELF 的可执行文件和共享库文件都有。跟段表结构一样，程序头表也是一个结构体数组，它的结构体如下：

```
typedef struct {
    Elf32_Word p_type;
    Elf32_Off p_offset;
    Elf32_Addr p_vaddr;
    Elf32_Addr p_paddr;
    Elf32_Word p_filesz;
    Elf32_Word p_memsz;
    Elf32_Word p_flags;
    Elf32_Word p_align;
} Elf32_Phdr;
```

Elf32_Phdr 结构体的几个成员与前面我们使用“readelf –l”打印文件头表显示的结果一一对应。我们来看 Elf32_Phdr 结构的各个成员的基本含义，如表 6-2 所示。

表 6-2

成员	含义
p_type	“Segment”的类型，基本上我们在这里只关注“LOAD”类型的“Segment”。“LOAD”类型的常量为 1。还有几个类型诸如“DYNAMIC”、“INTERP”等我们在介绍 ELF 动态链接时还会碰到
p_offset	“Segment”在文件中的偏移
p_vaddr	“Segment”的第一个字节在进程虚拟地址空间的起始位置。整个程序头表中，所有“LOAD”类型的元素按照 p_vaddr 从小到大排列
p_paddr	“Segment”的物理装载地址，我们在本书的第 2 部分已经碰到过一个叫做 LMA（Load Memory Address）的概念，这个物理装载地址就是 LMA。p_paddr 的值在一般情况下跟 p_vaddr 是一样的
p_filesz	“Segment”在 ELF 文件中所占空间的长度。它的值可能是 0，因为有可能这个“Segment”在 ELF 文件中不存在内容
p_memse	“Segment”在进程虚拟地址空间中所占用的长度。它的值也可能是 0
p_flags	“Segment”的权限属性，比如可读“R”、可写“W”和可执行“X”
p_align	“Segment”的对齐属性。实际对齐字节等于 2 的 p_align 次。比如 p_align 等于 10，那么实际的对齐属性就是 2 的 10 次方，即 1 024 字节

对于“LOAD”类型的“Segment”来说，p_memsz 的值不可以小于 p_filesz，否则就是不符合常理的。但是，如果 p_memsz 的值大于 p_filesz 又是什么意思呢？如果 p_memsz 大于 p_filesz，就表示该“Segment”在内存中所分配的空间大小超过文件中实际的大小，这部分“多余”的部分则全部填充为“0”。这样做的好处是，我们在构造 ELF 可执行文件时不需要再额外设立 BSS 的“Segment”了，可以把数据“Segment”的 p_memsz 扩大，那些额外的部分就是 BSS。因为数据段和 BSS 的唯一区别就是：数据段从文件中初始化内容，而 BSS 段的内容全都初始化为 0。这也就是我们在前面的例子中只看到了两个“LOAD”类型

的段，而不是三个，BSS 已经被合并到了数据类型的段里面。

6.4.2 堆和栈

在操作系统里面，VMA 除了被用来映射可执行文件中的各个“Segment”以外，它还可以有其他的作用，操作系统通过使用 VMA 来对进程的地址空间进行管理。我们知道进程在执行的时候它还需要用到**栈**（Stack）、**堆**（Heap）等空间，事实上它们在进程的虚拟空间中的表现也是以 VMA 的形式存在的，很多情况下，一个进程中的栈和堆分别都有一个对应的 VMA。在 Linux 下，我们可以通过查看“/proc”来查看进程的虚拟空间分布：

```
$ ./SectionMapping.elf &
[1] 21963
$ cat /proc/21963/maps
08048000-080b9000 r-xp 00000000 08:01 2801887    ./SectionMapping.elf
080b9000-080bb000 rwxp 00070000 08:01 2801887    ./SectionMapping.elf
080bb000-080de000 rwxp 080bb000 00:00 0          [heap]
bf7ec000-bf802000 rw-p bf7ec000 00:00 0          [stack]
ffffe000-fffff000 r-xp 00000000 00:00 0          [vdso]
```

上面的输出结果中：第一列是 VMA 的地址范围；第二列是 VMA 的权限，“r”表示可读，“w”表示可写，“x”表示可执行，“p”表示私有（COW, Copy on Write），“s”表示共享。第三列是偏移，表示 VMA 对应的 Segment 在映像文件中的偏移；第四列表示映像文件所在设备的主设备号和次设备号；第五列表示映像文件的节点号。最后一列是映像文件的路径。

我们可以看到进程中有 5 个 VMA，只有前两个是映射到可执行文件中的两个 Segment。另外三个段的文件所在设备主设备号和次设备号及文件节点号都是 0，则表示它们没有映射到文件中，这种 VMA 叫做**匿名虚拟内存区域**（Anonymous Virtual Memory Area）。我们可以看到有两个区域分别是堆（Heap）和栈（Stack），它们的大小分别为 140 KB 和 88 KB。这两个 VMA 几乎在所有的进程中存在，我们在 C 语言程序里面最常用的 malloc()内存分配函数就是从堆里面分配的，堆由系统库管理，我们在第 10 章会详细介绍关于堆的内容。栈一般也叫做堆栈，我们知道每个线程都有属于自己的堆栈，对于单线程的程序来讲，这个 VMA 堆栈就全都归它使用。另外有一个很特殊的 VMA 叫做“vdso”，它的地址已经位于内核空间了（即大于 0xC0000000 的地址），事实上它是一个内核的模块，进程可以通过访问这个 VMA 来跟内核进行一些通信，这里我们就不具体展开了，有兴趣的读者可以去参考一些关于 Linux 内核模块的资料。

通过上面的例子，让我们小结关于进程虚拟地址空间的概念：操作系统通过给进程空间划分出一个个 VMA 来管理进程的虚拟空间；基本原则是将相同权限属性的、有相同映像文件的映射成一个 VMA；一个进程基本上可以分为如下几种 VMA 区域：

- 代码 VMA，权限只读、可执行；有映像文件。
- 数据 VMA，权限可读写、可执行；有映像文件。
- 堆 VMA，权限可读写、可执行；无映像文件，匿名，可向上扩展。
- 栈 VMA，权限可读写、不可执行；无映像文件，匿名，可向下扩展。

当我们在讨论进程虚拟空间的“Segment”的时候，基本上就是指上面的几种 VMA。现在再让我们来看一个常见进程的虚拟空间是怎么样的，如图 6-9 所示。

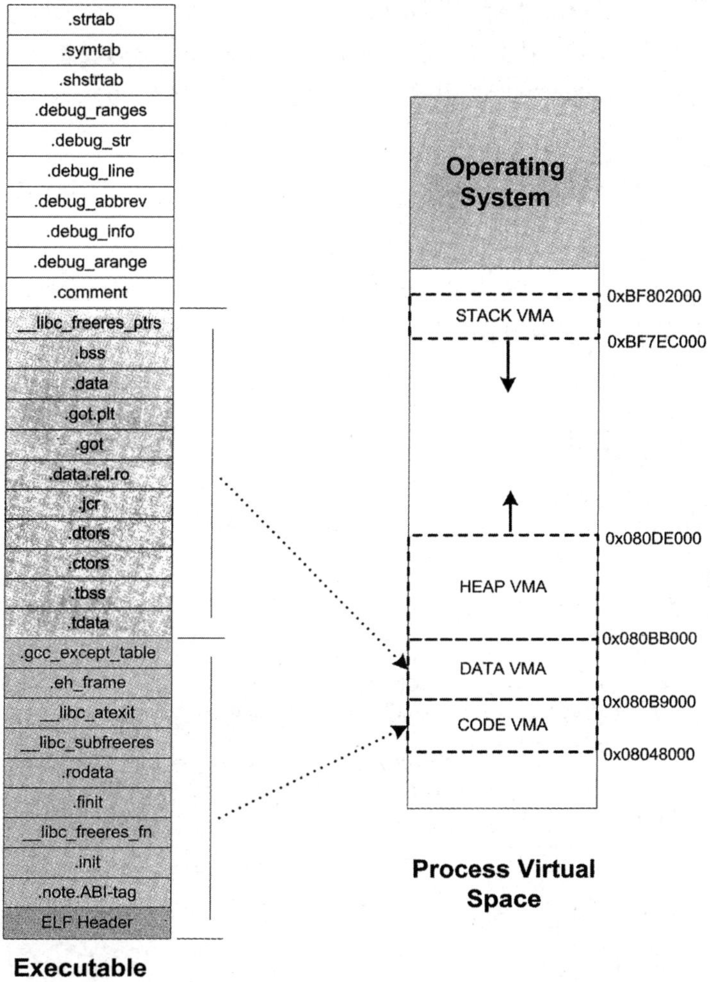

图 6-9　ELF 与 Linux 进程虚拟空间映射关系

细心的读者可能已经发现，我们在 Linux 的“/proc”目录里面看到的 VMA2 的结束地址跟原先预测的不一样，按照计算应该是 0x080bc000，但实际上显示出来的是 0x080bb000。

这是怎么回事呢？这是因为Linux在装载ELF文件时实现了一种“Hack”的做法，因为Linux的进程虚拟空间管理的VMA的概念并非与“Segment”完全对应，Linux规定一个VMA可以映射到某个文件的一个区域，或者是没有映射到任何文件；而我们这里的第二个“Segment”要求是，前面部分映射到文件中，而后面一部分不映射到任何文件，直接为0，也就是说前面的从“.tdata”段到“.data”段部分要建立从虚拟空间到文件的映射，而“.bss”和“__libcfreeres_ptrs”部分不要映射到文件。这样这两个概念就不完全相同了，所以Linux实际上采用了一种取巧的办法，它在映射完第二个“Segment”之后，把最后一个页面的剩余部分清0，然后调用内核中的do_brk()，把“.bss”和“__libcfreeres_ptrs”的剩余部分放到堆段中。不过这种具体实现问题中的细节不是很关键，有兴趣的读者可以阅读位于Linux内核源代码“fs/Binfmt_elf.c”中的“load_elf_interp()”和“elf_map()”两个函数。

6.4.3 堆的最大申请数量

Linux下虚拟地址空间分给进程本身的是3GB（Windows默认是2GB），那么程序真正可以用到的有多少呢？我们知道，一般程序中使用malloc()函数进行地址空间的申请，那么malloc()到底最大可以申请多少内存呢？用下面这个小程序可以测试malloc最大内存申请数量：

```
#include <stdio.h>
#include <stdlib.h>

unsigned maximum = 0;

int main(int argc, char *argv[])
{
    unsigned blocksize[] = { 1024 * 1024, 1024, 1 };
    int i, count;
    for(i = 0; i < 3; i++) {
        for(count = 1;; count++) {
            void *block = malloc( maximum + blocksize[i] * count);
            if (block) {
                maximum = maximum + blocksize[i] * count;
                free(block);
            } else {
                break;
            }
        }
    }

    printf("maximum malloc size = %u bytes\n", maximum);
}
```

在我的Linux机器上，运行上面这个程序的结果大概是2.9 GB左右的空间；在Windows下运行这个程序的结果大概是1.5 GB。那么malloc的最大申请数量会受到哪些因素的影响呢？实际上，具体的数值会受到操作系统版本、程序本身大小、用到的动态/共享库数量、大小、程序栈数量、大小等，甚至有可能每次运行的结果都会不同，因为有些操作系统使用了一种叫做随机地址空间分布的技术（主要是出于安全考虑，防止程序受恶意攻击），使得进程的堆空间变小。关于进程的堆的相关内容，在本书的第 4 部分还会详细介绍。

6.4.4 段地址对齐

可执行文件最终是要被操作系统装载运行的，这个装载的过程一般是通过虚拟内存的页映射机制完成的。在映射过程中，页是映射的最小单位。对于 Intel 80x86 系列处理器来说，默认的页大小为 4 096 字节，也就是说，我们要映射将一段物理内存和进程虚拟地址空间之间建立映射关系，这段内存空间的长度必须是 4 096 的整数倍，并且这段空间在物理内存和进程虚拟地址空间中的起始地址必须是 4 096 的整数倍。由于有着长度和起始地址的限制，对于可执行文件来说，它应该尽量地优化自己的空间和地址的安排，以节省空间。我们就拿下面这个例子来看看，可执行文件在页映射机制中如何节省空间。假设我们有一个 ELF 可执行文件，它有三个段（Segment）需要装载，我们将它们命名为 SEG0、SEG1 和 SEG2。每个段的长度、在文件中的偏移如表 6-3 所示。

表 6-3

段	长度（字节）	偏移（字节）	权限
SEG0	127	34	可读可执行
SEG1	9899	164	可读可写
SEG2	1988		只读

这是很常见的一种情况，就是每个段的长度都不是页长度的整数倍，一种最简单的映射办法就是每个段分开映射，对于长度不足一个页的部分则占一个页。通常 ELF 可执行文件的起始虚拟地址为 0x08048000，那么按照这样的映射方式，该 ELF 文件中的各个段的虚拟地址和长度如表 6-4 所示。

表 6-4

段	起始虚拟地址	大小	有效字节	偏移	权限
SEG0	0x08048000	0x1000	127	34	可读可执行
SEG1	0x08049000	0x3000	9899	164	可读可写
SEG2	0x0804C000	0x1000	1988		只读

可以看到这种对齐方式在文件段的内部会有很多内部碎片，浪费磁盘空间。整个可执行文件的三个段的总长度只有 12 014 字节，却占据了 5 个页，即 20 480 字节，空间使用率只有 58.6%。

为了解决这种问题，有些 UNIX 系统采用了一个很取巧的办法，就是让那些各个段接壤部分共享一个物理页面，然后将该物理页面分别映射两次（见图 6-10）。比如对于 SEG0 和

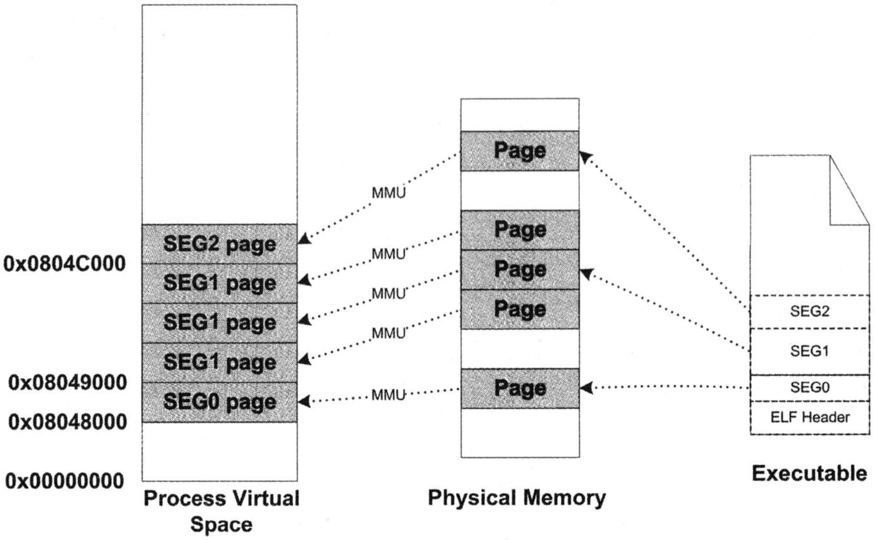

图 6-10 可执行文件段未合并情况

SEG1 的接壤部分的那个物理页，系统将它们映射两份到虚拟地址空间，一份为 SEG0，另外一份为 SEG1，其他的页都按照正常的页粒度进行映射。而且 UNIX 系统将 ELF 的文件头也看作是系统的一个段，将其映射到进程的地址空间，这样做的好处是进程中的某一段区域就是整个 ELF 文件的映像，对于一些须访问 ELF 文件头的操作（比如动态链接器就须读取 ELF 文件头）可以直接通过读写内存地址空间进行。从某种角度看，好像是整个 ELF 文件从文件最开始到某个点结束，被逻辑上分成了以 4 096 字节为单位的若干个块，每个块都被装载到物理内存中，对于那些位于两个段中间的块，它们将会被映射两次。现在让我们来看看在这种方法下，上面例子中 ELF 文件的映射方式如表 6-5 所示。

表 6-5

段	起始虚拟地址	大小	偏移	权限
SEG0	0x08048022	127	34	可读可执行
SEG1	0x080490A4	9899	164	可读可写
SEG2	0x0804C74F	1988		可读可写

在这种情况下，内存空间得到了充分的利用，我们可以看到，本来要用到 5 个物理页面，也就是 20 480 字节的内存，现在只有 3 个页面，即 12 288 字节。这种映射方式下，对于一个物理页面来说，它可能同时包含了两个段的数据，甚至可能是多于两个段，比如文件头、代码段、数据段和 BSS 段的长度加起来都没超过 4 096 字节，那么一个物理页面可能包含文件头、代码段、数据段和 BSS 段（见图 6-11）。

因为段地址对齐的关系，各个段的虚拟地址就往往不是系统页面长度的整数倍了，有兴趣的读者也可以结合前面的例子思考一下，这些虚拟地址是怎么计算出来的。比如我们拿前面的程序“SectionMapping.elf”做例子，看看各个段的虚拟地址是怎么计算出来的。为什么VMA1 的起始地址是 0x080B99E8？而不是 0x080B89E8 或干脆是 0x080B9000？

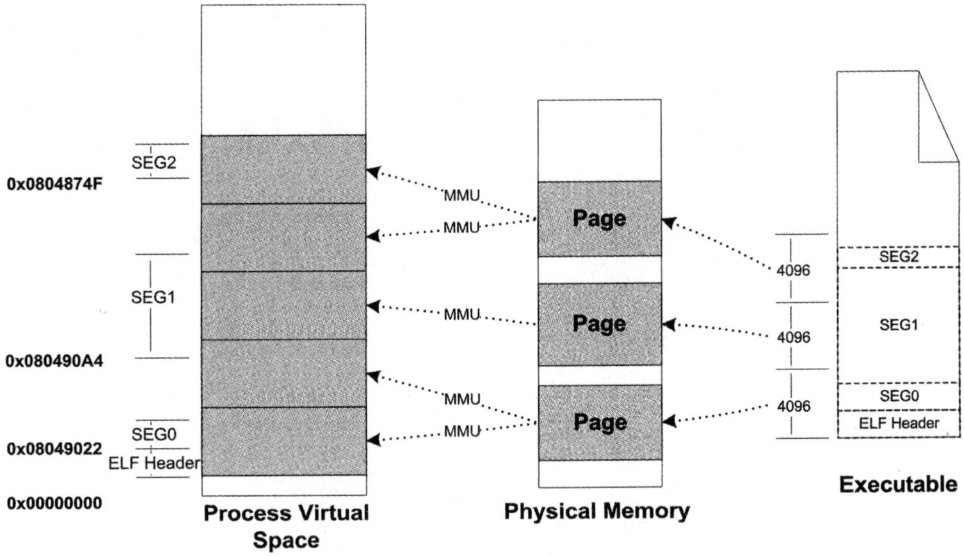

图 6-11　ELF 文件段合并情况

VMA0 的起始地址是 0x08048000，长度是 0x709E5，所以它的结束地址是 0x080B89E5。而 VMA1 因为跟 VMA0 的最后一个虚拟页面共享一个物理页面，并且映射两遍，所以它的虚拟地址应该是 0x080B99E5，又因为段必须是 4 字节的倍数，则向上取整至 0x080B99E8。

根据上面的段对齐方案，由此我们可以推算出一个规律那就是，在 ELF 文件中，对于任何一个可装载的“Segment”，它的 **p_vaddr 除以对齐属性的余数等于 p_offset 除以对齐属性的余数**。比如前面例子中，第二个“Segment”的 p_vaddr 为 0x080b99e8，对齐属性为 0x1000 字节，所以 0x080b99e8 % 0x1000 = 0x9e8；而 p_offset 为 0x0709e8，所以 0x0709e8 % 0x1000 = 0x9e8。如何能推导出这条规律？请有兴趣的读者对照前面的对齐规则计算一下应该很快能得出结论。

6.4.5　进程栈初始化

我们知道进程刚开始启动的时候，须知道一些进程运行的环境，最基本的就是系统环境变量和进程的运行参数。很常见的一种做法是操作系统在进程启动前将这些信息提前保存到进程的虚拟空间的栈中（也就是 VMA 中的 Stack VMA）。让我们来看看 Linux 的进程初始化后栈的结构，我们假设系统中有两个环境变量：

```
HOME=/home/user
PATH=/usr/bin
```

比如我们运行该程序的命令行是：

```
$ prog 123
```

并且我们假设堆栈段底部地址为 0xBF802000，那么进程初始化后的堆栈就如图 6-12 所示。

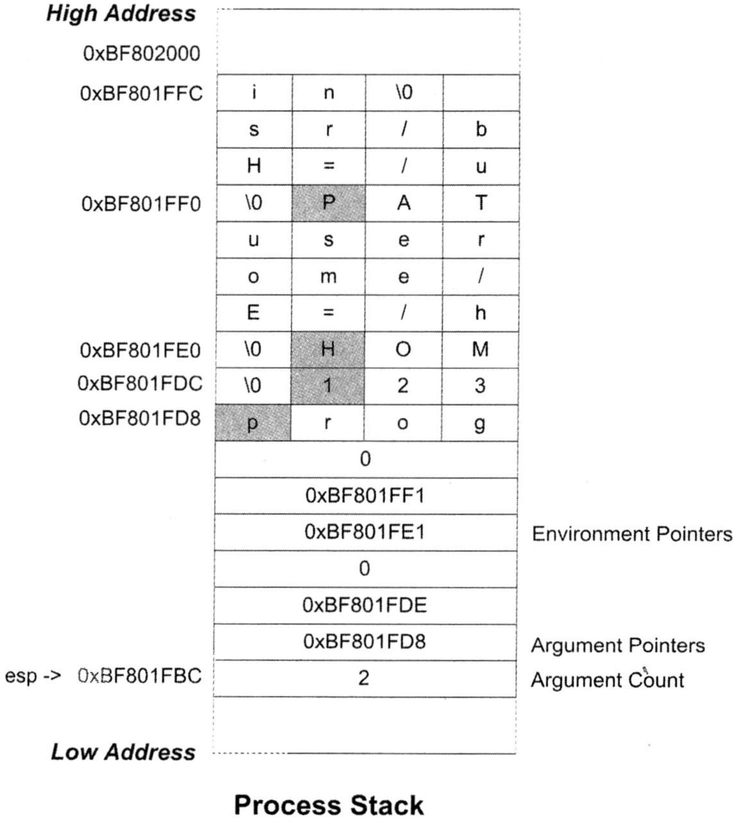

图 6-12 Linux 进程初始堆栈

栈顶寄存器 esp 指向的位置是初始化以后堆栈的顶部，最前面的 4 个字节表示命令行参数的数量，我们的例子里面是两个，即“prog”和“123”，紧接的就是分布指向这两个参数字符串的指针；后面跟了一个 0；接着是两个指向环境变量字符串的指针，它们分别指向字符串“HOME=/home/user”和“PATH=/usr/bin”；后面紧跟一个 0 表示结束。

进程在启动以后，程序的库部分会把堆栈里的初始化信息中的参数信息传递给 main()

函数，也就是我们熟知的 main()函数的两个 argc 和 argv 两个参数，这两个参数分别对应这里的命令行参数数量和命令行参数字符串指针数组。

6.5 Linux 内核装载 ELF 过程简介

当我们在 Linux 系统的 bash 下输入一个命令执行某个 ELF 程序时，Linux 系统是怎样装载这个 ELF 文件并且执行它的呢？

首先在用户层面，bash 进程会调用 fork()系统调用创建一个新的进程，然后新的进程调用 execve()系统调用执行指定的 ELF 文件，原先的 bash 进程继续返回等待刚才启动的新进程结束，然后继续等待用户输入命令。execve()系统调用被定义在 unistd.h，它的原型如下：

```
int execve(const char *filename, char *const argv[], char *const envp[]);
```

它的三个参数分别是被执行的程序文件名、执行参数和环境变量。Glibc 对 execvp()系统调用进行了包装，提供了 execl()、execlp()、execle()、execv()和 execvp()等 5 个不同形式的 exec 系列 API，它们只是在调用的参数形式上有所区别，但最终都会调用到 execve()这个系统中。下面是一个简单的使用 fork()和 execlp()实现的 minibash：

```
#include <stdio.h>
#include <sys/types.h>
#include <unistd.h>

int main()
{
    char buf[1024] = {0};
    pid_t pid;
    while(1) {
        printf("minibash$");
        scanf("%s", buf);
        pid = fork();
        if(pid == 0) {
            if(execlp(buf, 0 ) < 0) {
                printf("exec error\n");
            }
        } else if(pid > 0){
            int status;
            waitpid(pid,&status,0);
        } else {
            printf("fork error %d\n",pid);
        }
    }
    return 0;
}
```

在进入 execve()系统调用之后，Linux 内核就开始进行真正的装载工作。在内核中，

execve()系统调用相应的入口是 sys_execve()，它被定义在 arch\i386\kernel\Process.c。sys_execve()进行一些参数的检查复制之后，调用 do_execve()。do_execve()会首先查找被执行的文件，如果找到文件，则读取文件的前 128 个字节。为什么要这么做呢？因为我们知道，Linux 支持的可执行文件不止 ELF 一种，还有 a.out、Java 程序和以“#!”开始的脚本程序。Linux 还可以支持更多的可执行文件格式，如果某一天 Linux 须支持 Windows PE 的可执行文件格式，那么我们可以编写一个支持 PE 装载的内核模块来实现 Linux 对 PE 文件的支持。这里 do_execve()读取文件的前 128 个字节的目的是判断文件的格式，每种可执行文件的格式的开头几个字节都是很特殊的，特别是开头 4 个字节，常常被称做魔数（Magic Number），通过对魔数的判断可以确定文件的格式和类型。比如 ELF 的可执行文件格式的头 4 个字节为 0x7F、'e'、'l'、'f'；而 Java 的可执行文件格式的头 4 个字节为'c'、'a'、'f'、'e'；如果被执行的是 Shell 脚本或 perl、python 等这种解释型语言的脚本，那么它的第一行往往是“#!/bin/sh”或“#!/usr/bin/perl”或“#!/usr/bin/python”，这时候前两个字节'#'和'!'就构成了魔数，系统一旦判断到这两个字节，就对后面的字符串进行解析，以确定具体的解释程序的路径。

当 do_execve()读取了这 128 个字节的文件头部之后，然后调用 search_binary_handle()去搜索和匹配合适的可执行文件装载处理过程。Linux 中所有被支持的可执行文件格式都有相应的装载处理过程，search_binary_handle()会通过判断文件头部的魔数确定文件的格式，并且调用相应的装载处理过程。比如 ELF 可执行文件的装载处理过程叫做 load_elf_binary()；a.out 可执行文件的装载处理过程叫做 load_aout_binary()；而装载可执行脚本程序的处理过程叫做 load_script()。这里我们只关心 ELF 可执行文件的装载，load_elf_binary()被定义在 fs/Binfmt_elf.c，这个函数的代码比较长，它的主要步骤是：

（1）检查 ELF 可执行文件格式的有效性，比如魔数、程序头表中段（Segment）的数量。

（2）寻找动态链接的“.interp”段，设置动态链接器路径（与动态链接有关，具体请参考第 9 章）。

（3）根据 ELF 可执行文件的程序头表的描述，对 ELF 文件进行映射，比如代码、数据、只读数据。

（4）初始化 ELF 进程环境，比如进程启动时 EDX 寄存器的地址应该是 DT_FINI 的地址（参照动态链接）。

（5）将系统调用的返回地址修改成 ELF 可执行文件的入口点，这个入口点取决于程序的链接方式，对于静态链接的 ELF 可执行文件，这个程序入口就是 ELF 文件的文件头中 e_entry 所指的地址；对于动态链接的 ELF 可执行文件，程序入口点是动态链接器。

当 load_elf_binary()执行完毕，返回至 do_execve()再返回至 sys_execve()时，上面的第 5

步中已经把系统调用的返回地址改成了被装载的ELF程序的入口地址了。所以当sys_execve()系统调用从内核态返回到用户态时，EIP 寄存器直接跳转到了 ELF 程序的入口地址，于是新的程序开始执行，ELF 可执行文件装载完成。

6.6 Windows PE 的装载

PE 文件的装载跟 ELF 有所不同，由于 PE 文件中，所有段的起始地址都是页的倍数，段的长度如果不是页的整数倍，那么在映射时向上补齐到页的整数倍，我们也可以简单地认为在 32 位的 PE 文件中，段的起始地址和长度都是 4 096 字节的整数倍。由于这个特点，PE 文件的映射过程会比 ELF 简单得多，因为它无须考虑如 ELF 里面诸多段地址对齐之类的问题，虽然这样会浪费一些磁盘和内存空间。PE 可执行文件的段的数量一般很少，不像 ELF 中经常有十多个“Section”，最后不得不使用“Segment”的概念把它们合并到一起装载，PE 文件中，链接器在生产可执行文件时，往往将所有的段尽可能地合并，所以一般只有代码段、数据段、只读数据段和 BSS 等为数不多的几个段。

在讨论结构的具体装载过程之前，我们要先引入一个 PE 里面很常见的术语叫做 **RVA**（**Relative Virtual Address**），它表示一个相对虚拟地址。这个术语看起来比较晦涩难懂，其实它的概念很简单，就是相当于文件中的偏移量的东西。它是相对于 PE 文件的装载基地址的一个偏移地址。比如，一个 PE 文件被装载到虚拟地址（VA）0x00400000，那么一个 RVA 为 0x1000 的地址就是 0x00401000。每个 PE 文件在装载时都会有一个装载**目标地址**（**Target Address**），这个地址就是所谓的**基地址**（**Base Address**）。由于 PE 文件被设计成可以装载到任何地址，所以这个基地址并不是固定的，每次装载时都可能会变化。如果 PE 文件中的地址都使用绝对地址，它们都要随着基地址的变化而变化。但是，如果使用 RVA 这样一种基于基地址的相对地址，那么无论基地址怎么变化，PE 文件中的各个 RVA 都保持一致。这里涉及 PE 可执行文件装载的一些内容，我们只是简单介绍一下，更加详细的内容将留到本书后面有关 PE 文件的 Rebasing 机制时再进行分析。

装载一个 PE 可执行文件是个比 ELF 文件相对简单的过程：

- 先读取文件的第一个页，在这个页中，包含了 DOS 头、PE 文件头和段表。
- 检查进程地址空间中，目标地址是否可用，如果不可用，则另外选一个装载地址。这个问题对于可执行文件来说基本不存在，因为它往往是进程第一个装入的模块，所以目标地址不太可能被占用。主要是针对 DLL 文件的装载而言的，我们在后面的“Rebasing”这一节还会具体介绍这个问题。
- 使用段表中提供的信息，将 PE 文件中所有的段一一映射到地址空间中相应的位置。
- 如果装载地址不是目标地址，则进行 Rebasing。

- 装载所有 PE 文件所需要的 DLL 文件。
- 对 PE 文件中的所有导入符号进行解析。
- 根据 PE 头中指定的参数，建立初始化栈和堆。
- 建立主线程并且启动进程。

PE 文件中，与装载相关的主要信息都包含在 PE 扩展头（PE Optional Header）和段表，我们在第 2 部分已经介绍过了 PE 扩展头部分结构，这里我们将选择几个跟装载相关的成员来分析它们的含义（见表 6-6），当然还有一部分成员是跟进程初始化和运行库有关的，我们把它们留到本书的第 4 部分介绍。

表 6-6

成员	含义
Image Base	PE 文件的优先装载地址。比如，如果该值是 0x00400000，PE 装载器将尝试把文件装到虚拟地址空间的 0x00400000 处。若该地址区域已被其他目标文件占用，那 PE 装载器会选用其他空闲地址。对于可知文件来说，它一般是 0x00400000，对于 DLL 来说它一般是 0x10000000
AddressOfEntryPoint	PE 装载器准备运行的 PE 文件的第一个指令的 RVA。如果我们需要改变整个执行的流程，可以将该值指定到新的 RVA，这样当 PE 文件被开始执行时，会从新 RVA 处的指令首先被执行。这经常是一些病毒感染 PE 文件后所做的第一件事
SectionAlignment	内存中段对齐的粒度。默认情况下一般是系统页面的大小，x86 下是 4 096 字节
FileAlignment	文件中段对齐的粒度。这个值必须是 2 的指数倍，从 512 到 64KB。默认一般是 512 字节
MajorSubsystemVersion MinorSubsystemVersion	程序运行所需要的 Win32 子系统版本。我们在本书的后面章节还会介绍 Windows 子系统相关内容
SizeOfImage	内存中整个 PE 映像体的尺寸。它是所有头和节经过节对齐处理后的大小
SizeOfHeaders	所有头+节表的大小，也就是等于文件尺寸减去文件中所有节的尺寸。可以以此值作为 PE 文件第一节的文件偏移量
Subsystem	NT 用来识别 PE 文件属于哪个子系统。对于大多数 Win32 程序，只有两类值: Windows GUI 和 Windows CUI（控制台）
SizeOfCode	代码段的长度
SizeOfInitializedData	初始化了的数据段长度
SizeOfUninitializedData	未初始化的数据段长度
BaseOfCode	代码段起始 RVA
BaseOfData	数据段起始 RVA

6.7 本章小结

在这一章中，我们探讨了程序运行时如何使用内存空间的问题，即进程虚拟地址空间问题。接着我们围绕程序如何被操作系统装载到内存中进行运行，介绍了覆盖装入和页映射的模式，分析了为什么要以页映射的方式将程序映射至进程地址空间，这样做的好处是什么，并从操作系统的角度观察进程如何被建立，当程序开始运行时发生页错误该如何处理等。

我们还详细介绍了进程虚拟地址空间的分布，操作系统如何为程序的代码、数据、堆、栈在进程地址空间中分配，它们是如何分布的。最后两个章节我们分别深入介绍了 Linux 和 Windows 程序如何装载并且运行 ELF 和 PE 程序。在这一章中，我们假设程序都是静态链接的，那么它们都只有一个单独的可执行文件模块。下一章中我们将介绍一种与静态链接程序不同的概念，即一个单一的可执行文件模块被拆分成若干个模块，在程序运行时进行链接的一种方式。

第7章

动态链接

7.1 为什么要动态链接
7.2 简单的动态链接例子
7.3 地址无关代码
7.4 延迟绑定（PLT）
7.5 动态链接相关结构
7.6 动态链接的步骤和实现
7.7 显式运行时链接
7.8 本章小结

7.1 为什么要动态链接

静态链接使得不同的程序开发者和部门能够相对独立地开发和测试自己的程序模块，从某种意义上来讲大大促进了程序开发的效率，原先限制程序的规模也随之扩大。但是慢慢地静态链接的诸多缺点也逐步暴露出来，比如浪费内存和磁盘空间、模块更新困难等问题，使得人们不得不寻找一种更好的方式来组织程序的模块。

内存和磁盘空间

静态链接这种方法的确很简单，原理上很容易理解，实践上很难实现，在操作系统和硬件不发达的早期，绝大部分系统采用这种方案。随着计算机软件的发展，这种方法的缺点很快就暴露出来了，那就是静态链接的方式对于计算机内存和磁盘的空间浪费非常严重。特别是多进程操作系统情况下，静态链接极大地浪费了内存空间，想象一下每个程序内部除了都保留着 printf()函数、scanf()函数、strlen()等这样的公用库函数，还有数量相当可观的其他库函数及它们所需要的辅助数据结构。在现在的 Linux 系统中，一个普通程序会使用到的 C 语言静态库至少在 1 MB 以上，那么，如果我们的机器中运行着 100 个这样的程序，就要浪费近 100 MB 的内存；如果磁盘中有 2 000 个这样的程序，就要浪费近 2 GB 的磁盘空间，很多 Linux 的机器中，/usr/bin 下就有数千个可执行文件。

比如图 7-1 所示的 Program1 和 Program2 分别包含 Program1.o 和 Program2.o 两个模块，

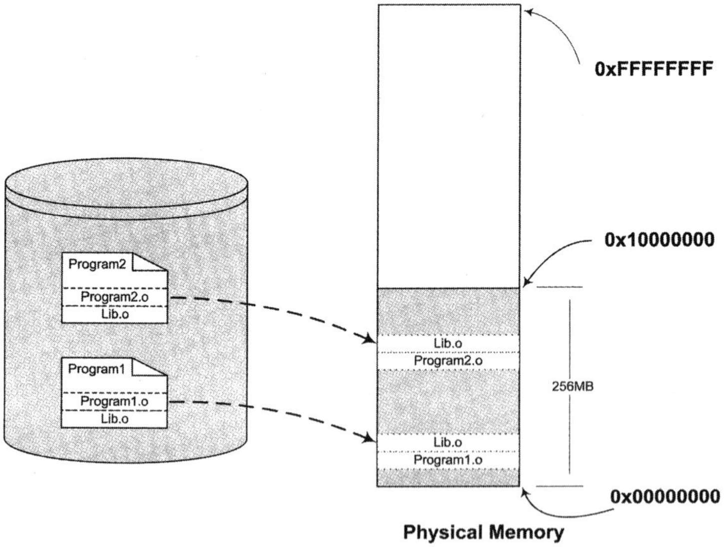

图 7-1 静态链接时文件在内存中的副本

并且它们还共用 Lib.o 这个模块。在静态连接的情况下，因为 Program1 和 Program2 都用到了 Lib.o 这个模块，所以它们同时在链接输出的可执行文件 Program1 和 Program2 有两个副本。当我们同时运行 Program1 和 Program2 时，Lib.o 在磁盘中和内存中都有两份副本。当系统中存在大量的类似于 Lib.o 的被多个程序共享的目标文件时，其中很大一部分空间就被浪费了。在静态链接中，C 语言静态库是很典型的浪费空间的例子，还有其他数以千计的库如果都需要静态链接，那么空间浪费无法想象。

程序开发和发布

空间浪费是静态链接的一个问题，另一个问题是静态链接对程序的更新、部署和发布也会带来很多麻烦。比如程序 Program1 所使用的 Lib.o 是由一个第三方厂商提供的，当该厂商更新了 Lib.o 的时候（比如修正了 lib.o 里面包含的一个 Bug），那么 Program1 的厂商就要拿到最新版的 Lib.o，然后将其与 Program1.o 链接后，将新的 Program1 整个发布给用户。这样做的缺点很明显，即一旦程序中有任何模块更新，整个程序就要重新链接、发布给用户。比如一个程序有 20 个模块，每个模块 1 MB，那么每次更新任何一个模块，用户就得重新获取这个 20 MB 的程序。如果程序都使用静态链接，那么通过网络来更新程序将会非常不便，因为一旦程序任何位置的一个小改动，都会导致整个程序重新下载。

动态链接

要解决空间浪费和更新困难这两个问题最简单的办法就是把程序的模块相互分割开来，形成独立的文件，而不再将它们静态地链接在一起。简单地讲，就是不对那些组成程序的目标文件进行链接，等到程序要运行时才进行链接。也就是说，把链接这个过程推迟到了运行时再进行，这就是**动态链接**（Dynamic Linking）的基本思想。

还是以 Program1 和 Program2 为例，假设我们保留 Program1.o、Program2.o 和 Lib.o 三个目标文件。当我们要运行 Program1 这个程序时，系统首先加载 Program1.o，当系统发现 Program1.o 中用到了 Lib.o，即 Program1.o 依赖于 Lib.o，那么系统接着加载 Lib.o，如果 Program1.o 或 Lib.o 还依赖于其他目标文件，系统会按照这种方法将它们全部加载至内存。所有需要的目标文件加载完毕之后，如果依赖关系满足，即所有依赖的目标文件都存在于磁盘，系统开始进行链接工作。这个链接工作的原理与静态链接非常相似，包括符号解析、地址重定位等，我们在前面已经很详细地介绍过了。完成这些步骤之后，系统开始把控制权交给 Program1.o 的程序入口处，程序开始运行。这时如果我们需要运行 Program2，那么系统只需要加载 Program2.o，而不需要重新加载 Lib.o，因为内存中已经存在了一份 Lib.o 的副本（见图 7-2），系统要做的只是将 Program2.o 和 Lib.o 链接起来。

很明显，上面的这种做法解决了共享的目标文件多个副本浪费磁盘和内存空间的问题，可以看到，磁盘和内存中只存在一份 Lib.o，而不是两份。另外在内存中共享一个目标文件

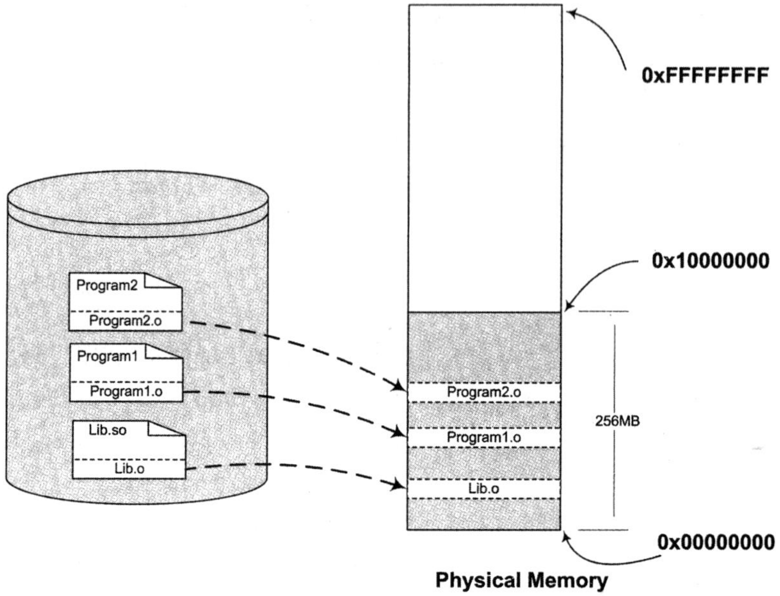

图 7-2 动态链接时文件在内存中的副本

模块的好处不仅仅是节省内存，它还可以减少物理页面的换入换出，也可以增加 CPU 缓存的命中率，因为不同进程间的数据和指令访问都集中在了同一个共享模块上。

上面的动态链接方案也可以使程序的升级变得更加容易，当我们要升级程序库或程序共享的某个模块时，理论上只要简单地将旧的目标文件覆盖掉，而无须将所有的程序再重新链接一遍。当程序下一次运行的时候，新版本的目标文件会被自动装载到内存并且链接起来，程序就完成了升级的目标。

当一个程序产品的规模很大的时候，往往会分割成多个子系统及多个模块，每个模块都由独立的小组开发，甚至会使用不同的编程语言。动态链接的方式使得开发过程中各个模块更加独立，耦合度更小，便于不同的开发者和开发组织之间独立进行开发和测试。

程序可扩展性和兼容性

动态链接还有一个特点就是程序在运行时可以动态地选择加载各种程序模块，这个优点就是后来被人们用来制作程序的**插件**（Plug-in）。

比如某个公司开发完成了某个产品，它按照一定的规则制定好程序的接口，其他公司或开发者可以按照这种接口来编写符合要求的动态链接文件。该产品程序可以动态地载入各种由第三方开发的模块，在程序运行时动态地链接，实现程序功能的扩展。

动态链接还可以加强程序的兼容性。一个程序在不同的平台运行时可以动态地链接到由操作系统提供的动态链接库，这些动态链接库相当于在程序和操作系统之间增加了一个中间层，从而消除了程序对不同平台之间依赖的差异性。比如操作系统 A 和操作系统 B 对于 printf()的实现机制不同，如果我们的程序是静态链接的，那么程序需要分别链接成能够在 A 运行和在 B 运行的两个版本并且分开发布；但是如果是动态链接，只要操作系统 A 和操作系统 B 都能提供一个动态链接库包含 printf()，并且这个 printf()使用相同的接口，那么程序只需要有一个版本，就可以在两个操作系统上运行，动态地选择相应的 printf()的实现版本。当然这只是理论上的可能性，实际上还存在不少问题，我们会在后面继续探讨关于动态链接模块之间兼容性的问题。

从上面的描述来看，动态链接是不是一种"万能膏药"，包治百病呢？很遗憾，动态链接也有诸多的问题及令人烦恼和费解的地方。很常见的一个问题是，当程序所依赖的某个模块更新后，由于新的模块与旧的模块之间接口不兼容，导致了原有的程序无法运行。这个问题在早期的 Windows 版本中尤为严重，因为它们缺少一种有效的共享库版本管理机制，使得用户经常出现新程序安装完之后，其他某个程序无法正常工作的现象，这个问题也经常被称为"DLL Hell"。

动态链接的基本实现

动态链接的基本思想是把程序按照模块拆分成各个相对独立部分，在程序运行时才将它们链接在一起形成一个完整的程序，而不是像静态链接一样把所有的程序模块都链接成一个个单独的可执行文件。那么我们能不能按照前面例子中所描述的那样，直接使用目标文件进行动态链接呢？这个问题的答案是：理论上是可行的，但实际上动态链接的实现方案与直接使用目标文件稍有差别。我们将在后面分析目标文件和动态链接文件的区别。

动态链接涉及运行时的链接及多个文件的装载，必需要有操作系统的支持，因为动态链接的情况下，进程的虚拟地址空间的分布会比静态链接情况下更为复杂，还有一些存储管理、内存共享、进程线程等机制在动态链接下也会有一些微妙的变化。目前主流的操作系统几乎都支持动态链接这种方式，在 Linux 系统中，ELF 动态链接文件被称为**动态共享对象**（DSO，Dynamic Shared Objects），简称**共享对象**，它们一般都是以".so"为扩展名的一些文件；而在 Windows 系统中，动态链接文件被称为**动态链接库**（Dynamical Linking Library），它们通常就是我们平时很常见的以".dll"为扩展名的文件。

> 从本质上讲，普通可执行程序和动态链接库中都包含指令和数据，这一点没有区别。在使用动态链接库的情况下，程序本身被分为了程序主要模块（Program1）和动态链接库（Lib.so），但实际上它们都可以看作是整个程序的一个模块，所以当我们提到程序模块时可以指程序主模块也可以指动态链接库。

在 Linux 中，常用的 C 语言库的运行库 glibc，它的动态链接形式的版本保存在"/lib"

目录下，文件名叫做“libc.so”。整个系统只保留一份 C 语言库的动态链接文件“libc.so”，而所有的 C 语言编写的、动态链接的程序都可以在运行时使用它。当程序被装载的时候，系统的**动态链接器**会将程序所需要的所有动态链接库（最基本的就是 libc.so）装载到进程的地址空间，并且将程序中所有未决议的符号绑定到相应的动态链接库中，并进行重定位工作。

程序与 libc.so 之间真正的链接工作是由动态链接器完成的，而不是由我们前面看到过的静态链接器 ld 完成的。也就是说，动态链接是把链接这个过程从本来的程序装载前被推迟到了装载的时候。可能有人会问，这样的做法的确很灵活，但是程序每次被装载时都要进行重新进行链接，是不是很慢？的确，动态链接会导致程序在性能的一些损失，但是对动态链接的链接过程可以进行优化，比如我们后面要介绍的**延迟绑定**（**Lazy Binding**）等方法，可以使得动态链接的性能损失尽可能地减小。据估算，动态链接与静态链接相比，性能损失大约在 5%以下。当然经过实践的证明，这点性能损失用来换取程序在空间上的节省和程序构建和升级时的灵活性，是相当值得的。

7.2 简单的动态链接例子

Windows 平台下的 PE 动态链接机制与 Linux 下的 ELF 动态链接稍有不同，ELF 比 PE 从结构上来看更加简单，我们先以 ELF 作为例子来描述动态链接的过程，接着我们将会单独描述 Windows 平台下 PE 动态链接机制的差异。

首先通过一个简单的例子来大致地感受一下动态链接，我们还是以图 7-2 中的 Program1 和 Program2 来做演示。我们分别需要如下几个源文件：“Program1.c”、“Program2.c”、“Lib.c”和“Lib.h”。它们的源代码如清单 7-1 所示。

清单 7-1 SimpleDynamicalLinking

```
/* Program1.c */
#include "Lib.h"

int main()
{
    foobar(1);
    return 0;
}

/* Program2.c */
#include "Lib.h"

int main()
{
    foobar(2);
    return 0;
}
```

```
/* Lib.c */
#include <stdio.h>

void foobar(int i)
{
   printf("Printing from Lib.so %d\n", i);
}

/* Lib.h */
#ifndef LIB_H
#define LIB_H

void foobar(int i);

#endif
```

程序很简单，两个程序的主要模块 Program1.c 和 Program2.c 分别调用了 Lib.c 里面的 foobar()函数，传进去一个数字，foobar()函数的作用就是打印这个数字。然后我们使用 GCC 将 Lib.c 编译成一个共享对象文件：

```
gcc -fPIC -shared -o Lib.so Lib.c
```

上面 GCC 命令中的参数“-shared”表示产生共享对象，“-fPIC”我们稍后还会详细解释，这里暂且略过。

这时候我们得到了一个 Lib.so 文件，这就是包含了 Lib.c 的 foobar()函数的共享对象文件。然后我们分别编译链接 Program1.c 和 Program2.c：

```
gcc -o Program1 Program1.c ./Lib.so
gcc -o Program2 Program2.c ./Lib.so
```

这样我们得到了两个程序 Program1 和 Program2，这两个程序都使用了 Lib.so 里面的 foobar()函数。从 Program1 的角度看，整个编译和链接过程如图 7-3 所示。

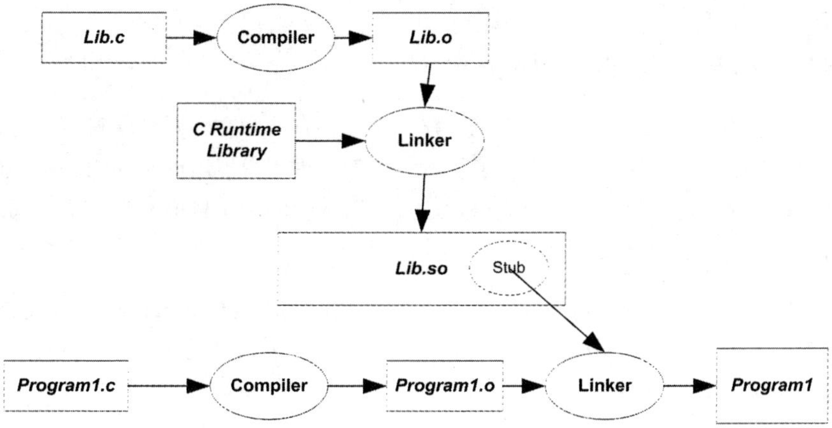

图 7-3 动态链接过程

Lib.c 被编译成 Lib.so 共享对象文件，Program1.c 被编译成 Program1.o 之后，链接成为可执行程序 Program1。图 7-3 中有一个步骤与静态链接不一样，那就是 Program1.o 被连接成可执行文件的这一步。在静态链接中，这一步链接过程会把 Program1.o 和 Lib.o 链接到一起，并且产生输出可执行文件 Program1。但是在这里，Lib.o 没有被链接进来，链接的输入目标文件只有 Program1.o（当然还有 C 语言运行库，我们这里暂时忽略）。但是从前面的命令行中我们看到，Lib.so 也参与了链接过程。这是怎么回事呢？

关于模块（Module）

在静态链接时，整个程序最终只有一个可执行文件，它是一个不可以分割的整体；但是在动态链接下，一个程序被分成了若干个文件，有程序的主要部分，即可执行文件（Program1）和程序所依赖的共享对象（Lib.so），很多时候我们也把这些部分称为模块，即动态链接下的可执行文件和共享对象都可以看作是程序的一个模块。

让我们再回到动态链接的机制上来，当程序模块 Program1.c 被编译成为 Program1.o 时，编译器还不不知道 foobar()函数的地址，这个内容我们已在静态链接中解释过了。当链接器将 Program1.o 链接成可执行文件时，这时候链接器必须确定 Program1.o 中所引用的 foobar()函数的性质。如果 foobar()是一个定义与其他静态目标模块中的函数，那么链接器将会按照静态链接的规则，将 Program1.o 中的 foobar 地址引用重定位；如果 foobar()是一个定义在某个动态共享对象中的函数，那么链接器就会将这个符号的引用标记为一个动态链接的符号，不对它进行地址重定位，把这个过程留到装载时再进行。

那么这里就有个问题，链接器如何知道 foobar 的引用是一个静态符号还是一个动态符号？这实际上就是我们要用到 Lib.so 的原因。Lib.so 中保存了完整的符号信息（因为运行时进行动态链接还须使用符号信息），把 Lib.so 也作为链接的输入文件之一，链接器在解析符号时就可以知道：foobar 是一个定义在 Lib.so 的动态符号。这样链接器就可以对 foobar 的引用做特殊的处理，使它成为一个对动态符号的引用。

动态链接程序运行时地址空间分布

对于静态链接的可执行文件来说，整个进程只有一个文件要被映射，那就是可执行文件本身，我们在前面的章节已经介绍了静态链接下的进程虚拟地址空间的分布。但是对于动态链接来说，除了可执行文件本身之外，还有它所依赖的共享目标文件。那么这种情况下，进程的地址空间分布又会怎样呢？

我们还是以上面的 Program1 为例，但是当我们试图运行 Program1 并且查看它的进程空间分布时，程序一运行就结束了。所以我们得对程序做适当的修改，在 Lib.c 中的 foobar()函数里面加入 sleep 函数：

```
#include <stdio.h>

void foobar(int i)
{
     printf("Printing from Lib.so %d\n", i);
     sleep(-1);
}
```

然后就可以查看进程的虚拟地址空间分布：

```
$./Program1 &
[1] 12985
Printing from Lib.so 1
$ cat /proc/12985/maps
08048000-08049000 r-xp 00000000 08:01 1343432    ./Program1
08049000-0804a000 rwxp 00000000 08:01 1343432    ./Program1
b7e83000-b7e84000 rwxp b7e83000 00:00 0
b7e84000-b7fc8000 r-xp 00000000 08:01 1488993
/lib/tls/i686/cmov/libc-2.6.1.so
b7fc8000-b7fc9000 r-xp 00143000 08:01 1488993
/lib/tls/i686/cmov/libc-2.6.1.so
b7fc9000-b7fcb000 rwxp 00144000 08:01 1488993
/lib/tls/i686/cmov/libc-2.6.1.so
b7fcb000-b7fce000 rwxp b7fcb000 00:00 0
b7fd8000-b7fd9000 rwxp b7fd8000 00:00 0
b7fd9000-b7fda000 r-xp 00000000 08:01 1343290    ./Lib.so
b7fda000-b7fdb000 rwxp 00000000 08:01 1343290    ./Lib.so
b7fdb000-b7fdd000 rwxp b7fdb000 00:00 0
b7fdd000-b7ff7000 r-xp 00000000 08:01 1455332    /lib/ld-2.6.1.so
b7ff7000-b7ff9000 rwxp 00019000 08:01 1455332    /lib/ld-2.6.1.so
bf965000-bf97b000 rw-p bf965000 00:00 0          [stack]
ffffe000-fffff000 r-xp 00000000 00:00 0          [vdso]
$ kill 12985
[1]+  Terminated              ./Program1
```

我们看到，整个进程虚拟地址空间中，多出了几个文件的映射。Lib.so 与 Program1 一样，它们都是被操作系统用同样的方法映射至进程的虚拟地址空间，只是它们占据的虚拟地址和长度不同。Program1 除了使用 Lib.so 以外，它还用到了动态链接形式的 **C 语言运行库** libc-2.6.1.so。另外还有一个很值得关注的共享对象就是 ld-2.6.so，它实际上是 Linux 下的**动态链接器**。动态链接器与普通共享对象一样被映射到了进程的地址空间，在系统开始运行 Program1 之前，首先会把控制权交给动态链接器，由它完成所有的动态链接工作以后再把控制权交给 Program1，然后开始执行。

我们通过 readelf 工具来查看 Lib.so 的装载属性，就如我们在前面查看普通程序一样：

```
$ readelf -l Lib.so

Elf file type is DYN (Shared object file)
Entry point 0x390
There are 4 program headers, starting at offset 52

Program Headers:
  Type           Offset   VirtAddr   PhysAddr   FileSiz MemSiz  Flg Align
```

```
  LOAD           0x000000 0x00000000 0x00000000 0x004e0 0x004e0 R E 0x1000
  LOAD           0x0004e0 0x000014e0 0x000014e0 0x0010c 0x00110 RW  0x1000
  DYNAMIC        0x0004f4 0x000014f4 0x000014f4 0x000c8 0x000c8 RW  0x4
  GNU_STACK      0x000000 0x00000000 0x00000000 0x00000 0x00000 RW  0x4

 Section to Segment mapping:
  Segment Sections...
00 .hash .gnu.hash .dynsym .dynstr .gnu.version .gnu.version_r .rel.dyn
   .rel.plt .init .plt .text .fini
01 .ctors .dtors .jcr .dynamic .got .got.plt .data .bss
02 .dynamic
03
```

除了文件的类型与普通程序不同以外，其他几乎与普通程序一样。还有有一点比较不同的是，动态链接模块的装载地址是从地址 0x00000000 开始的。我们知道这个地址是无效地址，并且从上面的进程虚拟空间分布看到，Lib.so 的最终装载地址并不是 0x00000000，而是 0xb7efc000。从这一点我们可以推断，**共享对象的最终装载地址在编译时是不确定的**，而是在装载时，装载器根据当前地址空间的空闲情况，动态分配一块足够大小的虚拟地址空间给相应的共享对象。

当然，这仅仅是一个推断，至于为什么要这样做，为什么不将每个共享对象在进程中的地址固定，或者在真正的系统中是怎么运作的，我们将在下一节进行解释。

7.3 地址无关代码

7.3.1 固定装载地址的困扰

通过上一节的介绍我们已经基本了解了动态链接的概念，同时，我们也得到了一个问题，那就是：共享对象在被装载时，如何确定它在进程虚拟地址空间中的位置？

为了实现动态链接，我们首先会遇到的问题就是共享对象地址的冲突问题。让我们先来回顾一下第 2 章提到的，程序模块的指令和数据中可能会包含一些绝对地址的引用，我们在链接产生输出文件的时候，就要假设模块被装载的目标地址。

很明显，在动态链接的情况下，如果不同的模块目标装载地址都一样是不行的。而对于单个程序来讲，我们可以手工指定各个模块的地址，比如把 0x1000 到 0x2000 分配给模块 A，把地址 0x2000 到 0x3000 分配给模块 B。但是，如果某个模块被多个程序使用，甚至多个模块被多个程序使用，那么管理这些模块的地址将是一件无比繁琐的事情。比如一个很简单的情况，一个人制作了一个程序，该程序需要用到模块 B，但是不需要用到模块 A，所以他以为地址 0x1000 到 0x2000 是空闲的，于是分配给了另外一个模块 C。这样 C 和原先的模块 A 的目标地址就冲突了，任何人以后将不能在同一个程序里面使用模块 A 和 C。想象一个有着成千上万个并且由不同公司和个人开发的共享对象的系统中，采用这种手工分配的方式几乎是不可行的。

不幸的是，早期的确有些系统采用了这样的做法，这种做法叫做**静态共享库**（Static Shared Library），请注意，它跟静态库（Static Library）有很明显的区别。静态共享库的做法就是将程序的各种模块统一交给操作系统来管理，操作系统在某个特定的地址划分出一些地址块，为那些已知的模块预留足够的空间。

静态共享库的目标地址导致了很多问题，除了上面提到的地址冲突的问题，静态共享库的升级也很成问题，因为升级后的共享库必须保持共享库中全局函数和变量地址的不变，如果应用程序在链接时已经绑定了这些地址，一旦更改，就必须重新链接应用程序，否则会引起应用程序的崩溃。即使升级静态共享库后保持原来的函数和变量地址不变，只是增加了一些全局函数或变量，也会受到限制，因为静态共享库被分配到的虚拟地址空间有限，不能增长太多，否则可能会超出被分配的空间。种种限制和弊端导致了静态共享库的方式在现在的支持动态链接的系统中已经很少见，而彻底被动态链接取代。我们只有在一些不支持动态链接的旧系统中还能看到静态共享库的踪影。目前知道的使用静态共享库的旧系统有：

- UNIX System V Release 3.2（COFF format）。
- 旧的 Linux systems（a.out format）。
- BSD/OS derivative of 4.4BSD（a.out and ELF formats.）。

为了解决这个模块装载地址固定的问题，我们设想是否可以让共享对象在**任意地址**加载？这个问题另一种表述方法就是：**共享对象在编译时不能假设自己在进程虚拟地址空间中的位置**。与此不同的是，可执行文件基本可以确定自己在进程虚拟空间中的起始位置，因为可执行文件往往是第一个被加载的文件，它可以选择一个固定空闲的地址，比如 Linux 下一般都是 0x08040000，Windows 下一般都是 0x0040000。

7.3.2 装载时重定位

为了能够使共享对象在任意地址装载，我们首先能想到的方法就是静态链接中的重定位。这个想法的基本思路就是，在链接时，对所有绝对地址的引用不作重定位，而把这一步推迟到装载时再完成。一旦模块装载地址确定，即目标地址确定，那么系统就对程序中所有的绝对地址引用进行重定位。假设函数 foobar 相对于代码段的起始地址是 0x100，当模块被装载到 0x10000000 时，我们假设代码段位于模块的最开始，即代码段的装载地址也是 0x10000000，那么我们就可以确定 foobar 的地址为 0x10000100。这时候，系统遍历模块中的重定位表，把所有对 foobar 的地址引用都重定位至 0x10000100。

事实上，类似的方法在很早以前就存在。早在没有虚拟存储概念的情况下，程序是直接被装载进物理内存的。当同时有多个程序运行的时候，操作系统根据当时内存空闲情况，动态分配一块大小合适的物理内存给程序，所以程序被装载的地址是不确定的。系统在装载程序的时候需要对程序的指令和数据中对绝对地址的引用进行重定位。但这种重定位比前面提到过的静态链接中的重定位要简单得多，因为整个程序是按照一个整体被加载的，程序中指令和数据的相对位置是不会改变的。比如一个程序在编译时假设被装载的目标地址为0x1000，但是在装载时操作系统发现 0x1000 这个地址已经被别的程序使用了，从 0x4000开始有一块足够大的空间可以容纳该程序，那么该程序就可以被装载至 0x4000，程序指令或数据中的所有绝对引用只要都加上 0x3000 的偏移量就可以了。

我们前面在静态链接时提到过重定位，那时的重定位叫做**链接时重定位**（Link Time Relocation），而现在这种情况经常被称为**装载时重定位**（Load Time Relocation），在Windows 中，这种装载时重定位又被叫做**基址重置**（Rebasing），我们在后面将会有专门章节分析基址重置。

这种情况与我们碰到的问题很相似，都是程序模块在编译时目标地址不确定而需要在装载时将模块重定位。但是装载时重定位的方法并不适合用来解决上面的共享对象中所存在的问题。可以想象，动态链接模块被装载映射至虚拟空间后，指令部分是在多个进程之间共享的，由于装载时重定位的方法需要修改指令，所以没有办法做到同一份指令被多个进程共享，因为指令被重定位后对于每个进程来讲是不同的。当然，动态连接库中的可修改数据部分对于不同的进程来说有多个副本，所以它们可以采用装载时重定位的方法来解决。

Linux 和 GCC 支持这种装载时重定位的方法，我们前面在产生共享对象时，使用了两个 GCC 参数“-shared”和“-fPIC”，如果只使用“-shared”，那么输出的共享对象就是使用装载时重定位的方法。

7.3.3 地址无关代码

那么什么是“-fPIC”呢？使用这个参数会有什么效果呢？

装载时重定位是解决动态模块中有绝对地址引用的办法之一，但是它有一个很大的缺点是指令部分无法在多个进程之间共享，这样就失去了动态链接节省内存的一大优势。我们还需要有一种更好的方法解决共享对象指令中对绝对地址的重定位问题。其实我们的目的很简单，希望程序模块中共享的指令部分在装载时不需要因为装载地址的改变而改变，所以实现的基本想法就是把指令中那些需要被修改的部分分离出来，跟数据部分放在一起，这样指令部分就可以保持不变，而数据部分可以在每个进程中拥有一个副本。这种方案就是目前被称为**地址无关代码**（PIC, Position-independent Code）的技术。

对于现代的机器来说，产生地址无关的代码并不麻烦。我们先来分析模块中各种类型的地址引用方式。这里我们把共享对象模块中的地址引用按照是否为跨模块分成两类：模块内部引用和模块外部引用；按照不同的引用方式又可以分为指令引用和数据访问，这样我们就得到了如图 7-4 中的 4 种情况。

- 第一种是模块内部的函数调用、跳转等。
- 第二种是模块内部的数据访问，比如模块中定义的全局变量、静态变量。
- 第三种是模块外部的函数调用、跳转等。
- 第四种是模块外部的数据访问，比如其他模块中定义的全局变量。

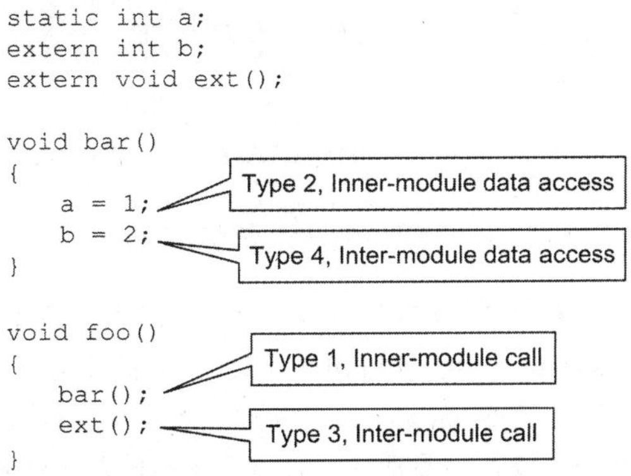

图 7-4 4 种寻址模式

关于模块内部和模块外部

当编译器在编译 pic.c 时，它实际上并不能确定变量 b 和函数 ext()是模块外部的还是模块内部的，因为它们有可能被定义在同一个共享对象的其他目标文件中。由于没法确定，编译器只能把它们都当作模块外部的函数和变量来处理。MSVC 编译器提供了__declspec(dllimport)编译器扩展来表示一个符号是模块内部的还是模块外部的。

类型一 模块内部调用或跳转

这 4 种情况中，第一种类型应该是最简单的，那就是模块内部调用。因为被调用的函数与调用者都处于同一个模块，它们之间的相对位置是固定的，所以这种情况比较简单。对于现代的系统来讲，模块内部的跳转、函数调用都可以是相对地址调用，或者是基于寄存器的相对调用，所以对于这种指令是不需要重定位的。比如上面例子中 foo 对 bar 的调用可能产生如下代码：

```
8048344 <bar>:
8048344:       55                         push   %ebp
8048345:       89 e5                       mov    %esp,%ebp
8048347:       5d                         pop    %ebp
8048348:       c3                         ret
```

```
8048349 <foo>:
...
8048357:       e8 e8 ff ff ff          call   8048344 <bar>
804835c:       b8 00 00 00 00          mov    $0x0,%eax
...
```

foo 中对 bar 的调用的那条指令实际上是一条相对地址调用指令，我们在第 2 部分已经介绍过相对位移调用指令的指令格式，相对偏移调用指令如图 7-5 所示。

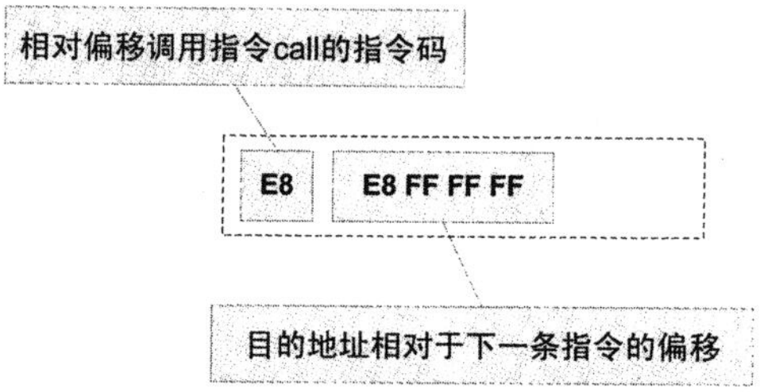

图 7-5 相对偏移调用指令

这条指令中的后 4 个字节是目的地址相对于当前指令的下一条指令的偏移，即 0xFFFFFFE8（Little-endian）。0xFFFFFFE8 是-24 的补码形式，即 bar 的地址为 0x804835c + (-24) = 0x8048344。那么只要 bar 和 foo 的相对位置不变，这条指令是地址无关的。即无论模块被装载到哪个位置，这条指令都是有效的。这种相对地址的方式对于 jmp 指令也有效。

这样看起来第一个模块内部调用或跳转很容易解决，但实际上这种方式还有一定的问题，这里存在一个叫做共享对象**全局符号介入**（Global Symbol Interposition）问题，这个问题在后面关于“动态链接的实现”中还会详细介绍。但在这里，可以简单地把它当作相对地址调用/跳转。

类型二 模块内部数据访问

接着来看看第二种类型，模块内部的数据访问。很明显，指令中不能直接包含数据的绝对地址，那么唯一的办法就是相对寻址。我们知道，一个模块前面一般是若干个页的代码，后面紧跟着若干个页的数据，这些页之间的相对位置是固定的，也就是说，任何一条指令与它需要访问的模块内部数据之间的相对位置是固定的，那么只需要相对于当前指令加上固定的偏移量就可以访问模块内部数据了。现代的体系结构中，数据的相对寻址往往没有相对于当前指令地址（PC）的寻址方式，所以 ELF 用了一个很巧妙的办法来得到当前的 PC 值，然后再加上一个偏移量就可以达到访问相应变量的目的了。得到 PC 值的方法很多，我们来看看最常用的一种，也是现在 ELF 的共享对象里面用的一种方法：

```
0000044c <bar>:
 44c:   55                     push   %ebp
 44d:   89 e5                  mov    %esp,%ebp
 44f:   e8 40 00 00 00            call   494 <__i686.get_pc_thunk.cx>
```

```
454:    81 c1 8c 11 00 00           add     $0x118c,%ecx
45a:    c7 81 28 00 00 00 01        movl    $0x1,0x28(%ecx)        // a = 1
461:    00 00 00
464:    8b 81 f8 ff ff ff           mov 0xfffffff8(%ecx),%eax
46a:    c7 00 02 00 00 00           movl    $0x2,(%eax)            // b = 2
470:    5d                          pop     %ebp
471:    c3                          ret

00000494 <__i686.get_pc_thunk.cx>:
 494:   8b 0c 24                    mov      (%esp),%ecx
 497:   c3                          ret
```

这是对上面的例子中的代码先编译成共享对象然后反汇编的结果。用粗体表示的是 bar() 函数中访问模块内部变量 a 的相应代码。从上面的指令中可以看到，它先调用了一个叫“__i686.get_pc_thunk.cx”的函数，这个函数的作用就是把返回地址的值放到 ecx 寄存器，即把 call 的下一条指令的地址放到 ecx 寄存器。

> 我们知道当处理器执行 call 指令以后，下一条指令的地址会被压到栈顶，而 esp 寄存器就是始终指向栈顶的，那么当“__i686.get_pc_thunk.cx”执行“mov (%esp),%ecx”的时候，返回地址就被赋值到 ecx 寄存器了。

接着执行一条 add 指令和一条 mov 指令，可以看到变量 a 的地址是 add 指令地址（保存在 ecx 寄存器）加上两个偏移量 0x118c 和 0x28，即如果模块被装载到 0x10000000 这个地址的话，那么变量 a 的实际地址将是 0x10000000 + 0x454 + 0x118c + 0x28 = 0x10001608，这个计算过程我们可以从图 7-6 中看到。

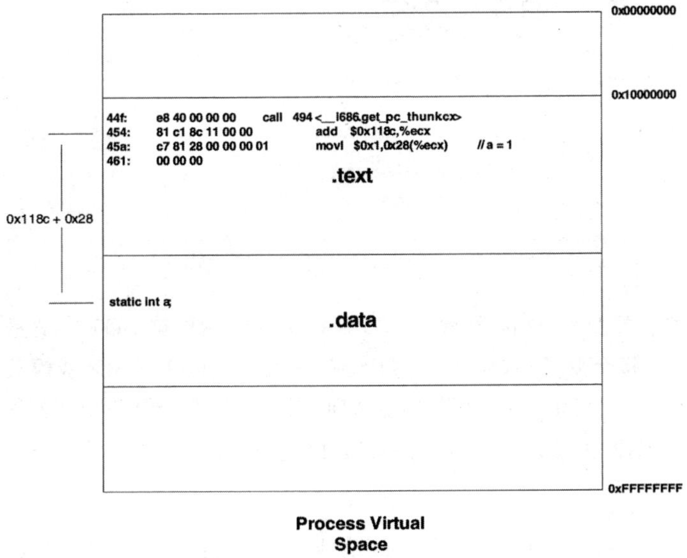

图 7-6 模块内部数据访问示意

类型三 模块间数据访问

模块间的数据访问比模块内部稍微麻烦一点，因为模块间的数据访问目标地址要等到装载时才决定，比如上面例子中的变量 b，它被定义在其他模块中，并且该地址在装载时才能确定。我们前面提到要使得代码地址无关，基本的思想就是把跟地址相关的部分放到数据段里面，很明显，这些其他模块的全局变量的地址是跟模块装载地址有关的。ELF 的做法是在数据段里面建立一个**指向这些变量的指针数组**，也被称为**全局偏移表**（Global Offset Table，GOT），当代码需要引用该全局变量时，可以通过 GOT 中相对应的项间接引用，它的基本机制如图 7-7 所示。

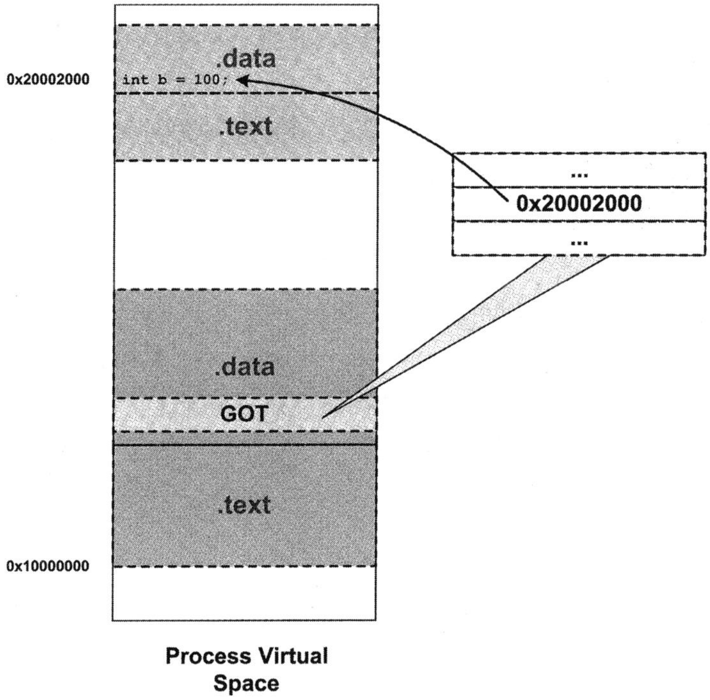

图 7-7 模块间数据访问

当指令要访问变量 b 时，程序会先找到 GOT，然后根据 GOT 中变量所对应的项找到变量的目标地址。每个变量都对应一个 4 个字节的地址，链接器在装载模块的时候会查找每个变量所在的地址，然后填充 GOT 中的各个项，以确保每个指针所指向的地址正确。由于 GOT 本身是放在数据段的，所以它可以在模块装载时被修改，并且每个进程都可以有独立的副本，相互不受影响。

我们来看看 GOT 如何做到与指令的地址无关。从第二种类型的数据访问我们了解到，模块在编译时可以确定模块内部变量相对与当前指令的偏移，那么我们也可以在编译时确定

GOT 相对于当前指令的偏移。确定 GOT 的位置跟上面的访问变量 a 的方法基本一样，通过得到 PC 值然后加上一个偏移量，就可以得到 GOT 的位置。然后我们根据变量地址在 GOT 中的偏移就可以得到变量的地址，当然 GOT 中每个地址对应于哪个变量是由编译器决定的，比如第一个地址对应变量 b，第二个对应变量 c 等。

让我们再回顾刚才函数 bar()的反汇编代码。为访问变量 b，我们的程序首先计算出变量 b 的地址在 GOT 中的位置，即 0x10000000 + 0x454 + 0x118c + (-8) = 0x100015d8（0xfffffff8 为-8 的补码表示），然后使用寄存器间接寻址方式给变量 b 赋值 2。

我们也可以使用 objdump 来查看 GOT 的位置：

```
$ objdump -h pic.so
...
17 .got      00000010  000015d0  000015d0  000005d0  2**2
                CONTENTS, ALLOC, LOAD, DATA
...
```

可以看到 GOT 在文件中的偏移是 0x15d0，我们再来看看 pic.so 的需要在动态链接时的重定位项：

```
$ objdump -R pic.so
...
DYNAMIC RELOCATION RECORDS
OFFSET   TYPE              VALUE
...
000015d8 R_386_GLOB_DAT    b
...
```

可以看到变量 b 的地址需要重定位，它位于 0x15d8，也就是 GOT 中偏移 8，相当于是 GOT 中的第三项(每四个字节一项)。从上面重定位项中看到，变量 b 的地址的偏移为 0x15d8，正好对应了我们前面通过指令计算出来的偏移值，即 0x100015d8 – 0x10000000 = 0x15d8。

类型四 模块间调用、跳转

对于模块间调用和跳转，我们也可以采用上面类型四的方法来解决。与上面的类型有所不同的是，GOT 中相应的项保存的是目标函数的地址，当模块要调用目标函数时，可以通过 GOT 中的项进行间接跳转，基本的原理如图 7-8 所示。

调用 ext()函数的方法与上面访问变量 b 的方法基本类似，先得到当前指令地址 PC，然后加上一个偏移得到函数地址在 GOT 中的偏移，然后得到一个间接调用：

```
call   494 <__i686.get_pc_thunk.cx>
add    $0x118c,%ecx
mov 0xfffffffc(%ecx),%eax
call   *(%eax)
```

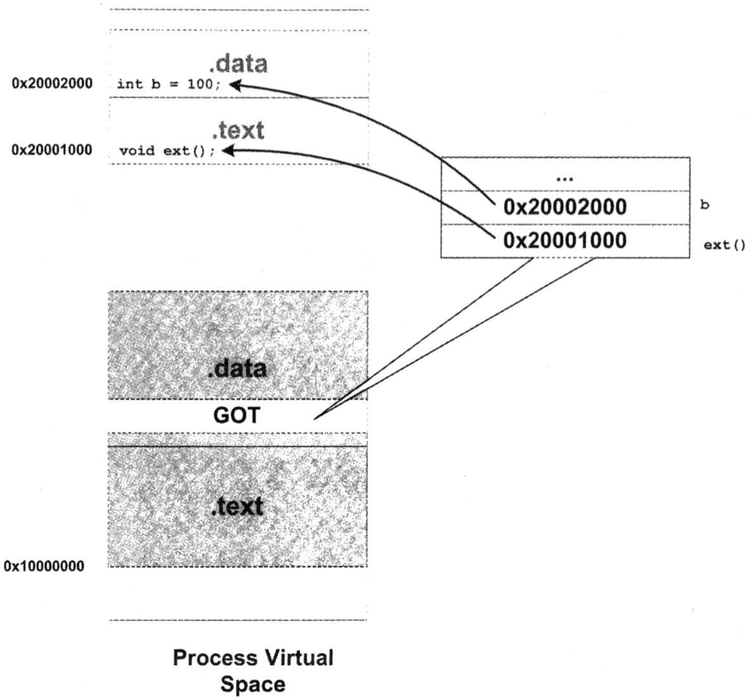

图 7-8 模块间调用、跳转

这种方法很简单，但是存在一些性能问题，实际上 ELF 采用了一种更加复杂和精巧的方法，我们将在后面关于动态链接优化的章节中进行更为具体的介绍。

地址无关代码小结

历经磨难，终于功德圆满。4 种地址引用方式在理论上都实现了地址无关性，我们将它们总结一下，如表 7-1 所示。

表 7-1

各种地址引用方式		
	指令跳转、调用	数据访问
模块内部	（1）相对跳转和调用	（2）相对地址访问
模块外部	（3）间接跳转和调用（GOT）	（4）间接访问（GOT）

-fpic 和-fPIC

使用 GCC 产生地址无关代码很简单，我们只需要使用“-fPIC”参数即可。实际上 GCC 还提供了另外一个类似的参数叫做“-fpic”，即“PIC”3 个字母小写，这两个参数从功能上来讲完全一样，都是指示 GCC 产生地址无关代码。唯一的区别是，“-fPIC”产生的代码要大，而“-fpic”产生的代码相对较小，而且较快。那么我们为什么不使用“-fpic”而要使用“-fPIC”呢？原因是，由于地址无关代码都是跟硬件平台相关的，不同的平台有着不同的实现，“-fpic”在某些平台上会有一些限制，比如全局符号的数量或者代码的长度等，而“-fPIC”则没有这样的限制。所以为了方便起见，绝大部分情况下我们都使用“-fPIC”参数来产生地址无关代码。

如何区分一个 DSO 是否为 PIC

```
readelf -d foo.so | grep TEXTREL
```

如果上面的命令有任何输出，那么 foo.so 就不是 PIC 的，否则就是 PIC 的。PIC 的 DSO 是不会包含任何代码段重定位表的，TEXTREL 表示代码段重定位表地址。

PIC 与 PIE

地址无关代码技术除了可以用在共享对象上面，它也可以用于可执行文件，一个以地址无关方式编译的可执行文件被称作**地址无关可执行文件**（PIE, Position-Independent Executable）。与 GCC 的“-fPIC”和“-fpic”参数类似，产生 PIE 的参数为“-fPIE”或“-fpie”。

7.3.4 共享模块的全局变量问题

地址无关性问题就这么解决了吗？看起来好像是的。如果你还没看出来一个小问题的话，最好回头再仔细看看前面的 4 种地址引用方式的分类。发现了吗？我们上面的情况中没有包含**定义在模块内部的全局变量**的情况。可能你的第一反应就是，这不是很简单吗？跟模块内部的静态变量一样处理不就可以了吗？的确，粗略一看模块内部的全局变量和静态变量的地址都可以通过上面所列出的类型两种方法来解决。但是有一种情况很特殊，我们来看看会产生什么问题。

有一种很特殊的情况是，当一个模块引用了一个定义在共享对象的全局变量的时候，比如一个共享对象定义了一个全局变量 global，而模块 module.c 中是这么引用的：

```
extern int global;
int foo()
{
  global = 1;
}
```

当编译器编译 module.c 时，它无法根据这个上下文判断 global 是定义在同一个模块的其他目标文件还是定义在另外一个共享对象之中，即无法判断是否为跨模块间的调用。

假设 module.c 是程序可执行文件的一部分，那么在这种情况下，由于程序主模块的代码并不是地址无关代码，也就是说代码不会使用这种类似于 PIC 的机制，它引用这个全局变量的方式跟普通数据访问方式一样，编译器会产生这样的代码：

```
movl   $0x1,XXXXXXXX
```

XXXXXXXX 就是 global 的地址。由于可执行文件在运行时并不进行代码重定位，所以变量的地址必须在链接过程中确定下来。为了能够使得链接过程正常进行，链接器会在创建可执行文件时，在它的“.bss”段创建一个 global 变量的副本。那么问题就很明显了，现在 global 变量定义在原先的共享对象中，而在可执行文件的“.bss”段还有一个副本。如果同一个变量同时存在于多个位置中，这在程序实际运行过程中肯定是不可行的。

于是解决的办法只有一个，那就是所有的使用这个变量的指令都指向位于可执行文件中的那个副本。ELF 共享库在编译时，默认都把定义在模块内部的全局变量当作定义在其他模块的全局变量，也就是说当作前面的类型四，通过 GOT 来实现变量的访问。当共享模块被装载时，如果某个全局变量在可执行文件中拥有副本，那么动态链接器就会把 GOT 中的相应地址指向该副本，这样该变量在运行时实际上最终就只有一个实例。如果变量在共享模块中被初始化，那么动态链接器还需要将该初始化值复制到程序主模块中的变量副本；如果该全局变量在程序主模块中没有副本，那么 GOT 中的相应地址就指向模块内部的该变量副本。

假设 module.c 是一个共享对象的一部分，那么 GCC 编译器在-fPIC 的情况下，就会把对 global 的调用按照跨模块模式产生代码。原因也很简单：编译器无法确定对 global 的引用是跨模块的还是模块内部的。即使是模块内部的，即模块内部的全局变量的引用，按照上面的结论，还是会产生跨模块代码，因为 global 可能被可执行文件引用，从而使得共享模块中对 global 的引用要执行可执行文件中的 global 副本。

Q&A

Q: 如果一个共享对象 lib.so 中定义了一个全局变量 G，而进程 A 和进程 B 都使用了 lib.so，那么当进程 A 改变这个全局变量 G 的值时，进程 B 中的 G 会受到影响吗？

A: 不会。因为当 lib.so 被两个进程加载时，它的数据段部分在每个进程中都有独立的副本，从这个角度看，共享对象中的全局变量实际上和定义在程序内部的全局变量没什么区别。任何一个进程访问的只是自己的那个副本，而不会影响其他进程。那么，如果我们把这个问题的条件改成同一个进程中的线程 A 和线程 B，它们是否看得到对方对 lib.so 中的全局变量 G 的修改呢？对于同一个进程的两个线程来说，它们访问的是同一个进程地址空间，也就是同一个 lib.so 的副本，所以它们对 G 的修改，对方都是看得到的。

那么我们可不可以做到跟前面答案相反的情况呢？比如要求两个进程共享一个共享对象的副本或要求两个线程访问全局变量的不同副本，这两种需求都是存在的，比如多个进程可以共享同一个全局变量就可以用来实现进程间通信；而多个线程访问全局变量的不同副本可以防止不同线程之间对全局变量的干扰，比如 C 语言运行库的 erron 全局变量。实际上这两种需求都是有相应的解决方法的，多进程共享全局变量又被叫做“共享数据段”，在介绍 Windows DLL 的时候会碰到它。而多个线程访问不同的全局变量副本又被叫做“线程私有存储”(Thread Local Storage)，我们在后面还会详细介绍。

7.3.5 数据段地址无关性

通过上面的方法，我们能够保证共享对象中的代码部分地址无关，但是数据部分是不是也有绝对地址引用的问题呢？让我们来看看这样一段代码：

```
static int a;
static int* p = &a;
```

如果某个共享对象里面有这样一段代码的话，那么指针 p 的地址就是一个绝对地址，它指向变量 a，而变量 a 的地址会随着共享对象的装载地址改变而改变。那么有什么办法解决这个问题呢？

对于数据段来说，它在每个进程都有一份独立的副本，所以并不担心被进程改变。从这点来看，我们可以选择装载时重定位的方法来解决数据段中绝对地址引用问题。对于共享对象来说，如果数据段中有绝对地址引用，那么编译器和链接器就会产生一个重定位表，这个重定位表里面包含了“R_386_RELATIVE”类型的重定位入口，用于解决上述问题。当动态链接器装载共享对象时，如果发现该共享对象有这样的重定位入口，那么动态链接器就会对该共享对象进行重定位。

实际上，我们甚至可以让代码段也使用这种装载时重定位的方法，而不使用地址无关代码。从前面的例子中我们看到，我们在编译共享对象时使用了“-fPIC”参数，这个参数表示产生地址无关的代码段。如果我们不使用这个参数来产生共享对象又会怎么样呢？

```
$gcc -shared pic.c -o pic.so
```

上面这个命令就会产生一个不使用地址无关代码而使用装载时重定位的共享对象。但正如我们前面分析过的一样，如果代码不是地址无关的，它就不能被多个进程之间共享，于是也就失去了节省内存的优点。但是装载时重定位的共享对象的运行速度要比使用地址无关代码的共享对象快，因为它省去了地址无关代码中每次访问全局数据和函数时需要做一次计算当前地址以及间接地址寻址的过程。

对于可执行文件来说，默认情况下，如果可执行文件是动态链接的，那么 GCC 会使用 PIC 的方法来产生可执行文件的代码段部分，以便于不同的进程能够共享代码段，节省内存。所以我们可以看到，动态链接的可执行文件中存在“.got”这样的段。

7.4 延迟绑定（PLT）

动态链接的确有很多优势，比静态链接要灵活得多，但它是以牺牲一部分性能为代价的。据统计 ELF 程序在静态链接下要比动态库稍微快点，大约为 1%～5%，当然这取决于程序本身的特性及运行环境等。我们知道动态链接比静态链接慢的主要原因是动态链接下对于全局和静态的数据访问都要进行复杂的 GOT 定位，然后间接寻址；对于模块间的调用也要先定位 GOT，然后再进行间接跳转，如此一来，程序的运行速度必定会减慢。另外一个减慢运行速度的原因是动态链接的链接工作在运行时完成，即程序开始执行时，动态链接器都要进行一次链接工作，正如我们上面提到的，动态链接器会寻找并装载所需要的共享对象，然后进行符号查找地址重定位等工作，这些工作势必减慢程序的启动速度。这是影响动态链接性能的两个主要问题，我们将在这一节介绍优化动态链接性能的一些方法。

延迟绑定实现

在动态链接下，程序模块之间包含了大量的函数引用（全局变量往往比较少，因为大量的全局变量会导致模块之间耦合度变大），所以在程序开始执行前，动态链接会耗费不少时间用于解决模块之间的函数引用的符号查找以及重定位，这也是我们上面提到的减慢动态链接性能的第二个原因。不过可以想象，在一个程序运行过程中，可能很多函数在程序执行完时都不会被用到，比如一些错误处理函数或者是一些用户很少用到的功能模块等，如果一开始就把所有函数都链接好实际上是一种浪费。所以 ELF 采用了一种叫做**延迟绑定**（Lazy Binding）的做法，基本的思想就是当**函数第一次被用到时才进行绑定**（符号查找、重定位等），如果没有用到则不进行绑定。所以程序开始执行时，模块间的函数调用都没有进行绑定，而是需要用到时才由动态链接器来负责绑定。这样的做法可以大大加快程序的启动速度，特别有利于一些有大量函数引用和大量模块的程序。

ELF 使用 PLT（Procedure Linkage Table）的方法来实现，这种方法使用了一些很精巧的指令序列来完成。在开始详细介绍 PLT 之前，我们先从动态链接器的角度设想一下：假设 liba.so 需要调用 libc.so 中的 bar()函数，那么当 liba.so 中第一次调用 bar()时，这时候就需要调用动态链接器中的某个函数来完成地址绑定工作，我们假设这个函数叫做 lookup()，那么 lookup()需要知道哪些必要的信息才能完成这个函数地址绑定工作呢？我想答案很明显，lookup()至少需要知道这个地址绑定发生在哪个模块，哪个函数？那么我们可以假设 lookup 的原型为 lookup（module, function），这两个参数的值在我们这个例子中分别为 liba.so 和 bar()。在 Glibc 中，我们这里的 lookup()函数真正的名字叫_dl_runtime_resolve()。

当我们调用某个外部模块的函数时，如果按照通常的做法应该是通过 GOT 中相应的项进行间接跳转。PLT 为了实现延迟绑定，在这个过程中间又增加了一层间接跳转。调用函数并不直接通过 GOT 跳转，而是通过一个叫作 PLT 项的结构来进行跳转。每个外部函数在 PLT 中都有一个相应的项，比如 bar()函数在 PLT 中的项的地址我们称之为 bar@plt。让我们来看看 bar@plt 的实现：

```
bar@plt:
jmp *(bar@GOT)
push n
push moduleID
jump _dl_runtime_resolve
```

bar@plt 的第一条指令是一条通过 GOT 间接跳转的指令。bar@GOT 表示 GOT 中保存 bar()这个函数相应的项。如果链接器在初始化阶段已经初始化该项，并且将 bar()的地址填入该项，那么这个跳转指令的结果就是我们所期望的，跳转到 bar()，实现函数正确调用。但是为了实现延迟绑定，链接器在初始化阶段并没有将 bar()的地址填入到该项，而是将上面代码中第二条指令“push n”的地址填入到 bar@GOT 中，这个步骤不需要查找任何符号，所以代价很低。很明显，第一条指令的效果是跳转到第二条指令，相当于没有进行任何操作。第二条指令将一个数字 n 压入堆栈中，这个数字是 bar 这个符号引用在重定位表“.rel.plt”中的下标。接着又是一条 push 指令将模块的 ID 压入到堆栈，然后跳转到_dl_runtime_resolve。这实际上就是在实现我们前面提到的 lookup(module, function)这个函数的调用：先将所需要决议符号的下标压入堆栈，再将模块 ID 压入堆栈，然后调用动态链接器的_dl_runtime_resolve()函数来完成符号解析和重定位工作。_dl_runtime_resolve()在进行一系列工作以后将 bar()的真正地址填入到 bar@GOT 中。

一旦 bar()这个函数被解析完毕，当我们再次调用 bar@plt 时，第一条 jmp 指令就能够跳转到真正的 bar()函数中，bar()函数返回的时候会根据堆栈里面保存的 EIP 直接返回到调用者，而不会再继续执行 bar@plt 中第二条指令开始的那段代码，那段代码只会在符号未被解析时执行一次。

上面我们描述的是 PLT 的基本原理，PLT 真正的实现要比它的结构稍微复杂一些（见表 7-9）。ELF 将 GOT 拆分成了两个表叫做“.got”和“.got.plt”。其中“.got”用来保存全局变量引用的地址，“.got.plt”用来保存函数引用的地址，也就是说，所有对于外部函数的引用全部被分离出来放到了“.got.plt”中。另外“.got.plt”还有一个特殊的地方是它的前三项是有特殊意义的，分别含义如下：

- 第一项保存的是“.dynamic”段的地址，这个段描述了本模块动态链接相关的信息，我们在后面还会介绍“.dynamic”段。
- 第二项保存的是本模块的 ID。
- 第三项保存的是_dl_runtime_resolve()的地址。

其中第二项和第三项由动态链接器在装载共享模块的时候负责将它们初始化。“.got.plt”的其余项分别对应每个外部函数的引用。PLT 的结构也与我们示例中的 PLT 稍有不同，为了减少代码的重复，ELF 把上面例子中的最后两条指令放到 PLT 中的第一项。并且规定每一项的长度是 16 个字节，刚好用来存放 3 条指令，实际的 PLT 基本结构如图 7-9 所示。

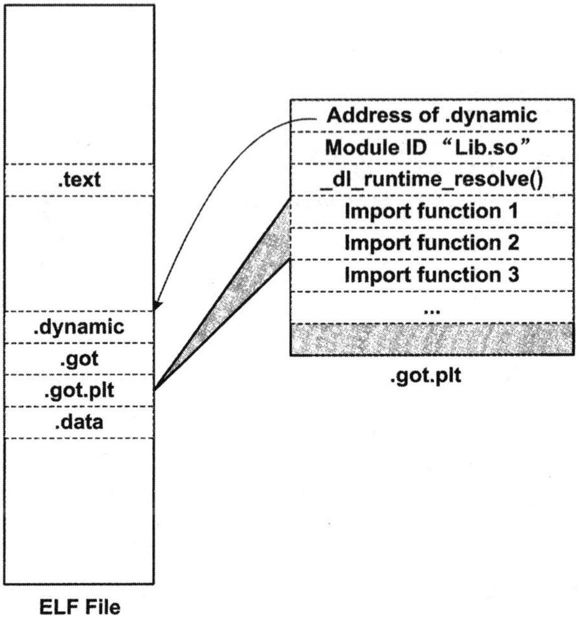

图 7-9 GOT 中的 PLT 数据结构

实际的 PLT 基本结构代码如下：

```
PLT0:
push *(GOT + 4)
jump *(GOT + 8)

...

bar@plt:
jmp *(bar@GOT)
push n
jump PLT0
```

PLT 在 ELF 文件中以独立的段存放，段名通常叫做".plt"，因为它本身是一些地址无关的代码，所以可以跟代码段等一起合并成同一个可读可执行的"Segment"被装载入内存。

7.5 动态链接相关结构

在了解了共享对象的绝对地址引用问题以后，我们基本上对动态链接的原理有了初步的了解，接下来的问题就是整个动态链接具体的实现过程了。动态链接在不同的系统上有不同的实现方式，ELF 的动态链接实现方式比 PE 稍微简单一点，在这里我们还是先介绍 ELF 的动态链接机制在 Linux 下的实现，最后我们会在专门的章节中介绍 PE 在 Windows 下的动态链接机制和它们的区别。

我们在前面的章节已经看到，动态链接情况下，可执行文件的装载与静态链接情况基本一样。首先操作系统会读取可执行文件的头部，检查文件的合法性，然后从头部中的“Program Header”中读取每个“Segment”的虚拟地址、文件地址和属性，并将它们映射到进程虚拟空间的相应位置，这些步骤跟前面的静态链接情况下的装载基本无异。在静态链接情况下，操作系统接着就可以把控制权转交给可执行文件的入口地址，然后程序开始执行，一切看起来非常直观。

但是在动态链接情况下，操作系统还不能在装载完可执行文件之后就把控制权交给可执行文件，因为我们知道可执行文件依赖于很多共享对象。这时候，可执行文件里对于很多外部符号的引用还处于无效地址的状态，即还没有跟相应的共享对象中的实际位置链接起来。所以在映射完可执行文件之后，操作系统会先启动一个**动态链接器**（Dynamic Linker）。

在 Linux 下，动态链接器 ld.so 实际上是一个共享对象，操作系统同样通过映射的方式将它加载到进程的地址空间中。操作系统在加载完动态链接器之后，就将控制权交给动态链接器的入口地址（与可执行文件一样，共享对象也有入口地址）。当动态链接器得到控制权之后，它开始执行一系列自身的初始化操作，然后根据当前的环境参数，开始对可执行文件进行动态链接工作。当所有动态链接工作完成以后，动态链接器会将控制权转交到可执行文件的入口地址，程序开始正式执行。

7.5.1 “.interp”段

那么系统中哪个才是动态链接器呢，它的位置由谁决定？是不是所有的*NIX 系统的动态链接器都位于/lib/ld.so 呢？实际上，动态链接器的位置既不是由系统配置指定，也不是由环境参数决定，而是由 ELF 可执行文件决定。在动态链接的 ELF 可执行文件中，有一个专门的段叫做“.interp”段（“interp”是“interpreter”（解释器）的缩写）。如果我们使用 objdump 工具来查看，可以看到“.interp”内容：

```
$ objdump -s a.out

a.out:     file format elf32-i386

Contents of section .interp:
 8048114 2f6c6962 2f6c642d 6c696e75 782e736f  /lib/ld-linux.so
 8048124 2e3200                               .2.
```

“.interp”的内容很简单，里面保存的就是一个字符串，这个字符串就是可执行文件所需要的动态链接器的路径，在 Linux 下，可执行文件所需要的动态链接器的路径几乎都是"/lib/ld-linux.so.2"，其他的*nix 操作系统可能会有不同的路径，我们在后面还会再介绍到各种环境下的动态链接器的路径。在 Linux 的系统中，/lib/ld-linux.so.2 通常是一个软链接，比如在我的机器上，它指向/lib/ld-2.6.1.so，这个才是真正的动态链接器。在 Linux 中，操作系统在对可执行文件的进行加载的时候，它会去寻找装载该可执行文件所需要相应的动态链接器，即".interp"段指定的路径的共享对象。

动态链接器在 Linux 下是 Glibc 的一部分，也就是属于系统库级别的，它的版本号往往跟系统中的 Glibc 库版本号是一样的，比如我的系统中安装的是 Glibc 2.6.1，那么相应的动态链接器也就是/lib/ld-2.6.1.so。当系统中的 Glibc 库更新或者安装其他版本的时候，/lib/ld-linux.so.2 这个软链接就会指向到新的动态链接器，而可执行文件本身不需要修改".interp"中的动态链接器路径来适应系统的升级。

我们也可以用这个命令来查看一个可执行文件所需要的动态链接器的路径，在 Linux 下，往往是如下结果：

```
$ readelf -l a.out | grep interpreter
      [Requesting program interpreter: /lib/ld-linux.so.2]
```

而当我们在 FreeBSD 4.6.2 下执行这个命令时，结果是：

```
$ readelf -l a.out | grep interpreter
     [Requesting program interpreter: /usr/libexec/ld-elf.so.1]
```

64 位的 Linux 下的可执行文件是：

```
$ readelf -l a.out | grep interpreter
     [Requesting program interpreter: /lib64/ld-linux-x86-64.so.2]
```

7.5.2 ".dynamic"段

类似于".interp"这样的段，ELF 中还有几个段也是专门用于动态链接的，比如".dynamic"段和".dynsym"段等。要了解动态链接器如何完成链接过程，跟前面一样，从了解 ELF 文件中跟动态链接相关的结构入手将会是一个很好的途径。ELF 文件中跟动态链接相关的段有好几个，相互之间的关系也比较复杂，我们先从".dynamic"段入手。

动态链接 ELF 中最重要的结构应该是".dynamic"段，这个段里面保存了动态链接器所需要的基本信息，比如依赖于哪些共享对象、动态链接符号表的位置、动态链接重定位表的位置、共享对象初始化代码的地址等。".dynamic"段的结构很经典，就是我们已经碰到过的 ELF 中眼熟的结构数组，结构定义在"elf.h"中：

```
typedef struct {
    Elf32_Sword d_tag;
    union {
```

```
        Elf32_Word d_val;
        Elf32_Addr d_ptr;
    } d_un;
} Elf32_Dyn;
```

Elf32_Dyn 结构由一个类型值加上一个附加的数值或指针，对于不同的类型，后面附加的数值或者指针有着不同的含义。我们这里列举几个比较常见的类型值（这些值都是定义在“elf.h”里面的宏），如表 7-2 所示。

表 7-2

d_tag 类型	d_un 的含义
DT_SYMTAB	动态链接符号表的地址，d_ptr 表示“.dynsym”的地址
DT_STRTAB	动态链接字符串表地址，d_ptr 表示“.dynstr”的地址
DT_STRSZ	动态链接字符串表大小，d_val 表示大小
DT_HASH	动态链接哈希表地址，d_ptr 表示“.hash”的地址
DT_SONAME	本共享对象的“SO-NAME”，我们在后面会介绍“SO-NAME”
DT_RPATH	动态链接共享对象搜索路径
DT_INIT	初始化代码地址
DT_FINIT	结束代码地址
DT_NEED	依赖的共享对象文件，d_ptr 表示所依赖的共享对象文件名
DT_REL DT_RELA	动态链接重定位表地址
DT_RELENT DT_RELAENT	动态重读位表入口数量

表 7-2 中只列出了一部分定义，还有一些不太常用的定义我们就暂且忽略，具体可以参考 LSB 手册和 elf.h 的定义。从上面给出的这些定义来看，“.dynamic”段里面保存的信息有点像 ELF 文件头，只是我们前面看到的 ELF 文件头中保存的是静态链接时相关的内容，比如静态链接时用到的符号表、重定位表等，这里换成了动态链接下所使用的相应信息了。所以，“.dynamic”段可以看成是动态链接下 ELF 文件的“文件头”。使用 readelf 工具可以查看“.dynamic”段的内容：

```
$ readelf -d Lib.so

Dynamic section at offset 0x4f4 contains 21 entries:
  Tag        Type                         Name/Value
 0x00000001 (NEEDED)                     Shared library: [libc.so.6]
 0x0000000c (INIT)                       0x310
 0x0000000d (FINI)                       0x4a4
 0x00000004 (HASH)                       0xb4
 0x6ffffef5 (GNU_HASH)                   0xf8
 0x00000005 (STRTAB)                     0x1f4
 0x00000006 (SYMTAB)                     0x134
 0x0000000a (STRSZ)                      139 (bytes)
 0x0000000b (SYMENT)                     16 (bytes)
```

```
0x00000003 (PLTGOT)                    0x15c8
0x00000002 (PLTRELSZ)                  32 (bytes)
0x00000014 (PLTREL)                    REL
0x00000017 (JMPREL)                    0x2f0
0x00000011 (REL)                       0x2c8
0x00000012 (RELSZ)                     40 (bytes)
0x00000013 (RELENT)                    8 (bytes)
0x6ffffffe (VERNEED)                   0x298
0x6fffffff (VERNEEDNUM)                1
0x6ffffff0 (VERSYM)                    0x280
0x6ffffffa (RELCOUNT)                  2
0x00000000 (NULL)                      0x0
```

另外 Linux 还提供了一个命令用来查看一个程序主模块或一个共享库依赖于哪些共享库：

```
$ ldd Program1
        linux-gate.so.1 =>  (0xffffe000)
        ./Lib.so (0xb7f62000)
        libc.so.6 => /lib/tls/i686/cmov/libc.so.6 (0xb7e0d000)
        /lib/ld-linux.so.2 (0xb7f66000)
```

注意 这里可以看到有个 linux-gate.so.1 的共享对象很特殊，它的装载地址很奇怪，是 0xffffe000，这个地址是 32 位地址空间的末尾 4 096 字节，属于 Linux 内核地址空间。你在整个文件系统中都搜索不到这个文件，因为它根本不存在于文件系统中。它实际上是一个内核虚拟共享对象（Kernel Virtual DSO），这涉及到 Linux 的系统调用和内核，我们将在第 4 部分介绍 linux-gate.so.1 相关内容。

7.5.3 动态符号表

为了完成动态链接，最关键的还是所依赖的符号和相关文件的信息。我们知道在静态链接中，有一个专门的段叫做符号表“.symtab”（Symbol Table），里面保存了所有关于该目标文件的符号的定义和引用。动态链接的符号表示实际上它跟静态链接十分相似，比如前面例子中的 Program1 程序依赖于 Lib.so，引用到了里面的 foobar()函数。那么对于 Program1 来说，我们往往称 Program1 **导入**（Import）了 foobar 函数，foobar 是 Program1 的**导入函数**（Import Function）；而站在 Lib.so 的角度来看，它实际上定义了 foobar()函数，并且提供给其他模块使用，我们往往称 Lib.so 导出（Export）了 foobar()函数，foobar 是 Lib.so 的**导出函数**（Export Function）。把这种导入导出关系放到静态链接的情形下，我们可以把它们看作普通的函数定义和引用。

为了表示动态链接这些模块之间的符号导入导出关系，ELF 专门有一个叫做**动态符号表**（Dynamic Symbol Table）的段用来保存这些信息，这个段的段名通常叫做“.dynsym”（Dynamic Symbol）。与“.symtab”不同的是，“.dynsym”只保存了与动态链接相关的符号，对于那些模块内部的符号，比如模块私有变量则不保存。很多时候动态链接的模块同时拥有“.dynsym”和“.symtab”两个表，“.symtab”中往往保存了所有符号，包括“.dynsym”中的符号。

与“.symtab”类似，动态符号表也需要一些辅助的表，比如用于保存符号名的字符串表。静态链接时叫做符号字符串表“.strtab”（String Table），在这里就是**动态符号字符串表**“.dynstr”（Dynamic String Table）；由于动态链接下，我们需要在程序运行时查找符号，为了加快符号的查找过程，往往还有辅助的**符号哈希表**（“.hash”）。我们可以用 readelf 工具来查看 ELF 文件的动态符号表及它的哈希表：

```
$readelf -sD Lib.so

Symbol table for image:
  Num Buc:    Value  Size   Type   Bind Vis      Ndx Name
    9   0: 00000310     0   FUNC GLOBAL DEFAULT    9 _init
    7   0: 000015ec     0 NOTYPE GLOBAL DEFAULT  ABS _edata
    4   0: 00000000   685   FUNC GLOBAL DEFAULT  UND sleep
    2   0: 00000000     0 NOTYPE   WEAK DEFAULT  UND _Jv_RegisterClasses
    1   0: 00000000     0 NOTYPE   WEAK DEFAULT  UND __gmon_start__
   10   0: 0000042c    57   FUNC GLOBAL DEFAULT   11 foobar
    6   1: 000015f0     0 NOTYPE GLOBAL DEFAULT  ABS _end
   11   1: 000004a4     0   FUNC GLOBAL DEFAULT   12 _fini
    5   2: 00000000   245   FUNC   WEAK DEFAULT  UND __cxa_finalize
    8   2: 000015ec     0 NOTYPE GLOBAL DEFAULT  ABS __bss_start
    3   2: 00000000    57   FUNC GLOBAL DEFAULT  UND printf

Symbol table of `.gnu.hash' for image:
  Num Buc:    Value  Size   Type   Bind Vis      Ndx Name
    6   0: 000015f0     0 NOTYPE GLOBAL DEFAULT  ABS _end
    7   0: 000015ec     0 NOTYPE GLOBAL DEFAULT  ABS _edata
    8   1: 000015ec     0 NOTYPE GLOBAL DEFAULT  ABS __bss_start
    9   1: 00000310     0   FUNC GLOBAL DEFAULT    9 _init
   10   2: 0000042c 57     FUNC GLOBAL DEFAULT   11 foobar
   11   2: 000004a4     0   FUNC GLOBAL DEFAULT   12 _fini
```

动态链接符号表的结构与静态链接的符号表几乎一样，我们可以简单地将导入函数看作是对其他目标文件中函数的引用；把导出函数看作是在本目标文件定义的函数就可以了。

7.5.4 动态链接重定位表

共享对象需要重定位的主要原因是导入符号的存在。动态链接下，无论是可执行文件或共享对象，一旦它依赖于其他共享对象，也就是说有导入的符号时，那么它的代码或数据中就会有对于导入符号的引用。在编译时这些导入符号的地址未知，在静态链接中，这些未知的地址引用在最终链接时被修正。但是在动态链接中，导入符号的地址在运行时才确定，所以需要在运行时将这些导入符号的引用修正，即需要重定位。

我们在前面的地址无关章节中也提到过，动态链接的可执行文件使用的是 PIC 方法，但这不能改变它需要重定位的本质。对于动态链接来说，如果一个共享对象不是以 PIC 模式编译的，那么毫无疑问，它是需要在装载时被重定位的；如果一个共享对象是 PIC 模式编译的，那么它还需要在装载时进行重定位吗？是的，PIC 模式的共享对象也需要重定位。

对于使用 PIC 技术的可执行文件或共享对象来说，虽然它们的代码段不需要重定位（因为地址无关），但是数据段还包含了绝对地址的引用，因为代码段中绝对地址相关的部分被分离了出来，变成了 GOT，而 GOT 实际上是数据段的一部分。除了 GOT 以外，数据段还可能包含绝对地址引用，我们在前面的章节中已经举例过了。

动态链接重定位相关结构

共享对象的重定位与我们在前面“静态链接”中分析过的目标文件的重定位十分类似，唯一有区别的是目标文件的重定位是在静态链接时完成的，而共享对象的重定位是在装载时完成的。在静态链接中，目标文件里面包含有专门用于表示重定位信息的重定位表，比如“.rel.text”表示是代码段的重定位表，“.rel.data”是数据段的重定位表。

动态链接的文件中，也有类似的重定位表分别叫做“.rel.dyn”和“.rel.plt”，它们分别相当于 “.rel.text”和“.rel.data”。“.rel.dyn”实际上是对数据引用的修正，它所修正的位置位于“.got”以及数据段；而“.rel.plt”是对函数引用的修正，它所修正的位置位于“.got.plt”。我们可以使用 readelf 来查看一个动态链接的文件的重定位表：

```
$ readelf -r Lib.so

Relocation section '.rel.dyn' at offset 0x2c8 contains 5 entries:
 Offset     Info    Type            Sym.Value  Sym. Name
000015e4  00000008 R_386_RELATIVE
000015e8  00000008 R_386_RELATIVE
000015bc  00000106 R_386_GLOB_DAT    00000000   __gmon_start__
000015c0  00000206 R_386_GLOB_DAT    00000000   _Jv_RegisterClasses
000015c4  00000506 R_386_GLOB_DAT    00000000   __cxa_finalize

Relocation section '.rel.plt' at offset 0x2f0 contains 4 entries:
 Offset     Info    Type            Sym.Value  Sym. Name
000015d4  00000107 R_386_JUMP_SLOT   00000000   __gmon_start__
000015d8  00000307 R_386_JUMP_SLOT   00000000   printf
000015dc  00000407 R_386_JUMP_SLOT   00000000   sleep
000015e0  00000507 R_386_JUMP_SLOT   00000000   __cxa_finalize
$readelf -S Lib.so
...
[19] .got          PROGBITS        000015bc 0005bc 00000c 04  WA  0   0  4
  [20] .got.plt    PROGBITS        000015c8 0005c8 00001c 04  WA  0   0  4
  [21] .data       PROGBITS        000015e4 0005e4 000008 00  WA  0   0  4
...
```

在静态链接中我们已经碰到过两种类型的重定位入口 R_386_32 和 R_386_PC32，这里可以看到几种新的重定位入口类型：R_386_RELATIVE、R_386_GLOB_DAT 和

R_386_JUMP_SLOT。实际上这些不同的重定位类型表示重定位时有不同的地址计算方法，在前面的静态链接中已经介绍过了 R_386_32 和 R_386_PC32 的地址计算方法，实际上它们已经是比较复杂的重定位类型了。这里的 R_386_RELATIVE、R_386_GLOB_DAT 和 R_386_JUMP_SLOT 都是很简单的重定位类型。我们先来看看 R_386_GLOB_DAT 和 R_386_JUMP_SLOT，这两个类型的重定位入口表示，被修正的位置只需要直接填入符号的地址即可。比如我们看 printf 这个重定位入口，它的类型为 R_386_JUMP_SLOT，它的偏移为 0x000015d8，它实际上位于“.got.plt”中。我们知道，“.got.plt”的前三项是被系统占据的，从第四项开始才是真正存放导入函数地址的地方。而第四项刚好是 0x000015c8 + 4 * 3 = 0x000015d4，即“__gmon_start__”，第五项是“printf”，第六项是“sleep”，第七项是“__cxa_finalize”。所以 Lib.so 的“.got.plt”的结构如图 7-10 所示。

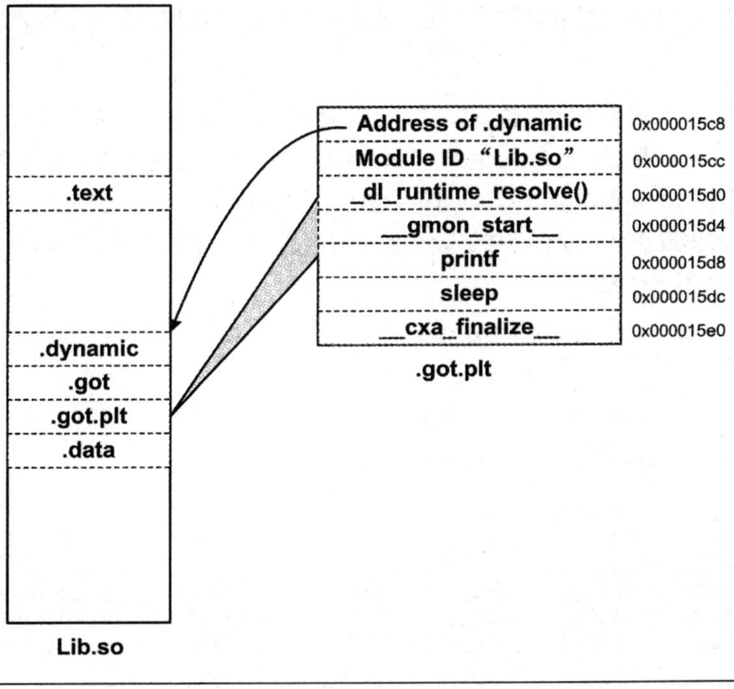

图 7-10 Lib.so 的.got.plt 结构

当动态链接器需要进行重定位时，它先查找“printf”的地址，“printf”位于 libc-2.6.1.so。假设链接器在全局符号表里面找到“printf”的地址为 0x08801234，那么链接器就会将这个地址填入到“.got.plt”中的偏移为 0x000015d8 的位置中去，从而实现了地址的重定位，即实现了动态链接最关键的一个步骤。

类似于 R_386_JUMP_SLOT 是对“.got.plt”的重定位，R_386_GLOB_DAT 是对“.got”的重定位，它跟 R_386_JUMP_SLOT 一模一样，在这里不再详细介绍了，有兴趣的读者可以自己分析“.rel.dyn”中3个R_386_GLOB_DAT与“.got”的关系，就能很快理解了。

稍微麻烦一点的是R_386_RELATIVE类型的重定位入口，这种类型的重定位实际上就是**基址重置**（Rebasing）。我们在前面已经分析过，共享对象的数据段是没有办法做到地址无关的，它可能会包含绝对地址的引用，对于这种绝对地址的引用，我们必须在装载时将其重定位。比如前面例子中，有一个全局指针变量被初始化为一个静态变量的地址：

```
static int a;
static int* p = &a;
```

在编译时，共享对象的地址是从0开始的，我们假设该静态变量a相对于起始地址0的偏移为B，即p的值为B。一旦共享对象被装载到地址A，那么实际上该变量a的地址为A+B，即p的值需要加上一个装载地址A。R_386_RELATIVE类型的重定位入口就是专门用来重定位指针变量p这种类型的，变量p在装载时需要加上一个装载地址值A，才是正确的结果。

那么导入函数的重定位入口是不是只会出现在“.rel.plt”，而不会出现在“.rel.dyn”呢？答案为否。如果某个ELF文件是以PIC模式编译的（动态链接的可执行文件一般是PIC的），并调用了一个外部函数bar，则bar会出现在“.rel.plt ”中；而如果不是以PIC模式编译，则bar将出现在“.rel.dyn”中。让我们来看看不使用PIC的方法来编译，重定位表的结果又会有什么不一样呢？

```
$gcc -shared Lib.c -o Lib.so
$readelf -r Lib.so

Relocation section '.rel.dyn' at offset 0x2c8 contains 8 entries:
 Offset     Info    Type            Sym.Value  Sym. Name
0000042c  00000008 R_386_RELATIVE
000015c4  00000008 R_386_RELATIVE
000015c8  00000008 R_386_RELATIVE
00000431  00000302 R_386_PC32        00000000   printf
0000043d  00000402 R_386_PC32        00000000   sleep
000015a4  00000106 R_386_GLOB_DAT    00000000   __gmon_start__
000015a8  00000206 R_386_GLOB_DAT    00000000   _Jv_RegisterClasses
000015ac  00000506 R_386_GLOB_DAT    00000000   __cxa_finalize

Relocation section '.rel.plt' at offset 0x308 contains 2 entries:
 Offset     Info    Type            Sym.Value  Sym. Name
000015bc  00000107 R_386_JUMP_SLOT   00000000   __gmon_start__
000015c0  00000507 R_386_JUMP_SLOT   00000000   __cxa_finalize
```

可以看到Lib.c中的两个导入函数“printf”和“sleep”从“.rel.plt”到了“.rel.dyn”，并且类型也从R_386_JUMP_SLOT变成了R_386_PC32。

而R_386_RELATIVE类型多出了一个偏移为0x0000042c的入口，这个入口是什么呢？通过对Lib.so的反汇编可以知道，这个入口是用来修正传给printf的第一个参数，即我们的字符串常量“Printing from Lib.so %d\n”的地址。为什么这个字符串常量的地址在PIC时不需要重定位而在非 PIC 时需要重定位呢？很明显，PIC 时，这个字符串可以看作是普通的全局变量，它的地址是可以通过 PIC 中的相对当前指令的位置加上一个固定偏移计算出来的；而在非 PIC 中，代码段不再使用这种相对于当前指令的 PIC 方法，而是采用绝对地址寻址，所以它需要重定位。

7.5.5 动态链接时进程堆栈初始化信息

站在动态链接器的角度看，当操作系统把控制权交给它的时候，它将开始做链接工作，那么至少它需要知道关于可执行文件和本进程的一些信息，比如可执行文件有几个段（“Segment”）、每个段的属性、程序的入口地址（因为动态链接器到时候需要把控制权交给可执行文件）等。这些信息往往由操作系统传递给动态链接器，保存在进程的堆栈里面。我们在前面提到过，进程初始化的时候，堆栈里面保存了关于进程执行环境和命令行参数等信息。事实上，堆栈里面还保存了动态链接器所需要的一些**辅助信息数组**（Auxiliary Vector）。辅助信息的格式也是一个结构数组，它的结构被定义在“elf.h”：

```
typedef struct
{
    uint32_t a_type;
    union
    {
        uint32_t a_val;
    } a_un;
} Elf32_auxv_t;
```

是不是已经对这种结构很熟悉了？没错，跟前面的“.dynamic”段里面的结构如出一辙。先是一个 32 位的类型值，后面是一个 32 位的数值部分。你可能会很奇怪为什么要用一个 union 把后面的 32 位数值包装起来，事实上这个 union 没什么用，只是历史遗留而已，可以当作不存在。我们摘录几个比较重要的类型值，这几个类型值是比较常见的，而且是动态链接器在启动时所需要的，如表 7-3 所示。

表 7-3

a_type 定义	a_type 值	a_val 的含义
AT_NULL	0	表示辅助信息数组结束
AT_EXEFD	2	表示可执行文件的文件句柄。正如前面提到的，动态连接器需要知道一些关于可执行文件的信息。当进程开始执行可执行文件时，操作系统会先将文件打开，这时候就会产生文件句柄。那么操作系统可以将文件句柄传递给动态链接器，动态链接器可以通过操作系统的文件读写操作来访问可执行文件
AT_PHDR	3	可执行文件中程序头表（Program Header）在进程中的地址。（还记得 ELF 程序视图和链接视图吧？）

续表

a_type 定义	a_type 值	a_val 的含义
AT_PHDR	3	正如前面 AT_EXEFD 所提到的，动态链接器可以通过操作系统的文件读写功能来访问可执行文件。但事实上，很多操作系统会把可执行文件映射到进程的虚拟空间里面，从而动态链接器不需要通过读写文件，而是可以直接访问内存中的文件映像。所以操作系统要么选择前面的文件句柄方式，要么选择这种映像的方式。当选择映像的方式时，操作系统必须提供后面的 AT_PHENT、AT_PHNUM 和 AT_ENTRY 这几个类型
AT_PHENT	4	可执行文件头中程序头表中每一个入口（Entry）的大小
AT_PHNUM	5	可执行文件头中程序头表中入口（Entry）的数量
AT_BASE	7	表示动态链接器本身的装载地址
AT_ENTRY	9	可执行文件入口地址，即启动地址

介绍了这么多关于**辅助信息数组**的结构，我们还没看到它到底位于进程堆栈的哪个位置呢。事实上，它位于环境变量指针的后面。比如我们假设操作系统传给动态链接器的辅助信息有 4 个，分别是：

- AT_PHDR，值为 0x08048034，程序表头位于 0x08048034。
- AT_PHENT，值为 20，程序表头中每个项的大小为 20 字节。
- AT_PHNUM，值为 7，程序表头共有 7 个项。
- AT_ENTRY，0x08048320，程序入口地址为 0x08048320。

那么进程的初始化堆栈就如图 7-11 所示。

我们可以写一个小程序来把堆栈中初始化的信息全部打印出来，程序源代码如下：

```
#include <stdio.h>
#include <elf.h>

int main(int argc, char* argv[])
{
    int* p = (int*)argv;
    int i;
    Elf32_auxv_t* aux;

    printf("Argument count: %d\n", *(p-1));

for(i = 0; i < *(p-1); ++i) {
        printf("Argument %d : %s\n", i, *(p + i) );
    }

    p += i;
    p++; // skip 0
```

```
    printf("Environment:\n");
    while(*p) {
        printf("%s\n",*p);
        p++;
    }

    p++; // skip 0

    printf("Auxiliary Vectors:\n");
    aux = (Elf32_auxv_t*)p;
    while(aux->a_type != AT_NULL) {
        printf("Type: %02d Value: %x\n", aux->a_type, aux->a_un.a_val);
        aux++;
    }

    return 0;
}
```

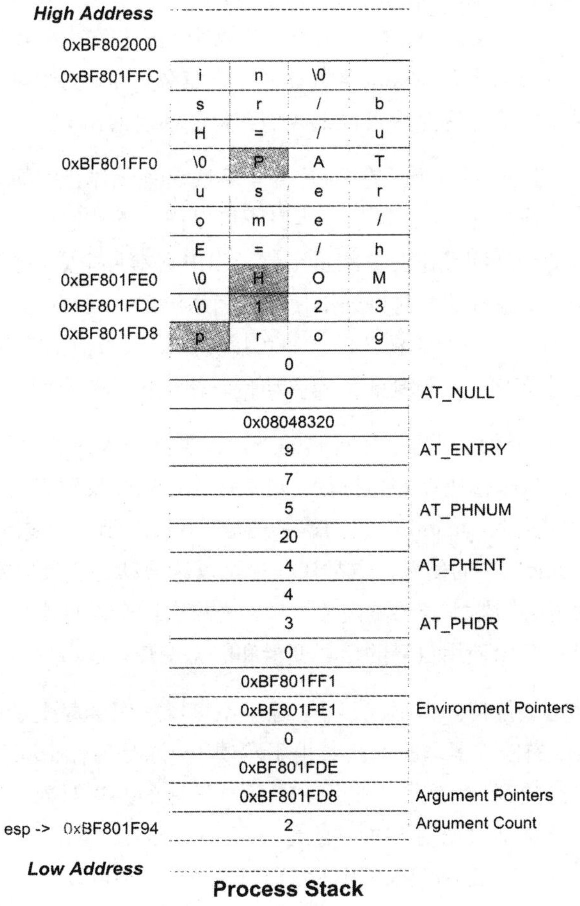

图 7-11 进程初始化堆栈

思考 上面的程序中，为什么使用 argv 作为基准来定位各个结构的地址，而不是采用 argc？提示：传值和传址。

7.6 动态链接的步骤和实现

有了前面诸多的铺垫，我们终于要开始分析动态链接的实际链接步骤了。动态链接基本上分为 3 步：先是启动动态链接器本身，然后装载所有需要的共享对象，最后是重定位和初始化。

7.6.1 动态链接器自举

我们知道动态链接器本身也是一个共享对象，但是事实上它有一些特殊性。对于普通共享对象文件来说，它的重定位工作由动态链接器来完成；它也可以依赖于其他共享对象，其中的被依赖的共享对象由动态链接器负责链接和装载。可是对于动态链接器本身来说，它的重定位工作由谁来完成？它是否可以依赖于其他的共享对象？

这是一个"鸡生蛋，蛋生鸡"的问题，为了解决这种无休止的循环，动态链接器这个"鸡"必须有些特殊性。首先是，动态链接器本身不可以依赖于其他任何共享对象；其次是动态链接器本身所需要的全局和静态变量的重定位工作由它本身完成。对于第一个条件我们可以人为地控制，在编写动态链接器时保证不使用任何系统库、运行库；对于第二个条件，动态链接器必须在启动时有一段非常精巧的代码可以完成这项艰巨的工作而同时又不能用到全局和静态变量。这种具有一定限制条件的启动代码往往被称为**自举**（Bootstrap）。

动态链接器入口地址即是自举代码的入口，当操作系统将进程控制权交给动态链接器时，动态链接器的自举代码即开始执行。自举代码首先会找到它自己的 GOT。而 GOT 的第一个入口保存的即是".dynamic"段的偏移地址，由此找到了动态链接器本身的".dynamic"段。通过".dynamic"中的信息，自举代码便可以获得动态链接器本身的重定位表和符号表等，从而得到动态链接器本身的重定位入口，先将它们全部重定位。从这一步开始，动态链接器代码中才可以开始使用自己的全局变量和静态变量。

实际上在动态链接器的自举代码中，除了不可以使用全局变量和静态变量之外，甚至不能调用函数，即动态链接器本身的函数也不能调用。这是为什么呢？其实我们在前面分析地址无关代码时已经提到过，实际上使用 PIC 模式编译的共享对象，对于模块内部的函数调用也是采用跟模块外部函数调用一样的方式，即使用 GOT/PLT 的方式，所以在 GOT/PLT 没有被重定位之前，自举代码不可以使用任何全局变量，也不可以调用函数。下面这段注释来自于 Glibc 2.6.1 源代码中的 elf/rtld.c：

```
/* Now life is sane; we can call functions and access global data.
   Set up to use the operating system facilities, and find out from
   the operating system's program loader where to find the program
   header table in core.  Put the rest of _dl_start into a separate
   function, that way the compiler cannot put accesses to the GOT
   before ELF_DYNAMIC_RELOCATE.  */
```

这段注释写在自举代码的末尾，表示自举代码已经执行结束。“Now life is sane”，可以想象动态链接器的作者在此时大舒一口气，终于完成自举了，可以自由地调用各种函数并且随意访问全局变量了。

7.6.2 装载共享对象

完成基本自举以后，动态链接器将可执行文件和链接器本身的符号表都合并到一个符号表当中，我们可以称它为**全局符号表**（Global Symbol Table）。然后链接器开始寻找可执行文件所依赖的共享对象，我们前面提到过“.dynamic”段中，有一种类型的入口是DT_NEEDED，它所指出的是该可执行文件（或共享对象）所依赖的共享对象。由此，链接器可以列出可执行文件所需要的所有共享对象，并将这些共享对象的名字放入到一个装载集合中。然后链接器开始从集合里取一个所需要的共享对象的名字，找到相应的文件后打开该文件，读取相应的ELF文件头和“.dynamic”段，然后将它相应的代码段和数据段映射到进程空间中。如果这个ELF共享对象还依赖于其他共享对象，那么将所依赖的共享对象的名字放到装载集合中。如此循环直到所有依赖的共享对象都被装载进来为止，当然链接器可以有不同的装载顺序，如果我们把依赖关系看作一个图的话，那么这个装载过程就是一个图的遍历过程，链接器可能会使用深度优先或者广度优先或者其他的顺序来遍历整个图，这取决于链接器，比较常见的算法一般都是广度优先的。

当一个新的共享对象被装载进来的时候，它的符号表会被合并到全局符号表中，所以当所有的共享对象都被装载进来的时候，全局符号表里面将包含进程中所有的动态链接所需要的符号。

符号的优先级

在动态链接器按照各个模块之间的依赖关系，对它们进行装载并且将它们的符号并入到全局符号表时，会不会有这么一种情况发生，那就是有可能两个不同的模块定义了同一个符号？让我们来看看这样一个例子：共有4个共享对象a1.so、a2.so、b1.so和b2.so，它们的源代码文件分别为a1.c、a2.c、b1.c和b2.c：

```
/* a1.c */
#include <stdio.h>

void a()
{
```

```
    printf("a1.c\n");
}

/* a2.c */
#include <stdio.h>

void a()
{
    printf("a2.c\n");
}

/* b1.c */
void a();

void b1()
{
    a();
}

/* b2.c */
void a();

void b2()
{
    a();
}
```

可以看到 a1.c 和 a2.c 中都定义了名字为“a”的函数。那么由于 b1.c 和 b2.c 都用到了外部函数“a”，但由于源代码中没有指定依赖于哪个共享对象中的函数“a”，所以我们在编译时指定依赖关系。我们假设 b1.so 依赖于 a1.so，b2.so 依赖于 a2.so，将 b1.so 与 a1.so 进行链接，b2.so 与 a2.so 进行链接：

```
$ gcc -fPIC -shared a1.c -o a1.so
$ gcc -fPIC -shared a2.c -o a2.so
$ gcc -fPIC -shared b1.c a1.so -o b1.so
$ gcc -fPIC -shared b2.c a2.so -o b2.so
$ ldd b1.so
        linux-gate.so.1 =>  (0xffffe000)
        a1.so => not found
        libc.so.6 => /lib/tls/i686/cmov/libc.so.6 (0xb7e86000)
        /lib/ld-linux.so.2 (0x80000000)
$ldd b2.so
        linux-gate.so.1 =>  (0xffffe000)
        a2.so => not found
        libc.so.6 => /lib/tls/i686/cmov/libc.so.6 (0xb7e17000)
        /lib/ld-linux.so.2 (0x80000000)
```

那么当有程序同时使用 b1.c 中的函数 b1 和 b2.c 中的函数 b2 会怎么样呢？比如有程序 main.c：

```
/* main.c */
#include <stdio.h>

void b1();
```

```
void b2();

int main()
{
    b1();
    b2();
    return 0;
}
```

然后我们将 main.c 编译成可执行文件并且运行：

```
$gcc main.c b1.so b2.so -o main -Xlinker -rpath ./
./main
a1.c
a1.c
```

> "–XLinker –rpath ./" 表示链接器在当前路径寻找共享对象，否则链接器会报无法找到 a1.so 和 a2.so 错误

很明显，main 依赖于 b1.so 和 b2.so；b1.so 依赖于 a1.so；b2.so 依赖于 a2.so，所以当动态链接器对 main 程序进行动态链接时，b1.so、b2.so、a1.so 和 a2.so 都会被装载到进程的地址空间，并且它们中的符号都会被并入到全局符号表，通过查看进程的地址空间信息可看到：

```
$ cat /proc/14831/maps
08048000-08049000 r-xp 00000000 08:01 1344643    ./main
08049000-0804a000 rwxp 00000000 08:01 1344643    ./main
b7e83000-b7e84000 rwxp b7e83000 00:00 0
b7e84000-b7e85000 r-xp 00000000 08:01 1343481    ./a2.so
b7e85000-b7e86000 rwxp 00000000 08:01 1343481    ./a2.so
b7e86000-b7e87000 r-xp 00000000 08:01 1343328    ./a1.so
b7e87000-b7e88000 rwxp 00000000 08:01 1343328    ./a1.so
b7e88000-b7fcc000 r-xp 00000000 08:01 1488993
/lib/tls/i686/cmov/libc-2.6.1.so
b7fcc000-b7fcd000 r-xp 00143000 08:01 1488993
/lib/tls/i686/cmov/libc-2.6.1.so
b7fcd000-b7fcf000 rwxp 00144000 08:01 1488993
/lib/tls/i686/cmov/libc-2.6.1.so
b7fcf000-b7fd3000 rwxp b7fcf000 00:00 0
b7fde000-b7fdf000 r-xp 00000000 08:01 1344641    ./b2.so
b7fdf000-b7fe0000 rwxp 00000000 08:01 1344641    ./b2.so
b7fe0000-b7fe1000 r-xp 00000000 08:01 1344637    ./b1.so
b7fe1000-b7fe2000 rwxp 00000000 08:01 1344637    ./b1.so
b7fe2000-b7fe4000 rwxp b7fe2000 00:00 0
b7fe4000-b7ffe000 r-xp 00000000 08:01 1455332    /lib/ld-2.6.1.so
b7ffe000-b8000000 rwxp 00019000 08:01 1455332    /lib/ld-2.6.1.so
bfdd2000-bfde7000 rw-p bfdd2000 00:00 0          [stack]
ffffe000-fffff000 r-xp 00000000 00:00 0          [vdso]
```

这 4 个共享对象的确都被装载进来了，那 a1.so 中的函数 a 和 a2.so 中的函数 a 是不是冲突了呢？为什么 main 的输出结果是两个“a1.c”呢？也就是说 a2.so 中的函数 a 似乎被忽略了。这种一个共享对象里面的全局符号被另一个共享对象的同名全局符号覆盖的现象又被称

为共享对象**全局符号介入**（Global Symbol Interpose）。

关于全局符号介入这个问题，实际上 Linux 下的动态链接器是这样处理的：它定义了一个规则，那就是**当一个符号需要被加入全局符号表时，如果相同的符号名已经存在，则后加入的符号被忽略**。从动态链接器的装载顺序可以看到，它是按照广度优先的顺序进行装载的，首先是 main，然后是 b1.so、b2.so、a1.so，最后是 a2.so。当 a2.so 中的函数 a 要被加入全局符号表时，先前装载 a1.so 时，a1.so 中的函数 a 已经存在于全局符号表，那么 a2.so 中的函数 a 只能被忽略。所以整个进程中，所有对于符合“a”的引用都会被解析到 a1.so 中的函数 a，这也是为什么 main 打印出的结果是两个“a1.c”而不是理想中的“a1.c”和“a2.c”。

由于存在这种重名符号被直接忽略的问题，当程序使用大量共享对象时应该非常小心符号的重名问题，如果两个符号重名又执行不同的功能，那么程序运行时可能会将所有该符号名的引用解析到第一个被加入全局符号表的使用该符号名的符号，从而导致程序莫名其妙的错误。

全局符号介入与地址无关代码

前面介绍地址无关代码时，对于第一类模块内部调用或跳转的处理时，我们简单地将其当作是相对地址调用/跳转。但实际上这个问题比想象中要复杂，结合全局符号介入，关于调用方式的分类的解释会更加清楚。还是拿前面“pic.c”的例子来看，由于可能存在全局符号介入的问题，foo 函数对于 bar 的调用不能够采用第一类模块内部调用的方法，因为一旦 bar 函数由于全局符号介入被其他模块中的同名函数覆盖，那么 foo 如果采用相对地址调用的话，那个相对地址部分就需要重定位，这又与共享对象的地址无关性矛盾。所以对于 bar() 函数的调用，编译器只能采用第三种，即当作模块外部符号处理，bar()函数被覆盖，动态链接器只需要重定位“.got.plt”，不影响共享对象的代码段。

为了提高模块内部函数调用的效率，有一个办法是把 bar()函数变成编译单元私有函数，即使用“static”关键字定义 bar()函数，这种情况下，编译器要确定 bar()函数不被其他模块覆盖，就可以使用第一类的方法，即模块内部调用指令，可以加快函数的调用速度。

7.6.3 重定位和初始化

当上面的步骤完成之后，链接器开始重新遍历可执行文件和每个共享对象的重定位表，将它们的 GOT/PLT 中的每个需要重定位的位置进行修正。因为此时动态链接器已经拥有了进程的全局符号表，所以这个修正过程也显得比较容易，跟我们前面提到的地址重定位的原理基本相同。在前面介绍动态链接下的重定位表时，我们已经碰到过几种重定位类型，每种重定位入口地址的计算方式我们在这里就不再重复介绍了。

重定位完成之后，如果某个共享对象有“.init”段，那么动态链接器会执行“.init”段中的代码，用以实现共享对象特有的初始化过程，比如最常见的，共享对象中的C++的全局/静态对象的构造就需要通过“.init”来初始化。相应地，共享对象中还可能有“.finit”段，当进程退出时会执行“.finit”段中的代码，可以用来实现类似C++全局对象析构之类的操作。

如果进程的可执行文件也有“.init”段，那么动态链接器不会执行它，因为可执行文件中的“.init”段和“.finit”段由程序初始化部分代码负责执行，我们将在后面的“库”这一部分详细介绍程序初始化部分。

当完成了重定位和初始化之后，所有的准备工作就宣告完成了，所需要的共享对象也都已经装载并且链接完成了，这时候动态链接器就如释重负，将进程的控制权转交给程序的入口并且开始执行。

7.6.4 Linux 动态链接器实现

在前面分析Linux下程序的装载时，已经介绍了一个通过execve()系统调用被装载到进程的地址空间的程序，以及内核如何处理可执行文件。内核在装载完ELF可执行文件以后就返回到用户空间，将控制权交给程序的入口。对于不同链接形式的ELF可执行文件，这个程序的入口是有区别的。对于静态链接的可执行文件来说，程序的入口就是ELF文件头里面的e_entry指定的入口；对于动态链接的可执行文件来说，如果这时候把控制权交给e_entry指定的入口地址，那么肯定是不行的，因为可执行文件所依赖的共享库还没有被装载，也没有进行动态链接。所以对于动态链接的可执行文件，内核会分析它的动态链接器地址（在“.interp”段），将动态链接器映射至进程地址空间，然后把控制权交给动态链接器。

Linux动态链接器是个很有意思的东西，它本身是一个共享对象，它的路径是/lib/ld-linux.so.2，这实际上是个软链接，它指向/lib/ld-x.y.z.so，这个才是真正的动态连接器文件。共享对象其实也是ELF文件，它也有跟可执行文件一样的ELF文件头（包括e_entry、段表等）。动态链接器是个非常特殊的共享对象，它不仅是个共享对象，还是个可执行的程序，可以直接在命令行下面运行：

```
$ /lib/ld-linux.so.2
Usage: ld.so [OPTION]... EXECUTABLE-FILE [ARGS-FOR-PROGRAM...]
You have invoked `ld.so', the helper program for shared library executables.
This program usually lives in the file `/lib/ld.so', and special directives
in executable files using ELF shared libraries tell the system's program
loader to load the helper program from this file.  This helper program loads
the shared libraries needed by the program executable, prepares the program
to run, and runs it.  You may invoke this helper program directly from the
command line to load and run an ELF executable file; this is like executing
that file itself, but always uses this helper program from the file you
specified, instead of the helper program file specified in the executable
file you run.  This is mostly of use for maintainers to test new versions
of this helper program; chances are you did not intend to run this program.
```

```
--list                 list all dependencies and how they are resolved
--verify               verify that given object really is a dynamically
                       linked object we can handle
--library-path PATH    use given PATH instead of content of the environment
                       variable LD_LIBRARY_PATH
--inhibit-rpath LIST   ignore RUNPATH and RPATH information in object names
                       in LIST
```

其实 Linux 的内核在执行 execve()时不关心目标 ELF 文件是否可执行（文件头 e_type 是 ET_EXEC 还是 ET_DYN），它只是简单按照程序头表里面的描述对文件进行装载然后把控制权转交给 ELF 入口地址（没有“.interp”就是 ELF 文件的 e_entry；如果有“.interp”的话就是动态链接器的 e_entry）。这样我们就很好理解为什么动态链接器本身可以作为可执行程序运行，这也从一个侧面证明了共享库和可执行文件实际上没什么区别，除了文件头的标志位和扩展名有所不同之外，其他都是一样的。Windows 系统中的 EXE 和 DLL 也是类似的区别，DLL 也可以被当作程序来运行，Windows 提供了一个叫做 rundll32.exe 的工具可以把一个 DLL 当作可执行文件运行。

Linux 的 ELF 动态链接器是 Glibc 的一部分，它的源代码位于 Glibc 的源代码的 elf 目录下面，它的实际入口地址位于 sysdeps/i386/dl-manchine.h 中的_start（普通程序的入口地址_start()在 sysdeps/i386/elf/start.S，本书的第 4 部分还会详细分析）。

_start 调用位于 elf/rtld.c 的_dl_start()函数。_dl_start()函数首先对 ld.so（以下简称 ld-x.y.z.so 为 ld.so）进行重定位，因为 ld.so 自己就是动态链接器，没有人帮它做重定位工作，所以它只好自己来，美其名曰“自举”。自举的过程需要十分的小心谨慎，因为有很多限制，这个我们在前面已经介绍过了。完成自举之后就可以调用其他函数并访问全局变量了。调用_dl_start_final，收集一些基本的运行数值，进入_dl_sysdep_start，这个函数进行一些平台相关的处理之后就进入了_dl_main，这就是真正意义上的动态链接器的主函数了。_dl_main 在一开始会进行一个判断：

```
if (*user_entry == (ElfW(Addr)) ENTRY_POINT)
  {
    /* Ho ho.  We are not the program interpreter!  We are the program
   itself!  This means someone ran ld.so as a command.  Well, that
   might be convenient to do sometimes.  We support it by
   interpreting the args like this:

   ld.so PROGRAM ARGS...

   The first argument is the name of a file containing an ELF
   executable we will load and run with the following arguments.
   To simplify life here, PROGRAM is searched for using the
   normal rules for shared objects, rather than $PATH or anything
   like that.  We just load it and use its entry point; we don't
   pay attention to its PT_INTERP command (we are the interpreter
   ourselves).  This is an easy way to test a new ld.so before
   installing it.  */
…
```

很明显，如果指定的用户入口地址是动态链接器本身，那么说明动态链接器是被当作可执行文件在执行。在这种情况下，动态链接器就会解析运行时的参数，并且进行相应的处理。_dl_main 本身非常的长，主要的工作就是前面提到的对程序所依赖的共享对象进行装载、符号解析和重定位，我们在这里就不再详细展开了，因为它的实现细节又是一个非常大的话题。

关于动态链接器本身的细节实现虽然不再展开，但是作为一个非常有特点的，也很特殊的共享对象，关于它的实现的几个问题还是很值得思考的。

1. **动态链接器本身是动态链接的还是静态链接的？**

   动态链接器本身应该是静态链接的，它不能依赖于其他共享对象，动态链接器本身是用来帮助其他 ELF 文件解决共享对象依赖问题的，如果它也依赖于其他共享对象，那么谁来帮它解决依赖问题？所以它本身必须不依赖于其他共享对象。这一点可以使用 ldd 来判断：

   ```
   $ ldd /lib/ld-linux.so.2
           statically linked
   ```

2. **动态链接器本身必须是 PIC 的吗？**

   是不是 PIC 对于动态链接器来说并不关键，动态链接器可以是 PIC 的也可以不是，但往往使用 PIC 会更加简单一些。一方面，如果不是 PIC 的话，会使得代码段无法共享，浪费内存；另一方面也会使 ld.so 本身初始化更加复杂，因为自举时还需要对代码段进行重定位。实际上的 ld-linux.so.2 是 PIC 的。

3. **动态链接器可以被当作可执行文件运行，那么它的装载地址应该是多少？**

   ld.so 的装载地址跟一般的共享对象没区别，即为 0x00000000。这个装载地址是一个无效的装载地址，作为一个共享库，内核在装载它时会为其选择一个合适的装载地址。

7.7 显式运行时链接

支持动态链接的系统往往都支持一种更加灵活的模块加载方式，叫做**显式运行时链接**（Explicit Run-time Linking），有时候也叫做**运行时加载**。也就是让程序自己在运行时控制加载指定的模块，并且可以在不需要该模块时将其卸载。从前面我们了解到的情况来看，如果动态链接器可以在运行时将共享模块装载进内存并且可以进行重定位等操作，那么这种运行时加载在理论上也是很容易实现的。而且一般的共享对象不需要进行任何修改就可以进行运行时装载，这种共享对象往往被叫做**动态装载库**（Dynamic Loading Library），其实本质上它跟一般的共享对象没什么区别，只是程序开发者使用它的角度不同。

这种运行时加载使得程序的模块组织变得很灵活，可以用来实现一些诸如插件、驱动等功能。当程序需要用到某个插件或者驱动的时候，才将相应的模块装载进来，而不需要从一开始就将他们全部装载进来，从而减少了程序启动时间和内存使用。并且程序可以在运行的时候重新加载某个模块，这样使得程序本身不必重新启动而实现模块的增加、删除、更新等，这对于很多需要长期运行的程序来说是很大的优势。最常见的例子是 Web 服务器程序，对于 Web 服务器程序来说，它需要根据配置来选择不同的脚本解释器、数据库连接驱动等，对于不同的脚本解释器分别做成一个独立的模块，当 Web 服务器需要某种脚本解释器的时候可以将其加载进来；这对于数据库连接的驱动程序也是一样的原理。另外对于一个可靠的 Web 服务器来说，长期的运行是必要的保证，如果我们需要增加某种脚本解释器，或者某个脚本解释器模块需要升级，则可以通知 Web 服务器程序重新装载该共享模块以实现相应的目的。

在 Linux 中，从文件本身的格式上来看，动态库实际上跟一般的共享对象没有区别，正如我们前面讨论过的。主要的区别是共享对象是由动态链接器在程序启动之前负责装载和链接的，这一系列步骤都由动态连接器自动完成，对于程序本身是透明的；而动态库的装载则是通过一系列由动态链接器提供的 API，具体地讲共有 4 个函数：打开动态库（dlopen）、查找符号（dlsym）、错误处理（dlerror）以及关闭动态库（dlclose），程序可以通过这几个 API 对动态库进行操作。这几个 API 的实现是在/lib/libdl.so.2 里面，它们的声明和相关常量被定义在系统标准头文件<dlfcn.h>。我们先来看看这几个函数的具体意义，然后再演示一个很有意思的小程序。

7.7.1 dlopen()

dlopen() 函数用来打开一个动态库，并将其加载到进程的地址空间，完成初始化过程，它的 C 原型定义为：

```
void * dlopen(const char *filename, int flag);
```

第一个参数是被加载动态库的路径，如果这个路径是绝对路径（以“/”开始的路径），则该函数将会尝试直接打开该动态库；如果是相对路径，那么 dlopen()会尝试在以一定的顺序去查找该动态库文件：

（1）查找有环境变量 LD_LIBRARY_PATH 指定的一系列目录（我们在后面会详细介绍 LD_LIBRARY_PATH 环境变量）。

（2）查找由/etc/ld.so.cache 里面所指定的共享库路径。

（3）/lib、/usr/lib 注意：这个查找顺序与旧的 a.out 装载器的顺序刚好相反，旧的 a.out 的装载器在装载共享库的时候会先查找/usr/lib，然后是/lib。

当然，这在理论上不应该成为一个问题，因为所有的库都应该只存在于某个目录中，而不应该在多个目录有不同的副本，这将会导致系统变得极为不可靠。

很有意思的是，如果我们将 filename 这个参数设置为 0，那么 dlopen 返回的将是全局符号表的句柄，也就是说我们可以在运行时找到全局符号表里面的任何一个符号，并且可以执行它们，这有些类似高级语言反射（Reflection）的特性。全局符号表包括了程序的可执行文件本身、被动态链接器加载到进程中的所有共享模块以及在运行时通过 dlopen 打开并且使用了 RTLD_GLOBAL 方式的模块中的符号。

第二个参数 flag 表示函数符号的解析方式，常量 RTLD_LAZY 表示使用延迟绑定，当函数第一次被用到时才进行绑定，即 PLT 机制；而 RTLD_NOW 表示当模块被加载时即完成所有的函数绑定工作，如果有任何未定义的符号引用的绑定工作没法完成，那么 dlopen()就返回错误。上面的两种绑定方式必须选其一。另外还有一个常量 RTLD_GLOBAL 可以跟上面的两者中任意一个一起使用（通过常量的“或”操作），它表示将被加载的模块的全局符号合并到进程的全局符号表中，使得以后加载的模块可以使用这些符号。在调试程序的时候我们可以使用 RTLD_NOW 作为加载参数，因为如果模块加载时有任何符号未被绑定的话，我们可以使用 dlerror()立即捕获到相应的错误信息；而如果使用 RTLD_LAZY 的话，这种符号未绑定的错误会在加载后发生，则难以捕获。当然，使用 RTLD_NOW 会导致加载动态库的速度变慢。

dlopen 的返回值是被加载的模块的句柄，这个句柄在后面使用 dlsym 或者 dlclose 时要用到。如果加载模块失败，则返回 NULL。如果模块已经通过 dlopen 被加载过了，那么返回的是同一个句柄。另外如果被加载的模块之间有依赖关系，比如模块 A 依赖于模块 B，那么程序员须手工加载被依赖的模块，比如先加载 B，再加载 A。

事实上 dlopen 还会在加载模块时执行模块中初始化部分的代码，我们前面提到过，动态链接器在加载模块时，会执行“.init”段的代码，用以完成模块的初始化工作，dlopen 的加载过程基本跟动态链接器一致，在完成装载、映射和重定位以后，就会执行“.init”段的代码然后返回。

7.7.2 dlsym()

dlsym 函数基本上是运行时装载的核心部分，我们可以通过这个函数找到所需要的符号。它的定义如下：

```
void * dlsym(void *handle, char *symbol);
```

定义非常简洁，有两个参数，第一个参数是由 dlopen()返回的动态库的句柄；第二个参数即所要查找的符号的名字，一个以“\0”结尾的 C 字符串。如果 dlsym()找到了相应的符号，则返回该符号的值；没有找到相应的符号，则返回 NULL。dlsym()返回的值对于不同类型的符号，意义是不同的。如果查找的符号是个函数，那么它返回函数的地址；如果是个变量，它返回变量的地址；如果这个符号是个常量，那么它返回的是该常量的值。这里有一个问题是：如果常量的值刚好是 NULL 或者 0 呢，我们如何判断 dlsym()是否找到了该符号呢？这就要用到我们下面介绍的 dlerror()函数了。如果符号找到了，那么 dlerror()返回 NULL，如果没找到，dlerror()就会返回相应的错误信息。

> **注意** 符号不仅仅是函数和变量，有时还是常量，比如表示编译单元文件名的符号等，这一般由编译器和链接器产生，而且对外不可见，但它们的确存在于模块的符号表中。dlsym()是可以查找到这些符号的，我们也可以通过“objdump –t”来查看符号表，常量在符号表里面的类型是“*ABS*”。

符号优先级

前面在介绍动态链接实现时，我们已经碰到过许多共享模块中符号名冲突的问题，结论是当多个同名符号冲突时，先装入的符号优先，我们把这种优先级方式称为**装载序列**（Load Ordering）。那么当我们的进程中有模块是通过dlopen()装入的共享对象时，这些后装入的模块中的符号可能会跟先前已经装入了的模块之间的符号重复。那么这时候模块之间的符号冲突该怎么解决呢？实际上不管是之前由动态链接器装入的还是之后由 dlopen 装入的共享对象，动态链接器在进行符号的解析以及重定位时，都是采用装载序列。

那么当我们使用 dlsym()进行符号的地址查找工作时，这个函数是不是也是按照装载序列的优先级进行符号的查找呢？实际的情况是，dlsym()对符号的查找优先级分两种类型。第一种情况是，如果我们是在全局符号表中进行符号查找，即 dlopen()时，参数 filename 为 NULL，那么由于全局符号表使用的是装载序列，所以 dlsym()使用的也是装载序列。第二种情况是如果我们是对某个通过 dlopen()打开的共享对象进行符号查找的话，那么采用的是一种叫做**依赖序列**（Dependency Ordering）的优先级。什么叫依赖序列呢？它是以被 dlopen()打开的那个共享对象为根节点，对它所有依赖的共享对象进行广度优先遍历，直到找到符号为止。

7.7.3 dlerror()

每次我们调用 dlopen()、dlsym()或 dlclose()以后，我们都可以调用 dlerror()函数来判断上一次调用是否成功。dlerror()的返回值类型是 char*，如果返回 NULL，则表示上一次调用成功；如果不是，则返回相应的错误消息。

7.7.4 dlclose()

dlclose()的作用跟 dlopen()刚好相反，它的作用是将一个已经加载的模块卸载。系统会维持一个加载引用计数器，每次使用 dlopen()加载某模块时，相应的计数器加一；每次使用 dlclose()卸载某模块时，相应计数器减一。只有当计数器值减到 0 时，模块才被真正地卸载掉。卸载的过程跟加载刚好相反，先执行“.finit”段的代码，然后将相应的符号从符号表中去除，取消进程空间跟模块的映射关系，然后关闭模块文件。

下面是一个简单的例子，这段程序将数学库模块用运行时加载的方法加载到进程中，然后获取 sin()函数符号地址，调用 sin()并且返回结果：

```
#include <stdio.h>
#include <dlfcn.h>

int main(int argc, char* argv[])
{
    void* handle;
    double (*func)(double);
    char* error;

    handle = dlopen(argv[1],RTLD_NOW);
    if(handle == NULL) {
        printf("Open library %s error: %s\n", argv[1], dlerror());
        return -1;
    }

    func = dlsym(handle,"sin");
    if( (error = dlerror()) != NULL ) {
        printf("Symbol sin not found: %s\n", error);
        goto exit_runso;
    }

    printf( "%f\n", func(3.1415926 / 2) );

    exit_runso:
    dlclose(handle);
}
```

```
$gcc -o RunSoSimple RunSoSimple.c -ldl
$./RunSoSimple /lib/libm-2.6.1.so
1.000000
```

-ldl 表示使用 DL 库（Dynamical Loading），它位于/lib/libdl.so.2。

7.7.5 运行时装载的演示程序

或许我们都听说过 Windows 下有个程序叫做 rundll，这个程序可以把 Windows 的 DLL 当作程序来运行。我们知道 DLL 是 Windows 的动态链接库，原理上跟 Linux 下的共享对象是一种类型的文件（我们将在后面的章节中详细介绍 Windows DLL）。rundll 其实就是利用了运行时加载的原理，将指定的共享对象在运行时加载进来，然后找到某个函数（DLL 中是 DllMain）开始执行。我们这个例子中将实现一个更为灵活的叫做 runso 的程序，这个程序可以通过命令行来执行共享对象里面的任意一个函数。它在理论上很简单，基本的步骤就是：由命令行给出共享对象路径、函数名和相关参数，然后程序通过运行时加载将该模块加载到进程中，查找相应的函数，并且执行它，然后将执行结果打印出来。但是这里有一个很大的问题是：不同的函数有不同的参数和返回值类型，即有不同的函数签名。当我们需要运行某个指定的函数时，仅仅知道它的地址是不够的，还必须知道它的函数签名。这些信息是无法通过运行时加载获得的（很多高级语言（平台）如 Java、.NET 里面的反射功能可以实现运行时获得函数的额外信息，包括参数、返回值类型等），因为 C/C++编译器在编译时并没有把这些信息也保存到目标文件、可执行文件或者共享对象等，我们仅仅能获得的是函数的地址。从这一点来看，C/C++的确不能被称为“高级”语言。

对于上面无法得知函数类型的问题，我们只能通过调用者指定函数的参数和返回值类型来实现。比如我们规定 RunSo 的使用方式如下：

```
$RunSo /lib/foobar.so function arg1 arg2 ... return_type
```

为了表示参数和返回值类型，我们假设字母 d 表示 double、i 表示 int、s 表示 char*、v 表示 void。然后我们在参数之前加一个字母表示参数的类型：

```
$./RunSo /lib/libm-2.6.1.so sin d2.0 d
```

这就表示我们希望调用/lib/libm-2.6.1.so 里面的 sin 函数，其中第一个参数是 double 类型的，参数值是 2.0；最后一个字母 d 表示 sin 函数的返回值是 double 类型的。那么如果要调用/lib/libfoo.so 里面一个 void bar(char* str, int i)的函数可以使用如下命令行：

```
$./RunSo /lib/libfoo.so bar sHello i10 v
```

上面的命令相当于调用 bar(“Hello”, 10)。函数的类型我们已经通过手工指定可以得知了，但在 RunSo 的实现上还有一个问题存在。

我们上面的例子中，sin 函数的类型是程序员手工指定的，也就是我们知道数学库里面有这样一个 sin 函数，它的类型是 double sin(double)，于是我们定义了一个指向这种类型的函数指针 double (*func)(double)。但是如果要做到调用任意一个函数，我们不可能为每种函数都定义相同类型的函数指针，然后去调用它，因为函数参数的组合有无数种。为了解决这个问题，我们必须了解函数调用的约定（具体参照后面的函数调用约定），然后在调用函数之前伪造好相应的堆栈，造成正常函数调用的假象。为了能够直接操作堆栈，我们不得不使用嵌入汇编代码来完成相应的操作。下面这个例子就是 RunSo 的源代码，其中用到了一些嵌入汇编代码和一些函数调用约定的知识，稍微有点复杂，如果你一时没有看明白可以等看完“函数调用约定”再回来仔细研究这段代码，就会豁然开朗了。如果对嵌入汇编代码不是很熟悉，可以再回顾一下最开始我们介绍过的嵌入汇编代码的内容，如下：

```
#include <stdio.h>
#include <dlfcn.h>

#define SETUP_STACK                                     \
i = 2;                                                  \
while(++i < argc - 1) {                                 \
    switch(argv[i][0]) {                                \
```

```
    case 'i':                                   \
        asm volatile("push %0" ::               \
        "r"(atoi(&argv[i][1])) );               \
        esp += 4;                               \
        break;                                  \
    case 'd':                                   \
        atof(&argv[i][1]);                      \
        asm volatile("subl $8,%esp\n"           \
        "fstpl (%esp)" );                       \
        esp += 8;                               \
        break;                                  \
    case 's':                                   \
        asm volatile("push %0" ::               \
        "r"(&argv[i][1]) );                     \
        esp += 4;                               \
        break;                                  \
    default:                                    \
        printf("error argument type");          \
        goto exit_runso;                        \
    }                                           \
}

#define RESTORE_STACK                           \
    asm volatile("add %0,%%esp"::"r"(esp))

int main(int argc, char* argv[])
{
    void* handle;
    char* error;
    int i;
    int esp = 0;
    void* func;

    handle = dlopen(argv[1], RTLD_NOW);
    if(handle == 0) {
        printf("Can't find library: %s\n", argv[1]);
        return -1;
    }

    func = dlsym(handle, argv[2]);
    if( (error = dlerror()) != NULL ) {
        printf("Find symbol %s error: %s\n", argv[2], error);
        goto exit_runso;
    }

    switch(argv[argc-1][0]){
    case 'i':
    {
        int (*func_int)() = func;
        SETUP_STACK;
        int ret = func_int();
        RESTORE_STACK;
        printf("ret = %d\n", ret );
        break;
    }
    case 'd':
```

```
    {
        double (*func_double)() = func;
        SETUP_STACK;
        double ret = func_double();
        RESTORE_STACK;
        printf("ret = %f\n", ret );
        break;
    }
    case 's':
    {
        char* (*func_str)() = func;
        SETUP_STACK;
        char* ret = func_str();
        RESTORE_STACK;
        printf("ret = %s\n", ret );
        break;
    }
    case 'v':
    {
        void (*func_void)() = func;
        SETUP_STACK
        func_void();
        RESTORE_STACK;
        printf("ret = void");
        break;
    }
    } // end of switch

    exit_runso:

    dlclose(handle);
}
```

7.8 本章小结

本章我们首先分析了使用动态链接技术的原因，即使用动态链接可以更加有效地利用内存和磁盘资源，可以更加方便地维护升级程序，可以让程序的重用变得更加可行和有效。接着我们介绍了动态链接的基本例子，分析了动态链接中装载地址不确定时如何解决绝对地址引用的问题。

装载时重定位和地址无关代码是解决绝对地址引用问题的两个方法，装载时重定位的缺点是无法共享代码段，但是它的运行速度较快；而地址无关代码的缺点是运行速度稍慢，但它可以实现代码段在各个进程之间的共享。我们还介绍了 ELF 的延迟绑定 PLT 技术。

接着我们介绍了 ELF 文件中的“.interp”、“.dyanmic”、动态符号表、重定位表等结构，它们是实现 ELF 动态链接的关键结构。我们还分析了动态链接器如何实现自举、装载共享对象、实现重定位和初始化过程，实现动态链接。最后我们还介绍了显式动态链接的概念，并且举例展示了如何使用显式运行时链接编写一个程序运行 ELF 共享库中的函数。

第8章

Linux共享库的组织

8.1 共享库版本
8.2 符号版本
8.3 共享库系统路径
8.4 共享库查找过程
8.5 环境变量
8.6 共享库的创建和安装
8.7 本章小结

由于动态链接的诸多优点，大量的程序开始使用动态链接机制，导致系统里面存在数量极为庞大的共享对象。如果没有很好的方法将这些共享对象组织起来，整个系统中的共享对象文件则会散落在各个目录下，给长期的维护、升级造成了很大的问题。所以操作系统一般会对共享对象的目录组织和使用方法有一定的规则，我们将在这一章介绍 Linux 下共享库的管理问题。

这里先澄清一个说法，即**共享库**（Shared Library）的概念。其实从文件结构上来讲，共享库和共享对象没什么区别，Linux 下的共享库就是普通的 ELF 共享对象。由于共享对象可以被各个程序共享，所以它也就成为了库的很好的存在形式，很多库的开发者都以共享对象的形式让程序来使用，久而久之，共享对象和共享库这两个概念已经很模糊了，所以广义上我们可以将它们看作是同一个概念。

8.1 共享库版本

8.1.1 共享库兼容性

共享库的开发者会不停地更新共享库的版本，以修正原有的 Bug、增加新的功能或改进性能等。由于动态链接的灵活性，使得程序本身和程序所依赖的共享库可以分别独立开发和更新，比如当有程序 A 依赖于 libfoo.so，当 libfoo.so 的开发者宣布新版本开发完成之后，理论上我们只需要用新的 libfoo.so 将旧版本替换掉即可享用新版 libfoo.so 提供的一切好处。但是共享库版本的更新可能会导致接口的更改或删除，这可能导致依赖于该共享库的程序无法正常运行。最简单的情况下，共享库的更新可以被分为两类。

- **兼容更新**。所有的更新只是在原有的共享库基础上添加一些内容，所有原有的接口都保持不变。
- **不兼容更新**。共享库更新改变了原有的接口，使用该共享库原有接口的程序可能不能运行或运行不正常。

接口这个词有着很广泛的含义，在软件的很多层次上都有所谓的“接口”。但是这里讨论的接口是二进制接口，即 ABI（Application Binary Interface）。共享库的 ABI 跟程序语言有着很大的关系，不同的语言对于接口的兼容性要求不同。ABI 对于不同的语言来说，主要包括一些诸如函数调用的堆栈结构、符号命名、参数规则、数据结构的内存分布等方面的规则。那么对于一个 C 语言编写的共享库来说，什么样的更改会导致 ABI 变化呢？表 8-1 列举了几种常见的更改方式。

表 8-1

更改类型	兼容性
往共享库 libfoo.so 里面添加一个导出符号 foo2	兼容
删除共享库 libfoo.so 里面一个原有的导出符号 foo	不兼容
将 libfoo.so 给一个导出函数添加一个参数，比如原来的 foo(int a)变成了 foo(int a, int b)	不兼容
删除一个导出函数中的一个参数，如原来的 foo(int a, int b)变成了 foo(int a)	不兼容
如果一个结构类型被用于一个导出函数或导出全局变量，那么改变结构类型的长度、内容、成员类型，如 libfoo.so 有导出函数 foo(struct bar b)，而 bar 的结构被改变	不兼容
修正一个导出函数中的 Bug，或者改进某个导出函数的性能，但是不改变导出函数的语义、功能、行为和接口类型	兼容
修正一个导出函数中的 Bug，或者改进某个导出函数的性能，但是同时改变了导出函数的语义、功能、行为或接口类型	不兼容

导致 C 语言的共享库 ABI 改变的行为主要有如下 4 个：

- 导出函数的行为发生改变，也就是说调用这个函数以后产生的结果与以前不一样，不再满足旧版本规定的函数行为准则。
- 导出函数被删除。
- 导出数据的结构发生变化，比如共享库定义的结构体变量的结构发生改变：结构成员删除、顺序改变或其他引起结构体内存布局变化的行为（不过通常来讲，往结构体的尾部添加成员不会导致不兼容，当然这个结构体必须是共享库内部分配的，如果是外部分配的，在分配该结构体时必须考虑成员添加的情况）。
- 导出函数的接口发生变化，如函数返回值、参数被更改。

如果能够保证上述 4 种情况不发生，那么绝大部分情况下，C 语言的共享库将会保持 ABI 兼容。注意，仅仅是绝大部分情况，要破坏一个共享库的 ABI 十分容易，要保持 ABI 的兼容却十分困难。很多因素会导致 ABI 的不兼容，比如不同版本的编译器、操作系统和硬件平台等，使得 ABI 兼容尤为困难。使用不同版本的编译器或系统库可能会导致结构体的成员对齐方式不一致，从而导致了 ABI 的变化。这种 ABI 不兼容导致的问题可能非常微妙，表面上看可能无关紧要，但是一旦发生故障，相关的 Bug 非常难以定位，这也是共享库很大的一个问题。

对于 C++来说，ABI 问题就更为严重了。由于 C++非常复杂，它支持诸如模板等一些高级特性，这些特性对于 ABI 兼容来说简直就是灾难。因为 C++标准对于 C++的 ABI 没有做出规定，所以不同的编译器甚至同一个编译器的不同版本对于 C++的一些特性的实现都有着各自的方案，而且相互不兼容，比如虚函数表、模板实例化、多重继承等。对于 Linux 来说，如果你要开发一个导出接口为C++的共享库（当然我十分不推荐这么做，使用C的接口会让事情变得简单得多），要注意以下事项，以防止ABI不兼容（完全遵循以下准则还是不能保证ABI完全兼容）：

- 不要在接口类中使用虚函数，万不得已要使用虚函数时，不要随意删除、添加或在子类中添加新的实现函数，这样会导致类的虚函数表结构发生变化。
- 不要改变类中任何成员变量的位置和类型。
- 不要删除非内嵌的public或protected成员函数。
- 不要将非内嵌的成员函数改变成内嵌成员函数。
- 不要改变成员函数的访问权限。
- 不要在接口中使用模板。
- 最重要的是，不要改变接口的任何部分或干脆不要使用C++作为共享库接口！

8.1.2 共享库版本命名

既然共享库存在这样那样的兼容性问题，那么保持共享库在系统中的兼容性，保证依赖于它们的应用程序能够正常运行是必须要解决的问题。有几种办法可用于解决共享库的兼容性问题，有效办法之一就是使用共享库版本的方法。Linux有一套规则来命名系统中的每一个共享库，它规定共享库的文件命名规则必须如下：

```
libname.so.x.y.z
```

最前面使用前缀“lib”、中间是库的名字和后缀“.so”，最后面跟着的是三个数字组成的版本号。“x”表示**主版本号**（Major Version Number），“y”表示**次版本号**（Minor Version Number），“z”表示**发布版本号**（Release Version Number）。三个版本号的含义不一样。

主版本号表示库的重大升级，不同主版本号的库之间是不兼容的，依赖于旧的主版本号的程序要改动相应的部分，并且重新编译，才可以在新版的共享库中运行；或者，系统必须保留旧版的共享库，使得那些依赖于旧版共享库的程序能够正常运行。

次版本号表示库的增量升级，即增加一些新的接口符号，且保持原来的符号不变。在主版本号相同的情况下，高的次版本号的库向后兼容低的次版本号的库。一个依赖于旧的次版本号共享库的程序，可以在新的次版本号共享库中运行，因为新版中保留了原来所有的接口，并且不改变它们的定义和含义。比如系统中有个共享库为libfoo.so.1.2.x，后来在升级过程中添加了一个函数，版本号变成了1.3.x。因为1.2.x的所有接口都被保留到1.3.x中了，所以那些依赖于1.1.x或1.2.x的程序都可以在1.3.x中正常运行。

发布版本号表示库的一些错误的修正、性能的改进等，并不添加任何新的接口，也不对接口进行更改。相同主版本号、次版本号的共享库，不同的发布版本号之间完全兼容，依赖于某个发布版本号的程序可以在任何一个其他发布版本号中正常运行，而无须做任何修改。

> 当然现在 Linux 中也存在不少不遵守上述规定的“顽固分子”，比如最基本的 C 语言库 Glibc 就不使用这种规则，它的基本 C 语言库使用 libc-x.y.z.so 这种命名方式。Glibc 有许多组件，C 语言库只是其中一个，动态链接器也是 Glibc 的一部分，它使用 ld-x.y.z.so 这样的命名方式，还有 Glibc 的其他部分，比如数学库 libm、运行时装载库 libdl 等。
>
> *Reference:* Library Interface Versioning in Solaris and Linux
>
> *http://www.usenix.org/publications/library/proceedings/als00/2000papers/papers/full_papers/browndavid/browndavid_html/*
>
> 这篇论文对 Salaris 和 Linux 的共享库版本机制和符号版本机制做了非常详细的介绍。

8.1.3 SO-NAME

程序需要记录什么

可以这么说，共享库的主版本号和次版本号决定了一个共享库的接口。那么从一个可执行程序的角度看，如何表示它依赖于哪些版本的哪些共享库？或者说在运行时，动态链接器怎样知道程序依赖于哪些共享库，它们的版本号又是什么？

我们假设程序中有一个它所依赖的共享库的列表，其中每一项对应于它所依赖的一个共享库。可以肯定的是，程序中必须包含被依赖的共享库的名字和主版本号。因为我们知道不同主版本号之间的共享库是完全不兼容的，所以程序中保存一个诸如 libfoo.so.2 的记录，以防止动态链接器在运行时意外地将程序与 libfoo.so.1 或 libfoo.so.3 链接到一起。通过这个可以发现，如果在系统中运行旧的应用程序，就需要在系统中保留旧应用程序所需要的旧的主版本号的共享库。

SO-NAME

对于新的系统来说，包括 Solaris 和 Linux，普遍采用一种叫做 SO-NAME 的命名机制来记录共享库的依赖关系。每个共享库都有一个对应的“SO-NAME”，这个 SO-NAME 即共享库的文件名去掉次版本号和发布版本号，保留主版本号。比如一个共享库叫做 libfoo.so.2.6.1，那么它的 SO-NAME 即 libfoo.so.2。很明显，“SO-NAME”规定了共享库的接口，“SO-NAME”的两个相同共享库，次版本号大的兼容次版本号小的。在 Linux 系统中，系统会为每个共享库在它所在的目录创建一个跟“SO-NAME”相同的并且指向它的**软链接**（Symbol Link）。比如系统中有存在一个共享库“/lib/libfoo.so.2.6.1”，那么 Linux 中的共享库管理程序就会为它产生一个软链接“/lib/libfoo.so.2”指向它。比如 Linux 系统的 Glibc 共享库：

```
$ ls -l /lib/libc*
-rwxr-xr-x 1 root root 1249520 2007-10-25 09:03 libc-2.6.1.so
…
lrwxrwxrwx 1 root root      13 2007-11-10 15:49 libc.so.6 -> libc-2.6.1.so
…
```

由于历史原因，动态链接器和 C 语言库的共享对象文件名规则不按 Linux 标准的共享库命名方法，但是 C 语言的 SO-NAME 还是按照正常的规则：Glibc 的 C 语言库 libc-2.6.1.so，它的 SO-NAME 是 libc.so.6；为了“彰显”动态链接器的与众不同，它的 SO-NAME 命名也不按照普通的规则，比如动态链接器的文件名是 ld-2.6.1.so，它的 SO-NAME 是 ld-linux.so。

那么以“SO-NAME”为名字建立软链接有什么用处呢？实际上这个软链接会指向目录中主版本号相同、次版本号和发布版本号最新的共享库。也就是说，比如目录中有两个共享库版本分别为：/lib/libfoo.so.2.6.1 和/lib/libfoo.2.5.3，那么软链接/lib/libfoo.so.2 会指向/lib/libfoo.so.2.6.1。这样保证了所有的以 SO-NAME 为名的软链接都指向系统中最新版的共享库。

建立以 SO-NAME 为名字的软链接目的是，使得所有依赖某个共享库的模块，在编译、链接和运行时，都使用共享库的 SO-NAME，而不使用详细的版本号。我们在前面介绍动态链接文件中的“.dynamic”段时已经提到过，如果某文件 A 依赖于某文件 B，那么 A 的“.dynamic”段中会有 DT_NEED 类型的字段，字段的值就是 B。现在有一个问题是，这个字段值该如何表示 B 这个文件呢？如果保存的是 B 的文件名，即包含次版本号和发布版本号，那么会有什么问题呢？很直接的问题是，这个文件 A 只能依赖于某个特定版本的 B。比如程序 A 依赖于 C 语言库，它在编译时，系统中存在的 C 语言库版本是/lib/libc-2.6.1.so，那么编译完成后，它的“.dynamic”中的 DT_NEED 类型如果保存了/lib/libc-2.6.1.so。当系统将 C 语言库版本升级至 2.6.2 或 2.7.1 时，系统必须保留原来的 2.6.1 的共享库，否则这个程序 A 就无法正常运行。

但是我们知道，因为根据 Linux 的共享库版本规定，实际上 2.6.2 或 2.7.1 版本的共享库是兼容 2.6.1 的，我们无须继续保留原来的 2.6.1，否则系统中将遗留大量的各种版本的共享库，大大浪费了磁盘和内存空间。所以一个可行的方法就是编译输出 ELF 文件时，将被依赖的共享库的 SO-NAME 保存到“.dynamic”中，这样当动态链接器进行共享库依赖文件查找时，就会根据系统中各种共享库目录中的 SO-NAME 软链接自动定向到最新版本的共享库。比如之前 Lib.so 的依赖文件：

```
$ readelf -d Lib.so

Dynamic section at offset 0x4f4 contains 21 entries:
  Tag        Type                         Name/Value
 0x00000001 (NEEDED)                     Shared library: [libc.so.6]
…
```

当共享库进行升级的时候，如果只是进行增量升级，即保持主版本号不变，只改变次版本号或发布版本号，那么我们可以直接将新版的共享库替换掉旧版，并且修改 SO-NAME 的软链接指向新版本共享库，即可实现升级；当共享库的主版本号升级时，系统中就会存在多个 SO-NAME，由于这些 SO-NAME 并不相同，所以已有的程序并不会受影响。

> 总之，SO-NAME 表示一个库的接口，接口不向后兼容，SO-NAME 就发生变化，这是基本的原则。

Linux 中提供了一个工具叫做“ldconfig”，当系统中安装或更新一个共享库时，就需要运行这个工具，它会遍历所有的默认共享库目录，比如/lib、/usr/lib 等，然后更新所有的软链接，使它们指向最新版的共享库；如果安装了新的共享库，那么 ldconfig 会为其创建相应的软链接。

链接名

当我们在编译器里面使用共享库的时候（比如使用 GCC 的“-l”参数链接某个共享库），我们使用了更为简洁的方式，比如需要链接一个 libXXX.so.2.6.1 的共享库，只需要在编译器命令行里面指定-lXXX 即可，可省略所有其他部分。编译器会根据当前环境，在系统中的相关路径（往往由-L 参数指定）查找最新版本的“XXX”库。

这个“XXX”又被称为共享库的**链接名**（Link Name）。不同类型的库可能会有同样的链接名，比如 C 语言运行库有静态版本（libc.a）和动态版本（libc.so.x.y.z）的区别，如果在链接时使用参数“-lc”，那么链接器会根据输出文件的情况（动态/静态）来选择适合版本的库。比如 ld 使用“-static”参数时，“-lc”会查找 libc.a；如果使用“-Bdynamic”（这也是默认情况），它会查找最新版本的 libc.so.x.y.z。

8.2 符号版本

历史回顾

在一些早期的系统中，应用程序在被构建时，静态链接器会把程序所依赖的所有共享库的名字、主版本号和次版本号都记录到最终的应用程序二进制输出文件中。在运行时，由于动态链接器知道应用程序所依赖的共享库的确切版本号，所以兼容性问题比较容易处理。比如在 SunOS 4.x 中，动态链接器会根据程序的共享库依赖列表中的记录，在系统中查找相同共享库名和主版本号的共享库；如果某个共享库在系统中存在相同主版本号不同次版本号的多个副本，那么动态链接器会使用那个最高次版本号的副本。

动态链接器在查找共享库过程中，如果找到的共享库的次版本号高于或等于依赖列表中的版本，那么链接器就默认共享库满足要求，因为更高次版本号的共享库肯定包含所有需要的符号；如果找到的共享库次版本号低于所需要的版本，SunOS 4.x 系统的策略是向用户发出一个警告信息，表示系统中仅有低次版本号的共享库，但运行程序还是继续运行。程序很有可能能够正常运行，比如该程序只用了低次版本号中的接口，而没有用到高次版本号中新添加的那些接口。当然，程序如果用到了高次版本号中新添加的接口而目前系统中的低次版本号的共享库中不存在，那么就会发生重定位错误。有些采取更加保守策略的系统中，对于这种系统中没有足够高的次版本号满足依赖关系的情况，程序将会被禁止运行，以防止出现意外情况。

这两种策略或可能导致程序运行错误（第一种只通过警告的策略），或者会阻止那些实际上能够运行的程序（第二种保守策略）。实际上很多应用程序在高次版本的系统中都有构建，但实际上它只用到了低次版本的那部分接口，在采取第二种策略的系统中，如果系统中只有低次版本号的共享库，那么这些程序就不能运行。我们可以把这个问题叫做**次版本号交会问题**（Minor-revision Rendezvous Problem）。

次版本号交会问题并没有因为 SO-NAME 而解决

动态链接器在进行动态链接时，只进行主版本号的判断，即只判断 SO-NAME，如果某个被依赖的共享库 SO-NAME 与系统中存在的实际共享库 SO-NAME 一致，那么系统就认为接口兼容，而不再进行兼容性检查。这样就会出现一个问题，当某个程序依赖于较高的次版本号的共享库，而运行于较低次版本号的共享库系统时，就可能产生缺少某些符号的错误。因为次版本号只保证向后兼容，并不保证向前兼容，新版的次版本号的共享库可能添加了一些旧版没有的符号。这种**次版本号交会问题**并没有因为 SO-NAME 的存在而得到任何改善。对于这个问题，现代的系统通过一种更加精巧的方式来解决，那就是**符号版本**机制。

8.2.1 基于符号的版本机制

正常情况下，为了表示某个共享库中增加了一些接口，我们就把这个共享库的次版本号升高（表示里面添加了一些东西）。但是我们需要一种更为巧妙的方法，来解决次版本号交会问题。Linux 下的 Glibc 从版本 2.1 之后开始支持一种叫做**基于符号的版本机制**（Symbol Versioning）的方案。这个方案的基本思路是让每个导出和导入的符号都有一个相关联的版本号，它的实际做法类似于名称修饰的方法。与以往简单地将某个共享库的版本号重新命名不同（比如将 libfoo.so.1.2 升级到 libfoo.so.1.3），当我们将 libfoo.so.1.2 升级至 1.3 时，仍然保持 libfoo.so.1 这个 SO-NAME，但是给在 1.3 这个新版中添加的那些全局符号打上一个标记，比如“VERS_1.3”。那么，如果一个共享库每一次次版本号升级，我们都能给那些在新的次版本号中添加的全局符号打上相应的标记，就可以清楚地看到共享库中的每个符号都拥有相应的标签，比如“VERS_1.1”、“VERS_1.2”、“VERS_1.3”、“VERS_1.4”。

8.2.2 Solaris 中的符号版本机制

这个基于符号版本的方案最早是 Sun 在 1995 年的 Solaris 2.5 中实现的，在这个新的机制中，Solaris 的 ld 链接器为共享库新增了**版本机制**（Versioning）和**范围机制**（Scoping）。

版本机制的想法很简单，也就是定义一些符号的集合，这些集合本身都有名字，比如叫“VERS_1.1”、“VERS_1.2”等，每个集合都包含一些指定的符号，除了可以拥有符号以外，一个集合还可以包含另外一个集合，比如“VERS_1.2”可以包含集合“VERS_1.1”。就概念而言与其说是“包含”，不如说是“继承”，比如“VERS_1.2”的符号集合包含（继承）了所有“VERS_1.1”的符号，并且包含所有“VERS_1.2”的符号。

那么，这些集合的定义及它们包含哪些符号是怎样指定的呢？在 Solaris 中，程序员可以在链接共享库时编写一种叫做**符号版本脚本**的文件，在这个文件中指定这些符号与集合之间及集合与集合之间的继承依赖关系。链接器在链接时根据符号版本脚本中指定的关系来产生共享库，并且设置符号的集合与它们之间的关系。

举个简单的例子，假设有个名为 libstack.so.1 的共享库编写的符号版本脚本文件如下：

```
SUNW_1.1 {
    global:
    pop;
    push;
}

SUNWprivate {
    global:
    __pop;
    __push;
    local:
    *;
}
```

在这个脚本文件中，我们可以看到它定义了两个符号集合，分别为“SUNW_1.1”和“SUNWprivate”（在 Solaris 系统中，符号的集合名通常由“SUNW”开头）。第一个包含了两个全局符号 pop 和 push；在第二个集合中，包含了两个全局符号“__pop”和“__push”。第二个集合中最后的“local: *;”表示：除了上述被标识为全局的“pop”、“push”、“__pop”和“__push”这 4 个符号以外，共享库中其他的本来是全局的符号都将成为共享库局部符号，也就是说链接器会把原先是全局的符号全部变成局部的，这样一来，共享库外部的应用程序或其他的共享库将无法访问这些符号。这种方式可以用于保护那些共享库内部的公用实用函数，但是共享库的作者又不希望共享库的使用者能够有意或无意地访问这些函数。这种方法又被称为**范围机制**（Scoping），它实际上是对 C 语言没有很好的符号可见范围的控制机制的一种补充，或者说是一种补救性质的措施。

假设现在这个共享库升级了，在原有的基础上添加了一个全局函数“swap”，那么新的符号版本脚本文件可以在原有的基础上添加如下内容：

```
SUNW_1.2 {
    global:
    swap;
} SUNW_1.1;
```

上面的脚本就表示了一个典型的向上兼容的接口：1.2 版的共享库增加了一个 swap 接口，并且它继承了 1.1 的所有接口。那么我们可以按照这种方式，共享库中的版本序号SUNW_1.1、SUNW_1.2、SUNW_1.3……分别表示每次共享库添加接口以后的更新，它们依次向后继承，向后兼容。这里值得一提的是，跟在“SUNW_”前缀后面的版本号由主版本号与一个次版本号构成，这里的主版本号对应于共享库实际的 SO-NAME 中的主版本号。

当共享库的符号都有了版本集合之后，一个最明显的效果就是，当我们在构建（编译和链接）应用程序的时候，链接器可以在程序的最终输出文件中记录下它所用到的版本符号集合。值得注意的是，程序里面记录的不是构建时共享库中版本最新的符号集合，而是程序所依赖的集合中版本号最小的那个（或者那些）。比如，一个共享库 libfoo.so.1 中有 6 个符号版本，从 SUNW_1.1 到 SUNW_1.6，某个应用程序 app_foo 在编译时，系统中的 libfoo.so.1 的符号版本为 SUNW_1.6，但实际上 app_foo 只用到了最高到 SUNW_1.3 集合的符号，那么应用程序实际上依赖于 SUNW_1.3，而不是 SUNW_1.6。链接器会计算出 app_foo 所用到的最高版本的符号，然后把 SUNW_1.3 记录到 app_foo 的可执行文件内。

在程序运行时，动态链接器会通过程序内记录的它所依赖的所有共享库的符号集合版本信息，然后判定当前系统共享库中的符号集合版本是否满足这些被依赖的符号集合。通过这样的机制，就可以保证那些在高次版本共享库的系统中编译的程序在低次版本共享库中运行。如果该低次版本的共享库满足符号集合的要求，比如 app_foo 在 libfoo.so.1 次版本号大于等于 3 的系统中运行，就没有任何问题；如果低次版本共享库不满足要求，如 app_foo 在 libfoo.so.1 次版本号小于 3 的系统中运行，动态链接器就会意识到当前系统的共享库次版本号不满足要求，从而阻止程序运行，以防止造成进一步的损失。

这种符号版本的方法是对 SO-NAME 机制保证共享库主版本号一致的一种非常好的补充。

8.2.3 Linux 中的符号版本

Linux 系统下共享库的符号版本机制并没有被广泛应用，主要使用共享库符号版本机制的是 Glibc 软件包中所提供的 20 多个共享库。这些共享库比较有效地利用了符号版本机制来表示符号的版本演化及利用范围机制来屏蔽一些不希望暴露给共享库使用者的符号。对于目前 2.6.1 的 Glibc 中的 C 语言运行库 libc-2.6.1.so 来说，它的符号版本演化如下：

GLIBC_2.0、GLIBC_2.1、GLIBC_2.1.1、GLIBC_2.1.2、GLIBC_2.1.3、GLIBC_2.2、GLIBC_2.2.1、GLIBC_2.2.2、GLIBC_2.2.3、GLIBC_2.2.4、GLIBC_2.2.6、GLIBC_2.3、GLIBC_2.3.2、GLIBC_2.3.3、GLIBC_2.3.4、GLIBC_2.4、GLIBC_2.5、GLIBC_2.6

对于有些像 Glibc 中的加密解密库 libcrypt，它目前的共享库版本是 libcrypt-2.6.1.so，但是它内部的符号版本只有 GLIBC_2.0，因为它的接口十分稳定，从 2.0 版本之后就没有改动过。另外我们在 Glibc 的库中还可以看到类似于“GCC_”为前缀及“GLIBC_PRIVATE”这样的符号版本，这样的符号版本标记分别用于 GCC 编译器和 GLIBC 内部，它提醒共享库的使用者：最好不要使用这些符号，因为它并不是对外公开的，有可能随着共享库的版本演化而被删除或改变，总之一句话，后果自负。

GCC 对 Solaris 符号版本机制的扩展

GCC 在 Solaris 系统中的符号版本机制的基础上还提供了两个扩展。第一个扩展是，除了可以在符号版本脚本中指定符号的版本之外，GCC 还允许使用一个叫做“.symver”的汇编宏指令来指定符号的版本，这个汇编宏指令可以被用在 GAS 汇编中，也可以在 GCC 的 C/C++源代码中以嵌入汇编指令的模式使用。它的用法如下：

```
asm(".symver add, add@VERS_1.1");

int add(int a, int b)
{
    return a + b;
}
```

这样就可以把符号“add”指定为符号标签“VERS_1.1”。第二个扩展是 GCC 允许多个版本的同一个符号存在于一个共享库中，也就是说，在链接层面提供了某种形式的符号重载机制，比如：

```
asm(".symver old_printf, printf@VERS_1.1");
asm(".symver new_printf, printf@VERS_1.2");

int old_printf()
{
    ...
}
```

```
int new_printf()
{
    ...
}
```

为什么要提供这种符号多版本重载机制呢？有时候当我们对共享库进行升级的时候，可能仅仅更改了一个符号的接口或含义，那么，如果仅仅为了这个符号的更改而升级主版本号，那么将会对系统带来很大的影响。理想的情况是，当共享库发生比较小的变化时，新版的共享库能够在原来的基础上做些补充，而并不影响旧版的功能，即能完全保持向后兼容性，争取做到不更改共享库的 SO-NAME，即不更改主版本号。

Solaris 2.5 系统的符号版本方案有一个不足，那就是同一个共享库中，每个函数只能有一个版本号，也就是说不允许多个版本的同一个函数名存在，只允许该函数的某个版本存在。比如符号 foo 要么是 VERS_1.0，要么是 VERS_1.1，不允许这两个版本同时存在。Linux 下的符号版本机制比 Salaris 2.5 的要先进一些，它允许同一个名称的符号存在多个版本。当某个符号在新的共享库版本中接口被更改或符号的含义被改变，那么共享库可以保留原来的版本符号，比如前面例子中导出的 printf 1.1 版实际上即为 old_printf；而将新版的 new_printf 导出成 printf 版本 1.2。这样，链接器可以挑选符合某个程序版本号的符号来进行链接，使用 1.1 版 printf 的程序会被链接到 old_printf，而使用 1.2 版的程序会被链接到 new_printf，所有的程序都可以正确运行，更改函数的接口和含义并不影响旧版程序的运行。

Linux 系统中符号版本机制实践

在 Linux 下，当我们使用 ld 链接一个共享库时，可以使用“--version-script”参数；如果使用 GCC，则可以使用“-Xlinker”参数加“--version-script”，相当于把“--version-script”传递给 ld 链接器。如编译源代码为“lib.c”，符号版本脚本文件为“lib.ver”：

```
gcc -shared -fPIC lib.c -Xlinker --version-script lib.ver -o lib.so
```

假设 lib.c 里面定义了一个 foo 的函数，而 main.c 调用了这个函数，如我们使用下面的符号版本脚本编译一个 lib.so：

```
VERS_1.2 {
    global:
        foo;
    local:
        *;
};
```

那么很明显，这个版本的 lib.so 里面 foo 的符号版本是 VERS_1.2。然后将 main.c 编译并且链接到当前版本的 lib.so：

```
gcc main.c ./lib.so -o main
```

于是 main 程序里面所引用的 foo 也是 VERS_1.2 的。如果把这个 main 程序拿到一台只包含低于 VERS_1.2 的 foo 的 lib.so 系统中运行，那么动态链接器就会报运行错误并且退出程序，防止了符号版本不符所造成额外的损失：

```
./main
./main: ./lib.so: version `VERS_1.2' not found (required by ./main)
```

8.3 共享库系统路径

目前大多数包括 Linux 在内的开源操作系统都遵守一个叫做 FHS（File Hierarchy Standard）的标准，这个标准规定了一个系统中的系统文件应该如何存放，包括各个目录的结构、组织和作用，这有利于促进各个开源操作系统之间的兼容性。共享库作为系统中重要的文件，它们的存放方式也被 FHS 列入了规定范围。FHS 规定，一个系统中主要有 3 个存放共享库的位置，它们分别如下：

- /lib，这个位置主要存放系统最关键和基础的共享库，比如动态链接器、C 语言运行库、数学库等，这些库主要是那些/bin 和/sbin 下的程序所要用到的库，还有系统启动时需要的库。
- /usr/lib，这个目录下主要保存的是一些非系统运行时所需要的关键性的共享库，主要是一些开发时用到的共享库，这些共享库一般不会被用户的程序或 shell 脚本直接用到。这个目录下面还包含了开发时可能会用到的静态库、目标文件等。
- /usr/local/lib，这个目录用来放置一些跟操作系统本身并不十分相关的库，主要是一些第三方的应用程序的库。比如我们在系统中安装了 python 语言的解释器，那么与它相关的共享库可能会被放到/usr/local/lib/python，而它的可执行文件可能被放到/usr/local/bin 下。GNU 的标准推荐第三方的程序应该默认将库安装到/usr/local/lib 下。

所以总体来看，/lib 和/usr/lib 是一些很常用的、成熟的，一般是系统本身所需要的库；而/usr/local/lib 是非系统所需的第三方程序的共享库。

8.4 共享库查找过程

在开源系统中，包括所有的 Linux 系统在内的很多都是基于 Glibc 的。我们知道在这些系统里面，动态链接的 ELF 可执行文件在启动时同时会启动动态链接器。在 Linux 系统中，动态链接器是/lib/ld-linux.so.X（X 是版本号），程序所依赖的共享对象全部由动态链接器负责装载和初始化。我们知道任何一个动态链接的模块所依赖的模块路径保存在“.dynamic”段里面，由 DT_NEED 类型的项表示。动态链接器对于模块的查找有一定的规则：如果 DT_NEED 里面保存的是绝对路径，那么动态链接器就按照这个路径去查找；如果 DT_NEED

里面保存的是相对路径，那么动态链接器会在/lib、/usr/lib 和由/etc/ld.so.conf 配置文件指定的目录中查找共享库。为了程序的可移植性和兼容性，共享库的路径往往是相对的。

ld.so.conf 是一个文本配置文件，它可能包含其他的配置文件，这些配置文件中存放着目录信息。在我的机器中，由 ld.so.conf 指定的目录是：

- /usr/local/lib
- /lib/i486-linux-gnu
- /usr/lib/i486-linux-gnu

如果动态链接器在每次查找共享库时都去遍历这些目录，那将会非常耗费时间。所以 Linux 系统中都有一个叫做 ldconfig 的程序，这个程序的作用是为共享库目录下的各个共享库创建、删除或更新相应的 SO-NAME（即相应的符号链接），这样每个共享库的 SO-NAME 就能够指向正确的共享库文件；并且这个程序还会将这些 SO-NAME 收集起来，集中存放到/etc/ld.so.cache 文件里面，并建立一个 SO-NAME 的缓存。当动态链接器要查找共享库时，它可以直接从/etc/ld.so.cache 里面查找。而/etc/ld.so.cache 的结构是经过特殊设计的，非常适合查找，所以这个设计大大加快了共享库的查找过程。

如果动态链接器在/etc/ld.so.cache 里面没有找到所需要的共享库，那么它还会遍历/lib 和/usr/lib 这两个目录，如果还是没找到，就宣告失败。

所以理论上讲，如果我们在系统指定的共享库目录下添加、删除或更新任何一个共享库，或者我们更改了/etc/ld.so.conf 的配置，都应该运行 ldconfig 这个程序，以便调整 SO-NAME 和/etc/ld.so.cache。很多软件包的安装程序在往系统里面安装共享库以后都会调用 ldconfig。

不同的系统中，上面的各个文件的名字或路径可能有所不同，比如 FreeBSD 的 SO-NAME 缓存文件是/var/run/ld-elf.so.hints，我们可以通过查看 ldconfig 的 man 手册来得知这些信息。

8.5 环境变量

LD_LIBRARY_PATH

Linux 系统提供了很多方法来改变动态链接器装载共享库路径的方法，通过使用这些方法，我们可以满足一些特殊的需求，比如共享库的调试和测试、应用程序级别的虚拟等。改变共享库查找路径最简单的方法是使用 LD_LIBRARY_PATH 环境变量，这个方法可以临时改变某个应用程序的共享库查找路径，而不会影响系统中的其他程序。

在 Linux 系统中，LD_LIBRARY_PATH 是一个由若干个路径组成的环境变量，每个路径之间由冒号隔开。默认情况下，LD_LIBRARY_PATH 为空。如果我们为某个进程设置了 LD_LIBRARY_PATH，那么进程在启动时，动态链接器在查找共享库时，会首先查找由 LD_LIBRARY_PATH 指定的目录。这个环境变量可以很方便地让我们测试新的共享库或使用非标准的共享库。比如我们希望使用修改过的 libc.so.6，可以将这个新版的 libc 放到我们的目录/home/user 中，然后指定 LD_LIBRARY_PATH:

```
$ LD_LIBRARY_PATH=/home/user /bin/ls
```

Linux 中还有一种方法可以实现与 LD_LIBRARY_PATH 类似的功能，那就是直接运行动态链接器来启动程序，比如：

```
$/lib/ld-linux.so.2 -library-path /home/user /bin/ls
```

就可以达到跟前面一样的效果。有了 LD_LIBRARY_PATH 之后，再来总结动态链接器查找共享库的顺序。动态链接器会按照下列顺序依次装载或查找共享对象（目标文件）：

- 由环境变量 LD_LIBRARY_PATH 指定的路径。
- 由路径缓存文件/etc/ld.so.cache 指定的路径。
- 默认共享库目录，先/usr/lib，然后/lib。

LD_LIBRARY_PATH 对于共享库的开发和测试来说十分方便，但是它不应该被滥用。也就是说，普通用户在正常情况下不应该随意设置 LD_LIBRARY_PATH 来调整共享库搜索目录。随意修改 LD_LIBRARY_PATH 并且将其导出至全局范围，将可能引起其他应用程序运行出现的问题；LD_LIBRARY_PATH 也会影响 GCC 编译时查找库的路径，它里面包含的目录相当于链接时 GCC 的“-L”参数。

有一篇文章“Why LD_LIBRARY_PATH is bad”专门讨论为什么不要随意使用该环境变量：*http://xahlee.org/UnixResource_dir/_/ldpath.html*

LD_PRELOAD

系统中另外还有一个环境变量叫做 LD_PRELOAD，这个文件中我们可以指定预先装载的一些共享库甚或是目标文件。在 LD_PRELOAD 里面指定的文件会在动态链接器按照固定规则搜索共享库之前装载，它比 LD_LIBRARY_PATH 里面所指定的目录中的共享库还要优先。无论程序是否依赖于它们，LD_PRELOAD 里面指定的共享库或目标文件都会被装载。

由于全局符号介入这个机制的存在，LD_PRELOAD 里面指定的共享库或目标文件中的全局符号就会覆盖后面加载的同名全局符号，这使得我们可以很方便地做到改写标准 C 库中的某个或某几个函数而不影响其他函数，对于程序的调试或测试非常有用。与 LD_LIBRARY_

PATH 一样，正常情况下应该尽量避免使用 LD_PRELOAD，比如一个发布版本的程序运行不应该依赖于 LD_PRELOAD。

系统配置文件中有一个文件是/etc/ld.so.preload，它的作用与 LD_PRELOAD 一样。这个文件里面记录的共享库或目标文件的效果跟 LD_PRELOAD 里面指定的一样，也会被提前装载。

LD_DEBUG

另外还有一个非常有用的环境变量 LD_DEBUG，这个变量可以打开动态链接器的调试功能，当我们设置这个变量时，动态链接器会在运行时打印出各种有用的信息，对于我们开发和调试共享库有很大的帮助。比如我们可以将 LD_DEBUG 设置成“files”，并且运行一个简单动态链接的 HelloWorld：

```
$LD_DEBUG=files ./HelloWorld.out
     12118:
     12118:     file=libc.so.6 [0];  needed by ./HelloWorld.out [0]
     12118:     file=libc.so.6 [0];  generating link map
     12118:       dynamic: 0xb7f16d9c  base: 0xb7dd1000   size: 0x00149610
     12118:         entry: 0xb7de71b0  phdr: 0xb7dd1034  phnum:         10
     12118:
     12118:
     12118:     calling init: /lib/tls/i686/cmov/libc.so.6
     12118:
     12118:
     12118:     initialize program: ./HelloWorld.out
     12118:
     12118:
     12118:     transferring control: ./HelloWorld.out
     12118:
Hello world
     12118:
     12118:     calling fini: ./HelloWorld.out [0]
     12118:
     12118:
     12118:     calling fini: /lib/tls/i686/cmov/libc.so.6 [0]
     12118:
```

动态链接器打印出了整个装载过程，显示程序依赖于哪个共享库并且按照什么步骤装载和初始化，共享库装载时的地址等。LD_DEBUG 还可以设置成其他值，比如：

- “bindings”显示动态链接的符号绑定过程。
- “libs”显示共享库的查找过程。
- “versions”显示符号的版本依赖关系。
- “reloc”显示重定位过程。

- “symbols”显示符号表查找过程。
- “statistics”显示动态链接过程中的各种统计信息。
- “all”显示以上所有信息。
- “help”显示上面的各种可选值的帮助信息。

8.6 共享库的创建和安装

8.6.1 共享库的创建

创建共享库非常简单，我们在前面已经演示了如何创建一个“.so”共享对象。创建共享库的过程跟创建一般的共享对象的过程基本一致，最关键的是使用 GCC 的两个参数，即“-shared”和“-fPIC”。“-shared”表示输出结果是共享库类型的；“-fPIC”表示使用地址无关代码（Position Independent Code）技术来生产输出文件。另外还有一个参数是“-Wl”参数，这个参数可以将指定的参数传递给链接器，比如当我们使用“-Wl、-soname、my_soname”时，GCC 会将“-soname my_soname”传递给链接器，用来指定输出共享库的 SO-NAME。所以我们可以使用如下命令行来生成一个共享库：

```
$gcc -shared -Wl,-soname,my_soname -o library_name source_files
library_files
```

注意 如果我们不使用-soname 来指定共享库的 SO-NAME，那么该共享库默认就没有 SO-NAME，即使用 ldconfig 更新 SO-NAME 的软链接时，对该共享库也没有效果。

比如我们有 libfoo1.c 和 libfoo2.c 两个源代码文件，希望产生一个 libfoo.so.1.0.0 的共享库，这个共享库依赖于 libbar1.so 和 libbar2.so 这两个共享库，我们可以使用如下命令行：

```
$gcc -shared -fPIC -Wl,-soname,libfoo.so.1 -o libfoo.so.1.0.0 \
libfoo1.c libfoo2.c \
-lbar1 -lbar2
```

当然我们也可以把编译和链接的步骤分开，分多步进行：

```
$gcc -c -g -Wall -o libfoo1.o libfoo1.c
$gcc -c -g -Wall -o libfoo2.o libfoo2.c
$ld -shared -soname libfoo.so.1 -o libfoo.so.1.0.0 \
libfoo1.o libfoo2.o -lbar1 -lbar2
```

几个值得注意的事项：

- 不要把输出共享库中的符号和调试信息去掉，也不要使用 GCC 的“-fomit-frame-pointer”选项，这样做虽然不会导致共享库停止运行，但是会影响调试共享库，给后面的工作带来很多麻烦。关于“-fomit-frame-pointer”请参照后面的“函数调用和堆栈”这一节。

- 在开发过程中，你可能要测试新的共享库，但是你又不希望影响现有的程序正常运行。我们前面提到的LD_LIBRARY_PATH是一个很好的方法，用它可以指定共享库的查找路径。还有一种方法是使用链接器的“-rpath”选项（或者GCC的-Wl,-rpath），这种方法可以指定链接产生的目标程序的共享库查找路径。比如我们用如下命令行产生一个可执行文件：

```
$ld -rpath /home/mylib -o program.out program.o -lsomelib
```

这样产生的输出可执行文件program.out在被动态链接器装载时，动态链接器会首先在“/home/mylib”查找共享库。

- 默认情况下，链接器在产生可执行文件时，只会将那些链接时被其他共享模块引用到的符号放到动态符号表，这样可以减少动态符号表的大小。也就是说，在共享模块中反向引用主模块中的符号时，只有那些在链接时被共享模块引用到的符号才会被导出。有一种情况是，当程序使用dlopen()动态加载某个共享模块，而该共享模块须反向引用主模块的符号时，有可能主模块的某些符号因为在链接时没有被其他共享模块引用而没有被放到动态符号表里面，导致了反向引用失败。ld链接器提供了一个“-export-dynamic”的参数，这个参数表示链接器在生产可执行文件时，将所有全局符号导出到动态符号表，以防止出现上述问题。我们也可以在GCC中使用“-Wl,-export-dynamic”将该参数传递给链接器。

8.6.2 清除符号信息

正常情况下编译出来的共享库或可执行文件里面带有符号信息和调试信息，这些信息在调试时非常有用，但是对于最终发布的版本来说，这些符号信息用处并不大，并且使得文件尺寸变大。我们可以使用一个叫“strip”的工具清除掉共享库或可执行文件的所有符号和调试信息（“strip”是binutils的一部分）：

```
$strip libfoo.so
```

去除符号和调试信息以后的文件往往比之前要小很多，一般只有原来的一半大小，甚至不到一半。除了使用“strip”工具，我们还可以使用ld的“-s”和“-S”参数，使得链接器生成输出文件时就不产生符号信息。“-s”和“-S”的区别是：“-S”消除调试符号信息，而“-s”消除所有符号信息。我们也可以在gcc中通过“-Wl,-s”和“-Wl,-S”给ld传递这两个参数。

8.6.3 共享库的安装

创建共享库以后我们须将它安装在系统中，以便于各种程序都可以共享它。最简单的办法就是将共享库复制到某个标准的共享库目录，如/lib、/usr/lib等，然后运行ldconfig即可。

不过上述方法往往需要系统的 root 权限，如果没有，则无法往/lib、/usr/lib 等目录添加文件，也无法运行 ldconfig 程序。当然我们也有其他办法安装共享库，只不过步骤稍微麻烦一些，无非是建立相应的 SO-NAME 软链接，并告诉编译器和程序如何查找该共享库等，以便于编译器和程序都能够正常运行。建立 SO-NAME 的办法也是使用 ldconfig，只不过需要指定共享库所在的目录：

```
$ldconfig -n shared_library_directory
```

在编译程序时，也需要指定共享库的位置，GCC 提供了两个参数“-L”和“-l”，分别用于指定共享库搜索目录和共享库的路径。当然也可以使用前面提到过的“-rpath”参数，这几个参数之间有些细微的区别，我们这里不详细解释了，它们的作用都是用来指定共享库的位置，具体可以参照 GCC 的手册。前面提到过的 LD_LIBRARY_PATH 的方法也可以用来指定某个共享库的位置。

8.6.4 共享库构造和析构函数

很多时候你希望共享库在被装载时能够进行一些初始化工作，比如打开文件、网络连接等，使得共享库里面的函数接口能够正常工作。GCC 提供了一种共享库的构造函数，只要在函数声明时加上“__attribute__((constructor))”的属性，即指定该函数为共享库构造函数，拥有这种属性的函数会在共享库加载时被执行，即在程序的 main 函数之前执行。如果我们使用 dlopen()打开共享库，共享库构造函数会在 dlopen()返回之前被执行。

与共享库构造函数相对应的是析构函数，我们可以使用在函数声明时加上“__attribute__((destructor))”的属性，这种函数会在 main()函数执行完毕之后执行（或者是程序调用 exit()时执行）。如果共享库是运行时加载的，那么我们使用 dlclose()来卸载共享库时，析构函数将会在 dlclose()返回之前执行。声明构造和析构函数的格式如下：

```
void __attribute__((constructor)) init_function(void);
void __attribute__((destructor))  fini_function (void);
```

当然，这种__attribute__的语法是 GCC 对 C 和 C++语言的扩展，在其他编译器上这种语法并不通用。

值得注意的是，如果我们使用了这种析构或构造函数，那么必须使用系统默认的标准运行库和启动文件，即不可以使用 GCC 的“-nostartfiles”或“-nostdlib”这两个参数。因为这些构造和析构函数是在系统默认的标准运行库或启动文件里面被运行的，如果没有这些辅助结构，它们可能不会被运行。我们将在后面的关于系统库和启动文件的章节更加详细介绍相关的机制。

另外还有一个问题是，如果我们有多个构造函数，那么默认情况下，它们被执行的顺序是没有规定的。如果我们希望构造和析构函数能够按照一定的顺序执行，GCC 为我们提供了一个参数叫做优先级，我们可以指定某个构造或析构函数的优先级：

```
void __attribute__((constructor(5))) init_function1(void);
void __attribute__((constructor(10))) init_function2(void);
```

对于构造函数来说，属性中优先级数字越小的函数将会在优先级大的函数之前运行；而对于析构函数来讲，则刚好相反。这种安排有利于构造函数和析构函数能够匹配，比如某一对构造函数和析构函数分别用来申请和释放某个资源，那么它们可以拥有一样的优先级。这样做的结果往往是先申请的资源后释放，符合资源释放的一般规则。

8.6.5 共享库脚本

我们前面所提到的共享库都是动态链接的 ELF 共享对象文件（.so），事实上，共享库还可以是符合一定格式的链接脚本文件。通过这种脚本文件，我们可以把几个现有的共享库通过一定的方式组合起来，从用户的角度看就是一个新的共享库。比如我们可以把 C 运行库和数学库组合成一个新的库 libfoo.so，那么 libfoo.so 的内容可以如下：

```
GROUP( /lib/libc.so.6 /lib/libm.so.2)
```

我们在前面也介绍过 LD 的链接脚本，这里的脚本与 LD 的脚本从语法和命令上来讲没什么区别，它们的作用也相似，即将一个或多个输入文件以一定的格式经过变换以后形成一个输出文件。我们也可以将这种共享库脚本叫做动态链接脚本，因为这个链接过程是动态完成的，也就是运行时完成的。

8.7 本章小结

由于系统中存在大量的共享库，并且每个共享库都会随着更新和升级形成不同的相互兼容或不兼容的版本。如何管理和维护这些共享库，让它们的不同版本之间不会相互冲突是使用共享库的一个重要问题。在本章中，我们介绍了 Linux/ELF 共享库的版本命名方式、共享库符号版本机制、共享库路径、查找过程、环境变量、共享库创建与安装等这些与共享库组织相关的内容。

第 9 章

Windows下的动态链接

9.1 DLL 简介

9.2 符号导出导入表

9.3 DLL 优化

9.4 C++与动态链接

9.5 DLL HELL

9.6 本章小结

Windows 下的 PE 的动态链接与 Linux 下的 ELF 动态链接相比，有很多类似的地方，但也有很多不同的地方。我们在前面已经介绍过了 PE 的基本结构，这一章我们将围绕着 PE 与 Windows 的动态链接来展开，介绍 PE 的符号导入导出机制、重定位和 DLL 的创建与安装以及 DLL 的性能等一系列问题。

9.1 DLL 简介

DLL 即**动态链接库**（Dynamic-Link Library）的缩写，它相当于 Linux 下的共享对象。Window 系统中大量采用了这种 DLL 机制，甚至包括 Windows 的内核的结构都很大程度依赖于 DLL 机制。Windows 下的 DLL 文件和 EXE 文件实际上是一个概念，它们都是有 PE 格式的二进制文件，稍微有些不同的是 PE 文件头部中有个符号位表示该文件是 EXE 或是 DLL，而 DLL 文件的扩展名不一定是.dll，也有可能是别的比如.ocx（OCX 控件）或是.CPL（控制面板程序）。

DLL 的设计目的与共享对象有些出入，DLL 更加强调模块化，即微软希望通过 DLL 机制加强软件的模块化设计，使得各种模块之间能够松散地组合、重用和升级。所以我们在 Windows 平台上看到大量的大型软件都通过升级 DLL 的形式进行自我完善，微软经常将这些升级补丁积累到一定程度以后形成一个**软件更新包**（Service Packs）。比如我们常见的微软 Office 系列、Visual Studio 系列、Internet Explorer 甚至 Windows 本身也通过这种方式升级。

另外，我们知道 ELF 的动态链接可以实现运行时加载，使得各种功能模块能以插件的形式存在。在 Windows 下，也有类似 ELF 的运行时加载，这种技术在 Windows 下被应用得更加广泛，比如著名的 ActiveX 技术就是基于这种运行时加载机制实现的。

9.1.1 进程地址空间和内存管理

在早期版本的 Windows 中（比如 Windows 1.x、2.x、3.x），也就是 16-bit 的 Windows 系统中，所有的应用程序都共享一个地址空间，即进程不拥有自己独立的地址空间（或者在那个时候，这些程序的运行方式还不能被称作为进程）。如果某个 DLL 被加载到这个地址空间中，那么所有的程序都可以共享这个 DLL 并且随意访问。该 DLL 中的数据也是共享的，所以程序以此实现进程间通信。但是由于这种没有任何限制的访问权限，各个程序之间随意的访问很容易导致 DLL 中数据被损坏。

后来的 Windows 改进了这个设计，也就是所谓的 32 位版本的 Windows 开始支持进程拥有独立的地址空间，一个 DLL 在不同的进程中拥有不同的私有数据副本，就像我们前面提到过的 ELF 共享对象一样。在 ELF 中，由于代码段是地址无关的，所以它可以实现多个进程之间共享一份代码，但是 DLL 的代码却并不是地址无关的，所以它只是在某些情况下可以被多个进程间共享。我们将在后面详细探讨 DLL 代码段的地址相关问题。

9.1.2 基地址和 RVA

PE 里面有两个很常用的概念就是**基地址**（Base Address）和**相对地址**（RVA，Relative Virtual Address）。当一个 PE 文件被装载时，其进程地址空间中的起始地址就是基地址。对于任何一个 PE 文件来说，它都有一个优先装载的基地址，这个值就是 PE 文件头中的 Image Base。

对于一个可执行 EXE 文件来说，Image Base 一般值是 0x400000，对于 DLL 文件来说，这个值一般是 0x10000000。Windows 在装载 DLL 时，会先尝试把它装载到由 Image Base 指定的虚拟地址；若该地址区域已被其他模块占用，那 PE 装载器会选用其他空闲地址。而相对地址就是一个地址相对于基地址的偏移，比如一个 PE 文件被装载到 0x10000000，即基地址为 0x10000000，那么 RVA 为 0x1000 的地址为 0x10001000。

9.1.3 DLL 共享数据段

在 Win32 下，如果要实现进程间通信，当然有很多方法，Windows 系统提供了一系列 API 可以实现进程间的通信。其中有一种方法是使用 DLL 来实现进程间通信，这个原理与 16 位 Windows 中的 DLL 实现进程间通信十分类似。正常情况下，每个 DLL 的数据段在各个进程中都是独立的，每个进程都拥有自己的副本。但是 Windows 允许将 DLL 的数据段设置成共享的，即任何进程都可以共享该 DLL 的同一份数据段。当然很多时候比较常见的做法是将一些需要进程间共享的变量分离出来，放到另外一个数据段中，然后将这个数据段设置成进程间可共享的。也就是说一个 DLL 中有两个数据段，一个进程间共享，另外一个私有。

当然这种进程间共享方式也产生了一定的安全漏洞，因为任意一个进程都可以访问这个共享的数据段，那么只要破坏了该数据段的数据就会导致所有使用该数据段的进程出现问题。甚至恶意攻击者可以在 GUEST 的权限下运行某个进程破坏该共享的数据，从而影响那些系统管理员权限的用户使用同一个 DLL 的进程。所以从这个角度讲，这种 DLL 共享数据段来实现进程间通信应该尽量避免。

9.1.4 DLL 的简单例子

我们通过简单的例子来了解最简单的 DLL 的创建和使用，最基本的概念是**导出**（Export）的概念。在 ELF 中，共享库中所有的全局函数和变量在默认情况下都可以被其他模块使用，也就是说 ELF 默认导出所有的全局符号。但是在 DLL 中情况有所不同，我们需要显式地“告诉”编译器我们需要导出某个符号，否则编译器默认所有符号都不导出。当我们在程序中使用 DLL 导出的符号时，这个过程被称为**导入**（Import）。

Microsoft Visual C++(MSVC)编译器提供了一系列 C/C++的扩展来指定符号的导入导出，对于一些支持 Windows 平台的编译器比如 Intel C++、GCC Window 版（mingw GCC, cygwin GCC）等都支持这种扩展。我们可以通过“__declspec”属性关键字来修饰某个函数或者变量，当我们使用“__declspec(dllexport)”时表示该符号是从本 DLL 导出的符号，“__declspec(dllimport)”表示该符号是从别的 DLL 导入的符号。在 C++中，如果你希望导入或者导出的符号符合 C 语言的符号修饰规范，那么必须在这个符号的定义之前加上 external “C”，以防止 C++编译器进行符号修饰。

除了使用“__declspec”扩展关键字指定导入导出符号之外，我们也可以使用“.def”文件来声明导入导出符号。“.def”扩展名的文件是类似于 ld 链接器的链接脚本文件，可以被当作 link 链接器的输入文件，用于控制链接过程。“.def”文件中的 IMPORT 或者 EXPORTS 段可以用来声明导入导出符号，这个方法不仅对 C/C++有效，对其他语言也有效。

9.1.5 创建 DLL

假设我们的一个 DLL 提供 3 个数学运算的函数，分别是加（Add）、减（Sub）、乘（Mul），它的源代码如下（Math.c）：

```
__declspec(dllexport) double Add( double a, double b )
{
    return a + b;
}

__declspec(dllexport) double Sub( double a, double b )
{
    return a - b;
}

__declspec(dllexport) double Mul( double a, double b )
{
    return a * b;
}
```

代码很简单，就是传入两个双精度的值然后返回相应的计算结果（有人能告诉我为什么没有除法吗？不要着急，我们留着除法到后面用）。然后我们使用 MSVC 的编译器 cl 进行编译：

```
cl /LDd Math.c
```

> 参数/LDd 表示生产 Debug 版的 DLL，不加任何参数则表示生产 EXE 可执行文件；我们可以使用/LD 来编译生成 Release 版的 DLL

上面的编译结果生成了“Math.dll”、“Math.obj”、“Math.exp”和“Math.lib”这 4 个文件。很明显“Math.dll”就是我们需要的 DLL 文件，“Math.obj”是编译的目标文件，“Math.exp”和“Math.lib”将在后面作介绍。我们可以通过 dumpbin 工具看到 DLL 的导出符号：

```
dumpbin /EXPORTS Math.dll
...
    ordinal hint RVA      name

          1    0 00001000 Add
          2    1 00001020 Mul
          3    2 00001010 Sub

...
```

很明显，我们可以看到 DLL 有 3 个导出函数以及它们的相对地址。

9.1.6 使用 DLL

程序使用 DLL 的过程其实是引用 DLL 中的导出函数和符号的过程，即导入过程。对于从其他 DLL 导入的符号，我们需要使用“__declspec(dllimport)”显式地声明某个符号为导入符号。这与 ELF 中的情况不一样，在 ELF 中，当我们使用一个外部模块的符号的时候，我们不需要额外声明该变量是从其他共享对象导入的。

我们来看一个使用 Math.dll 的例子：

```
/* TestMath.c */
#include <stdio.h>

__declspec(dllimport) double Sub(double a, double b);

int main(int argc, char **argv)
{
        double result = Sub(3.0, 2.0);
        printf("Result = %f\n", result);
        return 0;
}
```

在编译时，我们通过下面的命令行：

```
cl /c TestMath.c
link TestMath.obj Math.lib
```

第一行使用编译器将 TestMath.c 编译成 TestMath.obj，然后使用链接器将 TestMath.obj 和 Math.lib 链接在一起产生一个可执行文件 TestMath.exe。整个过程如图 9-1 所示。

在最终链接时，我们必须把与 DLL 一起产生的“Math.lib”与“TestMath.o”链接起来，形成最终的可执行文件。在静态链接的时候，我们介绍过“.lib”文件是一组目标文件的集合，在动态链接里面这一点仍然没有错，但是“Math.lib”里面的目标文件是什么呢？

“Math.lib”中并不真正包含“Math.c”的代码和数据，它用来描述“Math.dll”的导出符号，它包含了TestMath.o链接Math.dll时所需要的导入符号以及一部分“桩”代码，又被称作“胶水”代码，以便于将程序与DLL粘在一起。像“Math.lib”这样的文件又被称为**导入库**（**Import Library**），我们在后面介绍导入导出表的时候还会再详细分析。

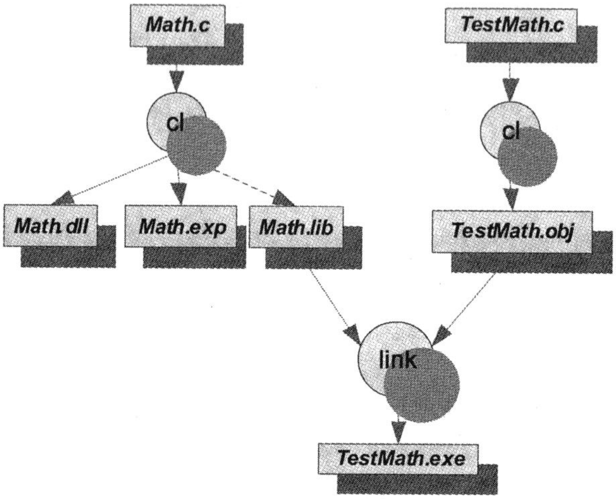

图 9-1 MSVC 静态库链接

9.1.7 使用模块定义文件

声明DLL中的某个函数为导出函数的办法有两种，一种就是前面我们演示过的使用“__declspec(dllexport)”扩展；另外一种就是采用模块定义（.def）文件声明。实际上.def文件在MSVC链接过程中的作用与链接脚本（Link Script）文件在ld链接过程中的作用类似，它是用于控制链接过程，为链接器提供有关链接程序的导出符号、属性以及其他信息。不过相比于ld的链接脚本文件，.def文件的语法要简单得多，而且功能也更少。

假设我们在前面例子的Math.c中将所有的“__declspec(dllexport)”去掉，然后创建一个Math.def文件，以下面作为内容：

```
LIBRARY Math
EXPORTS
Add
Sub
Mul
Div
```

然后使用下面的命令行来编译Math.c：

```
cl Math.c /LD /DEF Math.def
```

这样编译器（更准确地讲是link链接器）就会使用Math.def文件中的描述产生最终输

出文件。那么使用.def 文件来描述 DLL 文件的导出属性有什么好处呢？

首先，我们可以控制导出符号的符号名。很多时候，编译器会对源程序里面的符号进行修饰，比如 C++程序里面的符号经过编译器的修饰以后，都变得面目全非，这一点我们在本书的前面已经领教过了。除了 C++程序以外，C 语言的符号也有可能被修饰，比如 MSVC 支持几种函数的调用规范“__cdecl”、“__stdcall”、“__fastcall”（我们在本书的第 4 章还会详细介绍各种函数调用规范之间的区别），默认情况下 MSVC 把 C 语言的函数当作“_cdecl”类型，这种情况下它对该函数不进行任何符号修饰。但是一旦我们使用其他的函数调用规范时，MSVC 编译器就会对符号名进行修饰，比如使用“__stdcall”调用规范的函数 Add 就会被修饰成“_Add@16”，前面以“_”开头，后面以“@n”结尾，n 表示函数调用时参数所占堆栈空间的大小。使用.def 文件可以将导出函数重新命名，比如当 Add 函数采用“__stdcall”时，我们可以使用如下的.def 文件：

```
LIBRARY Math
EXPORTS
Add=_Add@16
Sub
Mul
Div
```

当我们使用这个.def 文件来生产 Math.dll 时，可以看到：

```
cl /LD /DEF Math.def Math.c
dumpbin /EXPORTS Math.dll
...
    ordinal hint RVA      name

          1    0 00001000 Add
          3    1 00001030 Div
          4    2 00001020 Mul
          5    3 00001010 Sub
          2    4 00001000 _Add@16
...
```

Add 作为一个与_Add@16 等价的导出函数被放到了 Math.dll 的导出函数列表中，实际上有些类似于“别名”。当一个 DLL 被多个语言编写的模块使用时，采用这种方法导出一个函数往往会很有用。比如微软的 Visual Basic 采用的是“__stdcall”的函数调用规范，实际上“__stdcall”调用规范也是大多数 Windows 下的编程语言所支持的通用调用规范，那么作为一个能够被广泛使用的 DLL 最好采用“__stdcall”的函数调用规范。而 MSVC 默认采用的是“__cdecl”调用规范，否则它就会使用符号修饰，经过修饰的符号不便于维护和使用，于是采用.def 文件对导出符号进行重命名就是一个很好的方案。我们经常看到 Windows 的 API 都采用“WINAPI”这种方式声明，而“WINAPI”实际上是一个被定义为“__stdcall”的宏。微软以 DLL 的形式提供 Windows 的 API，而每个 DLL 中的导出函数又以这种“__stdcall”的方式被声明。但是我们可以看到，Windows 的 API 中从来没有_Add@16 这种古怪的命名方式，可见它也是采用了这种导出函数重命名的方法。

与 ld 的链接控制脚本类似，使用.def 文件的另外一个优势是它可以控制一些链接的过程。在微软提供的文档中，除了前面例子中用到的“LIBRARY”、“EXPORTS”等关键字以为，还可以发现.def 支持一些诸如“HEAPSIZE”、“NAME”、“SECTIONS”、“STACKSIZE”、“VERSION”等关键字，通过这些关键字可以控制输出文件的默认堆大小、输出文件名、各个段的属性、默认堆栈大小、版本号等。具体请参照 MSDN 中关于.def 文件的介绍，我们这里就不详细展开了。

9.1.8 DLL 显式运行时链接

与 ELF 类似，DLL 也支持运行时链接，即运行时加载。Windows 提供了 3 个 API 为：

- LoadLibrary（或者 LoadLibraryEx），这个函数用来装载一个 DLL 到进程的地址空间，它的功能跟 dlopen 类似。
- GetProcAddress，用来查找某个符号的地址，与 dlsym 类似。
- FreeLibrary，用来卸载某个已加载的模块，与 dlclose 类似。

我们来看看 Windows 下的显式运行时链接的例子：

```
#include <windows.h>
#include <stdio.h>

typedef double (*Func)(double, double);

int main(int argc, char **argv)
{
        Func function;
        double result;

        // Load DLL
        HINSTANCE hinstLib = LoadLibrary("Math.dll");
        if (hinstLib == NULL) {
            printf("ERROR: unable to load DLL\n");
            return 1;
        }

        // Get function address
        function = (Func)GetProcAddress(hinstLib, "Add");
        if (function == NULL) {
            printf("ERROR: unable to find DLL function\n");
            FreeLibrary(hinstLib);
            return 1;
        }

        // Call function.
        result = function(1.0, 2.0);
```

```
    // Unload DLL file
    FreeLibrary(hinstLib);

    // Display result
    printf("Result = %f\n", result);

    return 0;
}
```

9.2 符号导出导入表

9.2.1 导出表

当一个 PE 需要将一些函数或变量提供给其他 PE 文件使用时，我们把这种行为叫做**符号导出**（Symbol Exporting），最典型的情况就是一个 DLL 将符号导出给 EXE 文件使用。在前面介绍 ELF 动态链接时，我们已经接触过了符号导出的概念，ELF 将导出的符号保存在“.dynsym”段中，供动态链接器查找和使用。在 Windows PE 中，符号导出的概念也类似，所有导出的符号被集中存放在了被称作**导出表**（Export Table）的结构中。事实上导出表从最简单的结构上来看，它提供了一个符号名与符号地址的映射关系，即可以通过某个符号查找相应的地址。基本上这些符号每个都是一个 ASCII 字符串，我们知道符号名可能跟相应的函数名或者变量名相同，也可能不同，因为有**符号修饰**这个机制存在。

注意 很多时候，在讨论到 PE 的导入导出时，经常把函数和符号混淆在一起，因为 PE 在绝大部分时候只导入导出函数，而很少导入导出变量，所以类似于**导出符号**和**导出函数**这种叫法很多时候可以相互替换使用。

我们在前面介绍过，PE 文件头中有一个叫做 DataDirectory 的结构数组，这个数组共有 16 个元素，每个元素中保存的是一个地址和一个长度。其中第一个元素就是导出表的结构的地址和长度。导出表是一个 IMAGE_EXPORT_DIRECTORY 的结构体，它被定义在“Winnt.h”中：

```
typedef struct _IMAGE_EXPORT_DIRECTORY {
    DWORD   Characteristics;
    DWORD   TimeDateStamp;
    WORD    MajorVersion;
    WORD    MinorVersion;
    DWORD   Name;
    DWORD   Base;
    DWORD   NumberOfFunctions;
    DWORD   NumberOfNames;
    DWORD   AddressOfFunctions;     // RVA from base of image
    DWORD   AddressOfNames;         // RVA from base of image
    DWORD   AddressOfNameOrdinals;  // RVA from base of image
} IMAGE_EXPORT_DIRECTORY
```

导出表结构中，最后的 3 个成员指向的是 3 个数组，这 3 个数组是导出表中最重要的结构，它们是**导出地址表**（EAT, Export Address Table）、**符号名表**（Name Table）和**名字序号对应表**（Name-Ordinal Table）。对于“Math.dll”来说，这个导出表的结构将会如图 9-2 所示。

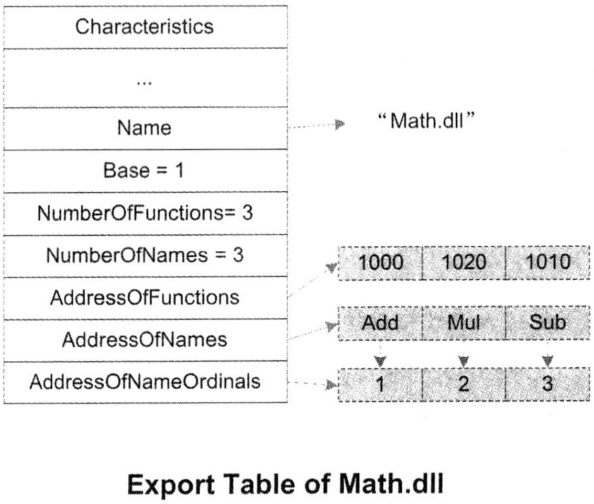

图 9-2 Math.dll 导出表结构

这 3 个数组中，前两个比较好理解。第一个叫做导出地址表 EAT，它存放的是各个导出函数的 RVA，比如第一项是 0x1000，它是 Add 函数的 RVA；第二个表是函数名表，它保存的是导出函数的名字，这个表中，所有的函数名是按照 ASCII 顺序排序的，以便于动态链接器在查找函数名字时可以速度更快（可以使用二分法查找），那么函数名表和 EAT 之间有什么关系呢？是不是一一对应呢？在上面的例子中似乎是这样的，比如 Add 对应 0x1000，Mul 对应 0x1020，Sub 对应 0x1010，这样看起来很简单，但实际上并非如此，因为还有一个叫做序号的概念夹在这两个表之间；第三个名字序号对应表就有点另类了，导出一个函数除了函数名和函数地址不就够了吗？为什么要有序号？什么是序号？

序号（Ordinals）

这还得从很早以前说起，早期的 Windows 是 16 位的，当时的 16 位 Windows 没有很好的虚拟内存机制，而且当时的硬件条件也不好，内存一般只有几个 MB。而函数名表对于当时的 Windows 来说，其实是很奢侈的。比如一个 user.dll 有 600 多个导出函数，如果把这些函数的函数名表全部放在内存中的话，将会消耗几十 KB 的空间。除了 user.dll 之外，程序还会用到其他 DLL，对于内存空间以 KB 计的年代来说，这是不可以容忍的。于是当时 DLL 的函数导出的主要方式是**序号**（Ordinals）。其实序号的概念很简单，一个导出函数的序号就是函数在 EAT 中的地址下标加上一个 Base 值（也就是 IMAGE_EXPORT_DIRECTORY 中的 Base，默认情况下它的值是 1）。比如上面的例子中，Mul 的 RVA 为 0x1020，它在 EAT

中的下标是1，加上一个Base值1，Mul的导出序号为2。如果一个模块A导入了Math.dll中的Add，那么它在导入表中将不保存“Add”这个函数名，而是保存Add函数的序号，即1。当动态链接器进行链接时，它只需要根据模块A的导入表中保存的序号1，减去Math.dll的Base值，得到下标0，然后就可以直接在Math.dll的EAT中找到Add函数的RVA。

使用序号导入导出的好处是明显的，那就是省去了函数名查找过程，函数名表也不需要保存在内存中了。那么使用序号导入导出的问题是什么？最大的问题是，一个函数的序号可能会变化。假设某一次更新中，Math.dll里面添加了一个函数或者删除了一个函数，那么原先函数的序号可能会因此发生变化，从而导致已有的应用程序运行出现问题。一种解决的方案是，由程序员手工指定每个导出函数的序号，比如我们指定 Add 的导出序号为 1，Mul为2，Sub为3，以后加入函数则指定一个与其他函数不同的唯一的序号，如果删除一个函数，那么保持现有函数的序号不变。这种手工指定函数导出序号的方法可以通过链接器的.def文件实现，我们在后面关于DLL优化的章节中还会再详细介绍。

由程序员手工维护导出序号的方法在实际操作中颇为麻烦，为了节省那么一点点内存空间和并不明显的查找速度的提升（相对于现在的硬件条件），实在得不偿失。于是现在的DLL基本都不采用序号作为导入导出的手段，而是直接使用符号名。这种手段就显得直观多了，更加便于理解和程序调试（试想在调试DLL时看到一个导入函数是序号1或者是Add哪个更容易理解？），而且它不需要额外的手工维护，省去了很多繁琐的工作。

虽然现在的DLL导出方式基本都是使用符号名，但是实际上序号的导出方式仍然没有被抛弃。为了保持向后兼容性，序号导出方式仍然被保留，相反，符号名作为导出方式是可选的。一个DLL中的每一个导出函数都有一个对应唯一的序号值，而导出函数名却是可选的，也就是说一个导出函数肯定有一个序号值（序号值是肯定有的，因为函数在EAT的下标加上Base就是序号值），但是可以没有函数名。

了解了序号的概念之后，我们又回到了原来的那个问题，函数名和函数地址之间的关系是怎样的呢？符号名表和EAT的元素之间的映射关系又是怎样的？

上面问题的答案必须通过第三个表，即名字序号对应表。这个表拥有与函数名表一样多数目的元素，每个元素就是对应的函数名表中的函数名所对应的序号值，比如 Add 的序号值是1，Mul的序号值是2等。实际上它就是一个函数名与序号的对应关系表。

那么使用函数名作为导入导出方式，动态链接器如何查找函数的RVA呢？假设模块A导入了 Math.dll 中的 Add 函数，那么 A 的导入表中就保存了“Add”这个函数名。当进行动态链接时，动态链接器在Math.dll的函数名表中进行二分查找，找到“Add”函数，然后在名字序号对应表中找到“Add”所对应的序号，即1，减去Math.dll的Base值1，结果为0，然后在EAT中找到下标0的元素，即“Add”的RVA为0x1000。

从上面的 Math.dll 来看，3 个表的结构都非常规则，元素数目相等，而且是一一对应的。但实际上这 3 个表的内容有可能变得不是很规则：假设我们在 Math.dll 中添加了一个函数叫做 Div，它的 RVA 为 0x1030，并且将它的序号值指定为 5。为了保持原来的几个导出函数的序号值不变，我们手工指定原来的 3 个导出函数的序号值分别为 Add = 1，Mul = 2，Sub = 3。那么 Math.dll 的 3 个表的内容将如图 9-3 所示。

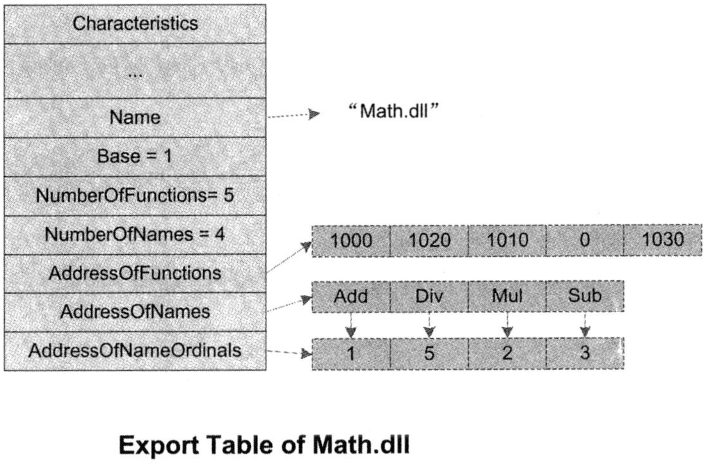

图 9-3　Math.dll 导出表结构（带序号）

对于链接器来说，它在链接输出 DLL 时要知道哪些函数和变量是要被导出的，因为对于 PE 来说，默认情况下，全局函数和变量是不导出的。link 链接器提供了一个“/EXPORT”的参数可以指定导出符号，比如：

```
link math.obj /DLL /EXPORT:_Add
```

就表示在产生 math.dll 时导出符号_Add。另外一种导出符号的方法是使用 MSVC 的 __declspec(dllexport)扩展，它实际上是通过目标文件的编译器指示来实现的（还记得前面关于 PE/COFF 目标文件的“.drectve”段的描述吗？）。对于前面例子中的 math.obj 来说，它实际上在“.drectve”段中保存了 4 个“/EXPORT”参数，用于传递给链接器，告知链接器导出相应的函数：

```
dumpbin /DIRECTIVES math.obj
Microsoft (R) COFF/PE Dumper Version 9.00.21022.08
Copyright (C) Microsoft Corporation.  All rights reserved.


Dump of file math.obj

File Type: COFF OBJECT

   Linker Directives
```

```
------------------
/DEFAULTLIB:"LIBCMT"
/DEFAULTLIB:"OLDNAMES"
/EXPORT:_Add
/EXPORT:_Sub
/EXPORT:_Mul
/EXPORT:_Div
```

9.2.2 EXP 文件

在创建 DLL 的同时也会得到一个 EXP 文件，这个文件实际上是链接器在创建 DLL 时的临时文件。链接器在创建 DLL 时与静态链接时一样采用两遍扫描过程，DLL 一般都有导出符号，链接器在第一遍时会遍历所有的目标文件并且收集所有导出符号信息并且创建 DLL 的导出表。为了方便起见，链接器把这个导出表放到一个临时的目标文件叫做“.edata”的段中，这个目标文件就是 EXP 文件，EXP 文件实际上是一个标准的 PE/COFF 目标文件，只不过它的扩展名不是.obj 而是.exp。在第二遍时，链接器就把这个 EXP 文件当作普通目标文件一样，与其他输入的目标文件链接在一起并且输出 DLL。这时候 EXP 文件中的“.edata”段也就会被输出到 DLL 文件中并且成为导出表。不过一般现在链接器很少会在 DLL 中单独保留“.edata”段，而是把它合并到只读数据段“.rdata”中。

9.2.3 导出重定向

DLL 有一个很有意思的机制叫做**导出重定向**（Export Forwarding），顾名思义就是将某个导出符号重定向到另外一个 DLL。比如在 Windows XP 系统中，KERNEL32.DLL 中的 HeapAlloc 函数被重新定向到了 NTDLL.DLL 中的 RtlAllocHeap 函数，调用 HeapAlloc 函数相当于调用 RtlAllocHeap 函数。如果我们要重新定向某个函数，可以使用模块定义文件，比如 HeapAlloc 的重定向可以定义下面这样一个“.DEF”文件：

```
EXPORTS

HeapAlloc = NTDLL.RtlAllocHeap
```

导出重定向的实现机制也很简单，正常情况下，导出表的地址数组中包含的是函数的 RVA，但是如果这个 RVA 指向的位置位于导出表中（我们可以得到导出表的起始 RVA 和大小），那么表示这个符号被重定向了。被重定向了的符号的 RVA 并不代表该函数的地址，而是指向一个 ASCII 的字符串，这个字符串在导出表中，它是符号重定向后的 DLL 文件名和符号名。比如在这个例子中，这个字符串就是“NTDLL.RtlAllocHeap”。

9.2.4 导入表

如果我们在某个程序中使用到了来自 DLL 的函数或者变量，那么我们就把这种行为叫做符号导入（Symbol Importing）。在 ELF 中，“.rel.dyn”和“.rel.plt”两个段中分别保存了该模块所需要导入的变量和函数的符号以及所在的模块等信息，而“.got”和“.got.plt”则保存着这些变量和函数的真正地址。Windows 中也有类似的机制，它的名称更为直接，叫做**导入表**（Import Table）。当某个 PE 文件被加载时，Windows 加载器的其中一个任务就是将所有需要导入的函数地址确定并且将导入表中的元素调整到正确的地址，以实现动态链接的过程。

我们可以使用 dumpbin 来查看一个模块依赖于哪些 DLL，又导入了哪些函数：

```
dumpbin /IMPORTS Math.dll
Microsoft (R) COFF/PE Dumper Version 9.00.21022.08
Copyright (C) Microsoft Corporation.  All rights reserved.


Dump of file Math.dll

File Type: DLL

  Section contains the following imports:

    KERNEL32.dll
              1000B000 Import Address Table
              1000C5BC Import Name Table
                     0 time date stamp
                     0 Index of first forwarder reference

                  146 GetCurrentThreadId
                  110 GetCommandLineA
                  216 HeapFree
                  1E9 GetVersionExA
                  210 HeapAlloc
                  1A3 GetProcessHeap
                  1A0 GetProcAddress
                  17F GetModuleHandleA
                   B9 ExitProcess
                  365 TlsGetValue
                  363 TlsAlloc
                  366 TlsSetValue
                  364 TlsFree
                  22C InterlockedIncrement
                  328 SetLastError
                  171 GetLastError
                  228 InterlockedDecrement
                  356 Sleep
                  324 SetHandleCount
…
```

可以看到 Math.dll 从 Kernel32.dll 中导入了诸如 GetCurrentThreadId、GetCommandLineA 等函数（大约有数十个，这里省略了一部分）。可能你会觉得很奇怪，明明我们在 Math.c 里面没有用到这些函数，怎么会出现在导入列表之中？这是由于我们在构建 Windows DLL 时，还链接了支持 DLL 运行的基本运行库，这个基本运行库需要用到 Kernel32.dll，所以就有了这些导入函数。

在 Windows 中，系统的装载器会确保任何一个模块的依赖条件都得到满足，即每个 PE 文件所依赖的文件都将被装载。比如一般 Windows 程序都会依赖于 KERNEL32.DLL，而 KERNEL32.DLL 又会导入 NTDLL.DLL，即依赖于 NTDLL.DLL，那么 Windows 在加载该程序时确保这两个 DLL 都被加载。如果程序用到了 Windows GDI，那么就会需要从 GDI32.DLL 中导入函数，而 GDI32.DLL 又依赖于 USER32.DLL、ADVAPI32.DLL、NTDLL.DLL 和 KERNEL32.DLL，Windows 将会保证这些依赖关系的正确，并且保证所有的导入符号都被正确地解析。在这个动态链接过程中，如果某个被依赖的模块无法正确加载，那么系统将会提示错误（我们经常会看到那种"缺少某个 DLL"之类的错误），并且终止运行该进程。

在 PE 文件中，导入表是一个 IMAGE_IMPORT_DESCRIPTOR 的结构体数组，每一个 IMAGE_IMPORT_DESCRIPTOR 结构对应一个被导入的 DLL。这个结构体被定义在"Winnt.h"中：

```
typedef struct {
    DWORD   OriginalFirstThunk;
    DWORD   TimeDateStamp;
    DWORD   ForwarderChain;
    DWORD   Name;
    DWORD   FirstThunk;
} IMAGE_IMPORT_DESCRIPTOR;
```

结构体中的 FirstThunk 指向一个**导入地址数组**（Import Address Table），IAT 是导入表中最重要的结构，IAT 中每个元素对应一个被导入的符号，元素的值在不同的情况下有不同的含义。在动态链接器刚完成映射还没有开始重定位和符号解析时，IAT 中的元素值表示相对应的导入符号的序号或者是符号名；当 Windows 的动态链接器在完成该模块的链接时，元素值会被动态链接器改写成该符号的真正地址，从这一点看，导入地址数组与 ELF 中的 GOT 非常类似。

那么我们如何判断导入地址数组的元素中包含的是导入符号的序号还是符号的名字？事实上我们可以看这个元素的最高位，对于 32 位的 PE 来说，如果最高位被置 1，那么低 31 位值就是导入符号的序号值；如果没有，那么元素的值是指向一个叫做 IMAGE_IMPORT_BY_NAME 结构的 RVA。IMAGE_IMPORT_BY_NAME 是由一个 WORD 和一个字符串组成，那个 WORD 值表示"Hint"值，即导入符号最有可能的序号值，后面的字符串是符号名。当使用符号名导入时，动态链接器会先使用"Hint"值的提示去定位该符号在目标导出表中的位置，如果刚好是所需要的符号，那么就命中；如果没有命中，那么就按照正常的二分查找方式进行符号查找。

在 IMAGE_IMPORT_DESCRIPTOR 结构中，还有一个指针 OriginalFirstThrunk 指向一

个数组叫做导入名称表（Import Name Table），简称INT。这个数组跟IAT一摸一样，里面的数值也一样。那么为什么要多保存一份IAT的副本呢？答案我们将在后面的DLL绑定中揭晓（见图9-4）。

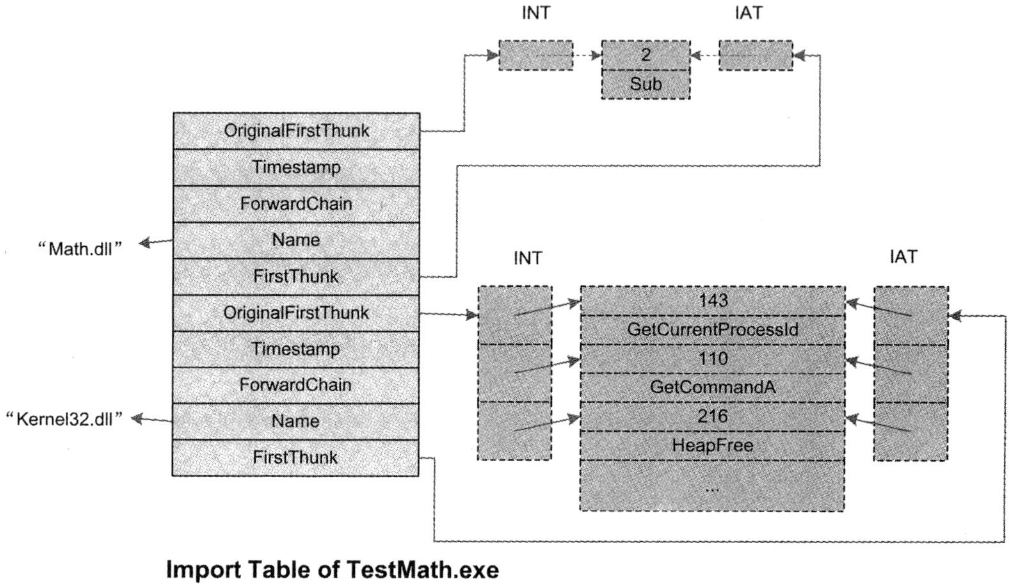

图9-4 TestMath.exe导入表

Windows的动态链接器会在装载一个模块的时候，改写导入表中的IAT，这一点很像ELF中的.got。其区别是，PE的导入表一般是只读的，它往往位于“.rdata”这样的段中。这样就产生了一个问题，对于一个只读的段，动态链接器是怎么改写它的呢？解决方法是这样的，对于Windows来说，由于它的动态链接器其实是Windows内核的一部分，所以它可以随心所欲地修改PE装载以后的任意一部分内容，包括内容和它的页面属性。Windows的做法是，在装载时，将导入表所在的位置的页面改成可读写的，一旦导入表的IAT被改写完毕，再将这些页面设回至只读属性。从某些角度来看，PE的做法比ELF要更加安全一些，因为ELF运行程序随意修改.got，而PE则不允许。

延迟载入（Delayed Load）

Visual C++ 6.0开始引入了一个叫做延迟载入的新功能，这个功能有点类似于隐式装载和显式装载的混合体。当你链接一个支持延迟载入的DLL时，链接器会产生与普通DLL导入非常类似的数据。但是操作系统会忽略这些数据。当延迟载入的API第一次被调用时，由链接器添加的特殊的桩代码就会启动，这个桩代码负责对DLL的装载工作。然后这个桩代码通过调用GetProcAddress来找到被调用API的地址。另外MSVC还做了一些额外的优化，使得接下来的对该 DLL 的调用速度与普通方式载入的 DLL 的速度相差无几。

9.2.5 导入函数的调用

接下来我们来看看 Windows PE 对于导入函数是怎么调用的？__declspec(dllimport)又有什么作用？

如果在 PE 的模块中需要调用一个导入函数，仿照 ELF GOT 机制的一个办法就是使用一个间接调用指令，比如：

```
CALL DWORD PTR [0x0040D11C]
```

我们在 Windows 下也入乡随俗，使用微软汇编器语法。如果你不熟悉微软汇编器语法也没多大关系，上面这条指令的意思是间接调用 0x0040D11C 这个地址中保存的地址，即从地址 0x0040D11C 开始取 4 个字节作为目标地址(DWORD PTR 表示 4 个字节的操作前缀)，然后调用该目标地址。而 0x0040D11C 这个地址刚好是 IAT 中的某一项，即我们需要调用的外部函数在 IAT 中所对应的元素，比如 TestMath.exe 中，我们需要调用 Math.dll 中的 Sub 函数，那么 0x0040D11C 正好对应 Sub 导入函数在 TestMath.exe 的 IAT 中的位置。这个过程跟 ELF 通过 GOT 间接跳转十分类似，IAT 相当于 GOT（不考虑 PLT 的情况下）。

PE DLL 的地址无关性

如果 ELF 调用者本身所在的模块是地址无关的，那么通过 GOT 跳转之前，需要计算目标函数地址在 GOT 中的位置，然后再间接跳转，以实现地址无关，这个原理我们在前面已经很详细地分析过了。但是在这个现实方法中，我们可以看到，这个 0x0040D11C 是作为常量被写入指令中。而且事实上，PE 对导入函数调用的真正实现中，它的确是这么做的，由此我们可以得出结论，**PE DLL 的代码段并不是地址无关的**。

那么 PE 是如何解决装载时模块在进程空间中地址冲突的问题的呢？事实上它使用了一种叫做**重定基地址**的方法，我们在后面将会详细介绍。

PE 采用上面的这个方法实现导入函数的调用，但是与 ELF 一样存在一个问题：对于编译器来说，它无法判断一个函数是本模块内部的，还是从外部导入的。因为对于普通的模块内部函数调用来说，编译器产生的指令是这样的：

```
CALL XXXXXXXX
```

因为 PE 没有类似 ELF 的共享对象有全局符号介入的问题，所以对于模块内部的全局函数调用，编译器产生的都是直接调用指令。

其中 XXXXXXXX 是模块内部的函数地址。这是一个直接调用指令，与上面的间接调用指令形式不同。所以为了使得编译器能够区分函数是从外部导入的还是模块内部定义的，MSVC 引入了我们前面用过的扩展属性"__declspec(dllimport)"，一旦一个函数被声明为"__declspec(dllimport)"，那么编译器就知道它是外部导入的，以便于产生相应的指令形式。

在"__declspec"关键字引入之前，微软还提供了另外一个方法来解决这个问题。在这种情况下，对于导入函数的调用，编译器并不区分导入函数和导出函数，它统一地产生直接调用的指令。但是链接器在链接时会将导入函数的目标地址导向一小段桩代码（Stub），由这个桩代码再将控制权交给 IAT 中的真正目标地址，实现如下：

```
CALL 0x0040100C
...
0x0040100C:
JMP DWORD PTR [0x0040D11C]
```

即对于调用函数来说，它只是产生一般形式的指令"CALL XXXXXXXX"，然后在链接时，链接器把这个 XXXXXXXX 地址重定位到一段桩代码，即那条 JMP 指令处，然后这条 JMP 指令才通过 IAT 间接跳转到导入函数。我们知道，链接器一般情况下是不会产生指令的，那么这段包含 JMP 指令的桩代码来自何处呢？答案是来自产生 DLL 文件时伴随的那个 LIB 文件，即导入库。

编译器在产生导入库时，同一个导出函数会产生两个符号的定义，比如对于函数 foo 来说，它在导入库中有两个符号，一个是 foo，另外一个是__imp__foo。这两个符号的区别是，foo 这个符号指向 foo 函数的桩代码，而__imp__foo 指向 foo 函数在 IAT 中的位置。所以当我们通过"__declspec(dllimport)"来声明 foo 导入函数时，编译器在编译时会在该导入函数前加上前缀"__imp__"，以确保跟导入库中的"__imp__foo"能够正确链接；如果不使用"__declspec(dllimport)"，那么编译器将产生一个正常的 foo 符号引用，以便于跟导入库中的 foo 符号定义相链接。

现在的 MSVC 编译器对于以上两种导入方式都支持，即程序员可以通过"__declspec(dllimport)"来声明导入函数，也可以不使用。但我们还是推荐使用"__declspec(dllimport)"，毕竟从性能上来讲，它比不使用该声明少了一条跳转指令。当然它还有其他的好处，我们到后面用到时还会提起。

9.3 DLL 优化

我们在前面经过对 DLL 的分析得知，DLL 的代码段和数据段本身并不是地址无关的，也就是说它默认需要被装载到由 ImageBase 指定的目标地址中。如果目标地址被占用，那么就需要装载到其他地址，便会引起整个 DLL 的 Rebase。这对于拥有大量 DLL 的程序来说，频繁的 Rebase 也会造成程序启动速度减慢。这是影响 DLL 性能的另外一个原因。

我们知道动态链接过程中，导入函数的符号在运行时需要被逐个解析。在这个解析过程中，免不了会涉及到符号字符串的比较和查找过程，这个查找过程中，动态链接器会在目标 DLL 的导出表中进行符号字符串的二分查找。即使是使用了二分查找法，对于拥有 DLL 数量很多，并且有大量导入导出符号的程序来说，这个过程仍然是非常耗时的。这是影响 DLL 性能的一个原因之一。

这两个原因可能会导致应用程序的速度非常慢，因为系统需要在启动程序时进行大量的符号解析和 Rebase 工作。

9.3.1 重定基地址（Rebasing）

从前面 DLL 的导入函数的实现，我们得出结论：PE 的 DLL 中的代码段并不是地址无关的，也就是说它在被装载时有一个固定的目标地址，这个地址也就是 PE 里面所谓的**基地址**（Base Address）。默认情况下，PE 文件将被装载到这个基地址。一般来说，EXE 文件的基地址默认为 0x00400000，而 DLL 文件基地址默认为 0x10000000。

我们前面花了很多篇幅讨论了为什么对于一个 ELF 共享对象，它的代码段要做到地址无关，并且讨论了地址无关的实现。这一点对于 DLL 来说也一样，一个进程中，多个 DLL 不可以被装载到同一个虚拟地址，每个 DLL 所占用的虚拟地址区域之间都不可以重叠。

在讨论共享对象的地址冲突问题时，我们已经介绍过了，有 3 种方案可供选择。一个办法是像静态共享对象那样，为每个 DLL 指定一个基地址，并且人为保证同一个进程中这些 DLL 的地址区域都不相互重叠，但是这样做会有很多问题，在前面介绍静态共享对象的时候已经讨论过，这种将模块目标地址固定的做法有很多弊端。另外一个办法就是 ELF 所采用的办法，那就是代码段地址无关。

Windows PE 采用了一种与 ELF 不同的办法，它采用的是**装载时重定位**的方法。在 DLL 模块装载时，如果目标地址被占用，那么操作系统就会为它分配一块新的空间，并且将 DLL 装载到该地址。这时候问题来了，因为 DLL 的代码段不是地址无关的，DLL 中所有涉及到绝对地址的引用该怎么办呢？答案是对于每个绝对地址引用都进行重定位。

当然，这个重定位过程有些特殊，因为所有这些需要重定位的地方只需要加上一个固定的差值，也就是说加上一个目标装载地址与实际装载地址的差值。我们来看一个例子，比如有一个 DLL 的基地址是 0x10000000，那么如果它的代码中有这样一条指令：

```
MOV DWORD PTR [0x10001000], 0x100
```

我们假设 0x10001000 是该模块中一个变量 foo 的地址，即该变量的 RVA 是 0x1000。如果 DLL 在装载时，0x10000000 这个地址被其他 DLL 占用了，Windows 就会将它加载到一个新的地址，假设是 0x20000000。因为 0x10001000 是个绝对地址，所以我们需要对这条指令进行重定位。这时候新的基地址是 0x20000000，而 RVA 是不变的，所以 foo 的地址实际上已经变成了 0x20001000，也就是指令的地址部分要加上 0x20000000 – 0x10000000 的这个差值。经过调整后的指令应该是：

```
MOV DWORD PTR [0x20001000], 0x100
```

事实上，由于 DLL 内部的地址都是基于基地址的，或者是相对于基地址的 RVA。那么所有需要重定位的地方都只需要加上一个固定差值，在这个例子里面是 0x10000000。所以这个重定位的过程相对简单一点，速度也要比一般的重定位要快。PE 里面把这种特殊的重定位过程又被叫做**重定基地址**（Rebasing）。

PE 文件的重定位信息都放在了“.reloc”段，我们可以从 PE 文件头中的 DataDirectory 里面得到重定位段的信息。重定位段的结构跟 ELF 中的重定位段结构十分类似，在这里就不再详细介绍了。对于 EXE 文件来说，MSVC 编译器默认不会产生重定位段，也就是默认情况下，EXE 是不可以重定位的，不过这也没有问题，因为 EXE 文件是进程运行时第一个装入到虚拟空间的，所以它的地址不会被人抢占。而 DLL 则没那么幸运了，它们被装载的时间是不确定的，所以一般情况下，编译器都会给 DLL 文件产生重定位信息。当然你也可以使用“/FIXED”参数来禁止 DLL 产生重定位信息，不过那样可能会造成 DLL 的装载失败。

这种重定基地址的方法导致的一个问题是，如果一个 DLL 被多个进程共享，且该 DLL 被这些进程装载到不同的位置，那么每个进程都需要有一份单独的 DLL 代码段的副本。很明显，这种方案相对于 ELF 的共享对象代码段地址无关的方案来说，它更加浪费内存，而且当被重定基址的代码段需要被换出时，它需要被写到交换空间中，而不像没有重定基址的 DLL 代码段，只需要释放物理页面，再次用到时可以直接从 DLL 文件里面重新读取代码段即可。但是有一个好处是，它比 ELF 的 PIC 机制有着更快的运行速度。因为 PE 的 DLL 对数据段的访问不需要通过类似于 GOT 的机制，对于外部数据和函数的引用不需要每次都计算 GOT 的位置，所以理论上会比 ELF 的 PIC 的方案快一些。这又是一个空间换时间的案例。

改变默认基地址

前面的重定基地址过程实际上是在 DLL 文件装载时进行的，所以又叫做**装载时重定位**。对于一个程序来说，它所用到的 DLL 基本是固定的（除了通过 LoadLibrary()装载的以外）。程序每次运行时，这些 DLL 的装载顺序和地址也是一样的。比如一个程序由程序主模块 main.exe、foo.dll 和 bar.dll 3 个模块组成，它们的大小都是 64 KB。于是当程序运行起来以后进程虚拟地址空间的布局应该如表 9-1 所示。

表 9-1

模块	起始地址	结束地址
main.exe	0x00400000	0x00410000
foo.dll	0x10000000	0x10010000
bar.dll	0x10010000	0x10020000

可以看到 bar.dll 原先默认的基地址是 0x10000000，但是它被重定基址到了 0x10010000，因为 0x10000000 到 0x10010000 这块地址被先前加载的 foo.dll 占用了（假设 foo.dll 比 bar.dll 先装载）。那么既然 bar.dll 每次运行的时候基地址都是 0x10010000，为什么不把它的基地址就设成 0x10010000 呢？这样就省掉了 bar.dll 每次装载时重定基址的过程，不是可以让程序运行得更快吗？

MSVC 的链接器提供了指定输出文件的基地址的功能。那么可以在链接时使用 link 命令中的“/BASE”参数为 bar.dll 指定基地址：

```
link /BASE:0x10010000, 0x10000 /DLL bar.obj
```

注意 这个基地址必须是 64 K 的倍数，如果不是 64 K 的倍数，链接器将发出错误。这里还有一个参数 0x10000 是指 DLL 占用空间允许的最大的长度，如果超出这个长度，那么编译器会给出警告。这个看似没用的选项实际上非常有用，比如我们的程序中用到了 10 个 DLL，那么我们就可以为每个 DLL 手工指定一块区域，以防止它们在地址空间中相互冲突。假设我们为 bar.dll 指定的空间是 0x10010000 到 0x10020000 这块空间，那么在使用“/BASE”参数时，我们不光指定 bar.dll 的起始地址，还指定它的最长的长度。如果超出这个长度，它就会占用其他 DLL 的地址块，如果链接器能够给出警告的话，我们就很快能发现问题并且进行调整。

除了在链接时可以指定 DLL 的基地址以外，MSVC 还提供了一个叫做 editbin 的工具（早期版本的 MSVC 提供一个叫 rebase.exe 的工具），这个工具可以用来改变已有的 DLL 的基地址。比如：

```
editbin /REBASE:BASE=0x10020000 bar.dll
```

系统 DLL

由于 Windows 系统本身自带了很多系统的 DLL，比如 kernel32.dll、ntdll.dll、shell32.dll、user32.dll、msvcrt.dll 等，这些 DLL 基本上是 Windows 的应用程序运行时都要用到的。Windows 系统就在进程空间中专门划出一块 0x70000000～0x80000000 区域，用于映射这些常用的系统 DLL。Windows 在安装时就把这块地址分配给这些 DLL，调整这些 DLL 的基地址使得它们相互之间不冲突，从而在装载时就不需要进行重定基址了。比如在我的机器中，这些 DLL 的基地址如表 9-2 所示。

表 9-2

DLL	默认基地置
Kernel32.dll	7C800000 image base (7C800000 to 7C8F5FFF)
Ntdll.dll	7C900000 image base (7C900000 to 7C9AEFFF)
Shell32.dll	7C9C0000 image base (7C9C0000 to 7D1D6FFF)
User32.dll	7E410000 image base (7E410000 to 7E4A0FFF)
Msvcrt.dll	77C10000 image base (77C10000 to 77C67FFF)

9.3.2 序号

一个 DLL 中每一个导出的函数都有一个对应的**序号**（Ordinal Number）。一个导出函数甚至可以没有函数名，但它必须有一个唯一的序号。另一方面，当我们从一个 DLL 导入一个函数时，可以使用函数名，也可以使用序号。序号标示被导出函数地址在 DLL 导出表中的位置。

一般来说，那些仅供内部使用的导出函数，它只有序号没有函数名，这样外部使用者就无法推测它的含义和使用方法，以防止误用。对于大多数 Windows API 函数来说，它们的函数名在各个 Windows 版本之间是保持不变的，但是它们的序号是在不停地变化的。所以，如果我们导入 Windows API 的话，绝对不能使用序号作为导入方法。

在产生一个 DLL 文件时，我们可以在链接器的.def 文件中定义导出函数的序号。比如对于前面的 Math.dll 的例子，假设有如下.def 文件：

```
LIBRARY Math
EXPORTS
Add @1
Sub @2
Mul @3
Div @4   NONAME
```

上面的.def 文件可以用于指定 Math.dll 的导出函数的序号，@后面所跟的值就是每个符号的序号值。对于 Div 函数，序号值后面还有一个 NONAME，表示该符号仅以序号的形式导出，即 Math.dll 的使用者看不到 Div 这个符号名，只能看到序号为 4 的一个导出函数：

```
cl /c Math.c
link /DLL /DEF:Math.def Math.obj
dumpbin /EXPORTS Math.dll
...
    ordinal hint RVA      name

          1    0 00001000 Add
          3    1 00001020 Mul
          2    2 00001010 Sub
          4      00001030 [NONAME]
```

使用序号作为导入方法比函数名导入方法稍微快一点点，特别在现在的硬件条件下，这种性能的提高极为有限，而且 DLL 的导入函数的查找并不是性能瓶颈。因为在现在的 DLL 中，导出函数表中的函数名是经过排序的，查找的时候可以使用二分查找法。最初在 16 位的 Windows 下，DLL 的导出函数名不是排序的，所以查找过程会比较慢。所以综合来看，一般情况下并不推荐使用序号作为导入导出的手段。

9.3.3 导入函数绑定

试想一下，每一次当一个程序运行时，所有被依赖的 DLL 都会被装载，并且一系列的导入导出符号依赖关系都会被重新解析。在大多数情况下，这些 DLL 都会以同样的顺序被装载到同样的内存地址，所以它们的导出符号的地址都是不变的。既然它们的地址都不变，每次程序运行时都要重新进行符号的查找、解析和重定位，是不是有些浪费呢？如果把这些导出函数的地址保存到模块的导入表中，不就可以省去每次启动时符号解析的过程吗？这个思路是合理的，这种 DLL 性能优化方式被叫做 **DLL 绑定**（**DLL Binding**）。DLL 绑定方法很简单，我们可以使用 editbin（之前的 MSVC 提供一个额外的 bind.exe 用于 DLL 绑定）这个工具对 EXE 或 DLL 进行绑定：

```
editbin /BIND TestMath.exe
dumpbin /IMPORTS TestMath.exe
Microsoft (R) COFF/PE Dumper Version 9.00.21022.08
Copyright (C) Microsoft Corporation.  All rights reserved.


Dump of file TestMath.exe

File Type: EXECUTABLE IMAGE

  Section contains the following imports:

    Math.dll
                40D11C Import Address Table
                40E944 Import Name Table
              FFFFFFFF time date stamp
              FFFFFFFF Index of first forwarder reference

      10001010       2 Sub

    KERNEL32.dll
                40D000 Import Address Table
                40E828 Import Name Table
              FFFFFFFF time date stamp
              FFFFFFFF Index of first forwarder reference

      7C8099B0     143 GetCurrentProcessId

...
  Header contains the following bound import information:
    Bound to Math.dll [483A6707] Mon May 26 15:30:15 2008
```

```
    Bound to KERNEL32.dll [4802A12C] Mon Apr 14 08:11:24 2008
      Contained forwarders bound to NTDLL.DLL [4802A12C] Mon Apr 14 08:11:24
2008
...
```

DLL 的绑定实现也比较简单，editbin 对被绑定的程序的导入符号进行遍历查找，找到以后就把符号的运行时的目标地址写入到被绑定程序的导入表内。还记得前面介绍 PE 的导入表中有个与 IAT 一样的数组叫做 INT，这个数组就是用来保存绑定符号的地址的。

那么什么情况会导致 DLL 绑定的那些地址失效呢？一种情况是，被依赖的 DLL 更新导致 DLL 的导出函数地址发生变化；另外一种情况是，被依赖的 DLL 在装载时发生重定基址，导致 DLL 的装载地址与被绑定时不一致。那么如果地址失效，而被绑定的 EXE 或者 DLL 还使用失效了的地址的话，必然会导致程序运行错误。Windows 必须提供相应的机制来保证绑定地址失效时，程序还能够正确运行。

对于第一种情况的失效，PE 的做法是这样的，当对程序进行绑定时，对于每个导入的 DLL，链接器把 DLL 的时间戳（Timestamp）和校验和（Checksum，比如 MD5）保存到被绑定的 PE 文件的导入表中。在运行时，Windows 会核对将要被装载的 DLL 与绑定时的 DLL 版本是否相同，并且确认该 DLL 没有发生重定基址，如果一切正常，那么 Windows 就不需要再进行符号解析过程了，因为被装载的 DLL 与绑定时一样，没有发生变化；否则 Windows 就忽略绑定的符号地址，按照正常的符号解析过程对 DLL 的符号进行解析。

绑定过的可执行文件如果在执行时的环境与它在绑定时的环境一样，那么它的装载速度将会比正常情况下快；如果是在不同的运行环境，那么它的启动速度跟没绑定的情况下没什么两样。所以总的来说，DLL 绑定至少不会有坏处。

事实上，Windows 系统所附带的程序都是与它所在的 Windows 版本的系统 DLL 绑定的。除了在编译时可以绑定程序，另外一个绑定程序的很好的机会是在程序安装的时候，这样至少在 DLL 升级之前，这些“绑定”都是有效的。当然，绑定过程会改变可执行文件本身，从而导致了可执行文件的校验和变化，这对于一些经过加密的，或者是经过数字签名的程序来说可能会有问题。比如我们查看 Windows 所附带的 Notepad.exe：

```
dumpbin /IMPORTS C:\WINDOWS\notepad.exe
...
Header contains the following bound import information:
    Bound to comdlg32.dll [4802A0C9] Mon Apr 14 08:09:45 2008
    Bound to SHELL32.dll [4802A111] Mon Apr 14 08:10:57 2008
    Bound to WINSPOOL.DRV [4802A127] Mon Apr 14 08:11:19 2008
    Bound to COMCTL32.dll [4802A094] Mon Apr 14 08:08:52 2008
    Bound to msvcrt.dll [4802A094] Mon Apr 14 08:08:52 2008
    Bound to ADVAPI32.dll [4802A0B2] Mon Apr 14 08:09:22 2008
    Bound to KERNEL32.dll [4802A12C] Mon Apr 14 08:11:24 2008
      Contained forwarders bound to NTDLL.DLL [4802A12C] Mon Apr
        14 08:11:24 2008
    Bound to GDI32.dll [4802A0BE] Mon Apr 14 08:09:34 2008
    Bound to USER32.dll [4802A11B] Mon Apr 14 08:11:07 2008
```

9.4 C++与动态链接

Linux 下的绝大部分共享库都是用 C 语言编写的，这一方面是由于历史的原因，Linux 下的程序主要都是使用 C 语言；另一方面是由于使用 C++语言编写共享库比使用 C 语言要复杂得多。在本书的第 2 部分，我们已经讨论了 C++的 ABI 以及 C 和 C++之间如何互操作的问题（用 extern “C”）。除了上面这些问题之外，使用 C++编写共享库还存在一个更大的问题是：共享库会更新。共享库可以单独更新是它的一大优势，但如果这是一个 C++编写的共享库，那又是另外一回事了，它有可能是一场噩梦。这一切噩梦的根源还是由于 C++的标准只规定了语言层面的规则，而对二进制级别却没有任何规定。

《COM 本质论》里面举了一个很生动的例子。假设有个程序员实现了一个复杂度为 O(1)的字符串查找算法，这个算法非常有用，于是该程序员打算把这个算法做成 DLL 并且卖给各大计算机软件厂商和软件开发者，每份 DLL 的价格是 100 元。程序员这样定义他的排序算法头文件：

```
class __declspec(dllexport) StringFind {
    char* p;                        // 字符串
    public:
        StringFind(char* p);
        ~StringFind();
        int Find(char* p);          // 查找字符串并返回找到的位置
        int Length();               // 返回字符串长度
};
```

Find()成员函数的作用是查找字符串并返回查找结果。当然 Find 算法的具体实现非常复杂，运行时占用数十 M 内存，程序员把实现代码编译成 StringFind.DLL，然后对该 DLL 的代码进行加密后与头文件一起出售，防止用户通过反向工程对该排序算法进行破解。很快，这个算法受到了各大厂商的好评，大家普遍认为这个 100 元的 StringFind.DLL 非常物美价廉。程序员也很受鼓舞，决定再接再厉，对算法进行改进： 第一个是 Length()函数之前是调用 strlen(this->p)实现的，时间复杂度为 O(n)，改进后的类里面增加了 int length 成员变量用于保存字符串长度，时间复杂度变成了 O(1)；第二个改进是应一些用户的要求，增加了一个叫做 SubString 的函数，用于取得字符串的子串;第三个是对 Find()算法实现进行了改进，使得原先要占有数十 MB 内存降低到只占用数 MB 内存。改进后的头文件源代码如下：

```
class __declspec(dllexport) StringFind {
    char* p;
    int length;
    public:
        StringFind(char* p);
        ~StringFind();
        int Find(char* p);
        int Length();
```

```
        char* SubString(int pos, int len);
};
```

按照程序员最初的设想，类只增加了一个私有成员变量和公有成员函数，并不会对现有的程序有任何影响，他用一些测试的代码进行了测试，发现没有任何编译错误和运行错误。于是他就把新版的 StringFind.DLL 以 200 元的价格卖出，而那些原先购买了旧版 StringFind.DLL 的用户只需要加 100 元的差价就可以购买新版的 DLL。由于新版的 DLL 诸多性能改进和功能增加，各大厂商和用户立即购买了新版的 DLL，并且他们得到程序员的保证：新版的 DLL 与旧版的 DLL 完全兼容。拿到该排序算法的 DLL 后，厂商们将它广泛地用于各种产品，并且随着他们的产品光盘、互联网下载各种手段发布给最终用户；已经发布出去的使用旧版 StringFind.DLL 的程序也都收到了一个补丁升级包，号称只要安装该补丁，原先的程序就会运行得更快更有效，于是大多数的用户不假思索地就点击了“升级”按钮。

很快厂商们接到用户铺天盖地的抱怨，说他们的程序经常莫名其妙地错误或者运行时间一长就会占用大量的内存最终导致程序崩溃，甚至影响其他程序的运行。于是这些厂商的技术工程师们连夜对他们的程序进行排查，最终发现这些问题全都来自于 StringFind.DLL。主要发现了下面几个问题：

- 按照接口的设计，SubString 返回指向字符串子串的指针，但 StringFind.DLL 并不负责该返回指针的内存释放工作，用户在用完该指针之后需要调用 delete 对它进行释放。这在有些时候是没有问题的，但是如果 StringFind.DLL 所使用的 CRT 版本与用户主程序或者其他 DLL 所使用的 CRT 版本不一样，程序就会发生内存释放错误。由于每个 CRT 都会有自己独立的堆，在一个 CRT 中申请内存而在另外一个 CRT 中释放内存将会导致释放出错。
- 各个厂商对 DLL 文件升级的做法往往就是简单地用新版的 DLL 覆盖旧版的 DLL，这也是基于程序员保证新版完全兼容旧版 DLL 的基础上。但是当 StringFind 类在增加了一个 length 成员变量之后，新版的 StringFind 对象所占用的空间是 8 个字节，而原先只有一个成员变量时只占用 4 个字节。那么原先程序主模块在对 StringFind 进行实例化时，实际上是相当于实例化了旧版的 StringFind。比如旧版中有 new StringFind() 这样的语句，实际上它的作用相当于申请 4 个字节的内存，然后调用 StringFind()初始化函数。但是在新版的 StringFind 中，StringFind.DLL 里面的 StringFind 构造函数和 Length()都认为 StringFind 对象有 8 个字节，当任何一个函数访问 length 变量的时候实际上这块区域并不属于 StringFind 对象，很容易出现错误的数据访问，导致程序莫名其妙地崩溃。
- 很多程序在安装时就把 StringFind.DLL 放到系统的 DLL 目录下\WINDOWS\System32，而在升级或者重新安装时采用简单覆盖的方法。于是当一个安装程序将新版的 StringFind.DLL 覆盖旧版的 DLL 时，所有使用旧版 DLL 的程序都会发生程序运行错误。

在发生这一大堆问题之后，程序员受不了厂商的抱怨只好彻夜工作，并提出了一些改进的方法，比如增加一个 ReleaseString()的成员类来释放 SubString()所返回的字符串；将新版的 StringFind.DLL 命名为 StringFind2.DLL 以区别旧版等。一个简单的改进都成了程序员的噩梦，他都不敢再做任何深入的改进了，更别说在 DLL 中使用 C++的其他特性诸如虚函数、多继承、异常、重载、模板等，谁知道又会发生什么样的情况。

这只是程序员在使用 C++编写 DLL 时遇到的问题中的冰山一角，为了解决类似的兼容性问题，更大程度上使得程序能够有更好的重用性，微软公司很早就开始了**组件对象模型**（COM，Component object model）的开发工作，它的主要目的之一就是为了解决这些在程序开发中遇到的兼容性问题。

推荐阅读：《COM 本质论》

《COM 本质论》是一本很好的描述 COM 实现机制的书，作者 Don Box 通过生动的例子，深入浅出地将 COM 这个晦涩的技术剖析得非常浅显易懂。本文中的例子也是来源于这本书中的一个例子并作了改进。

COM 的实现机制对于普通开发者来说显得复杂了一些，并且 COM 的学习曲线也比较陡，不太容易入门。但是我们可以把 COM 的一些精神提取出来，用于指导我们使用 C++编写动态链接库。在 Windows 平台下（有些意见对 Linux/ELF 也有效），要尽量遵循以下指导意见：

- 所有的接口函数都应该是抽象的。所有的方法都应该是纯虚的。（或者是 inline 的方法也可以）。
- 所有的全局函数都应该使用 extern “C” 来防止名字修饰的不兼容。并且导出函数的都应该是__stdcall 调用规范的（COM 的 DLL 都使用这样的规范）。这样即使用户本身的程序是默认以__cdecl 方式编译的，对于 DLL 的调用也能够正确。
- 不要使用 C++标准库 STL。
- 不要使用异常。
- 不要使用虚析构函数。可以创建一个 destroy()方法并且重载 delete 操作符并且调用 destroy()。
- 不要在 DLL 里面申请内存，而且在 DLL 外释放（或者相反）。不同的 DLL 和可执行文件可能使用不同的堆，在一个堆里面申请内存而在另外一个堆里面释放会导致错误。比如，对于内存分配相关的函数不应该是 inline 的，以防止它在编译时被展开到不同的 DLL 和可执行文件。
- 不要在接口中使用重载方法（Overloaded Methods，一个方法多重参数）。因为不同的编译器对于 vtable 的安排可能不同。

9.5 DLL HELL

DLL 跟 ELF 类似，也有版本更新时发生不兼容的问题，我们在前面的关于 C++和 DLL 的小节中也领教了 DLL 不兼容问题的严重性。由于 Windows 中使用 DLL 比 Linux 中使用共享库范围更大，更新也更频繁，并且早期的 Windows 缺乏一种很有效的 DLL 版本控制机制，从而导致这个问题在 Windows 下非常严重，以至于被人戏称为 **DLL 噩梦**（**DLL hell**）。

很多 Windows 的应用程序在发布时会将它们所有要用到的 DLL 都一起打包发布，很多应用程序的安装程序并不是很成熟，经常在安装时将一个旧版的 DLL 覆盖掉一个更新版本的 DLL，从而导致其他的应用程序运行失败。有些安装程序比较友好，如果碰到需要覆盖新版的 DLL 时，它会弹出一个对话框提醒用户是否要覆盖，但是即使这样，有些应用程序只能运行在旧版的 DLL 下，如果不覆盖，那么它可能无法在新版的 DLL 中运行。总的说来，三种可能的原因导致了 DLL Hell 的发生：

- 一是由使用旧版本的 DLL 替代原来一个新版本的 DLL 而引起。这个原因最普遍，是 Windows 9x 用户通常遇到的 DLL 错误之一。
- 二是由新版 DLL 中的函数无意发生改变而引起。尽管在设计 DLL 时候应该“向下”兼容，然而要保证 DLL 完全“向下”兼容却是不可能的。
- 三是由新版 DLL 的安装引入一个新 BUG。这个原因发生的概率最小，但是它仍可能发生。

解决 DLL Hell 的方法

DLL 的作用已经在前面介绍过，下面我们介绍几种预防 DLL Hell 的方法。

- **静态链接**（**Static linking**）

对付 DLL Hell 的最简单方法，或者说终极方法就是，在编译产生应用程序时使用静态链接的方法链接它所需要的运行库，从而避免使用动态链接。这样，在运行应用程序时候就不需要依赖 DLL 了。然而，它会丧失使用动态链接带来的好处。

- **防止 DLL 覆盖**（**DLL Stomping**）

在 Windows 中，DLL 的覆盖问题可以使用 Windows 文件保护（Windows File Protection 简称 WFP）技术来缓解。该技术从 Windows 2000 版本开始被使用。它能阻止未经授权的应用程序覆盖系统的 DLL。第三方应用程序不能覆盖操作系统 DLL 文件，除非它们的安装程序捆绑了 Windows 更新包，或者在它们的安装程序运行时禁止了 WFP 服务（当然这是一件非常危险的事情）。

- **避免 DLL 冲突 （Conflicting DLLs）**

解决不同应用程序依赖相同 DLL 不同版本的问题一个方案就是，让每个应用程序拥有一份自己依赖的 DLL，并且把问题 DLL 的不同版本放到该应用程序的文件夹中，而不是系统文件夹中。当应用程序需要装置 DLL 时候，首先从自己的文件夹下寻找所需要的 DLL, 然后再到系统文件中寻找。

- **.NET 下 DLL Hell 的解决方案**

在.NET 框架中，一个程序集（Assembly）有两种类型：应用程序程序（也就是 exe 可执行文件）集以及库程序（也就是 DLL 动态链接库）集。一个程序集包括一个或多个文件，所以需要一个清单文件来描述程序集。这个清单文件叫做 **Manifest 文件**。Manifest 文件描述了程序集的名字，版本号以及程序集的各种资源，同时也描述了该程序集的运行所依赖的资源，包括 DLL 以及其他资源文件等。Manifest 是一个 XML 的描述文件。每个 DLL 有自己的 manifest 文件，每个应用程序也有自己的 Manifest。对于应用程序而言，manifest 文件可以和可执行文件在同一目录下，也可以是作为一个资源嵌入到可执行文件的内部(Embed Manifest)。

XP 以前的 windows 版本，在执行可执行文件是不会考虑 manifest 文件的。它会直接到 system32 的目录下查找该可执行文件所依赖的 DLL。在这种情况下，Manifest 只是个多余的文件。而 XP 以后的操作系统，在执行可执行文件时则会首先读取程序集的 manifest 文件，获得该可执行文件需要调用的 DLL 列表，操作系统再根据 DLL 的 manifest 文件去寻找对应的 DLL 并调用。一个典型的 manifest 文件的例子如下：

```
<?xml version="1.0" encoding="UTF-8" standalone="yes"?>
<assembly xmlns="urn:schemas-microsoft-com:asm.v1" manifestVersion="1.0">
  <trustInfo xmlns="urn:schemas-microsoft-com:asm.v3">
    <security>
      <requestedPrivileges>
        <requestedExecutionLevel level="asInvoker"
uiAccess="false"></requestedExecutionLevel>
      </requestedPrivileges>
    </security>
  </trustInfo>
  <dependency>
    <dependentAssembly>
      <assemblyIdentity type="win32" name="Microsoft.VC90.DebugCRT"
version="9.0.21022.8" processorArchitecture="x86"
publicKeyToken="1fc8b3b9a1e18e3b"></assemblyIdentity>
    </dependentAssembly>
  </dependency>
</assembly>
```

在这个例子中，<dependency>这一部分指明了其依赖于一个名字叫做 Microsoft.VC90. CRT 的库。但是我们发现，<assemblyIdentity>属性里面还有其他的信息，分别是 type 系统类型，version 版本号，processorArchitecture 平台环境，publicKeyToken 公匙。所有这些加在一起就成了“强文件名”。有了这种“强文件名”，我们就可以根据其区分不同的版本、不同的平台。有了这种强文件名，系统中可以有多个不同版本的相同的库共存而不会发生冲突。

从 Windows XP 开始，可供应用程序并发使用的并行配件组越来越多。加载程序通过清单和配件的版本号为应用程序确定准确的绑定版本。图 9-5 是并行程序集，它的 manifest 文件及应用程序之间一起协同工作的实例。

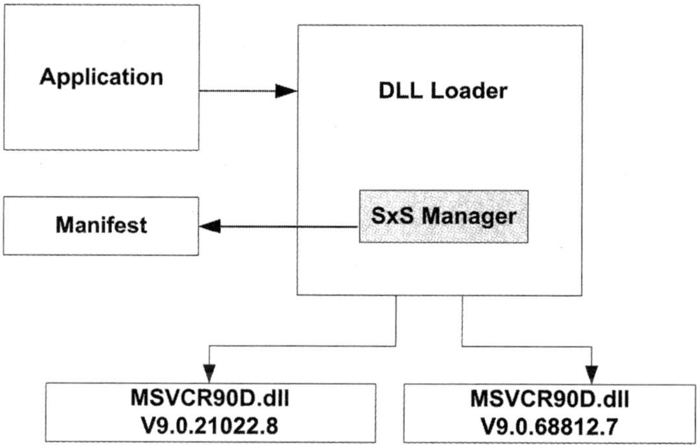

图 9-5 Manifest 与 DLL 装载

图 9-5 中的 SxS Manager 就是 Side-by-side Manager，它利用程序集 manifest 文件的描述，实现对相应版本的 DLL 的加载。在这个例子中，我们假设系统中存在两个版本的 MSVCR90D.DLL：版本 9.0.21022.8 和版本 9.0.68812.7，都是在并行程序集 cache 中。当应用程序需要装载 DLL 时候，并行管理器根据该应用程序的 manifest 文件中关于所需要的 MSVCR90D 的版本信息来装载相应的 DLL。Windows XP 以后的操作系统在\WINDOWS 目录下面有个叫做 WinSxS（Windows Side-By-Side）目录，这个目录下我们可以看到上面例子中的 MSVCR90D.DLL 位于这个位置：

```
\WINDOWS\WinSxS\x86_Microsoft.VC90.DebugCRT_1fc8b3b9a1e18e3b_9.0.21022.8_
x-ww_597c3456\MSVCR90D.dll
```

除此之外，我们还能够在 WinSxS 目录下看到其他的不同版本的 C/C++/MFC/ALT 运行库：

```
amd64_Microsoft.VC90.MFCLOC_1fc8b3b9a1e18e3b_9.0.21022.8_x-ww_43fdd01a
amd64_Microsoft.VC90.MFC_1fc8b3b9a1e18e3b_9.0.21022.8_x-ww_d37d5c5a
ia64_Microsoft.VC90.MFCLOC_1fc8b3b9a1e18e3b_9.0.21022.8_x-ww_414ed0da
ia64_Microsoft.VC90.MFC_1fc8b3b9a1e18e3b_9.0.21022.8_x-ww_d0ce5d1a
x86_Microsoft.VC80.ATL_1fc8b3b9a1e18e3b_8.0.50727.42_x-ww_6e805841
x86_Microsoft.VC80.CRT_1fc8b3b9a1e18e3b_8.0.50727.1433_x-ww_5cf844d2
x86_Microsoft.VC80.CRT_1fc8b3b9a1e18e3b_8.0.50727.163_x-ww_681e29fb
```

```
x86_Microsoft.VC80.CRT_1fc8b3b9a1e18e3b_8.0.50727.42_x-ww_0de06acd
x86_Microsoft.VC80.MFCLOC_1fc8b3b9a1e18e3b_8.0.50727.42_x-ww_3415f6d0
x86_Microsoft.VC80.MFC_1fc8b3b9a1e18e3b_8.0.50727.42_x-ww_dec6ddd2
x86_Microsoft.VC90.ATL_1fc8b3b9a1e18e3b_9.0.21022.8_x-ww_312cf0e9
x86_Microsoft.VC90.CRT_1fc8b3b9a1e18e3b_9.0.21022.8_x-ww_d08d0375
x86_Microsoft.VC90.CRT_1fc8b3b9a1e18e3b_9.0.30729.1_x-ww_6f74963e
x86_Microsoft.VC90.DebugCRT_1fc8b3b9a1e18e3b_9.0.21022.8_x-ww_597c3456
x86_Microsoft.VC90.DebugMFC_1fc8b3b9a1e18e3b_9.0.21022.8_x-ww_2a62a75b
x86_Microsoft.VC90.DebugOpenMP_1fc8b3b9a1e18e3b_9.0.21022.8_x-ww_72b673b0
x86_Microsoft.VC90.MFCLOC_1fc8b3b9a1e18e3b_9.0.21022.8_x-ww_11f3ea3a
x86_Microsoft.VC90.MFCLOC_1fc8b3b9a1e18e3b_9.0.30729.1_x-ww_b0db7d03
x86_Microsoft.VC90.MFC_1fc8b3b9a1e18e3b_9.0.21022.8_x-ww_a173767a
x86_Microsoft.VC90.MFC_1fc8b3b9a1e18e3b_9.0.30729.1_x-ww_405b0943
```

对于每个版本 DLL，它在 WinSxS 目录下都有一个独立的目录，这个目录的命名中包含了机器类型、名字、公钥和版本号，这样如果多个不同版本的 MSVCR90D.DLL 都可以共存在系统中而不会相互冲突。当然有了 Manifest 这种机制之后，动态链接的 C/C++程序在运行时必须在系统中有与它在 Manifest 里面所指定的完全相同的 DLL，否则系统就会提示运行出错，这也是为什么很多时候使用 Visual C++ 2005 或 2008 编译的程序无法在其他机器上运行的原因，因为它们需要与编译环境完全相同的运行库的支持，所以这些程序发布的时候往往都要带上相应的运行库，比如 Vistual C++ 2008 的运行库就位于“Program Files\Microsoft Visual Studio 9.0\VC\redist\x86\”，比如 C 语言运行库就位于该目录下的“Microsoft.VC90.CRT”；MFC 运行库位于“Microsoft.VC90.MFC”。我们在后面还会详细介绍运行库相关的内容。

9.6 本章小结

动态链接机制对于 Windows 操作系统来说极其重要，整个 Windows 系统本身即基于动态链接机制，Windows 的 API 也以 DLL 的形式提供给程序开发者，而不像 Linux 等系统是以系统调用作为操作系统的最终入口。DLL 比 Linux 下的 ELF 共享库更加复杂，提供的功能也更为完善。

我们在这一章中介绍了 DLL 在进程地址空间中的分布、基地址和 RVA、共享数据段、如何创建和使用 DLL、如何使用模块文件控制 DLL 的产生。接着我们还详细分析了 DLL 的符号导入导出机制以及 DLL 的重定基地址、序号和导入函数绑定、DLL 与 C++等问题。

最后我们探讨了 DLL HELL 问题，并且介绍了解决 DLL HELL 问题的方法、manifest 及相关问题。

第4部分 库与运行库

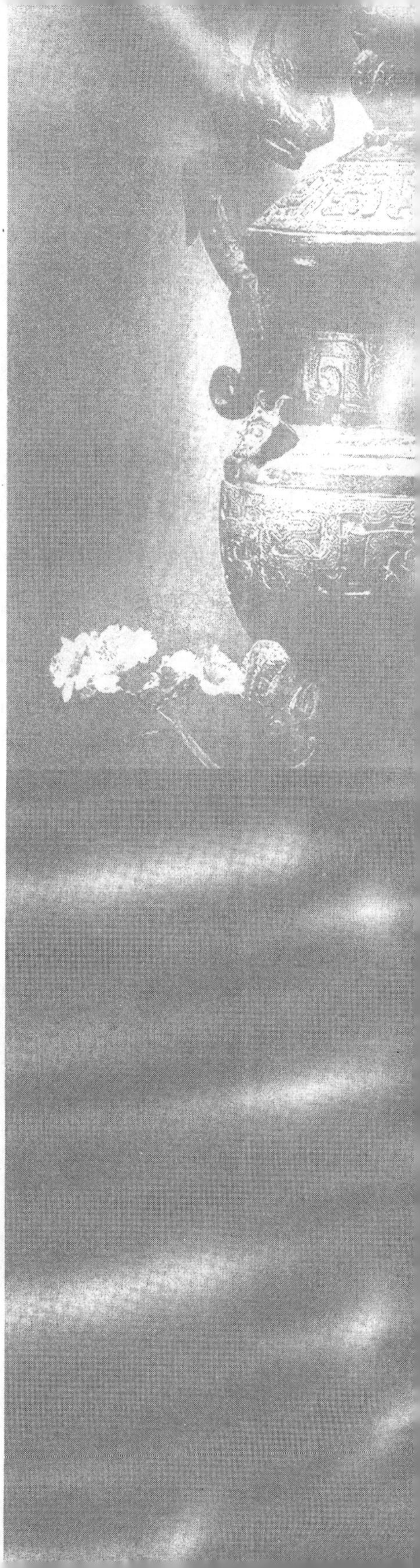

- **malloc是如何分配出内存的**？
- **局部变量存放在哪里**？
- **为什么一个编译好的简单的HelloWorld程序也需要占据好几KB的空间**？
- **为什么程序一启动就有堆、I/O或异常系统可用**？

在这一部分里，我们将详细剖析在程序运行时，隐藏于背后的各种秘密：为什么程序能够执行，它是如何执行的，这些问题将在本部分一一得到解答。首先让我们对程序的运行环境有一个总览，下图描述了一个典型的程序环境。

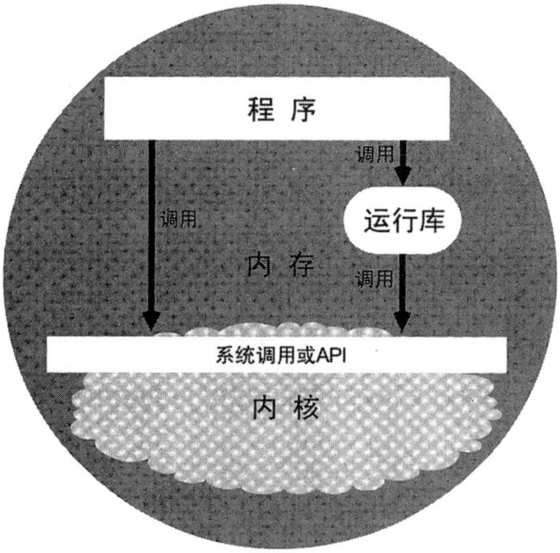

程序环境

由此可以看到，程序的环境由以下三个部分组成：

内　存　**运行库**　**系统调用**

此外，内核也可算作运行环境的一部分，但实际上系统调用部分充当了程序与内核交互的中介，因此在这里不把内核算作运行环境。在接下来的几章里，我们会对这几部分一一进行介绍。

第 10 章

内存

10.1 程序的内存布局
10.2 栈与调用惯例
10.3 堆与内存管理
10.4 本章小结

要研究程序的运行环境，首先要弄明白程序与内存的关系。程序与内存的关系，好比鱼和水一般密不可分。内存是承载程序运行的介质，也是程序进行各种运算和表达的场所。了解程序如何使用内存，对程序本身的理解，以及后续章节的探讨非常有利。

10.1 程序的内存布局

在前面的章节中，我们已经了解到可执行文件是如何映射到计算机内存里的，本节将再深化一下对这方面的理解，顺便结合上一章中关于动态链接的内容，看看加上动态链接之后进程的地址空间是如何分布的。

现代的应用程序都运行在一个内存空间里，在 32 位的系统里，这个内存空间拥有 4GB（2 的 32 次方）的寻址能力。相对于 16 位时代 i386 的段地址加段内偏移的寻址模式，如今的应用程序可以直接使用 32 位的地址进行寻址，这被称为平坦(flat)的内存模型。在平坦的内存模型中，整个内存是一个统一的地址空间，用户可以使用一个 32 位的指针访问任意内存位置。例如：

```
int *p = (int*)0x12345678;
++*p;
```

这段代码展示了如何直接读写指定地址的内存数据。不过，尽管当今的内存空间号称是平坦的，但实际上内存仍然在不同的地址区间上有着不同的地位，例如，大多数操作系统都会将 4GB 的内存空间中的一部分挪给内核使用，应用程序无法直接访问这一段内存，这一部分内存地址被称为内核空间。Windows 在默认情况下会将高地址的 2GB 空间分配给内核（也可配置为 1GB），而 Linux 默认情况下将高地址的 1GB 空间分配给内核，这些在前文中都已经介绍过了。

用户使用的剩下 2GB 或 3GB 的内存空间称为用户空间。在用户空间里，也有许多地址区间有特殊的地位，一般来讲，应用程序使用的内存空间里有如下“默认”的区域。

- 栈：栈用于维护函数调用的上下文，离开了栈函数调用就没法实现。在 10.2 节中将对栈作详细的介绍。栈通常在用户空间的最高地址处分配，通常有数兆字节的大小。
- 堆：堆是用来容纳应用程序动态分配的内存区域，当程序使用 malloc 或 new 分配内存时，得到的内存来自堆里。堆会在 10.3 节详细介绍。堆通常存在于栈的下方（低地址方向），在某些时候，堆也可能没有固定统一的存储区域。堆一般比栈大很多，可以有几十至数百兆字节的容量。
- 可执行文件映像：这里存储着可执行文件在内存里的映像，在第 6 章已经提到过，由装载器在装载时将可执行文件的内存读取或映射到这里。在此不再详细说明。

- 保留区：保留区并不是一个单一的内存区域，而是对内存中受到保护而禁止访问的内存区域的总称，例如，大多数操作系统里，极小的地址通常都是不允许访问的，如 NULL。通常 C 语言将无效指针赋值为 0 也是出于这个考虑，因为 0 地址上正常情况下不可能有有效的可访问数据。

图 10-1 是 Linux 下一个进程里典型的内存布局。

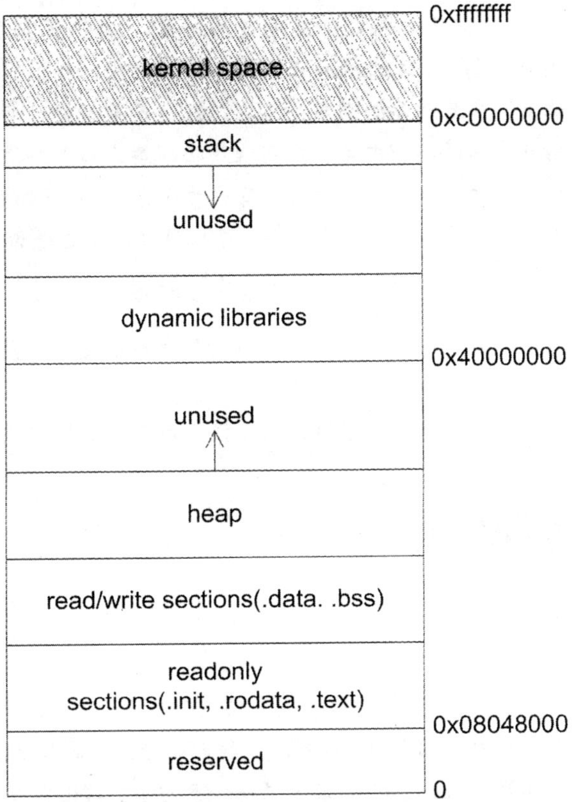

图 10-1 Linux 进程地址空间布局（内核版本 2.4.x）

在图 10-1 中，有一个没有介绍的区域：“动态链接库映射区”，这个区域用于映射装载的动态链接库。在 Linux 下，如果可执行文件依赖其他共享库，那么系统就会为它在从 0x40000000 开始的地址分配相应的空间，并将共享库载入到该空间。

图中的箭头标明了几个大小可变的区的尺寸增长方向，在这里可以清晰地看出栈向低地址增长，堆向高地址增长。当栈或堆现有的大小不够用时，它将按照图中的增长方向扩大自身的尺寸，直到预留的空间被用完为止。

在接下来的两节中，会详细介绍上述几个区域中的栈和堆，让读者对应用程序执行时内存的状况有一个更加深入的理解。

Q&A

Q：我写的程序常常出现“段错误(segment fault)”或者“非法操作，该内存地址不能read/write”的错误信息，这是怎么回事？

A：这是典型的非法指针解引用造成的错误。当指针指向一个不允许读或写的内存地址，而程序却试图利用指针来读或写该地址的时候，就会出现这个错误。在 Linux 或 Windows 的内存布局中，有些地址是始终不能读写的，例如 0 地址。还有些地址是一开始不允许读写，应用程序必须事先请求获取这些地址的读写权，或者某些地址一开始并没有映射到实际的物理内存，应用程序必须事先请求将这些地址映射到实际的物理地址（commit），之后才能够自由地读写这片内存。当一个指针指向这些区域的时候，对它指向的内存进行读写就会引发错误。造成这样的最普遍原因有两种：

1. 程序员将指针初始化为 NULL，之后却没有给它一个合理的值就开始使用指针。
2. 程序员没有初始化栈上的指针，指针的值一般会是随机数，之后就直接开始使用指针。

因此，如果你的程序出现了这样的错误，请着重检查指针的使用情况。

10.2 栈与调用惯例

10.2.1 什么是栈

栈（stack）是现代计算机程序里最为重要的概念之一，几乎每一个程序都使用了栈，没有栈就没有函数，没有局部变量，也就没有我们如今能够看见的所有的计算机语言。在解释为什么栈会如此重要之前，让我们来先了解一下传统的栈的定义：

在经典的计算机科学中，栈被定义为一个特殊的容器，用户可以将数据压入栈中（入栈，push），也可以将已经压入栈中的数据弹出（出栈，pop），但栈这个容器必须遵守一条规则：先入栈的数据后出栈（First In Last Out, FIFO），多多少少像叠成一叠的书（如图 10-2 所示）：先叠上去的书在最下面，因此要最后才能取出。

在计算机系统中，栈则是一个具有以上属性的动态内存区域。程序可以将数据压入栈中，也可以将数据从栈顶弹出。压栈操作使得栈增大，而弹出操作使栈减小。

在经典的操作系统里，栈总是**向下增长**的。在 i386 下，栈顶由称为 esp 的寄存器进行定位。压栈的操作使栈顶的地址减小，弹出的操作使栈顶地址增大。

图 10-2 现实生活中的栈：叠起来的书

图 10-3 是一个栈的实例。

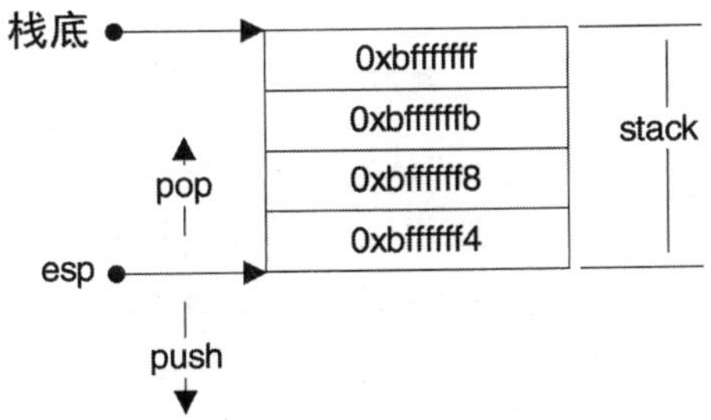

图 10-3 程序栈实例

这里栈底的地址是 0xbfffffff，而 esp 寄存器标明了栈顶，地址为 0xbffffff4。在栈上压入数据会导致 esp 减小，弹出数据使得 esp 增大。相反，直接减小 esp 的值也等效于在栈上开辟空间，直接增大 esp 的值等效于在栈上回收空间。

栈在程序运行中具有举足轻重的地位。最重要的，栈保存了一个函数调用所需要的维护信息，这常常被称为**堆栈帧**（Stack Frame）或**活动记录**（Activate Record）。堆栈帧一般包括如下几方面内容：

- 函数的返回地址和参数。
- 临时变量：包括函数的非静态局部变量以及编译器自动生成的其他临时变量。
- 保存的上下文：包括在函数调用前后需要保持不变的寄存器。

在 i386 中，一个函数的活动记录用 ebp 和 esp 这两个寄存器划定范围。esp 寄存器始终指向栈的顶部，同时也就指向了当前函数的活动记录的顶部。而相对的，ebp 寄存器指向了函数活动记录的一个固定位置，ebp 寄存器又被称为**帧指针**（Frame Pointer）。一个很常见的活动记录示例如图 10-4 所示。

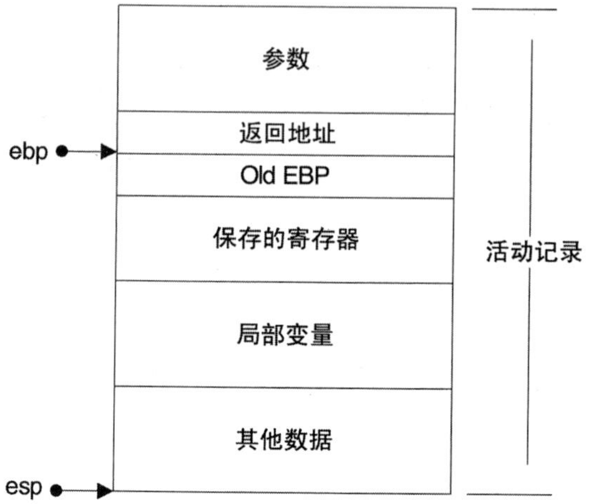

图 10-4 活动记录

在参数之后的数据（包括参数）即是当前函数的活动记录，ebp 固定在图中所示的位置，不随这个函数的执行而变化，相反地，esp 始终指向栈顶，因此随着函数的执行，esp 会不断变化。固定不变的 ebp 可以用来定位函数活动记录中的各个数据。在 ebp 之前首先是这个函数的返回地址，它的地址是 ebp-4，再往前是压入栈中的参数，它们的地址分别是 ebp-8、ebp-12 等，视参数数量和大小而定。ebp 所直接指向的数据是调用该函数前 ebp 的值，这样在函数返回的时候，ebp 可以通过读取这个值恢复到调用前的值。之所以函数的活动记录会形成这样的结构，是因为函数调用本身是如此书写的：一个 i386 下的函数总是这样调用的：

- 把所有或一部分参数压入栈中，如果有其他参数没有入栈，那么使用某些特定的寄存器传递。
- 把当前指令的下一条指令的地址压入栈中。
- 跳转到函数体执行。

其中第 2 步和第 3 步由指令 call 一起执行。跳转到函数体之后即开始执行函数，而 i386 函数体的“标准”开头是这样的（但也可以不一样）：

- push ebp：把 ebp 压入栈中（称为 old ebp）。
- mov ebp, esp：ebp = esp（这时 ebp 指向栈顶，而此时栈顶就是 old ebp）。
- 【可选】sub esp, XXX：在栈上分配 XXX 字节的临时空间。
- 【可选】push XXX：如有必要，保存名为 XXX 寄存器（可重复多个）。

把 ebp 压入栈中，是为了在函数返回的时候便于恢复以前的 ebp 值。而之所以可能要保存一些寄存器，在于编译器可能要求某些寄存器在调用前后保持不变，那么函数就可以在调用开始时将这些寄存器的值压入栈中，在结束后再取出。不难想象，在函数返回时，所进行的“标准”结尾与“标准”开头正好相反：

- 【可选】pop XXX：如有必要，恢复保存过的寄存器（可重复多个）。
- mov esp, ebp：恢复 ESP 同时回收局部变量空间。
- pop ebp：从栈中恢复保存的 ebp 的值。
- ret：从栈中取得返回地址，并跳转到该位置。

提示 GCC 编译器有一个参数叫做-fomit-frame-pointer 可以取消帧指针，即不使用任何帧指针，而是通过 esp 直接计算帧上变量的位置。这么做的好处是可以多出一个 ebp 寄存器供使用，但是坏处却很多，比如帧上寻址速度会变慢，而且没有帧指针之后，无法准确定位函数的调用轨迹（Stack Trace）。所以除非你很清楚你在做什么，否则请尽量不使用这个参数。

为了加深印象，下面我们反汇编一个函数看看：

```
int foo()
{
    return 123;
}
```

这个函数反汇编（VC9, i386，Debug 模式）得到的结果如图 10-5 所示（非粗体部分为调试用的代码）。

我们可以看到头两行保存了旧的 ebp，并让 ebp 指向当前的栈顶。接下来的一行指令

```
004113A3   sub          esp,0C0h
```

将栈扩大了 0xC0 个字节，其中多出来的空间的值并不确定。这么一大段多出来的空间可以存储局部变量、某些临时数据以及调试信息。在第 3 步里，函数将 3 个寄存器保存在了栈上。这 3 个寄存器在函数随后的执行中可能被修改，所以要先保存一下这些寄存器原本的值，以便在退出函数时恢复。第 4 步的代码用于调试。这段汇编大致等价于如下伪代码：

```
edi = ebp - 0x0C;
ecx = 0x30;
eax = 0xCCCCCCCC;
for (; ecx != 0; --ecx, edi+=4)
    *((int*)edi) = eax;
```

可以计算出，0x30 * 4 = 0xC0。所以实际上这段代码将内存地址从 ebp-0xC0 到 ebp 这一段全部初始化为 0xCC。恰好就是第 2 步在栈上分配出来的空间。

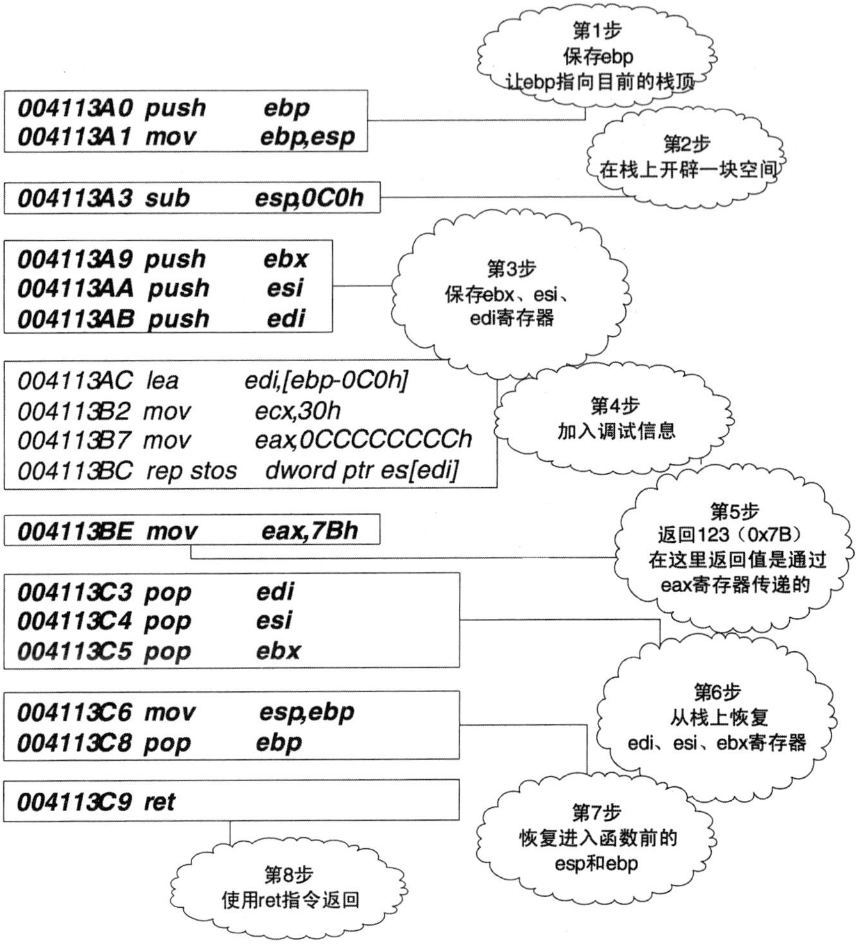

图 10-5 foo 函数汇编代码分析

【小知识】

我们在 VC 下调试程序的时候，常常看到一些没有初始化的变量或内存区域的值是“烫”。例如下列代码：

```
int main()
{
    char p[12];
}
```

此代码中的数组 p 没有初始化，当我们在 Debug 模式下运行这个程序，在 main 中设下断点并监视（watch）数组 p 时，就能看见如图 10-6 的情形。

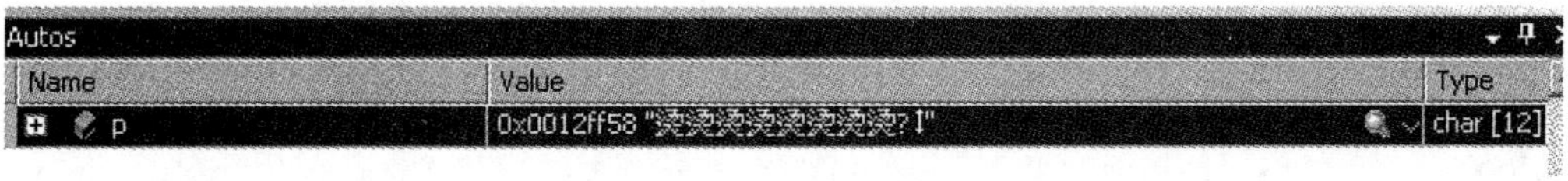

图 10-6 未初始化的局部变量

之所以会出现“烫”这么一个奇怪的字，就是因为 Debug 模式在第 4 步里，将所有的分配出来的栈空间的每一个字节都初始化为 0xCC。0xCCCC（即两个连续排列的 0xCC）的汉字编码就是烫，所以 0xCCCC 如果被当作文本就是“烫”。

将未初始化数据设置为 0xCC 的理由是这样可以有助于判断一个变量是否没有初始化。如果一个指针变量的值是 0xCCCCCCCC，那么我们就可以基本相信这个指针没有经过初始化。当然这个信息仅供参考，编译器检查未初始化变量的方法并不能以此为证据。有时编译器还会使用 0xCDCDCDCD 作为未初始化标记，此时我们就会看到汉字“屯屯”。

在第 5 步，函数将 0x7B（即 123）赋值给 eax，作为返回值传出。在函数返回之后，调用方可以通过读取 eax 寄存器来获取返回值。接下来的几步是函数的资源清理阶段，从栈中恢复保存的寄存器、ebp 等。最后使用 ret 指令从函数返回。

以上介绍的是 i386 标准函数进入和退出指令序列，它们基本的形式为：

```
push ebp
mov ebp, esp
sub esp, x
[push reg1]
...
[push regn]
```

函数实际内容

```
[pop regn]
...
[pop reg1]
mov esp, ebp
pop ebp
ret
```

其中 x 为栈上开辟出来的临时空间的字节数，reg1...regn 分别代表需要保存的 n 个寄存器。方括号部分为可选项。不过在有些场合下，编译器生成函数的进入和退出指令序列时并不按照标准的方式进行。例如一个满足如下要求的 C 函数：

- 函数被声明为 static（不可在此编译单元之外访问）。
- 函数在本编译单元仅被直接调用，没有显示或隐式取地址（即没有任何函数指针指向过这个函数）。

编译器可以确信满足这两条的函数不会在其他编译单元内被调用，因此可以随意地修改这个函数的各个方面——包括进入和退出指令序列——来达到优化的目的。

【小知识】Hot Patch Prologue

在 Windows 的函数里，有些函数尽管使用了标准的进入指令序列，但在这些指令之前却插入了一些特殊的内容：

```
mov edi, edi
```

我们知道这条指令没有任何用处，事实上也确实如此。这条指令在汇编之后会成为一个占用 2 个字节的机器码，纯粹作为占位符而存在。使用这条指令开头的函数整体上看起来是这样的：

```
nop
nop
nop
nop
nop
FUNCTION:              ; 函数的实际入口
mov edi, edi           ; 2 字节的占位符
push ebp               ; 标准的进入序列
mov ebp, esp
```

其中 nop 指令占 1 字节，本身不做任何操作，也是以占位符的形式存在，FUNCTION 为一个标号，表明函数的入口，本身不占据任何空间。

被设计成这样的函数在运行的时候可以很容易被其他函数"替换"掉。在上面的指令序列中调用的函数是 FUNCTION，但是我们可以做一些改动，就可以在运行时刻修改成调用函数 REPLACEMENT_FUNCTION。首先我们需要在进程的内存空间里的任意某处写入 REPLACEMENT_FUNCTION 的定义：

```
REPLACEMENT_FUNCTION:
push ebp
mov ebp, esp
...
mov esp, ebp
pop ebp
ret
```

然后将原函数的内容稍作修改即可：

```
LABEL:
jmp REPLACEMENT_FUNCTION
FUNCTION:              ; 函数的实际入口
jmp LABEL
push ebp               ; 标准的进入序列
mov ebp, esp
```

在这里，我们首先将占用 5 个字节的 5 个 nop 指令覆盖为一个 jmp 指令（恰好 5 字节），然后将占用两个字节的 mov edi, edi 指令替换为另一个 jmp 指令。为什么第二个 jmp 指令只占用 2 个字节呢？因为这个 jmp 的目标距离这个 jmp 指令本身非常近，因此这个 jmp 指令就被汇编器翻译成了一个“近跳”指令，这种指令只占用 2 个字节，但只能跳跃至当前地址前后 127 字节范围的目标位置。在经过这样的替换之后，原函数的调用就被转换为新函数的调用。

这里替换的机制往往可以用来实现一种叫做**钩子**（Hook）的技术，允许用户在某些时刻截获特定函数的调用，如图 10-7 所示。

10.2.2 调用惯例

经过前面的分析和讨论，我们大致知道了函数调用时实际发生的事件。从这样的信息里能够发现一个现象，那就是函数的调用方和被调用方对函数如何调用有着统一的理解，例如它们双方都一致地认同函数的参数是按照某个固定的方式压入栈内。如果不这样的话，函数将无法正确运行。这就好比我们说话时需要双方对同一个声音（语音）有着一致的理解一样，否则就会产生误解，如图 10-7 所示。

图 10-7 函数调用惯例犹如语言

假设有一个 foo 函数：

```
int foo(int n, float m)
{
    int a = 0, b = 0;
    ...
}
```

如果函数的调用方在传递参数时先压入参数 n，再压入参数 m，而 foo 函数却认为其调用方应该先压入参数 m，后压入参数 n，那么不难想象 foo 内部的 m 和 n 的值将会被交换。如图 10-8 所示。

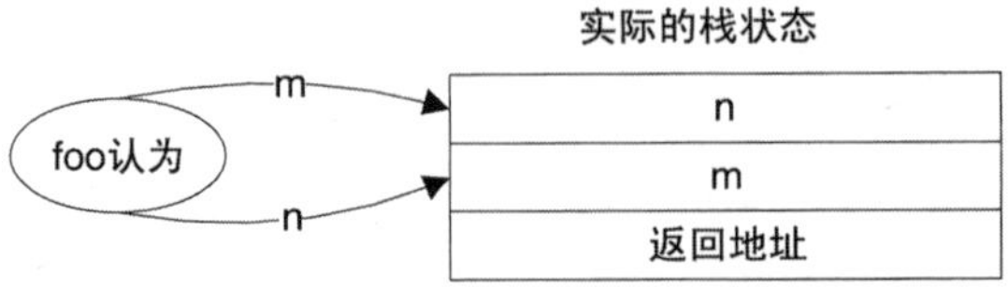

图 10-8　错误的调用惯例

再者如果函数的调用方决定利用寄存器传递参数，而函数本身却仍然以为参数通过栈传递，那么显然函数无法获取正确的参数。因此，毫无疑问函数的调用方和被调用方对于函数如何调用须要有一个明确的约定，只有双方都遵守同样的约定，函数才能被正确地调用，这样的约定就称为**调用惯例**（Calling Convention）。一个调用惯例一般会规定如下几个方面的内容。

- 函数参数的传递顺序和方式

函数参数的传递有很多种方式，最常见的一种是通过栈传递。函数的调用方将参数压入栈中，函数自己再从栈中将参数取出。对于有多个参数的函数，调用惯例要规定函数调用方将参数压栈的顺序：是从左至右，还是从右至左。有些调用惯例还允许使用寄存器传递参数，以提高性能。

- 栈的维护方式

在函数将参数压栈之后，函数体会被调用，此后需要将被压入栈中的参数全部弹出，以使得栈在函数调用前后保持一致。这个弹出的工作可以由函数的调用方来完成，也可以由函数本身来完成。

- 名字修饰（Name-mangling）的策略

为了链接的时候对调用惯例进行区分，调用管理要对函数本身的名字进行修饰。不同的调用惯例有不同的名字修饰策略。

事实上，在C语言里，存在着多个调用惯例，而默认的调用惯例是cdecl。任何一个没有显式指定调用惯例的函数都默认是cdecl惯例。对于函数foo的声明，它的完整形式是：

```
int _cdecl foo(int n, float m)
```

注意　_cdecl是非标准关键字，在不同的编译器里可能有不同的写法，例如在gcc里就不存在_cdecl这样的关键字，而是使用__attribute__((cdecl))。

cdecl这个调用惯例是C语言默认的调用惯例，它的内容如表10-1所示。

表 10-1

参数传递	出栈方	名字修饰
从右至左的顺序压参数入栈	函数调用方	直接在函数名称前加1个下划线

因此 foo 被修饰之后就变为_foo。在调用 foo 的时候，按照 cdecl 的参数传递方式，具体的堆栈操作如下。

- 将 m 压入栈。
- 将 n 压入栈。
- 调用_foo，此步又分为两个步骤：
  a) 将返回地址（即调用_foo 之后的下一条指令的地址）压入栈；
  b) 跳转到_foo 执行。

当函数返回之后：sp = sp + 8（参数出栈，由于不需要得到出栈的数据，所以直接调整栈顶位置就可以了）。因此进入 foo 函数之后，栈上大致是如图 10-9 所示。

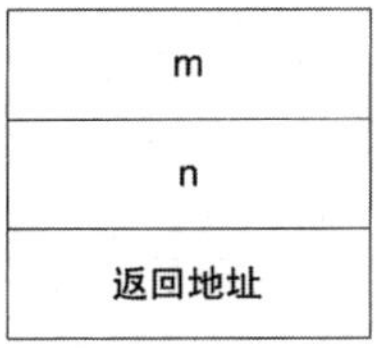

图 10-9 foo 函数栈布局

然后在 foo 里面要保存一系列的寄存器，包括函数调用方的 ebp 寄存器，以及要为 a 和 b 两个局部变量分配空间（参见本节开头）。最终的栈的构成会如图 10-10 所示。

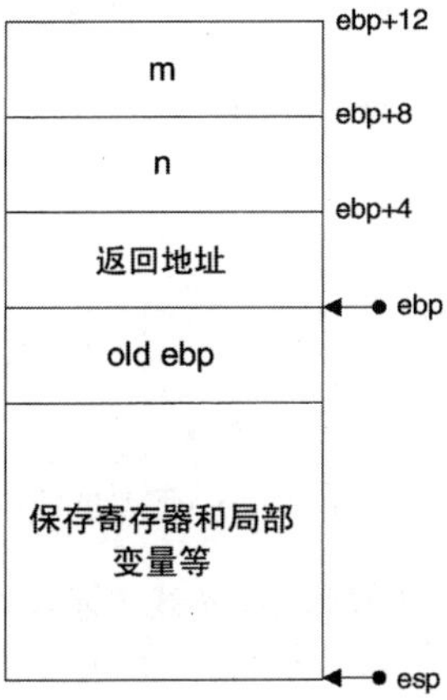

图 10-10 foo 函数栈布局（2）

对于不同的编译器，由于分配局部变量和保存寄存器的策略不同，这个结果可能有出入。在以上布局中，如果想访问变量 n，实际的地址是使用 ebp+8。当 foo 返回的时候，程序首先会使用 pop 恢复保存在栈里的寄存器，然后从栈里取得返回地址，返回到调用方。调用方再调整 ESP 将堆栈恢复。因此有如下代码：

```
void f(int x, int y)
{
    ...
    return;
}
int main()
{
    f(1, 3);
    return 0;
}
```

实际执行的操作如图 10-11 所示。

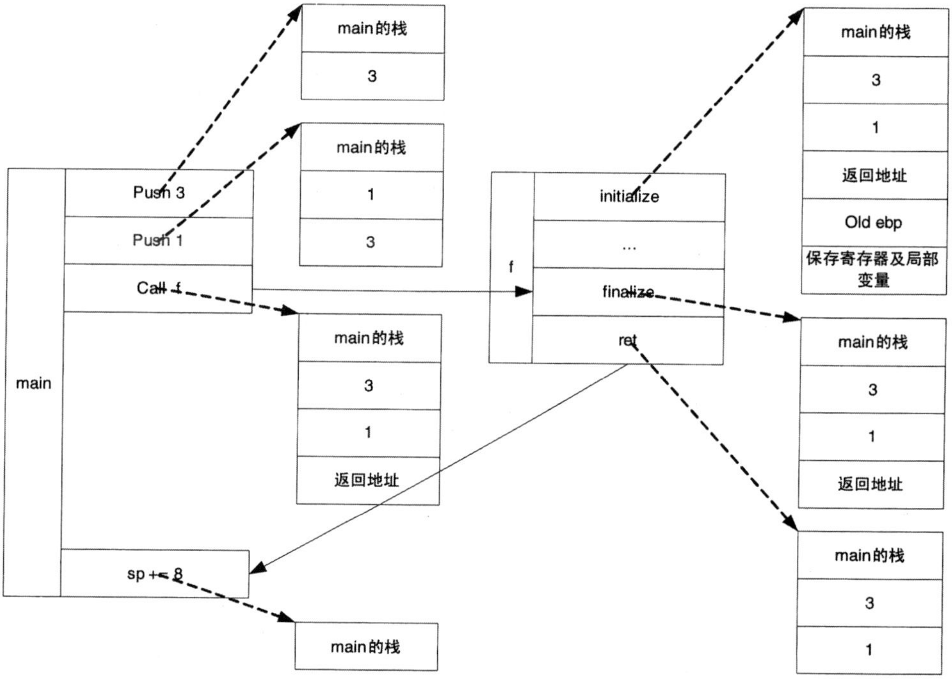

图 10-11 main 函数的执行流程

其中虚线指向该指令执行后的栈状态，实线表示程序的跳转状况。同样，对于多级调用，如果我们有如下代码：

```
void f(int y)
{
    printf("y=%d", y);
}
int main()
{
    int x = 1;
```

```
    f(x);
    return 0;
}
```

这些代码形成的堆栈格局如图 10-12 所示。

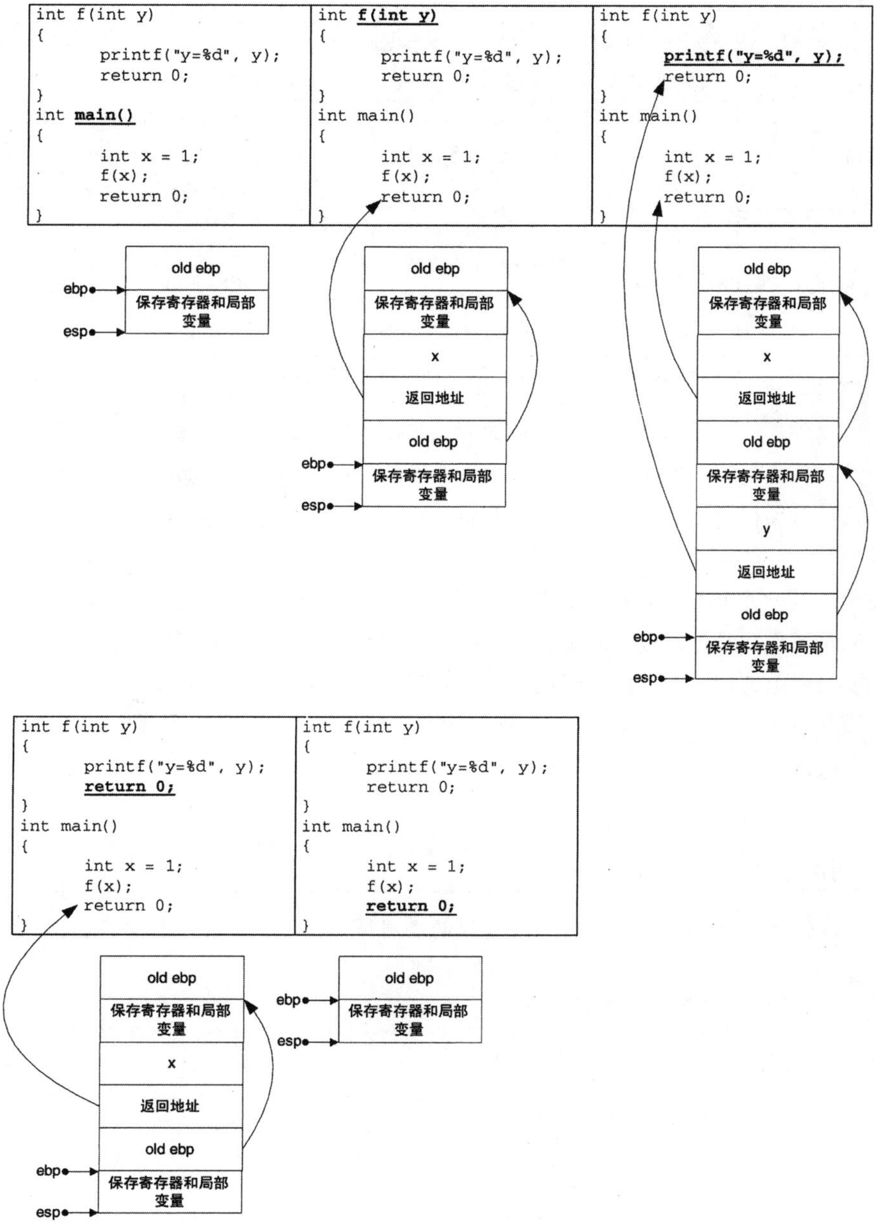

图 10-12 多级调用栈布局

图 10-12 的箭头表示地址的指向关系，而带下划线的代码表示当前执行的代码。除了 cdecl 调用惯例之外，还存在很多别的调用惯例，例如 stdcall、fastcall 等。表 10-2 介绍了几项主要的调用惯例的内容。

表 10-2

调用惯例	出栈方	参数传递	名字修饰
cdecl	函数调用方	从右至左的顺序压参数入栈	下划线+函数名
stdcall	函数本身	从右至左的顺序压参数入栈	下划线+函数名+@+参数的字节数，如函数 int func(int a, double b) 的修饰名是_func@12
fastcall	函数本身	头两个 DWORD(4 字节)类型或者占更少字节的参数被放入寄存器，其他剩下的参数按从右到左的顺序压入栈	@+函数名+@+参数的字节数
pascal	函数本身	从左至右的顺序压参数入栈	较为复杂，参见 pascal 文档

此外，不少编译器还提供一种称为 naked call 的调用惯例，这种调用惯例用在特殊的场合，其特点是编译器不产生任何保护寄存器的代码，故称为 naked call。对于 C++语言，以上几种调用惯例的名字修饰策略都有所改变，因为 C++支持函数重载以及命名空间和成员函数等等，因此实际上一个函数名可以对应多个函数定义，那么上面提到的名字修饰策略显然是无法区分各个不同同名函数定义的。所以 C++自己有更加复杂的名字修饰策略，我们在前面的章节也已经遇到过了。最后，C++自己还有一种特殊的调用惯例，称为 thiscall，专用于类成员函数的调用。其特点随编译器不同而不同，在 VC 里是 this 指针存放于 ecx 寄存器，参数从右到左压栈，而对于 gcc、thiscall 和 cdecl 完全一样，只是将 this 看作是函数的第一个参数。

【小实验】

我们可以让函数的调用方使用错误的调用惯例，看看能发生什么事情：

```
//a.c
void __fastcall foo(int, int);

int main()
{
    foo(1, 3);
    return 0;
}

//b.c
#include <stdio.h>
void __cdecl foo(int a, int b)
{
```

```
    printf("a=%d,b=%d", a, b);
}
```

这里有 2 个.c 文件，分别定义和调用了函数 foo，但在 a.c 中，调用 foo 所使用的调用惯例是错误的 fastcall。编译并链接这两个.c 文件会发现链接失败，因为在 a.c 中，foo 函数被修饰为@foo@8，而在 b.c 中，foo 函数被修饰为_foo。为了使得程序能够运行，我们可以把 b.c 单独编译为 DLL（或 so），并导出符号 foo，而 main 则加载 b.c 导出的 DLL（或 so），并导入符号 foo。（具体步骤在动态链接部分已经有详细的说明，这里就不再细说。）如此处理之后程序就可以运行了，运行的结果（可能）是：

```
a=8458637,b=1
```

可见参数没有正确地传入。

10.2.3 函数返回值传递

除了参数的传递之外，函数与调用方的交互还有一个渠道就是返回值。在第 287 页的例子中，我们发现 eax 是传递返回值的通道。函数将返回值存储在 eax 中，返回后函数的调用方再读取 eax。但是 eax 本身只有 4 个字节，那么大于 4 字节的返回值是如何传递的呢？

对于返回 5～8 字节对象的情况，几乎所有的调用惯例都是采用 eax 和 edx 联合返回的方式进行的。其中 eax 存储返回值要低 4 字节，而 edx 存储返回值要高 1～4 字节。而对于超过 8 字节的返回类型，我们可以用下列代码来研究：

```
typedef struct big_thing
{
    char buf[128];
}big_thing;

big_thing return_test()
{
    big_thing b;
    b.buf[0] = 0;
    return b;
}

int main()
{
    big_thing n = return_test();
}
```

这段代码里的 return_test 的返回值类型是一个长度为 128 字节的结构，因此无论如何也不可能直接用 eax 传递。让我们首先来反汇编（MSVC9）一下 main 函数，结果如下：

```
big_thing n = return_test();
00411498  lea          eax,[ebp-1D0h]
0041149E  push         eax
0041149F  call        _return_test
```

```
004114A4  add        esp,4
004114A7  mov        ecx,20h
004114AC  mov        esi,eax
004114AE  lea        edi,[ebp-88h]
004114B4  rep movs   dword ptr es:[edi],dword ptr [esi]
```

其中第二行：

```
00411498  lea        eax,[ebp-1D0h]
```

将栈上的一个地址(ebp-1D0h)存储在 eax 里，接着下一行：

```
push        eax
```

将这个地址压入栈中然后就紧接着调用 return_test 函数。这从形式上无疑是将数据 ebp - 1D0h 作为参数传入 return_test 函数，然而 return_test 是没有参数的，因此我们可以将这个数据称为是“隐含参数”。换句话说，return_test 的原型实际是：

```
big_thing return_test(void* addr);
```

这段汇编最后 4 行（斜体部分）是一个整体，我们可以想象在函数返回之后，函数的调用方需要获取函数的返回对象并对 n 赋值。rep movs 是一个复合指令，它的大致意义是重复 movs 指令直到 ecx 寄存器为 0。于是“rep movs a, b”的意思就是将 b 指向位置上的若干个双字（4 字节）拷贝到由 a 指向的位置上，拷贝双字的个数由 ecx 指定，实际上这句复合指令的含义相当于 memcpy（a, b, ecx * 4）。所以说，最后 4 行的含义相当于：

```
memcpy(ebp-88h, eax, 0x20 * 4)
```

即将 eax 指向位置上的 0x20 个双字拷贝到 ebp-88h 的位置上。毫无疑问，ebp-88h 这个地址就是变量 n 的地址，如果有所怀疑，可以比较一下 n 的地址和 ebp-88h 的值即可确信这一点。而 0x20 个双字就是 128 个字节，正是 big_thing 的大小。现在我们可以将这段汇编略微还原了：

```
return_test(ebp-1D0h)
memcpy(&n, (void*)eax, sizeof(n));
```

可见，return_test 返回的结构体仍然是由 eax 传出的，只不过这次 eax 存储的是结构体的指针。那么 return_test 具体是如何返回一个结构体的呢？让我们来看看 return_test 的实现：

```
big_thing return_test()
{
...
    big_thing b;
    b.buf[0] = 0;
004113C8  mov        byte ptr [ebp-88h],0
    return b;
004113CF  mov        ecx,20h
004113D4  lea        esi,[ebp-88h]
004113DA  mov        edi,dword ptr [ebp+8]
004113DD  rep movs   dword ptr es:[edi],dword ptr [esi]
004113DF  mov        eax,dword ptr [ebp+8]
```

```
}
```

在这里，ebp-88h 存储的是 return_test 的局部变量 b。根据 rep movs 的功能，加粗的 4 条指令可以翻译成如下的代码：

```
memcpy([ebp+8], &b, 128);
```

在这里，[ebp+8]指的是*(void**)(ebp+8)，即将地址 ebp+8 上存储的值作为地址，由于 ebp 实际指向栈上保存的旧的 ebp，因此 ebp+4 指向压入栈中的返回地址，ebp+8 则指向函数的参数。而我们知道，return_test 是没有真正的参数的，只有一个"伪参数"由函数的调用方悄悄地传入，那就是 ebp-1D0h（这里的 ebp 是 return_test 调用前的 ebp）这个值。换句话说，[ebp+8]=old_ebp-1D0h。

那么到底 main 函数里的 ebp-1D0h 是什么内容呢？我们来看看 main 函数一开始初始化的汇编代码：

```
int main()
{
00411470  push        ebp
00411471  mov         ebp, esp
00411473  sub         esp,1D4h
00411479  push        ebx
0041147A  push        esi
0041147B  push        edi
0041147C  lea         edi,[ebp-1D4h]
00411482  mov         ecx,75h
00411487  mov         eax,0CCCCCCCCh
0041148C  rep stos    dword ptr es:[edi]
0041148E  mov         eax,dword ptr [___security_cookie (417000h)]
00411493  xor         eax,ebp
00411495  mov         dword ptr [ebp-4],eax
```

我们可以看到 main 函数在保存了 ebp 之后，就直接将栈增大了 1D4h 个字节，因此 ebp-1D0h 就正好落在这个扩大区域的末尾，而区间[ebp-1D0h, ebp-1D0h + 128)也正好处于这个扩大区域的内部。至于这块区域剩下的内容，则留作它用。下面我们就可以把思路理清了：

- 首先 main 函数在栈上额外开辟了一片空间，并将这块空间的一部分作为传递返回值的临时对象，这里称为 temp。
- 将 temp 对象的地址作为隐藏参数传递给 return_test 函数。
- return_test 函数将数据拷贝给 temp 对象，并将 temp 对象的地址用 eax 传出。
- return_test 返回之后，main 函数将 eax 指向的 temp 对象的内容拷贝给 n。

整个流程如图 10-13 所示。

也可以用伪代码表示如下：

```
void return_test(void *temp)
{
```

```
    big_thing b;
    b.buf[0] = 0;
    memcpy(temp, &b, sizeof(big_thing));
    eax = temp;
}

int main()
{
    big_thing temp;
    big_thing n;
    return_test(&temp);
memcpy(&n, eax, sizeof(big_thing));
}
```

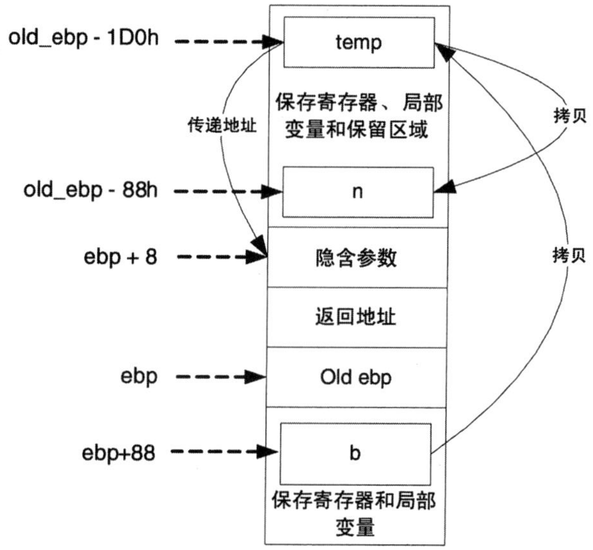

图 10-13 返回值传递流程

毋庸置疑，如果返回值类型的尺寸太大，C 语言在函数返回时会使用一个临时的栈上内存区域作为中转，结果返回值对象会被拷贝两次。因而不到万不得已，不要轻易返回大尺寸的对象。为了不失一般性，我们再来看看在 Linux 下使用 gcc 4.03 编译出来的代码返回大尺寸对象的情况。测试的代码仍然使用以下代码：

```
typedef struct big_thing
{
    char buf[128];
}big_thing;

big_thing return_test()
{
    big_thing b;
    b.buf[0] = 0;
    return b;
```

```
}

int main()
{
    big_thing n = return_test();
}
```

下面是其 main 函数的部分反汇编：

```
80483bd:  8d 85 f8 fe ff ff       lea     eax , [ebp-107h]
80483c3:  89 04 24                mov      [esp], eax
80483c6:  e8 95 ff ff ff          call    8048360 <return_test>
80483cb:  83 ec 04                sub     esp, 4
80483ce:  8d 8d 78 ff ff ff       lea     ecx, [ebp-87h]
80483d4:  8d 95 f8 fe ff ff       lea     edx , [ebp -107h]
80483da:  b8 80 00 00 00          mov     eax ,80h
80483df:  89 44 24 08             mov      [esp+8h], eax
80483e3:  89 54 24 04             mov      [esp+4h], edx
80483e7:  89 0c 24                mov      [esp], ecx
80483ea:  e8 c1 fe ff ff          call    80482b0 <memcpy@plt>
```

与 MSVC9 的反汇编对比，可以发现，ebp-0x107 的位置上是临时对象 temp 的地址，而 ebp-0x87 则是 n 的地址。这样，这段代码和用 MSVC9 反汇编得到的代码是一样的，都是通过栈上的隐藏参数传递临时对象的地址，只不过在将临时对象写回到实际的目标对象 n 的时候，MSVC9 使用了 rep movs 指令，而 gcc 调用了 memcpy 函数。可见在这里 VC 和 gcc 的思路大同小异。最后来看看如果函数返回一个 C++对象会如何：

```
#include <iostream>
using namespace std;

struct cpp_obj
{
    cpp_obj()
    {
        cout << "ctor\n";
    }
    cpp_obj(const cpp_obj& c)
    {
        cout << "copy ctor\n";
    }
    cpp_obj& operator=(const cpp_obj& rhs)
    {
        cout << "operator=\n";
        return *this;
    }
    ~cpp_obj()
    {
        cout << "dtor\n";
    }
};

cpp_obj return_test()
{
    cpp_obj b;
```

```
        cout << "before return\n";
        return b;
    }

    int main()
    {
        cpp_obj n;
        n = return_test();
    }
```

在没有开启任何优化的情况下，直接运行一下，可以发现程序输出为：

```
ctor
ctor
before return
copy ctor
dtor
operator=
dtor
dtor
```

我们可以看到在函数返回之后，进行了一个拷贝构造函数的调用，以及一次 operator=的调用，也就是说，仍然产生了两次拷贝。因此 C++的对象同样会产生临时对象。

> **注意** 返回对象的拷贝情况完全不具备可移植性，不同的编译器产生的结果可能不同。

我们可以反汇编 main 函数来确认这一点：

```
n = return_test();
00411C2C  lea          eax,[ebp-0DDh]
00411C32  push         eax
00411C33  call         return_test (4111F4h)
00411C38  add          esp,4
00411C3B  mov          dword ptr [ebp-0E8h],eax
00411C41  mov          ecx,dword ptr [ebp-0E8h]
00411C47  mov          dword ptr [ebp-0ECh],ecx
00411C4D  mov          byte ptr [ebp-4],1
00411C51  mov          edx,dword ptr [ebp-0ECh]
00411C57  push         edx
00411C58  lea          ecx,[ebp-11h]
00411C5B  call         cpp_obj::operator= (41125Dh)
00411C60  mov          byte ptr [ebp-4],0
00411C64  lea          ecx,[ebp-0DDh]
00411C6A  call         cpp_obj::~cpp_obj (41119Ah)
```

可以看出，这段汇编与之前的版本结构是一致的，临时对象的地址仍然通过隐藏参数传递给函数，只不过最后没有使用 rep movs 来拷贝数据，而是调用了函数的 operator=来进行。同时，这里还对临时对象调用了一次析构函数。

函数传递大尺寸的返回值所使用的方法并不是可移植的，不同的编译器、不同的平台、不同的调用惯例甚至不同的编译参数都有权力采用不同的实现方法。因此尽管我们实验得到的结论在 MSVC 和 gcc 下惊人地相似，读者也不要认为大对象传递只有这一种情况。

【小知识】

声名狼藉的 C++返回对象

正如我们看到的，在 C++里返回一个对象的时候，对象要经过 2 次拷贝构造函数的调用才能够完成返回对象的传递。1 次拷贝到栈上的临时对象里，另一次把临时对象拷贝到存储返回值的对象里。在某些编译器里，返回一个对象甚至要经过更多的步骤。

这样带来的恶果就是返回一个较大对象会有非常多的额外开销。因此 C++程序中都尽量避免返回对象。此外，为了减小返回对象的开销，C++提出了返回值优化（Return Value Optimization， RVO）这样的技术，可以将某些场合下的对象拷贝减少 1 次，例如:

```
cpp_obj return_test()
{
    return cpp_obj();
}
```

在这个例子中，构造一个 cpp_obj 对象会调用一次 cpp_obj 的构造函数，在返回这个对象时，还会调用 cpp_obj 的拷贝构造函数。C++的返回值优化可以将这两步合并，直接将对象构造在传出时使用的临时对象上，因此可以减少一次复制过程。

10.3 堆与内存管理

相对于栈而言，堆这片内存面临一个稍微复杂的行为模式：在任意时刻，程序可能发出请求，要么申请一段内存，要么释放一段已申请过的内存，而且申请的大小从几个字节到数 GB 都是有可能的，我们不能假设程序会一次申请多少堆空间，因此，堆的管理显得较为复杂。下面让我们来了解一下堆的工作原理。

10.3.1 什么是堆

光有栈对于面向过程的程序设计还远远不够，因为栈上的数据在函数返回的时候就会被释放掉，所以无法将数据传递至函数外部。而全局变量没有办法动态地产生，只能在编译的时候定义，有很多情况下缺乏表现力。在这种情况下，**堆**（Heap）是唯一的选择。

堆是一块巨大的内存空间，常常占据整个虚拟空间的绝大部分。在这片空间里，程序可以请求一块连续内存，并自由地使用，这块内存在程序主动放弃之前都会一直保持有效。下面是一个申请堆空间最简单的例子。

```
int main()
{
    char * p = (char*)malloc(1000);
    /* use p as an array of size 1000*/
    free(p);
}
```

在第 3 行用 malloc 申请了 1000 个字节的空间之后，程序可以自由地使用这 1000 个字节，直到程序用 free 函数释放它。

那么 malloc 到底是怎么实现的呢？有一种做法是，把进程的内存管理交给操作系统内核去做，既然内核管理着进程的地址空间，那么如果它提供一个系统调用，可以让程序使用这个系统调用申请内存，不就可以了吗？当然这是一种理论上可行的做法，但实际上这样做的性能比较差，因为每次程序申请或者释放堆空间都需要进行系统调用。我们知道系统调用的性能开销是很大的，当程序对堆的操作比较频繁时，这样做的结果是会严重影响程序的性能的。比较好的做法就是程序向操作系统申请一块适当大小的堆空间，然后由程序自己管理这块空间，而具体来讲，管理着堆空间分配的往往是程序的运行库。

运行库相当于是向操作系统"批发"了一块较大的堆空间，然后"零售"给程序用。当全部"售完"或程序有大量的内存需求时，再根据实际需求向操作系统"进货"。当然运行库在向程序零售堆空间时，必须管理它批发来的堆空间，不能把同一块地址出售两次，导致地址的冲突。于是运行库需要一个算法来管理堆空间，这个算法就是堆的分配算法。不过在了解具体的分配算法之前，我们先来看看运行库是怎么向操作系统批发内存的。

10.3.2 Linux 进程堆管理

从本章的第一节可知，进程的地址空间中，除了可执行文件、共享库和栈之外，剩余的未分配的空间都可以被用来作为堆空间。Linux 下的进程堆管理稍微有些复杂，因为它提供了两种堆空间分配的方式，即两个系统调用：一个是 brk()系统调用，另外一个是 mmap()。brk()的 C 语言形式声明如下：

```
int brk(void* end_data_segment)
```

brk()的作用实际上就是设置进程数据段的结束地址，即它可以扩大或者缩小数据段（Linux 下数据段和 BSS 合并在一起统称数据段）。如果我们将数据段的结束地址向高地址移动，那么扩大的那部分空间就可以被我们使用，把这块空间拿来作为堆空间是最常见的做法之一（我们还将在第 12 章详细介绍 brk 的实现）。Glibc 中还有一个函数叫 sbrk，它的功能与 brk 类似，只不过参数和返回值略有不同。sbrk 以一个增量（Increment）作为参数，即需要增加（负数为减少）的空间大小，返回值是增加（或减少）后数据段结束地址，这个函数实际上是对 brk 系统调用的包装，它是通过 brk()实现的。

mmap()的作用和 Windows 系统下的 VirtualAlloc 很相似，它的作用就是向操作系统申请一段虚拟地址空间，当然这块虚拟地址空间可以映射到某个文件（这也是这个系统调用的最初的作用），当它不将地址空间映射到某个文件时，我们又称这块空间为**匿名（Anonymous）空间**，匿名空间就可以拿来作为堆空间。它的声明如下：

```
void *mmap(
   void *start,
   size_t length,
   int prot,
   int flags,
   int fd,
   off_t offset);
```

mmap 的前两个参数分别用于指定需要申请的空间的起始地址和长度，如果起始地址设置为 0，那么 Linux 系统会自动挑选合适的起始地址。prot/flags 这两个参数用于设置申请的空间的权限（可读、可写、可执行）以及映射类型（文件映射、匿名空间等），最后两个参数是用于文件映射时指定文件描述符和文件偏移的，我们在这里并不关心它们。

glibc 的 malloc 函数是这样处理用户的空间请求的：对于小于 128KB 的请求来说，它会在现有的堆空间里面，按照堆分配算法为它分配一块空间并返回；对于大于 128KB 的请求来说，它会使用 mmap()函数为它分配一块匿名空间，然后在这个匿名空间中为用户分配空间。当然我们直接使用 mmap 也可以轻而易举地实现 malloc 函数：

```
void *malloc(size_t nbytes)
{
    void* ret = mmap(0, nbytes, PROT_READ | PROT_WRITE,
        MAP_PRIVATE | MAP_ANONYMOUS, 0, 0);
    if (ret == MAP_FAILED)
        return 0;
    return ret;
}
```

mmap 的详细使用说明请查阅 Linux 的 manpage

由于 mmap()函数与 VirtualAlloc()类似，它们都是系统虚拟空间申请函数，它们申请的空间的起始地址和大小都必须是系统页的大小的整数倍，对于字节数很小的请求如果也使用 mmap 的话，无疑是会浪费大量的空间的，所以上述的做法仅仅是演示而已，不具有实用性。

了解了 Linux 系统对于堆的管理之后，可以再来详细分析一下第 6 章里面的一个问题，那就是 malloc 到底一次能够申请的最大空间是多少？为了回答这个问题，就不得不再回头仔细研究一下图 9-1 了。我们可以看到在有共享库的情况下，留给堆可以用的空间还有两处。第一处就是从 BSS 段结束到 0x40 000 000，即大约 1 GB 不到的空间；第二处是从共享库到栈的这块空间，大约是 2 GB 不到。这两块空间大小都取决于栈、共享库的大小和数量。于是可以估算到 malloc 最大的申请空间大约是 2 GB 不到，这似乎与在第 6 章中得到的 2.9 GB 的实验结论并不一致。

那么事实是怎么样的呢？实际上 2.9GB 的结论是对的，2GB 的推论也并没有错。造成这种差异的是因为不同的 Linux 内核版本造成的。因为在图 9-1 里面所看到的共享库的装载地址为 0x40 000 000，这实际上已经是过时了的，在 Linux 内核 2.6 版本里面，共享库的装载地址已经被挪到了靠近栈的位置，即位于 0xbfxxxxxx 附近（这一点从前面的章节中察看 /proc/xxx/maps 也可以验证），所以从 0xbfxxxxxx 到进程用 brk()设置的边界末尾简直是一马平川，中间没有任何空间占用的情况（如果使用静态链接来产生可执行文件，这样就更没有共享库的干扰了）。所以从理论可以推论，2.6 版的 Linux 的 malloc 的最大空间申请数应该在 2.9GB 左右（其中可执行文件占去一部分、0x080 400 000 之前的地址占去一部分、栈占去一部分、共享库占去一部分）。

还有其他诸多因素会影响 malloc 的最大空间大小，比如系统的资源限制（ulimit)、物理内存和交换空间的总和等。我曾经在一台只有 512MB 内存和 1.5GB 交换空间的机器上测试 malloc 的最大空间申请数，无论怎样结果都不会超过 1.9GB 左右，让我十分困惑。后来发现原来是内存+交换空间的大小太小，导致 mmap 申请空间失败。因为 mmap 申请匿名空间时，系统会为它在内存或交换空间中预留地址，但是申请的空间大小不能超出空闲内存+空闲交换空间的总和。

10.3.3 Windows 进程堆管理

为了了解 Windows 操作系统是如何“批发”堆空间给应用程序的，还是得先来回顾一下 Windows 系统中进程的地址空间的分布。一个普通的 Windows 进程的地址空间分布可以如图 10-14 所示。

可以看到，Windows 的进程将地址空间分配给了各种 EXE、DLL 文件、堆、栈。其中 EXE 文件一般位于 0x00 400 000 起始的地址；而一部分 DLL 位于 0x10 000 000 起始的地址，如运行库 DLL；还有一部分 DLL 位于接近 0x80 000 000 的位置，如系统 DLL，NTDLL.DLL、Kernel32.DLL。

栈的位置则在 0x00 030 000 和 EXE 文件后面都有分布，可能有读者奇怪为什么 Windows 需要这么多栈呢？我们知道，每个线程的栈都是独立的，所以一个进程中有多少个线程，就应该有多少个对应的栈，对于 Windows 来说，每个线程默认的栈大小是 1MB，在线程启动时，系统会为它在进程地址空间中分配相应的空间作为栈，线程栈的大小可以由创建线程时 CreateThread 的参数指定。

在分配完上面这些地址以后，Windows 的进程地址空间已经是支离破碎了。当程序向系统申请堆空间时，只好从这些剩下的还没有被占用的地址上分配。Windows 系统提供了一个 API 叫做 VirtualAlloc()，用来向系统申请空间，它与 Linux 下的 mmap 非常相似。实际上 VirtualAlloc()申请的空间不一定只用于堆，它仅仅是向系统预留了一块虚拟地址，应用程序可以按照需要随意使用。

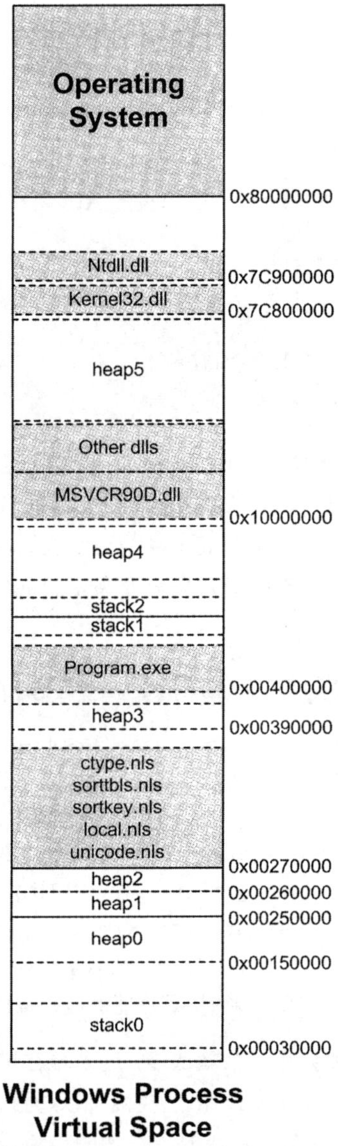

图 10-14 Window 进程地址空间分布

在使用 VirtualAlloc()函数申请空间时，系统要求空间大小必须为页的整数倍，即对于 x86 系统来说，必须是 4096 字节的整数倍。很明显，这就是操作系统的“批发”内存的接口函数了，4096 字节起批，而且只能是 4096 字节的整数倍，多了少了都不行。那么应用程序作为最终的“消费者”，如果它直接向操作系统申请内存的话，难免会造成大量的浪费，比如程序只需要 4097 个字节的空间，它也必须申请 8192 字节。

当然，在 Windows 下我们也可以自己实现一个分配的算法，首先通过 VirtualAlloc 向操作系统一次性批发大量空间，比如 10MB，然后再根据需要分配给程序。不过这么常用的分配算法已经被各种系统、库实现了无数遍，一般情况下我们没有必要再重复发明轮子，自己再实现一个，用现成的就可以了。在 Windows 中，这个算法的实现位于**堆管理器**（**Heap Manager**）。堆管理器提供了一套与堆相关的 API 可以用来创建、分配、释放和销毁堆空间：

- HeapCreate：创建一个堆。
- HeapAlloc：在一个堆里分配内存。
- HeapFree：释放已经分配的内存。
- HeapDestroy：摧毁一个堆。

这四个 API 的作用很明显，HeapCreate 就是创建一个堆空间，它会向操作系统批发一块内存空间（它也是通过 VirtualAlloc()实现的），而 HeapAlloc 就是在堆空间里面分配一块小的空间并返回给用户，如果堆空间不足的话，它还会通过 VirtualAlloc 向操作系统批发更多的内存直到操作系统也没有空间可以分配为止。HeapFree 和 HeapDestroy 的作用就更不言而喻了。

Windows 堆管理器的位置

上面四个函数 HeapCreate、HeapAlloc、HeapFree 和 HeapDestroy 其实就是堆管理器的核心接口，堆管理器实际上存在于 Windows 的两个位置。一份是位于 NTDLL.DLL 中，这个 DLL 是 Windows 操作系统用户层的最底层 DLL，它负责 Windows 子系统 DLL 与 Windows 内核之间的接口（我们在后面还会介绍 Windows 子系统），所有用户程序、运行时库和子系统的堆分配都是使用这部分的代码；而在 Windows 内核 Ntoskrnl.exe 中，还存在一份类似的堆管理器，它负责 Windows 内核中的堆空间分配（内核堆和用户的堆不是同一个），Windows 内核、内核组件、驱动程序使用堆时用到的都是这份堆分配代码，内核堆管理器的接口都由 RtlHeap 开头。

每个进程在创建时都会有一个默认堆，这个堆在进程启动时创建，并且直到进程结束都一直存在。默认堆的大小为 1MB，不过我们可以通过链接器的/HEAP 参数指定可执行文件的默认堆大小，这样系统在创建进程时就会按照可执行文件所指定的大小创建默认堆。当然 1MB 的堆空间对很多程序来说是不够用的，如果用户申请的空间超过 1MB，堆管理器就会扩展堆的大小，它会通过 VirtualAlloc 向系统申请更多的空间。

通过前面介绍的 Windows 进程地址空间分布我们知道，一个进程中能够分配给堆用的空间不是连续的。所以当一个堆的空间已经无法再扩展时，我们必须创建一个新的堆。但是这一切都不需要用户操作，因为运行库的 malloc 函数已经解决了这一切，它实际上是对 Heapxxxx 系列函数的包装，当一个堆空间不够时，它会在进程中创建额外的堆。

所以进程中可能存在多个堆，但是一个进程中一次性能够分配的最大的堆空间取决于最大的那个堆。从上面的图中我们可以看到，Heap5 应该是最大的一个堆，它的大小大约是1.5GB～1.7GB，这取决于进程所加载的 DLL 数量和大小。我们在前面的章节中说过的 Windows 下能够通过 malloc 申请的最大的一块堆空间大约是 1.5GB 就很好解释了。

Q&A

Q：我可以重复释放两次堆里的同一片内存吗？

A：不能。几乎所有的堆实现里，都会在重复释放同一片堆里的内存时产生错误。glibc 甚至能检测出这样的错误，并给出确切的错误信息。

Q：我在有些书里看到说堆总是向上增长，是这样的吗？

A：不是，有些较老的书籍针对当时的系统曾做出过这样的断言，这在当时可能是正确的。因为当时的系统多是类 unix 系统，它们使用类似于 brk 的方法来分配堆空间，而 brk 的增长方向是向上的。但随着 Windows 的出现，这个规律被打破了。在 Windows 里，大部分堆使用 HeapCreate 产生，而 HeapCreate 系列函数却完全不遵照向上增长这个规律。

Q：调用 malloc 会不会最后调用到系统调用或者 API?

A：这个取决于当前进程向操作系统批发的那些空间还够不够用，如果够用了，那么它可以直接在仓库里取出来卖给用户；如果不够用了，它就只能通过系统调用或者 API 向操作系统再进一批货了。

Q：malloc 申请的内存，进程结束以后还会不会存在？

A：这是一个很常见的问题，答案是很明确的：不会存在。因为当进程结束以后，所有与进程相关的资源，包括进程的地址空间、物理内存、打开的文件、网络链接等都被操作系统关闭或者收回，所以无论 malloc 申请了多少内存，进程结束以后都不存在了。

Q：malloc 申请的空间是不是连续的？

A：在分析这个问题之前，我们首先要分清楚“空间”这个词所指的意思。如果“空间”是指虚拟空间的话，那么答案是连续的，即每一次 malloc 分配后返回的空间都可以看做是一块连续的地址；如果空间是指“物理空间”的话，则答案是不一定连续，因为一块连续的虚拟地址空间有可能是若干个不连续的物理页拼凑而成的。

10.3.4 堆分配算法

我们在前面的章节中已经详细介绍了堆在进程中的地址空间是如何分布的，对于程序来说，堆空间只是程序向操作系统申请划出来的一大块地址空间。而程序在通过 malloc 申请内存空间时的大小却是不一定的，从数个字节到数个 GB 都是有可能的。于是我们必须将堆空间管理起来，将它分块地按照用户需求出售给最终的程序，并且还可以按照一定的方式收回内存。其实这个问题可以归结为：如何管理一大块连续的内存空间，能够按照需求分配、释放其中的空间，这就是堆分配的算法。堆的分配算法有很多种，有很简单的（比如这里要介绍的几种方法），也有些很复杂、适用于某些高性能或者有其他特殊要求的场合。

1. 空闲链表

空闲链表（Free List）的方法实际上就是把堆中各个空闲的块按照链表的方式连接起来，当用户请求一块空间时，可以遍历整个列表，直到找到合适大小的块并且将它拆分；当用户释放空间时将它合并到空闲链表中。

我们首先需要一个数据结构来登记堆空间里所有的空闲空间，这样才能知道程序请求空间的时候该分配给它哪一块内存。这样的结构有很多种，这里介绍最简单的一种——空闲链表。

空闲链表是这样一种结构，在堆里的每一个空闲空间的开头（或结尾）有一个头（header），头结构里记录了上一个（prev）和下一个（next）空闲块的地址，也就是说，所有的空闲块形成了一个链表。如图 10-15 所示。

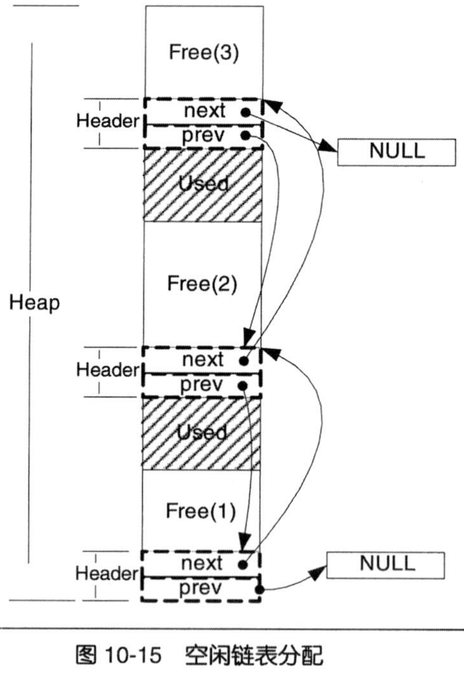

图 10-15　空闲链表分配

在这样的结构下如何分配空间呢？

首先在空闲链表里查找足够容纳请求大小的一个空闲块，然后将这个块分为两部分，一部分为程序请求的空间，另一部分为剩余下来的空闲空间。下面将链表里对应原来空闲块的结构更新为新的剩下的空闲块，如果剩下的空闲块大小为 0，则直接将这个结构从链表里删除。图 10-16 演示了用户请求一块和空闲块 2 恰好相等的内存空间后堆的状态。

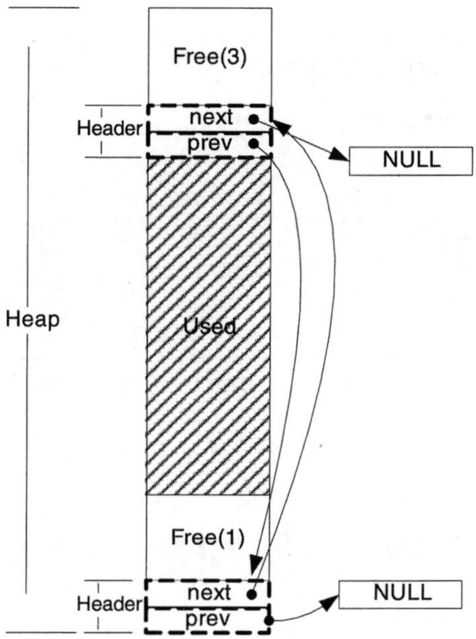

图 10-16 空闲链表分配（2）

这样的空闲链表实现尽管简单，但在释放空间的时候，给定一个已分配块的指针，堆无法确定这个块的大小。一个简单的解决方法是当用户请求 k 个字节空间的时候，我们实际分配 k+4 个字节，这 4 个字节用于存储该分配的大小，即 k+4。这样释放该内存的时候只要看看这 4 个字节的值，就能知道该内存块的大小，然后将其插入到空闲链表里就可以了。

当然这仅仅是最简单的一种分配策略，这样的思路存在很多问题。例如，一旦链表被破坏，或者记录长度的那 4 字节被破坏，整个堆就无法正常工作，而这些数据恰恰很容易被越界读写所接触到。

2. 位图

针对空闲链表的弊端，另一种分配方式显得更加稳健。这种方式称为**位图**（Bitmap），其核心思想是将整个堆划分为大量的**块**（block），每个块的大小相同。当用户请求内存的时候，总是分配整数个块的空间给用户，第一个块我们称为已分配区域的**头**（Head），其余的称为已分配区域的**主体**（Body）。而我们可以使用一个整数数组来记录块的使用情况，由于每个块只有头/主体/空闲三种状态，因此仅仅需要两位即可表示一个块，因此称为位图。

假设堆的大小为 1MB，那么我们让一个块大小为 128 字节，那么总共就有 1M/128=8k 个块，可以用 8k/(32/2)=512 个 int 来存储。这有 512 个 int 的数组就是一个位图，其中每两位代表一个块。当用户请求 300 字节的内存时，堆分配给用户 3 个块，并将位图的相应位置标记为头或躯体。

图 10-17 为一个这样的堆的实例。

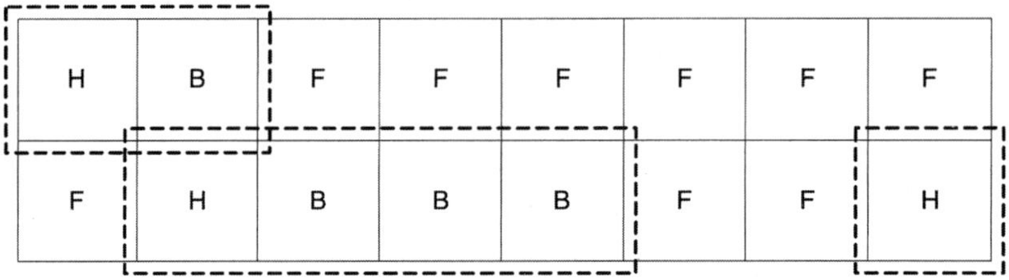

图 10-17 位图分配方式

这个堆分配了 3 片内存，分别有 2/4/1 个块，用虚线框标出。其对应的位图将是：

```
(HIGH)  11 00 00 10 10 10 11 00 00 00 00 00 00 00 10 11   (LOW)
```

其中 11 表示 H（Head），10 表示主体（Body），00 表示空闲（Free）。

这样的实现方式有几个优点：

- 速度快：由于整个堆的空闲信息存储在一个数组内，因此访问该数组时 cache 容易命中。
- 稳定性好：为了避免用户越界读写破坏数据，我们只须简单地备份一下位图即可。而且即使部分数据被破坏，也不会导致整个堆无法工作。
- 块不需要额外信息，易于管理。

当然缺点也是显而易见的：

- 分配内存的时候容易产生碎片。例如分配 300 字节时，实际分配了 3 个块即 384 个字节，浪费了 84 个字节。
- 如果堆很大，或者设定的一个块很小（这样可以减少碎片），那么位图将会很大，可能失去 cache 命中率高的优势，而且也会浪费一定的空间。针对这种情况，我们可以使用多级的位图。

3. 对象池

以上介绍的堆管理方法是最为基本的两种，实际上在一些场合，被分配对象的大小是较为固定的几个值，这时候我们可以针对这样的特征设计一个更为高效的堆算法，称为对象池。

对象池的思路很简单，如果每一次分配的空间大小都一样，那么就可以按照这个每次请求分配的大小作为一个单位，把整个堆空间划分为大量的小块，每次请求的时候只需要找到一个小块就可以了。

对象池的管理方法可以采用空闲链表，也可以采用位图，与它们的区别仅仅在于它假定了每次请求的都是一个固定的大小，因此实现起来很容易。由于每次总是只请求一个单位的内存，因此请求得到满足的速度非常快，无须查找一个足够大的空间。

实际上很多现实应用中，堆的分配算法往往是采取多种算法复合而成的。比如对于 glibc 来说，它对于小于 64 字节的空间申请是采用类似于对象池的方法；而对于大于 512 字节的空间申请采用的是最佳适配算法；对于大于 64 字节而小于 512 字节的，它会根据情况采取上述方法中的最佳折中策略；对于大于 128KB 的申请，它会使用 mmap 机制直接向操作系统申请空间。

10.4 本章小结

在这一章中，我们首先回顾了 i386 体系结构下程序的基本内存布局，并且对程序内存结构中非常重要的两部分栈与堆进行了详细的介绍。

在介绍栈的过程中，我们学习了栈在函数调用中所发挥的重要作用，以及与之伴生的调用惯例的各方面的知识。最后，还了解了函数传递返回值的各种技术细节。

在介绍堆的过程中，首先了解了构造堆的主要算法：空闲链表和位图。此外，还介绍了 Windows 和 Linux 的系统堆的管理内幕。

第 11 章

运行库

11.1 入口函数和程序初始化
11.2 C/C++运行库
11.3 运行库与多线程
11.4 C++全局构造与析构
11.5 fread 实现
11.6 本章小结

如果把一个程序比作一个世界，那么程序的启动无疑就是“创世”。在本章里，我们将从程序的创世开始，接触到在程序背后另一类默默服务的团体。它们能够使得程序正常地启动，能够使得各种我们熟悉的函数发挥作用，它们就是应用程序的运行库。

11.1 入口函数和程序初始化

11.1.1 程序从 main 开始吗

正如基督徒认为世界的诞生起于 7 天创世一样，任何一个合格的 C/C++程序员都应该知道一个事实：**程序从 main 函数开始**。但是事情的真相真是如此吗？如果你善于观察，就会发现当程序执行到 main 函数的第一行时，很多事情都已经完成了：

【铁证 1】下面是一段 C 语言代码：

```
#include <stdio.h>
#include <stdlib.h>

int a = 3;

int main(int argc, char* argv[])
{
    int * p = (int *)malloc(sizeof(int));
    scanf("%d", p);
    printf("%d", a + *p);
    free(p);
}
```

从代码中我们可以看到，在程序刚刚执行到 main 的时候，全局变量的初始化过程已经结束了（a 的值已经确定），main 函数的两个参数（argc 和 argv）也被正确传了进来。此外，在你不知道的时候，堆和栈的初始化悄悄地完成了，一些系统 I/O 也被初始化了，因此可以放心地使用 printf 和 malloc。

【铁证 2】而在 C++里，main 之前能够执行的代码还会更多，例如如下代码：

```
#include <string>
using namespace std;
string v;
double foo()
{
    return 1.0;
}

double g = foo();
int main(){}
```

在这里，对象 v 的构造函数，以及用于初始化全局变量 g 的函数 foo 都会在 main 之前调用。

【铁证 3】atexit 也是一个特殊的函数。atexit 接受一个函数指针作为参数，并保证在程序正常退出（指从 main 里返回或调用 exit 函数）时，这个函数指针指向的函数会被调用。例如：

```
void foo(void)
{
    printf("bye!\n");
}
int main()
{
    atexit(&foo);
    printf("endof main\n");
}
```

用 atexit 函数注册的函数的调用时机是在 main 结束之后，因此这段代码的输出是：

```
endof main
bye!
```

所有这些事实都在为“main 创论”提供不利的证据：操作系统装载程序之后，首先运行的代码并不是 main 的第一行，而是某些别的代码，这些代码负责准备好 main 函数执行所需要的环境，并且负责调用 main 函数，这时候你才可以在 main 函数里放心大胆地写各种代码：申请内存、使用系统调用、触发异常、访问 I/O。在 main 返回之后，它会记录 main 函数的返回值，调用 atexit 注册的函数，然后结束进程。

运行这些代码的函数称为**入口函数**或**入口点**（Entry Point），视平台的不同而有不同的名字。程序的入口点实际上是一个程序的初始化和结束部分，它往往是运行库的一部分。一个典型的程序运行步骤大致如下：

- 操作系统在创建进程后，把控制权交到了程序的入口，这个入口往往是运行库中的某个入口函数。
- 入口函数对运行库和程序运行环境进行初始化，包括堆、I/O、线程、全局变量构造，等等。
- 入口函数在完成初始化之后，调用 main 函数，正式开始执行程序主体部分。
- main 函数执行完毕以后，返回到入口函数，入口函数进行清理工作，包括全局变量析构、堆销毁、关闭 I/O 等，然后进行系统调用结束进程。

11.1.2 入口函数如何实现

大部分程序员在平时都接触不到入口函数，为了对入口函数进行详细的了解，本节我们将深入剖析 glibc 和 MSVC 的入口函数实现。

GLIBC 入口函数

glibc 的启动过程在不同的情况下差别很大，比如静态的 glibc 和动态的 glibc 的差别，glibc 用于可执行文件和用于共享库的差别，这样的差别可以组合出 4 种情况，这里只选取最简单的静态 glibc 用于可执行文件的时候作为例子，其他情况诸如共享库的全局对象构造和析构跟例子中稍有出入，我们在本书中不一一详述了，有兴趣的读者可以根据这里的介绍自己阅读 glibc 和 gcc 的源代码，相信能起到举一反三的效果。下面所有关于 Glibc 和 MSVC CRT 的相关代码分析在不额外说明的情况下，都默认为静态/可执行文件链接的情况。

读者可以免费下载到 Linux 下 glibc 的源代码，在其中的子目录 libc/csu 里，有关于程序启动的代码。glibc 的程序入口为_start（这个入口是由 ld 链接器默认的链接脚本所指定的，我们也可以通过相关参数设定自己的入口）。_start 由汇编实现，并且和平台相关，下面可以单独看 i386 的_start 实现：

```
libc\sysdeps\i386\elf\Start.S:
_start:
    xorl %ebp, %ebp
    popl %esi
    movl %esp, %ecx

     pushl %esp
     pushl %edx
     pushl $__libc_csu_fini
     pushl $__libc_csu_init
     pushl %ecx
     pushl %esi
     pushl main
     call __libc_start_main

    hlt
```

这里省略了一些不重要的代码，可以看到_start 函数最终调用了名为__lib_start_main 的函数。加粗部分的代码是对该函数的完整调用过程，其中开始的 7 个压栈指令用于给函数传递参数。在最开始的地方还有 3 条指令，它们的作用分别为：

- xor %ebp, %ebp：这其实是让 ebp 寄存器清零。xor 的用处是把后面的两个操作数异或，结果存储在第一个操作数里。这样做的目的表明当前是程序的最外层函数。

  ebp 设为 0 正好可以体现出这个最外层函数的尊贵地位☺。

- pop %esi 及 mov %esp, %ecx：在调用_start 前，装载器会把用户的参数和环境变量压入栈中，按照其压栈的方法，实际上栈顶的元素是 argc，而接着其下就是 argv 和环境变量的数组。图 11-1 为此时的栈布局，其中虚线箭头是执行 pop %esi 之前的栈顶(%esp)，而实线箭头是执行之后的栈顶（%esp）。

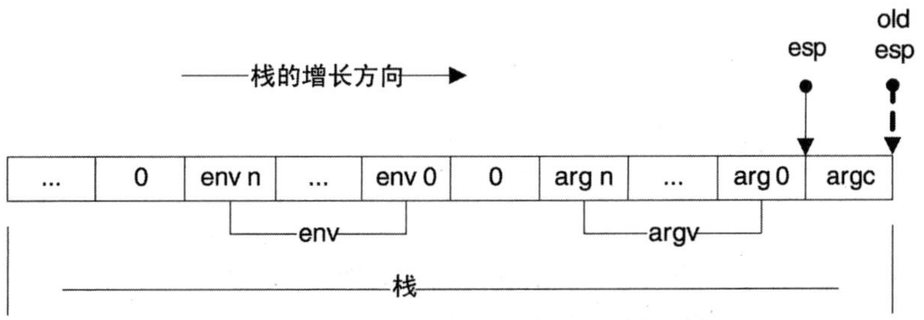

图 11-1 环境变量和参数数组

pop %esi 将 argc 存入了 esi，而 mov %esp、%ecx 将栈顶地址（此时就是 argv 和环境变量（env）数组的起始地址）传给%ecx。现在%esi 指向 argc，%ecx 指向 argv 及环境变量数组。

综合以上分析，我们可以把_start 改写为一段更具有可读性的伪代码：

```
void _start()
{
    %ebp = 0;
    int argc = pop from stack
    char** argv = top of stack;
    __libc_start_main( main, argc, argv, __libc_csu_init, __libc_csu_fini,
                       edx, top of stack );
}
```

其中 argv 除了指向参数表外，还隐含紧接着环境变量表。这个环境变量表要在__libc_start_main 里从 argv 内提取出来。

环境变量

环境变量是存在于系统中的一些公用数据，任何程序都可以访问。通常来说，环境变量存储的都是一些系统的公共信息，例如系统搜索路径，当前 OS 版本等。环境变量的格式为 key=value 的字符串，C 语言里可以使用 getenv 这个函数来获取环境变量信息。

在 Windows 里，可以直接在控制面板→系统→高级→环境变量查阅当前的环境变量，而在 Linux 下，直接在命令行里输入 export 即可。

实际执行代码的函数是__libc_start_main，由于代码很长，下面我们一段一段地看：

_start -> __libc_start_main:

```
int __libc_start_main (
        int (*main) (int, char **, char **),
        int argc,
        char * __unbounded *__unbounded ubp_av,
        __typeof (main) init,
        void (*fini) (void),
        void (*rtld_fini) (void),
        void * __unbounded stack_end)
```

```
{
#if __BOUNDED_POINTERS__
    char **argv;
#else
# define argv ubp_av
#endif
     int result;
```

这是__libc_start_main 的函数头部，可见和_start 函数里的调用一致，一共有 7 个参数，其中 main 由第一个参数传入，紧接着是 argc 和 argv（这里称为 ubp_av，因为其中还包含了环境变量表）。除了 main 的函数指针之外，外部还要传入 3 个函数指针，分别是：

- init：main 调用前的初始化工作。
- fini：main 结束后的收尾工作。
- rtld_fini：和动态加载有关的收尾工作，rtld 是 **runtime loader** 的缩写。

最后的 stack_end 标明了栈底的地址，即最高的栈地址。

bounded pointer

GCC 支持 bounded 类型指针（bounded 指针用__bounded 关键字标出，若默认为 bounded 指针，则普通指针用__unbounded 标出），这种指针占用 3 个指针的空间，在第一个空间里存储原指针的值，第二个空间里存储下限值，第三个空间里存储上限值。__ptrvalue、__ptrlow、__ptrhigh 分别返回这 3 个值，有了 3 个值以后，内存越界错误便很容易查出来了。并且要定义__BOUNDED_POINTERS__这个宏才有作用，否则这 3 个宏定义是空的。

不过，尽管 bounded 指针看上去似乎很有用，但是这个功能却在 2003 年被去掉了。因此现在所有关于 bounded 指针的关键字其实都是一个空的宏。鉴于此，我们接下来在讨论 libc 代码时都默认不使用 bounded 指针（即不定义__BOUNDED_POINTERS__）。

接下来的代码如下：

```
char** ubp_ev = &ubp_av[argc + 1];
INIT_ARGV_and_ENVIRON;
__libc_stack_end = stack_end;
```

INIT_ARGV_and_ENVIRON 这个宏定义于 libc/sysdeps/generic/bp-start.h，展开后本段代码变为：

```
char** ubp_ev = &ubp_av[argc + 1];
__environ = ubp_ev;
__libc_stack_end = stack_end;
```

图 11-2 实际上就是我们根据从_start 源代码分析得到的栈布局，让__environ 指针指向原来紧跟在 argv 数组之后的环境变量数组。

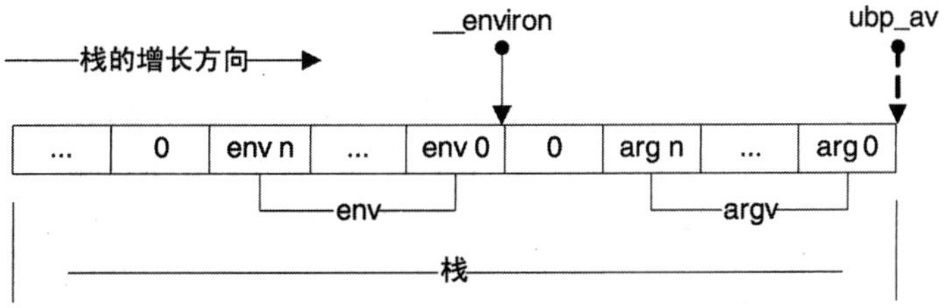

图 11-2 环境变量和参数数组（2）

图 11-2 中实线箭头代表 ubp_av，而虚线箭头代表__environ。另外这段代码还将栈底地址存储在一个全局变量里，以留作它用。

为什么要分两步赋值给__environ 呢？这又是为了兼容 bounded 惹的祸。实际上，INIT_ARGV_and_ENVIRON 根据 bounded 支持的情况有多个版本，以上仅仅是假定不支持 bounded 的版本。

接下来有另一个宏：

```
DL_SYSDEP_OSCHECK (__libc_fatal);
```

这是用来检查操作系统的版本，宏的具体内容就不列出了。接下来的代码颇为繁杂，我们过滤掉大量信息之后，将一些关键的函数调用列出：

```
__pthread_initialize_minimal();
__cxa_atexit(rtld_fini, NULL, NULL);
__libc_init_first (argc, argv, __environ);
__cxa_atexit(fini, NULL, NULL);
(*init)(argc, argv, __environ);
```

这一部分进行了一连串的函数调用，注意到__cxa_atexit 函数是 glibc 的内部函数，等同于 atexit，用于将参数指定的函数在 main 结束之后调用。所以以参数传入的 fini 和 rtld_fini 均是用于 main 结束之后调用的。在__libc_start_main 的末尾，关键的是这两行代码：

```
    result = main (argc, argv, __environ);
    exit (result);
}
```

在最后，main 函数终于被调用，并退出。然后我们来看看 exit 的实现：

_start -> __libc_start_main -> exit:

```
void exit (int status)
{
    while (__exit_funcs != NULL)
    {
        ...
        __exit_funcs = __exit_funcs->next;
    }
    ...
```

```
    _exit (status);
}
```

其中__exit_funcs 是存储由__cxa_atexit 和 atexit 注册的函数的链表，而这里的这个 while 循环则遍历该链表并逐个调用这些注册的函数，由于其中琐碎代码过多，这里就不具体列出了。最后的_exit 函数由汇编实现，且与平台相关，下面列出 i386 的实现：

_start -> __libc_start_main -> exit -> _exit:

```
_exit:
    movl    4(%esp), %ebx
    movl    $__NR_exit, %eax
    int     $0x80
    hlt
```

可见_exit 的作用仅仅是调用了 exit 这个系统调用。也就是说，_exit 调用后，进程就会直接结束。程序正常结束有两种情况，一种是 main 函数的正常返回，一种是程序中用 exit 退出。在__libc_start_main 里我们可以看到，即使 main 返回了，exit 也会被调用。exit 是进程正常退出的必经之路，因此把调用用 atexit 注册的函数的任务交给 exit 来完成可以说万无一失。

注意 我们看到在_start 和_exit 的末尾都有一个 hlt 指令，这是作什么用的呢？在 Linux 里，进程必须使用 exit 系统调用结束。一旦 exit 被调用，程序的运行就会终止，因此实际上_exit 末尾的 hlt 不会执行，从而__libc_start_main 永远不会返回，以至_start 末尾的 hlt 指令也不会执行。_exit 里的 hlt 指令是为了检测 exit 系统调用是否成功。如果失败，程序就不会终止，hlt 指令就可以发挥作用强行把程序给停下来。而_start 里的 hlt 的用处也是如此，但是为了预防某种没有调用 exit（这里指的不是 exit 系统调用）就回到_start 的情况（例如有人误删了__libc_main_start 末尾的 exit）。

MSVC CRT 入口函数

相信读者对 glibc 的入口函数已经有了一些了解。但可惜的是 glibc 的入口函数书写得不是非常直观。事实上，我们也没从 glibc 的入口函数了解到多少内容。为了从另一面看世界，我们再来看看 Windows 下的运行库的实现细节。下面是 Microsoft Visual Studio 2003 里 crt0.c（位于 VC 安装目录的 crt\src）的一部分。这里也删除了一些条件编译的代码，留下了比较重要的部分。MSVC 的 CRT 默认的入口函数名为 mainCRTStartup：

```
int mainCRTStartup(void)
{
    ...
```

这是入口函数的头部。下面的代码出现于该函数的开头，显得杂乱无章。不过其中关键的内容是给一系列变量赋值：

```
    posvi = (OSVERSIONINFOA *)_alloca(sizeof(OSVERSIONINFOA));
    posvi->dwOSVersionInfoSize = sizeof(OSVERSIONINFOA);

    GetVersionExA(posvi);
```

```
    _osplatform = posvi->dwPlatformId;
    _winmajor = posvi->dwMajorVersion;
    _winminor = posvi->dwMinorVersion;
    _osver = (posvi->dwBuildNumber) & 0x07fff;

    if ( _osplatform != VER_PLATFORM_WIN32_NT )
       _osver |= 0x08000;

    _winver = (_winmajor << 8) + _winminor;
```

被赋值的这些变量，是 VC7 里面预定义的一些全局变量，其中_osver 和_winver 表示操作系统的版本，_winmajor 是主版本号，更具体的可以查阅 MSDN。这段代码通过调用 GetVersionExA（这是一个 Windows API）来获得当前的操作系统版本信息，并且赋值给各个全局变量。

> 为什么这里为 posvi 分配内存不使用 malloc 而使用 alloca 呢？是因为在程序的一开始堆还没有被初始化，而 alloca 是唯一可以不使用堆的动态分配机制。alloca 可以在栈上分配任意大小的空间（只要栈的大小允许），并且在函数返回的时候会自动释放，就好像局部变量一样。

由于没有初始化堆，所以很多事情没法做，当务之急是赶紧把堆先初始化了：

```
if ( !_heap_init(0) )
     fast_error_exit(_RT_HEAPINIT);
```

这里使用_heap_init 函数对堆（heap）进行了初始化，如果堆初始化失败，那么程序就直接退出了。

```
__try {
       if ( _ioinit() < 0 )
          _amsg_exit(_RT_LOWIOINIT);

       _acmdln = (char *)GetCommandLineA();
       _aenvptr = (char *)__crtGetEnvironmentStringsA();

       if ( _setargv() < 0 )
          _amsg_exit(_RT_SPACEARG);

       if ( _setenvp() < 0 )
          _amsg_exit(_RT_SPACEENV);

       initret = _cinit(TRUE);

       if (initret != 0)
             _amsg_exit(initret);
       __initenv = _environ;

       mainret = main(__argc, __argv, _environ);

       _cexit();
   }
```

```
__except ( _XcptFilter(GetExceptionCode(), GetExceptionInformation()) )
    {
       mainret = GetExceptionCode();
       _c_exit();
    } /* end of try - except */
    return mainret;
}
```

这里是一个 Windows 的 SEH 的 try-except 块，里面做了什么呢？首先使用_ioinit 函数初始化了 I/O，接下来这段代码调用了一系列函数进行各种初始化，包括：

- _setargv：初始化 main 函数的 argv 参数。
- _setenv：设置环境变量。
- _cinit：其他的 C 库设置。

在最后，可以看到函数调用了 main 函数并获得了其返回值。try-except 块的 except 部分是最后的清理阶段，如果 try 块里的代码发生异常，则在这里进行错误处理。最后退出并返回 main 的返回值。

try-except 块

try-except 块是 Windows 结构化异常处理机制 SEH 的一部分。try-except 块的使用方法如下：

```
__try {
   code 1
}
__except(...) {
   code 2
}
```

当 code 1 出现异常（段错误等）的时候，except 部分的 code 2 会执行以异常处理。更为详细的信息请查阅 MSDN。

总结一下，这个 mainCRTStartup 的总体流程就是：

（1）初始化和 OS 版本有关的全局变量。

（2）初始化堆。

（3）初始化 I/O。

（4）获取命令行参数和环境变量。

（5）初始化 C 库的一些数据。

（6）调用 main 并记录返回值。

（7）检查错误并将 main 的返回值返回。

事实上还是 MSVC 的入口函数的思路较为清晰。在第 13 章里，我们将仿照 VC 入口函数的思路实现一个 Linux 下的简易入口函数。

Q&A

Q：msvc 的入口函数使用了 alloca，它是如何实现的。

A：alloca 函数的特点是它能够动态地在栈上分配内存，在函数退出时如同局部变量一样自动释放。结合之前我们介绍的函数标准进入和退出指令序列就知道，函数退出时的退栈操作是直接将 ESP 的值赋为 EBP 的值。因此不管在函数的执行过程中 ESP 减少了多少，最后也能够成功地将函数执行时分配的所有栈空间回收。在这个基础上，alloca 的实现就非常简单，仅仅是将 ESP 减少一定数值而已。

Q：为什么 MSVC 的 Win32 程序的入口使用的是 WinMain?

A：WinMain 和 main 一样，都不是程序的实际入口。MSVC 的程序入口是同一段代码，但根据不同的编译参数被编译成了不同的版本。不同版本的入口函数在其中会调用不同名字的函数，包括 main/wmain/WinMain/wWinMain 等。

11.1.3 运行库与 I/O

在了解了 glibc 和 MSVC 的入口函数的基本思路之后，让我们来深入了解各个初始化部分的具体实现。但在具体了解初始化之前，我们要先了解一个重要的概念：I/O。

IO（或 I/O）的全称是 Input/Output，即输入和输出。对于计算机来说，I/O 代表了计算机与外界的交互，交互的对象可以是人或其他设备（如图 11-3 所示）。

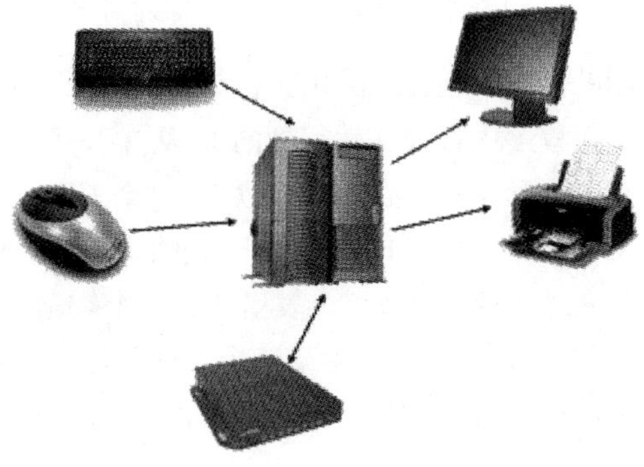

图 11-3　计算机的 I/O 设备

而对于程序来说，I/O 涵盖的范围还要宽广一些。一个程序的 I/O 指代了程序与外界的交互，包括文件、管道、网络、命令行、信号等。更广义地讲，I/O 指代任何操作系统理解为“文件”的事务。许多操作系统，包括 Linux 和 Windows，都将各种具有输入和输出概念的实体——包括设备、磁盘文件、命令行等——统称为文件，因此这里所说的文件是一个广义的概念。

对于一个任意类型的文件，操作系统会提供一组操作函数，这包括打开文件、读文件、写文件、移动文件指针等，相信有编程经验的读者对此都不会陌生。有过 C 编程经验的读者应该知道，C 语言文件操作是通过一个 FILE 结构的指针来进行的。fopen 函数返回一个 FILE 结构的指针，而其他的函数如 fwrite 使用这个指针操作文件。使用文件的最简单代码如下：

```
#include <stdio.h>

int main(int argc,char** argv)
{
   FILE* f = fopen( "test.dat", "wb" );
   if( f == NULL )
      Return -1;
   fwrite( "123", 3, 1, f );
   fclose(f);
      return 0;
}
```

在操作系统层面上，文件操作也有类似于 FILE 的一个概念，在 Linux 里，这叫做**文件描述符**（**File Descriptor**），而在 Windows 里，叫做**句柄**（**Handle**）（以下在没有歧义的时候统称为句柄）。用户通过某个函数打开文件以获得句柄，此后用户操纵文件皆通过该句柄进行。

设计这么一个句柄的原因在于句柄可以防止用户随意读写操作系统内核的文件对象。无论是 Linux 还是 Windows，文件句柄总是和内核的文件对象相关联的，但如何关联细节用户并不可见。内核可以通过句柄来计算出内核里文件对象的地址，但此能力并不对用户开放。

下面举一个实际的例子，在 Linux 中，值为 0、1、2 的 fd 分别代表标准输入、标准输出和标准错误输出。在程序中打开文件得到的 fd 从 3 开始增长。fd 具体是什么呢？在内核中，每一个进程都有一个私有的“打开文件表”，这个表是一个指针数组，每一个元素都指向一个内核的打开文件对象。而 fd，就是这个表的下标。当用户打开一个文件时，内核会在内部生成一个打开文件对象，并在这个表里找到一个空项，让这一项指向生成的打开文件对象，并返回这一项的下标作为 fd。由于这个表处于内核，并且用户无法访问到，因此用户即使拥有 fd，也无法得到打开文件对象的地址，只能够通过系统提供的函数来操作。

在 C 语言里，操纵文件的渠道则是 FILE 结构，不难想象，C 语言中的 FILE 结构必定和 fd 有一对一的关系，每个 FILE 结构都会记录自己唯一对应的 fd。

FILE、fd、打开文件表和打开文件对象的关系如图 11-4 所示。

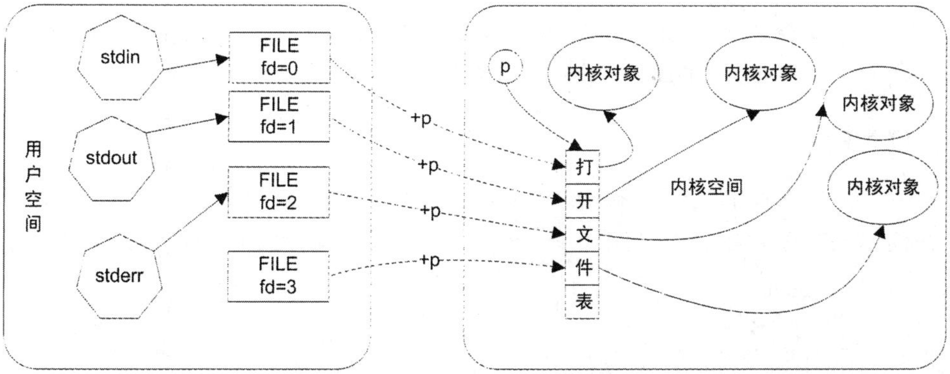

图 11-4 FILE 结构、fd 和内核对象

图 11-4 中，内核指针 p 指向该进程的打开文件表，所以只要有 fd，就可以用 fd+p 来得到打开文件表的某一项地址。stdin、stdout、stderr 均是 FILE 结构的指针。

对于 Windows 中的句柄，与 Linux 中的 fd 大同小异，不过 Windows 的句柄并不是打开文件表的下标，而是其下标经过某种线性变换之后的结果。

在大致了解了 I/O 为何物之后，我们就能知道 I/O 初始化的职责是什么了。首先 I/O 初始化函数需要在用户空间中建立 stdin、stdout、stderr 及其对应的 FILE 结构，使得程序进入 main 之后可以直接使用 printf、scanf 等函数。

11.1.4 MSVC CRT 的入口函数初始化

系统堆初始化

MSVC 的入口函数初始化主要包含两个部分，堆初始化和 I/O 初始化。MSVC 的堆初始化由函数_heap_init 完成，这个函数的定义位于 heapinit.c，大致的代码如下（删去了 64 位系统的条件编译部分）：

mainCRTStartup -> _heap_init():

```
HANDLE _crtheap = NULL;

int _heap_init (int mtflag)
{
      if ( (_crtheap = HeapCreate( mtflag ? 0 : HEAP_NO_SERIALIZE,
            BYTES_PER_PAGE, 0 )) == NULL )
            return 0;

      return 1;
}
```

在 32 位的编译环境下，MSVC 的堆初始化过程出奇地简单，它仅仅调用了 HeapCreate

这个 API 创建了一个系统堆。因此不难想象，MSVC 的 malloc 函数必然是调用了 HeapAlloc 这个 API，将堆管理的过程直接交给了操作系统。

I/O 初始化

I/O 初始化相对于堆的初始化则要复杂很多。首先让我们来看看 MSVC 中，FILE 结构的定义(FILE 结构实际定义在 C 语言标准中并未指出，因此不同的版本可能有不同的实现)：

```
struct _iobuf {
      char *_ptr;
      int   _cnt;
      char *_base;
      int   _flag;
      int   _file;
      int   _charbuf;
      int   _bufsiz;
      char *_tmpfname;
      };
typedef struct _iobuf FILE;
```

这个 FILE 结构中最重要的一个字段是_file，_file 是一个整数，通过_file 可以访问到内部文件句柄表中的某一项。在 Windows 中，用户态使用**句柄**（Handle）来访问内核文件对象，句柄本身是一个 32 位的数据类型，在有些场合使用 int 来储存，有些场合使用指针来表示。

在 MSVC 的 CRT 中，已经打开的文件句柄的信息使用数据结构 ioinfo 来表示：

```
typedef struct {
     intptr_t osfhnd;
   char osfile;
   char pipech;
}  ioinfo;
```

在这个结构中，osfhnd 字段即为打开文件的句柄，这里使用 8 字节整数类型 intptr_t 来存储。另外 osfile 的意义为文件的打开属性。而 pipech 字段则为用于管道的单字符缓冲，这里可以先忽略。osfile 的值可由一系列值用按位或的方式得出：

- FOPEN(0x01)句柄被打开。
- FEOFLAG(0x02)已到达文件末尾。
- FCRLF(0x04)在文本模式中，行缓冲已遇到回车符（见第 11.2.2 节）。
- FPIPE(0x08)管道文件。
- FNOINHERIT(0x10)句柄打开时具有属性_O_NOINHERIT（不遗传给子进程）。
- FAPPEND(0x20)句柄打开时具有属性 O_APPEND（在文件末尾追加数据）。
- FDEV(0x40)设备文件。

- FTEXT(0x80)文件以文本模式打开。

在 crt/src/ioinit.c 中，有一个数组：

```
int _nhandle;
ioinfo * __pioinfo[64]; // 等效于 ioinfo __pioinfo[64][32];
```

这就是用户态的打开文件表。这个表实际是一个二维数组，第二维的大小为 32 个 ioinfo 结构，因此该表总共可以容纳的元素总量为 64 * 32 = 2048 个句柄。此外_nhandle 记录该表的实际元素个数。之所以使用指针数组而不是二维数组的原因是使用指针数组更加节省空间，而如果使用二维数组，则不论程序里打开了几个文件都必须始终消耗 2048 个 ioinfo 的空间。

FILE 结构中的_file 的值，和此表的两个下标直接相关联。当我们要访问文件时，必须从 FILE 结构转换到操作系统的句柄。从一个 FILE*结构得到文件句柄可以通过一个叫做_osfhnd 的宏，当然这个宏是 CRT 内部使用的，并不推荐用户使用。_osfhnd 的定义为：

```
#define _osfhnd(i)  ( _pioinfo(i)->osfhnd )
```

其中宏函数_pioinfo 的定义是：

```
#define _pioinfo(i) ( __pioinfo[(i) >> 5] + ((i) & ((1 << 5) - 1)) )
```

FILE 结构的_file 字段的意义可以从_pioinfo 的定义里看出，通过_file 得到打开文件表的下标变换为：

FILE：_file 的第 5 位到第 10 位是第一维坐标（共 6 位），_file 的第 0 位到第 4 位是第二维坐标（共 5 位）。

这样就可以通过简单的位运算来从 FILE 结构得到内部句柄。通过这我们可以看出，MSVC 的 I/O 内部结构和之前介绍的 Linux 的结构有些不同，如图 11-5 所示。

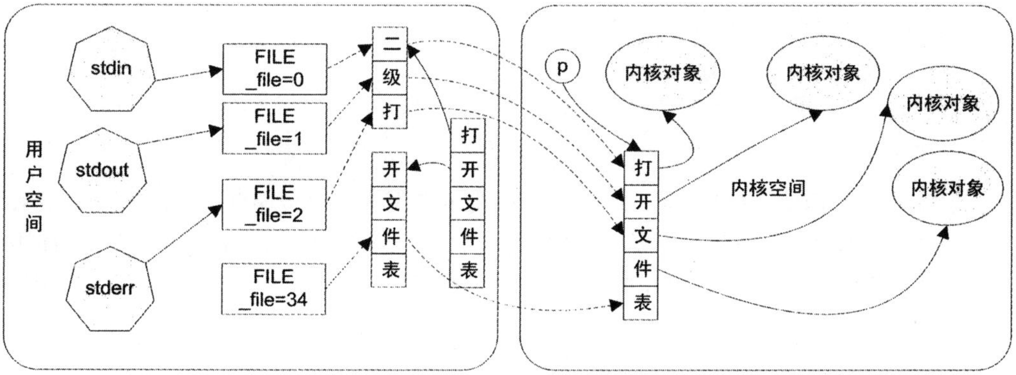

图 11-5 Windows 的 FILE、句柄和内核对象

MSVC 的 I/O 初始化就是要构造这个二维的打开文件表。MSVC 的 I/O 初始化函数_ioinit 定义于 crt/src/ioinit.c 中。首先，_ioinit 函数初始化了__pioinfo 数组的第一个二级数组：

mainCRTStartup -> _ioinit():

```
if ( (pio = _malloc_crt( 32 * sizeof(ioinfo) ))
        == NULL )
{
    return -1;
}

__pioinfo[0] = pio;
_nhandle = 32;
for ( ; pio < __pioinfo[0] + 32 ; pio++ ) {
    pio->osfile = 0;
    pio->osfhnd = (intptr_t)INVALID_HANDLE_VALUE;
    pio->pipech = 10;
}
```

在这里_ioinit 初始化了的__pioinfo[0]里的每一个元素为无效值，其中 INVALID_HANDLE_VALUE 是 Windows 句柄的无效值，值为–1。接下来，_ioinit 的工作是将一些预定义的打开文件给初始化，这包括两部分：

（1）从父进程继承的打开文件句柄，当一个进程调用 API 创建新进程的时候，可以选择继承自己的打开文件句柄，如果继承，子进程可以直接使用父进程的打开文件句柄。

（2）操作系统提供的标准输入输出。

应用程序可以使用 API GetStartupInfo 来获取继承的打开文件，GetStartupInfo 的参数如下：

```
void GetStartupInfo(STARTUPINFO* lpStartupInfo);
```

STARTUPINFO 是一个结构，调用 GetStartupInfo 之后，该结构就会被写入各种进程启动相关的数据。在该结构中，有两个保留字段为：

```
typedef struct _STARTUPINFO {
    ......
    WORD cbReserved2;
    LPBYTE lpReserved2;
    ......
} STARTUPINFO;
```

这两个字段的用途没有正式的文档说明，但实际是用来传递继承的打开文件句柄。当这两个字段的值都不为 0 时，说明父进程遗传了一些打开文件句柄。操作系统是如何使用这两个字段传递句柄的呢？首先 lpReserved2 字段实际是一个指针，指向一块内存，这块内存的结构如下：

- 字节[0,3]：传递句柄的数量 n。
- 字节[4, 3+n]：每一个句柄的属性（各 1 字节，表明句柄的属性，同 ioinfo 结构的_osfile

字段）。

- 字节[4+n 之后]：每一个句柄的值（n 个 intptr_t 类型数据，同 ioinfo 结构的_osfhnd 字段）。

_ioinit 函数使用如下代码获取各个句柄的数据：

```
cfi_len = *(__unaligned int *)(StartupInfo.lpReserved2);
posfile = (char *)(StartupInfo.lpReserved2) + sizeof( int );
posfhnd = (__unaligned intptr_t *)(posfile + cfi_len);
```

其中__unaligned 关键字告诉编译器该指针可能指向一个没有进行数据对齐的地址，编译器会插入一些代码来避免发生数据未对齐而产生的错误。这段代码执行之后，lpReserved2 指向的数据结构会被两个指针分别指向其中的两个数组，如图 11-6 所示。

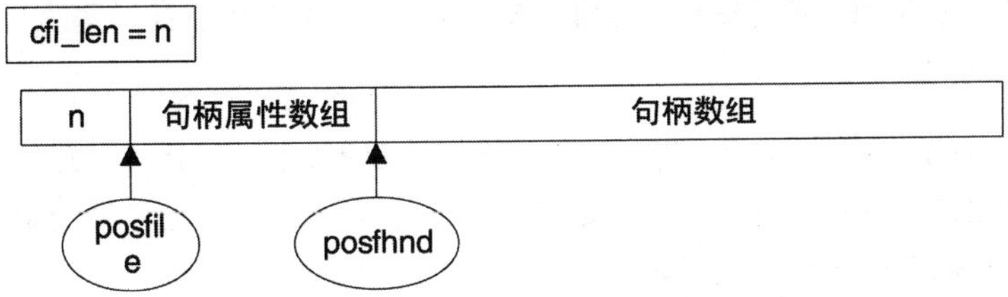

图 11-6 句柄属性数组和句柄数组

接下来_ioinit 就要将这些数据填入自己的打开文件表中。当然，首先要判断直接的打开文件表是否足以容纳所有的句柄：

```
cfi_len = __min( cfi_len, 32 * 64 );
```

然后要给打开文件表分配足够的空间以容纳所有的句柄：

```
for ( i = 1 ; _nhandle < cfi_len ; i++ ) {
    if ( (pio = _malloc_crt( 32 * sizeof(ioinfo) )) == NULL )
    {
        cfi_len = _nhandle;
        break;
    }
    __pioinfo[i] = pio;
    _nhandle += 32;
    for ( ; pio < __pioinfo[i] + 32 ; pio++ ) {
        pio->osfile = 0;
        pio->osfhnd = (intptr_t)INVALID_HANDLE_VALUE;
        pio->pipech = 10;
    }
}
```

在这里，nhandle 总是等于已经分配的元素数量，因此只需要每次分配一个第二维的数组，直到 nhandle 大于 cfi_len 即可。由于__pioinfo[0]已经预先分配了，因此直接从__pioinfo[1]开始分配即可。分配了空间之后，将数据填入就很容易了：

```
for ( fh = 0 ; fh < cfi_len ; fh++, posfile++, posfhnd++ )
{
    if ( (*posfhnd != (intptr_t)INVALID_HANDLE_VALUE) &&
            (*posfile & FOPEN) &&
            ((*posfile & FPIPE) ||
            (GetFileType( (HANDLE)*posfhnd ) !=
         FILE_TYPE_UNKNOWN)) )
    {
        pio = _pioinfo( fh );
        pio->osfhnd = *posfhnd;
        pio->osfile = *posfile;
    }
}
```

在这个循环中，fh从0开始递增，每次通过_pioinfo宏来转换为打开文件表中连续的对应元素，而posfile和posfhnd则依次递增以遍历每一个句柄的数据。在复制的过程中，一些不符合条件的句柄会被过滤掉，例如无效的句柄，或者不属于打开文件及管道的句柄，或者未知类型的句柄。

这段代码执行完成之后，继承来的句柄就全部复制完毕。接下来还须要初始化标准输入输出。当继承句柄的时候，有可能标准输入输出（fh=0,1,2）已经被继承了，因此在初始化前首先要先检验这一点，代码如下：

```
for ( fh = 0 ; fh < 3 ; fh++ )
{
    pio = __pioinfo[0] + fh;

    if ( pio->osfhnd == (intptr_t)INVALID_HANDLE_VALUE )
    {
        pio->osfile = (char)(FOPEN | FTEXT);
        if ( ((stdfh = (intptr_t)GetStdHandle( stdhndl(fh) ))
                != (intptr_t)INVALID_HANDLE_VALUE)
                && ((htype =GetFileType( (HANDLE)stdfh ))
                != FILE_TYPE_UNKNOWN) )
        {
            pio->osfhnd = stdfh;
            if ( (htype & 0xFF) == FILE_TYPE_CHAR )
                pio->osfile |= FDEV;
            else if ( (htype & 0xFF) == FILE_TYPE_PIPE )
                pio->osfile |= FPIPE;
        }
        else {
            pio->osfile |= FDEV;
        }
    }
    else {
        pio->osfile |= FTEXT;
    }
}
```

如果序号为0、1、2的句柄是无效的（没有继承自父进程），那么_ioinit会使用GetStdHandle函数获取默认的标准输入输出句柄。此外，_ioinit还会使用GetFileType来获取该默认句柄的类型，给_osfile 设置对应的值。

在处理完标准数据输出的句柄之后，I/O 初始化工作就完成了。我们可以看到，MSVC 的 I/O 初始化主要进行了如下几个工作：

- 建立打开文件表。
- 如果能够继承自父进程，那么从父进程获取继承的句柄。
- 初始化标准输入输出。

在 I/O 初始化完成之后，所有的 I/O 函数就都可以自由使用了。在本节中，我们介绍了入口函数最重要的两个部分，堆初始化和 I/O 初始化，相信读者对程序的启动部分已经有了较深的理解。不过，入口函数只是冰山一角，它隶属的是一个庞大的代码集合。这个代码集合叫做运行库。

11.2 C/C++运行库

11.2.1 C 语言运行库

任何一个 C 程序，它的背后都有一套庞大的代码来进行支撑，以使得该程序能够正常运行。这套代码至少包括入口函数，及其所依赖的函数所构成的函数集合。当然，它还理应包括各种标准库函数的实现。

这样的一个代码集合称之为**运行时库（Runtime Library）**。而 C 语言的运行库，即被称为 **C 运行库（CRT）**。

如果读者拥有 Visual Studio，可以在 VC/crt/src 里找到一份 C 语言运行库的源代码。然而，由于此源代码过于庞大，仅仅.c 文件就有近千个，并且和 C++的 STL 代码一起毫无组织地堆放在一起，以至于实际上没有什么仔细阅读的可能性。同样，Linux 下的 libc 源代码读起来也如同啃砖头。所幸的是，在本章的最后，我们会一起来实现一个简单的运行库，让大家更直观地了解它。

一个 C 语言运行库大致包含了如下功能：

- 启动与退出：包括入口函数及入口函数所依赖的其他函数等。
- 标准函数：由 C 语言标准规定的 C 语言标准库所拥有的函数实现。
- I/O：I/O 功能的封装和实现，参见上一节中 I/O 初始化部分。
- 堆：堆的封装和实现，参见上一节中堆初始化部分。
- 语言实现：语言中一些特殊功能的实现。

- 调试：实现调试功能的代码。

在这些运行库的组成成分中，C 语言标准库占据了主要地位并且大有来头。C 语言标准库是 C 语言标准化的基础函数库，我们平时使用的 printf、exit 等都是标准库中的一部分。标准库定义了 C 语言中普遍存在的函数集合，我们可以放心地使用标准库中规定的函数而不用担心在将代码移植到别的平台时对应的平台上不提供这个函数。在下一章节里，我们会介绍 C 语言标准库的函数集合，并对一些特殊的函数集合进行详细介绍。

标准库的历史

在计算机世界的历史中，C 语言在 AT&T 的贝尔实验室诞生了。初生的 C 语言在功能上非常不完善，例如不提供 I/O 相关的函数。因此在 C 语言的发展过程中，C 语言社区共同意识到建立一个基础函数库的必要性。与此同时，在 20 世纪 70 年代 C 语言变得非常流行时，许多大学、公司和组织都自发地编写自己的 C 语言变种和基础函数库，因此当到了 80 年代时，C 语言已经出现了大量的变种和多种不同的基础函数库，这对代码迁移等方面造成了巨大的障碍，许多大学、公司和组织在共享代码时为了将代码在不同的 C 语言变种之间移植搞得焦头烂额，怨声载道。于是对此惨状忍无可忍的**美国国家标准协会（American National Standards Institute, ANSI）**在 1983 年成立了一个委员会，旨在对 C 语言进行标准化，此委员会所建立的 C 语言标准被称为 ANSI C。第一个完整的 C 语言标准建立于 1989 年，此版本的 C 语言标准称为 C89。在 C89 标准中，包含了 C 语言基础函数库，由 C89 指定的 C 语言基础函数库就称为 ANSI C 标准运行库（简称标准库）。其后在 1995 年 C 语言标准委员会对 C89 标准进行了一次修订，在此次修订中，ANSI C 标准库得到了第一次扩充，头文件 iso646.h、wchar.h 和 wctype.h 加入了标准库的大家庭。在 1999 年，C99 标准诞生，C 语言标准库得到了进一步的扩充，头文件 complex.h、fenv.h、inttypes.h、stdbool.h、stdint.h 和 tgmath.h 进入标准库。自此，C 语言标准库的面貌一直延续至今。

11.2.2 C 语言标准库

在本章节里，我们将介绍 C 语言标准库的基本函数集合，并对其中一些特殊函数进行详细的介绍。ANSI C 的标准库由 24 个 C 头文件组成。与许多其他语言（如 Java）的标准库不同，C 语言的标准库非常轻量，它仅仅包含了数学函数、字符/字符串处理，I/O 等基本方面，例如：

- 标准输入输出（stdio.h）。
- 文件操作（stdio.h）。
- 字符操作（ctype.h）。
- 字符串操作（string.h）。

- 数学函数（math.h）。
- 资源管理（stdlib.h）。
- 格式转换（stdlib.h）。
- 时间/日期（time.h）。
- 断言（assert.h）。
- 各种类型上的常数（limits.h & float.h）。

除此之外，C 语言标准库还有一些特殊的库，用于执行一些特殊的操作，例如：

- 变长参数（stdarg.h）。
- 非局部跳转（setjmp.h）。

相信常见的 C 语言函数读者们都已经非常熟悉，因此这里就不再一一介绍，接下来让我们看看两组特殊函数的细节。

1. 变长参数

变长参数是 C 语言的特殊参数形式，例如如下函数声明：

```
int printf(const char* format, ...);
```

如此的声明表明，printf 函数除了第一个参数类型为 const char*之外，其后可以追加任意数量、任意类型的参数。在函数的实现部分，可以使用 stdarg.h 里的多个宏来访问各个额外的参数：假设 lastarg 是变长参数函数的最后一个具名参数（例如 printf 里的 format），那么在函数内部定义类型为 va_list 的变量：

```
va_list ap;
```

该变量以后将会依次指向各个可变参数。ap 必须用宏 va_start 初始化一次，其中 lastarg 必须是函数的最后一个具名的参数。

```
va_start(ap, lastarg);
```

此后，可以使用 va_arg 宏来获得下一个不定参数（假设已知其类型为 type）：

```
type next = va_arg(ap, type);
```

在函数结束前，还必须用宏 va_end 来清理现场。在这里我们可以讨论这几个宏的实现细节。在研究这几个宏之前，我们要先了解变长参数的实现原理。变长参数的实现得益于 C 语言默认的 cdecl 调用惯例的自右向左压栈传递方式。设想如下的函数：

```
int sum(unsigned num, ...);
```

其语义如下：

第一个参数传递一个整数num，紧接着后面会传递num个整数，返回num个整数的和。

当我们调用：

```
int n = sum(3, 16, 38, 53);
```

参数在栈上会形成如图11-7所示的布局。

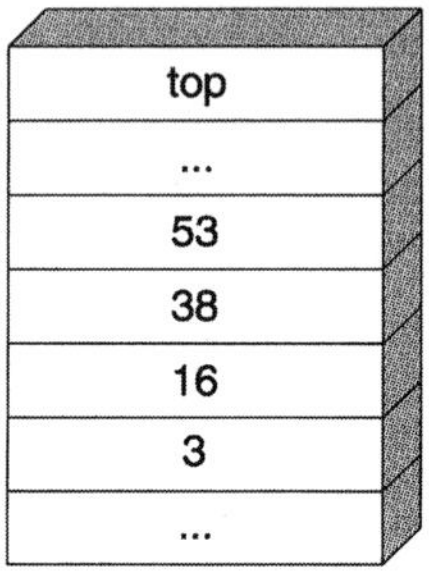

图 11-7 函数参数在栈上分布

在函数内部，函数可以使用名称num来访问数字3，但无法使用任何名称访问其他的几个不定参数。但此时由于栈上其他的几个参数实际恰好依序排列在参数num的高地址方向，因此可以很简单地通过num的地址计算出其他参数的地址。sum函数的实现如下：

```
int sum(unsigned num, ...)
{
    int* p = &num + 1;
    int ret = 0;
    while (num--)
        ret += *p++;
    return ret;
}
```

在这里我们可以观察到两个事实：

（1）sum函数获取参数的量仅取决于num参数的值，因此，如果num参数的值不等于实际传递的不定参数的数量，那么sum函数可能取到错误的或不足的参数。

（2）cdecl调用惯例保证了参数的正确清除。我们知道有些调用惯例（如stdcall）是由被调用方负责清除堆栈的参数，然而，被调用方在这里其实根本不知道有多少参数被传递进来，所以没有办法清除堆栈。而cdecl恰好是调用方负责清除堆栈，因此没有这个问题。

printf的不定参数比sum要复杂得多，因为printf的参数不仅数量不定，而且类型也不定。所以printf需要在格式字符串中注明参数的类型，例如用%d表明是一个整数。printf里的格式字符串如果将类型描述错误，因为不同参数的大小不同，不仅可能导致这个参数的输出错误，还有可能导致其后的一系列参数错误。

【小实验】

printf 的狂乱输出

```
#include <stdio.h>

int main()
{
    printf("%lf\t%d\t%c\n", 1, 666, 'a');
}
```

在这个程序里，printf 的第一个输出参数是一个 int（4 字节），而我们告诉 printf 它是一个 double（8 字节以上），因此 printf 的输出会错误，由于 printf 在读取 double 的时候实际造成了越界，因此后面几个参数的输出也会失败。该程序的实际输出为（根据实际编译器和环境可能不同）：

```
0.000000        97
```

下面让我们来看 va_list 等宏应该如何实现。

va_list 实际是一个指针，用来指向各个不定参数。由于类型不明，因此这个 va_list 以 void*或 char*为最佳选择。

va_start 将 va_list 定义的指针指向函数的最后一个参数后面的位置，这个位置就是第一个不定参数。

va_arg 获取当前不定参数的值，并根据当前不定参数的大小将指针移向下一个参数。

va_end 将指针清 0。

按照以上思路，va 系列宏的一个最简单的实现就可以得到了，如下所示：

```
#define va_list char*
#define va_start(ap,arg) (ap=(va_list)&arg+sizeof(arg))
#define va_arg(ap,t) (*(t*)((ap+=sizeof(t))-sizeof(t)))
#define va_end(ap) (ap=(va_list)0)
```

【小提示】

变长参数宏

在很多时候我们希望在定义宏的时候也能够像 print 一样可以使用变长参数，即宏的参数可以是任意个，这个功能可以由编译器的变长参数宏实现。在 GCC 编译器下，变长参数宏可以使用“##”宏字符串连接操作实现，比如：

```
#define printf(args…) fprintf(stdout, ##args)
```

那么 printf("%d %s", 123, "hello")就会被展开成:

```
fprintf(stdout, "%d %s", 123, "hello")
```

而在 MSVC 下，我们可以使用__VA_ARGS__这个编译器内置宏，比如:

```
#define printf(…) fprintf(stdout,__VA_ARGS__)
```

它的效果与前面的 GCC 下使用##的效果一样。

2. 非局部跳转

非局部跳转即使在 C 语言里也是一个备受争议的机制。使用非局部跳转，可以实现从一个函数体内向另一个事先登记过的函数体内跳转，而不用担心堆栈混乱。下面让我们来看一个示例:

```
#include <setjmp.h>
#include <stdio.h>
jmp_buf b;
void f()
{
    longjmp(b, 1);
}
int main()
{
    if (setjmp(b))
        printf("World!");
    else
    {
        printf("Hello ");
        f();
    }
}
```

这段代码按常理不论 setjmp 返回什么，也只会打印出“Hello ”和“World!”之一，然而事实上的输出是:

```
Hello World!
```

实际上，当 setjmp 正常返回的时候，会返回 0，因此会打印出“Hello ”的字样。而 longjmp 的作用，就是让程序的执行流回到当初 setjmp 返回的时刻，并且返回由 longjmp 指定的返回值（longjmp 的参数 2），也就是 1，自然接着会打印出“World!”并退出。换句话说，longjmp 可以让程序“时光倒流”回 setjmp 返回的时刻，并改变其行为，以至于改变了未来。

是的，这绝对不是结构化编程。☺

11.2.3 glibc 与 MSVC CRT

运行库是平台相关的，因为它与操作系统结合得非常紧密。C 语言的运行库从某种程度上来讲是 C 语言的程序和不同操作系统平台之间的抽象层，它将不同的操作系统 API 抽象成相同的库函数。比如我们可以在不同的操作系统平台下使用 fread 来读取文件，而事实上 fread 在不同的操作系统平台下的实现是不同的，但作为运行库的使用者我们不需要关心这一点。虽然各个平台下的 C 语言运行库提供了很多功能，但很多时候它们毕竟有限，比如用户的权限控制、操作系统线程创建等都不是属于标准的 C 语言运行库。于是我们不得不通过其他的办法，诸如绕过 C 语言运行库直接调用操作系统 API 或使用其他的库。Linux 和 Windows 平台下的两个主要 C 语言运行库分别为 glibc（GNU C Library）和 MSVCRT（Microsoft Visual C Run-time），我们在下面将会分别介绍它们。

值得注意的是，像线程操作这样的功能并不是标准的 C 语言运行库的一部分，但是 glibc 和 MSVCRT 都包含了线程操作的库函数。比如 glibc 有一个可选的 pthread 库中的 pthread_create()函数可以用来创建线程；而 MSVCRT 中可以使用_beginthread()函数来创建线程。所以 glibc 和 MSVCRT 事实上是标准 C 语言运行库的超集，它们各自对 C 标准库进行了一些扩展。

glibc

glibc 即 GNU C Library，是 GNU 旗下的 C 标准库。最初由自由软件基金会 FSF（Free Software Foundation）发起开发，目的是为 GNU 操作系统开发一个 C 标准库。GNU 操作系统的最初计划的内核是 Hurd，一个微内核的构架系统。Hurd 因为种种原因开发进展缓慢，而 Linux 因为它的实用性而逐渐风靡，最后取代 Hurd 成了 GNU 操作系统的内核。于是 glibc 从最初开始支持 Hurd 到后来渐渐发展成同时支持 Hurd 和 Linux，而且随着 Linux 的越来越流行，glibc 也主要关注 Linux 下的开发，成为了 Linux 平台的 C 标准库。

20 世纪 90 年代初，在 glibc 成为 Linux 下的 C 运行库之前，Linux 的开发者们因为开发的需要，从 Linux 内核代码里面分离出了一部分代码，形成了早期 Linux 下的 C 运行库。这个 C 运行库又被称为 Linux libc。这个版本的 C 运行库被维护了很多年，从版本 2 一直开发到版本 5。如果你去看早期版本的 Linux，会发现/lib 目录下面有 libc.so.5 这样的文件，这个文件就是第五个版本的 Linux libc。1996 年 FSF 发布了 glibc 2.0，这个版本的 glibc 开始支持诸多特性，比如它完全支持 POSIX 标准、国际化、IPv6、64-位数据访问、多线程及改进了代码的可移植性。在此时 Linux libc 的开发者也认识到单独地维护一份 Linux 下专用的 C 运行库是没有必要的，于是 Linux 开始采用 glibc 作为默认的 C 运行库，并且将 2.x 版本的 glibc 看作是 Linux libc 的后继版本。于是我们可以看到，glibc 在/lib 目录下的.so 文件为 libc.so.6，即第六个 libc 版本，而且在各个 Linux 发行版中，glibc 往往被称为 libc6。glibc 在 Linux 平台下占据了主导地位之后，它又被移植到了其他操作系统和其他硬件平台，诸如 FreeBSD、NetBSD 等，而且它支持数十种 CPU 及嵌入式平台。目前最新的 glibc 版本号是 2.8（2008 年 4 月）。

glibc 的发布版本主要由两部分组成，一部分是头文件，比如 stdio.h、stdlib.h 等，它们往往位于/usr/include；另外一部分则是库的二进制文件部分。二进制部分主要的就是 C 语言标准库，它有静态和动态两个版本。动态的标准库我们已在本书的前面章节中碰到过了，它位于/lib/libc.so.6；而静态标准库位于/usr/lib/libc.a。事实上 glibc 除了 C 标准库之外，还有几个辅助程序运行的运行库，这几个文件可以称得上是真正的“运行库”。它们就是/usr/lib/crt1.o、/usr/lib/crti.o 和/usr/lib/crtn.o。是不是对这几个文件还有点印象呢？我们在第 2 章讲到静态库链接的时候已经碰到过它们了，虽然它们都很小，但这几个文件都是程序运行的最关键的文件。

glibc 启动文件

crt1.o 里面包含的就是程序的入口函数_start，由它负责调用__libc_start_main 初始化 libc 并且调用 main 函数进入真正的程序主体。实际上最初开始的时候它并不叫做 crt1.o，而是叫做 crt.o，包含了基本的启动、退出代码。由于当时有些链接器对链接时目标文件和库的顺序有依赖性，crt.o 这个文件必须被放在链接器命令行中的所有输入文件中的第一个，为了强调这一点，crt.o 被更名为 crt0.o，表示它是链接时输入的第一个文件。

后来由于 C++的出现和 ELF 文件的改进，出现了必须在 main()函数之前执行的全局/静态对象构造和必须在 main()函数之后执行的全局/静态对象析构。为了满足类似的需求，运行库在每个目标文件中引入两个与初始化相关的段“.init”和“.finit”。运行库会保证所有位于这两个段中的代码会先于/后于 main()函数执行，所以用它们来实现全局构造和析构就是很自然的事情了。链接器在进行链接时，会把所有输入目标文件中的“.init”和“.finit”按照顺序收集起来，然后将它们合并成输出文件中的“.init”和“.finit”。但是这两个输出的段中所包含的指令还需要一些辅助的代码来帮助它们启动（比如计算 GOT 之类的），于是引入了两个目标文件分别用来帮助实现初始化函数的 crti.o 和 crtn.o。

与此同时，为了支持新的库和可执行文件格式，crt0.o 也进行了升级，变成了 crt1.o。crt0.o 和 crt1.o 之间的区别是 crt0.o 为原始的，不支持“.init”和“.finit”的启动代码，而 crt1.o 是改进过后，支持“.init”和“.finit”的版本。这一点我们从反汇编 crt1.o 可以看到，它向 libc 启动函数__libc_start_main()传递了两个函数指针“__libc_csu_init”和“__libc_csu_fini”，这两个函数负责调用_init()和_finit()，我们在后面“C++全局构造和析构”的章节中还会详细分析。

为了方便运行库调用，最终输出文件中的“.init”和“.finit”两个段实际上分别包含的是_init()和_finit()这两个函数，我们在关于运行库初始化的部分也会看到这两个函数，并且在 C++全局构造和析构的章节中也会分析它们是如何实现全局构造和析构的。crti.o 和 crtn.o 这两个目标文件中包含的代码实际上是_init()函数和_finit()函数的开始和结尾部分，当这两个文件和其他目标文件安装顺序链接起来以后，刚好形成两个完整的函数_init()和_finit()。我们用 objdump 可以查看这两个文件的反汇编代码：

```
$ objdump -dr /usr/lib/crti.o

crti.o:     file format elf32-i386

Disassembly of section .init:

00000000 <_init>:
   0:   55                      push %ebp
   1:   89 e5                   mov  %esp,%ebp
   3:   53                      push %ebx
   4:   83 ec 04                sub  $0x4,%esp
   7:   e8 00 00 00 00          call c <_init+0xc>
   c:   5b                      pop  %ebx
   d:   81 c3 03 00 00 00       add  $0x3,%ebx
                                f: R_386_GOTPC  _GLOBAL_OFFSET_TABLE_
  13:   8b 93 00 00 00 00       mov   0x0(%ebx),%edx
                                15: R_386_GOT32 __gmon_start__
  19:   85 d2                   test %edx,%edx
  1b:   74 05                   je   22 <_init+0x22>
  1d:   e8 fc ff ff ff          call 1e <_init+0x1e>
                        1e: R_386_PLT32 __gmon_start__

Disassembly of section .fini:

00000000 <_fini>:
   0:   55                      push %ebp
   1:   89 e5                   mov  %esp,%ebp
   3:   53                      push %ebx
   4:   83 ec 04                sub  $0x4,%esp
   7:   e8 00 00 00 00          call c <_fini+0xc>
   c:   5b                      pop  %ebx
   d:   81 c3 03 00 00 00       add  $0x3,%ebx
                        f: R_386_GOTPC  _GLOBAL_OFFSET_TABLE_

$ objdump -dr /usr/lib/crtn.o

crtn.o:     file format elf32-i386

Disassembly of section .init:

00000000 <.init>:
   0:   58                      pop  %eax
   1:   5b                      pop  %ebx
   2:   c9                      leave
   3:   c3                      ret
Disassembly of section .fini:

00000000 <.fini>:
   0:   59                      pop  %ecx
   1:   5b                      pop  %ebx
   2:   c9                      leave
   3:   c3                      ret
```

于是在最终链接完成之后，输出的目标文件中的“.init”段只包含了一个函数_init()，这个函数的开始部分来自于 crti.o 的“.init”段，结束部分来自于 crtn.o 的“.init”段。为了保证最终输出文件中“.init”和“.finit”的正确性，我们必须保证在链接时，crti.o 必须在用户目标文件和系统库之前，而 crtn.o 必须在用户目标文件和系统库之后。链接器的输入文件顺序一般是：

```
ld crt1.o crti.o [user_objects] [system_libraries] crtn.o
```

由于 crt1.o（crt0.o）不包含“.init”段和“.finit”段，所以不会影响最终生成“.init”和“.finit”段时的顺序。输出文件中的“.init”段看上去应该如图 11-8 所示（对于“.finit”来说也一样）。

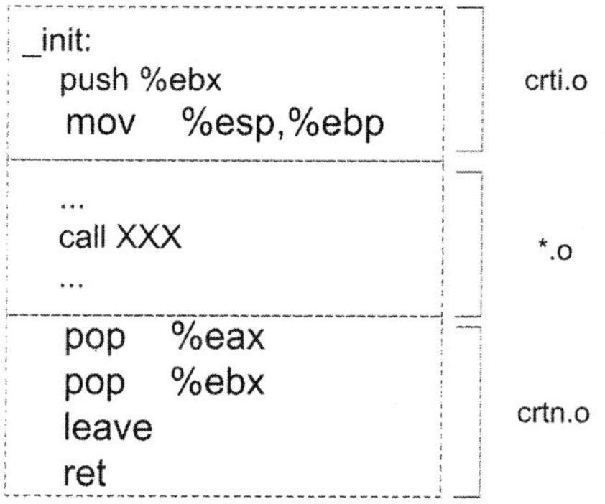

图 11-8 .init 段的组成

提示 在默认情况下，ld 链接器会将 libc、crt1.o 等这些 CRT 和启动文件与程序的模块链接起来，但是有些时候，我们可能不需要这些文件，或者希望使用自己的 libc 和 crt1.o 等启动文件，以替代系统默认的文件，这种情况在嵌入式系统或操作系统内核编译的时候很常见。GCC 提高了两个参数“-nostartfile”和“-nostdlib”，分别用来取消默认的启动文件和 C 语言运行库。

其实 C++全局对象的构造函数和析构函数并不是直接放在.init 和.finit 段里面的，而是把一个执行所有构造/析构的函数的调用放在里面，由这个函数进行真正的构造和析构，我们在后面的章节还会再详细分析 ELF/Glib 和 PE/MSVC 对全局对象构造和析构的过程。

除了全局对象构造和析构之外，.init 和.finit 还有其他的作用。由于它们的特殊性（在 main 之前/后执行），一些用户监控程序性能、调试等工具经常利用它们进行一些初始化和反初始化的工作。当然我们也可以使用“__attribute__((section(“.init”)))”将函数放到.init 段里面，但是要注意的是普通函数放在“.init”是会破坏它们的结构的，因为函数的返回指令使得_init()函数会提前返回，必须使用汇编指令，不能让编译器产生“ret”指令。

GCC 平台相关目标文件

就这样，在第 2 章中我们在链接时碰到过的诸多输入文件中，已经解决了 crt1.o、crti.o 和 crtn.o，剩下的还有几个 crtbeginT.o、libgcc.a、libgcc_eh.a、crtend.o。严格来讲，这几个文件实际上不属于 glibc，它们是 GCC 的一部分，它们都位于 GCC 的安装目录下：

- /usr/lib/gcc/i486-Linux-gnu/4.1.3/crtbeginT.o
- /usr/lib/gcc/i486-Linux-gnu/4.1.3/libgcc.a
- /usr/lib/gcc/i486-Linux-gnu/4.1.3/libgcc_eh.a
- /usr/lib/gcc/i486-Linux-gnu/4.1.3/crtend.o

首先是 crtbeginT.o 及 crtend.o，这两个文件是真正用于实现 C++全局构造和析构的目标文件。那么为什么已经有了 crti.o 和 crtn.o 之后，还需要这两个文件呢？我们知道，C++这样的语言的实现是跟编译器密切相关的，而 glibc 只是一个 C 语言运行库，它对 C++的实现并不了解。而 GCC 是 C++的真正实现者，它对 C++的全局构造和析构了如指掌。于是它提供了两个目标文件 crtbeginT.o 和 crtend.o 来配合 glibc 实现 C++的全局构造和析构。事实上是 crti.o 和 crtn.o 中的“.init”和“.finit”提供一个在 main()之前和之后运行代码的机制，而真正全局构造和析构则由 crtbeginT.o 和 crtend.o 来实现。我们在后面的章节还会详细分析它们的实现机制。

由于 GCC 支持诸多平台，能够正确处理不同平台之间的差异性也是 GCC 的任务之一。比如有些 32 位平台不支持 64 位的 long long 类型的运算，编译器不能够直接产生相应的 CPU 指令，而是需要一些辅助的例程来帮助实现计算。libgcc.a 里面包含的就是这种类似的函数，这些函数主要包括整数运算、浮点数运算（不同的 CPU 对浮点数的运算方法很不相同）等，而 libgcc_eh.a 则包含了支持 C++的异常处理（Exception Handling）的平台相关函数。另外 GCC 的安装目录下往往还有一个动态链接版本的 libgcc.a，为 libgcc_s.so。

MSVC CRT

相比于相对自由分散的 glibc，一直伴随着不同版本的 Visual C++发布的 MSVC CRT（Microsoft Visual C++ C Runtime）倒看过去更加有序一些。从 1992 年最初的 Visual C++ 1.0 版开始，一直到现在的 Visual C++ 9.0（又叫做 Visual C++ 2008），MSVC CRT 也从 1.0 版发展到了 9.0 版。

同一个版本的 MSVC CRT 根据不同的属性提供了多种子版本，以供不同需求的开发者使用。按照静态/动态链接，可以分为静态版和动态版；按照单线程/多线程，可以分为单线程版和多线程版；按照调试/发布，可分为调试版和发布版；按照是否支持 C++分为纯 C 运行库版和支持 C++版；按照是否支持托管代码分为支持本地代码/托管代码和纯托管代码版。这些属性很多时候是相互正交的，也就是说它们之间可以相互组合。比如可以有静态单线程纯 C 纯本地代码调试版；也可以有动态的多线程纯 C 纯本地代码发布版等。但有些组合是没有的，比如动态链接版本的 CRT 是没有单线程的，所有的动态链接 CRT 都是多线程安全的。

这样的不同组合将会出现非常多的子版本，于是微软提供了一套运行库的命名方法。这个命名方法是这样的，静态版和动态版完全不同。静态版的 CRT 位于 MSVC 安装目录下的 lib/，比如 Visual C++ 2008 的静态库路径为"Program Files\Microsoft Visual Studio 9.0\VC\lib"，它们的命名规则为：

```
libc [p] [mt] [d] .lib
```

- p 表示 C Plusplus，即 C++标准库。
- mt 表示 Multi-Thread，即表示支持多线程。
- d 表示 Debug，即表示调试版本。

比如静态的非 C++的多线程版 CRT 的文件名为 libcmtd.lib。动态版的 CRT 的每个版本一般有两个相对应的文件，一个用于链接的.lib 文件，一个用于运行时用的.dll 动态链接库。它们的命名方式与静态版的 CRT 非常类似，稍微有所不同的是，CRT 的动态链接库 DLL 文件名中会包含版本号。比如 Visual C++ 2005 的多线程、动态链接版的 DLL 文件名为 msvcr90.dll（Visual C++ 2005 的内部版本号为 8.0）。表 11-1 列举了一些最常见的 MSVC CRT 版本（以 Visual C++ 2005 为例）。

表 11-1

文件名	相关的 DLL	属性	编译器选项	预编译宏
libcmt.lib	无	多线程，静态链接	/MT	_MT
msvcrt.lib	msvcr80.dll	多线程，动态链接	/MD	_MT, _DLL
libcmtd.lib	无	多线程，静态链接，调试	/MTd	_DEBUG, _MT
msvcrtd.lib	msvcr90d.dll	多线程，动态链接，调试	/MDd	_DEBUG, _MT, _DLL
msvcmrt.lib	msvcm90.dll	托管/本地混合代码	/clr	
msvcurt.lib	msvcm90.dll	纯托管代码	/clr:pure	

注意 自从 Visual C++ 2005（MSVC 8.0）以后，MSVC 不再提供静态链接单线程版的运行库（LIBC.lib、LIBCD.lib），因为据微软声称，经过改进后的新的多线程版的 C 运行库在单线程的模式下运行速度已经接近单线程版的运行库，于是没有必要再额外提供一个只支持单线程的 CRT 版本。

默认情况下，如果在编译链接时不指定链接哪个 CRT，编译器会默认选择 LIBCMT.LIB，即静态多线程 CRT，Visual C++ 2005 之前的版本会选择 LIBC.LIB，即静态单线程版本。关于 CRT 的多线程和单线程的问题，我们在后面的章节还会再深入分析。

除了使用编译命令行的选项之外，在 Visual C++工程属性中也可以设置相关选项。如图 11-9 所示。

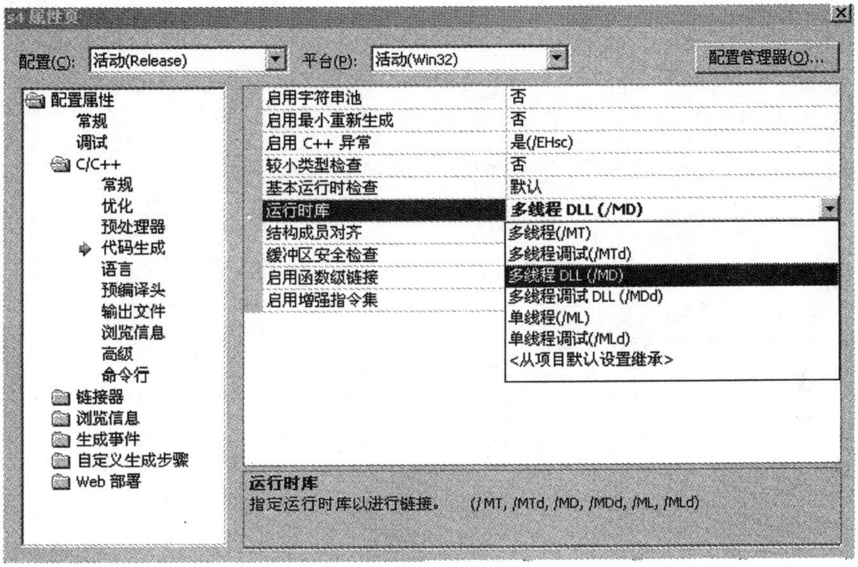

图 11-9 Visual C++ 2003 .NET 工程属性的截图

我们可以从图 11-9 中看到，除了多线程库以外，还有单线程静态/ML、单线程静态调试/MLd 的选项。

C++ CRT

表 11-1 中的所有 CRT 都是指 C 语言的标准库，MSVC 还提供了相应的 C++标准库。如果你的程序是使用 C++编写的，那么就需要额外链接相应的 C++标准库。这里“额外”的意思是，如表 11-2 所列的 C++标准库里面包含的仅仅是 C++的内容，比如 iostream、string、map 等，不包含 C 的标准库。

表 11-2

文件名	相应 DLL	属性	编译选项	宏定义
LIBCPMT.LIB	无	多线程，静态链接	/MT	_MT
MSVCPRT.LIB	MSVCP90.dll	多线程，动态链接	/MD	_MT, _DLL
LIBCPMTD.LIB	无	多线程，静态链接，调试	/MTd	_DEBUG, _MT
MSVCPRTD.LIB	MSVCP90D.dll	多线程，动态链接，调试	/MDd	_DEBUG, _MT, _DLL

当你在程序里包含了某个 C++标准库的头文件时，MSVC 编译器就认为该源代码文件是一个 C++源代码程序，它会在编译时根据编译选项，在目标文件的“.drectve”段（还记得第 2 章中的 DIRECTIVE 吧？）相应的 C++标准库链接信息。比如我们用 C++写一个“Hello World”程序：

```
// hello.cpp
#include <iostream>

int main()
{
    std::cout << "Hello world" << std::endl;
    return 0;
}
```

然后将它编译成目标文件，并查看它的“.drectve”段的信息：

```
cl /c hello.cpp
dumpbin /DIRECTIVES hello.obj
Microsoft (R) COFF/PE Dumper Version 9.00.21022.08
Copyright (C) Microsoft Corporation.  All rights reserved.


Dump of file msvcprt.obj

File Type: COFF OBJECT

   Linker Directives
   -----------------
   /DEFAULTLIB:"libcpmt"
   /DEFAULTLIB:"LIBCMT"
   /DEFAULTLIB:"OLDNAMES"

cl /c /MDd hello.cpp
dumpbin /DIRECTIVES hello.obj
Microsoft (R) COFF/PE Dumper Version 9.00.21022.08
Copyright (C) Microsoft Corporation.  All rights reserved.


Dump of file msvcprt.obj

File Type: COFF OBJECT

   Linker Directives
   -----------------
   /manifestdependency:"type='win32'
   name='Microsoft.VC90.DebugCRT'
   version='9.0.21022.8'
   processorArchitecture='x86'
   publicKeyToken='1fc8b3b9a1e18e3b'"
   /DEFAULTLIB:"msvcprtd"
   /manifestdependency:"type='win32'
   name='Microsoft.VC90.DebugCRT'
   version='9.0.21022.8'
   processorArchitecture='x86'
```

```
publicKeyToken='1fc8b3b9a1e18e3b'"
/DEFAULTLIB:"MSVCRTD"
/DEFAULTLIB:"OLDNAMES"
```

可以看到，hello.obj 须要链接 libcpmt.lib、LIBCMT.lib 和 OLDNAMES.lib。当我们使用“/MDd”参数编译时，hello.obj 就需要 msvcprtd.lib、MSVCRTD.lib 和 OLDNAMES.lib，除此之外，编译器还给链接器传递了“/manifestdependency”参数，即 manifest 信息。

Q&A

Q：如果一个程序里面的不同 obj 文件或 DLL 文件使用了不同的 CRT，会不会有问题？

A：这个问题实际上分很多种情况。如果程序没有用到 DLL，完全静态链接，不同的 obj 在编译时用到了不同版本的静态 CRT。由于目前静态链接 CRT 只有多线程版，并且如果所有的目标文件都统一使用调试版或发布版，那么这种情况下一般是不会有问题的。因为我们知道，目标文件对静态库引用只是在目标文件的符号表中保留一个记号，并不进行实际的链接，也没有静态库的版本信息。

但是，如果程序涉及动态链接 CRT，这就比较复杂了。因为不同的目标文件如果依赖于不同版本的 msvcrt.lib 和 msvcrt.dll，甚至有些目标文件是依赖于静态 CRT，而有些目标文件依赖于动态 CRT，那么很有可能出现的问题就是无法通过链接。链接器对这种情况的具体反应依赖于输入目标文件的顺序，有些情况下它会报符号重复定义错误：

MSVCRTD.lib(MSVCR80D.dll) : error LNK2005: _printf already defined in LIBCMTD.lib (printf.obj)

但是有些情况下，它会使链接顺利通过，只是给出一个警告：

LINK : warning LNK4098: defaultlib 'LIBCMTD' conflicts with use of other libs; use /NODEFAULTLIB:library

如果碰到上面这种静态/动态 CRT 混合的情况，我们可以使用链接器的 /NODEFAULTLIB 来禁止某个或某些版本的 CRT，这样一般就能使链接顺利进行。

最麻烦的情况应该属于一个程序所依赖的 DLL 分别使用不同的 CRT，这会导致程序在运行时同时有多份 CRT 的副本。在一般情况下，这个程序应该能正常运行，但是值得注意的是，你不能够在这些 DLL 之间相互传递使用一些资源。比如两个 DLL A 和 B 分别使用不同的 CRT，那么应该注意以下问题：

- 不能在 A 中申请内存然后在 B 中释放，因为它们分属于不同的 CRT，即拥有不同的堆，这包括 C++里面所有对象的申请和释放；
- 在 A 中打开的文件不能在 B 中使用，比如 FILE*之类的，因为它们依赖于 CRT 的文件操作部分。

还有类似的问题，比如不能相互共享 locale 等。如果不违反上述规则，可能会使程序发生莫名其妙的错误并且很难发现。

防止出现上述问题的最好方法就是保证一个工程里面所有的目标文件和DLL都使用同一个版本的 CRT。当然有时候事实并不能尽如人意，比如很多时候当我们要用到第三方提供的.lib 或 DLL 文件而对方又不提供源代码时，就会比较难办。

Windows 系统的 system32 目录下有个叫 msvcrt.dll 的文件，它跟 msvcr90.dll 这样的 DLL 有什么区别？

Q：为什么我用 Visual C++ 2005/2008 编译的程序无法在别人的机器上运行？

A：因为 Visual C++ 2005/2008 编译的程序使用了 manifest 机制，这些程序必须依赖于相对应版本的运行库。一个解决的方法就是使用静态链接，这样就不需要依赖于 CRT 的 DLL。另外一个解决的方法就是将相应版本的运行库与程序一起发布给最终用户。

11.3 运行库与多线程

11.3.1 CRT 的多线程困扰

线程的访问权限

线程的访问非常自由，它可以访问进程内存里的所有数据，甚至包括其他线程的堆栈（如果它知道其他线程的堆栈地址，然而这是很少见的情况），但实际运用中线程也拥有自己的私有存储空间，包括：

- 栈（尽管并非完全无法被其他线程访问，但一般情况下仍然可以认为是私有的数据）。
- 线程局部存储（Thread Local Storage, TLS）。线程局部存储是某些操作系统为线程单独提供的私有空间，但通常只具有很有限的容量。
- 寄存器（包括 PC 寄存器），寄存器存放的数据是执行流的基本数据，因此为线程私有。

从 C 程序员的角度来看，数据在线程之间是否私有如表 11-3 所示。

表 11-3

线程私有	线程之间共享（进程所有）
局部变量 函数的参数 TLS 数据	全局变量 堆上的数据 函数里的静态变量 程序代码，任何线程都有权利读取并执行任何代码 打开文件，A 线程打开的文件可以由 B 线程读写

多线程运行库

现有版本的 C/C++标准（特指 C++03、C89、C99）对多线程可以说只字不提，因此相应的 C/C++运行库也无法针对线程提供什么帮助，也就是说在运行库里不能找到关于创建、结束、同步线程的函数。对于 C/C++标准库来说，线程相关的部分是不属于标准库的内容的，它跟网络、图形图像等一样，属于标准库之外的系统相关库。由于多线程在现代的程序设计中占据非常重要的地位，主流的 C 运行库在设计时都会考虑到多线程相关的内容。这里我们所说的“多线程相关”主要有两个方面，一方面是提供那些多线程操作的接口，比如创建线程、退出线程、设置线程优先级等函数接口；另外一方面是 C 运行库本身要能够在多线程的环境下正确运行。

对于第一方面，主流的 CRT 都会有相应的功能。比如 Windows 下，MSVC CRT 提供了诸如_beginthread()、_endthread()等函数用于线程的创建和退出；而 Linux 下，glibc 也提供了一个可选的线程库 pthread（POSIX Thread），它提供了诸如 pthread_create()、pthread_exit()等函数用于线程的创建和退出。很明显，这些函数都不属于标准的运行库，它们都是平台相关的。

对于第二个方面，C 语言运行库必须支持多线程的环境，这是什么意思呢？实际上，最初 CRT 在设计的时候是没有考虑多线程环境的，因为当时根本没有多线程这样的概念。到后来多线程在程序中越来越普及，C/C++运行库在多线程环境下吃了不少苦头。例如：

（1）errno：在 C 标准库里，大多数错误代码是在函数返回之前赋值在名为 errno 的全局变量里的。多线程并发的时候，有可能 A 线程的 errno 的值在获取之前就被 B 线程给覆盖掉，从而获得错误的出错信息。

（2）strtok()等函数都会使用函数内部的局部静态变量来存储字符串的位置，不同的线程调用这个函数将会把它内部的局部静态变量弄混乱。

（3）malloc/new 与 free/delete：堆分配/释放函数或关键字在不加锁的情况下是线程不安全的。由于这些函数或关键字的调用十分频繁，因此在保证线程安全的时候显得十分繁琐。

（4）异常处理：在早期的 C++运行库里，不同的线程抛出的异常会彼此冲突，从而造成信息丢失的情况。

（5）printf/fprintf 及其他 IO 函数：流输出函数同样是线程不安全的，因为它们共享了同一个控制台或文件输出。不同的输出并发时，信息会混杂在一起。

（6）其他线程不安全函数：包括与信号相关的一些函数。

通常情况下，C 标准库中在不进行线程安全保护的情况下自然地具有线程安全的属性的函数有（不考虑 errno 的因素）：

（1）字符处理（ctype.h），包括 isdigit、toupper 等，这些函数同时还是可重入的。

（2）字符串处理函数（string.h），包括 strlen、strcmp 等，但其中涉及对参数中的数组进行写入的函数（如 strcpy）仅在参数中的数组各不相同时可以并发。

（3）数学函数（math.h），包括 sin、pow 等，这些函数同时还是可重入的。

（4）字符串转整数/浮点数（stdlib.h），包括 atof、atoi、atol、strtod、strtol、strtoul。

（5）获取环境变量（stdlib.h），包括 getenv，这个函数同时还是可重入的。

（6）变长数组辅助函数（stdarg.h）。

（7）非局部跳转函数（setjmp.h），包括 setjmp 和 longjmp，前提是 longjmp 仅跳转到本线程设置的 jmpbuf 上。

为了解决 C 标准库在多线程环境下的窘迫处境，许多编译器附带了多线程版本的运行库。在 MSVC 中，可以用/MT 或/MTd 等参数指定使用多线程运行库。

11.3.2 CRT 改进

使用 TLS

多线程运行库具有什么样的改进呢？首先，errno 必须成为各个线程的私有成员。在 glibc 中，errno 被定义为一个宏，如下：

```
#define errno (*__errno_location ())
```

函数__errno_location 在不同的库版本下有不同的定义，在单线程版本中，它仅直接返回了全局变量 errno 的地址。而在多线程版本中，不同线程调用__errno_location 返回的地址则各不相同。在 MSVC 中，errno 同样是一个宏，其实现方式和 glibc 类似。

加锁

在多线程版本的运行库中，线程不安全的函数内部都会自动地进行加锁，包括 malloc、printf 等，而异常处理的错误也早早就解决了。因此使用多线程版本的运行库时，即使在 malloc/new 前后不进行加锁，也不会出现并发冲突。

改进函数调用方式

C 语言的运行库为了支持多线程特性，必须做出一些改进。一种改进的办法就是修改所有的线程不安全的函数的参数列表，改成某种线程安全的版本。比如 MSVC 的 CRT 就提供了线程安全版本的 strtok()函数：strtok_s，它们的原型如下：

```
char *strtok(char *strToken, const char *strDelimit );
char *strtok_s( char *strToken, const char *strDelimit, char **context);
```

改进后的 strtok_s 增加了一个参数，这个参数 context 是由调用者提供一个 char*指针，strtok_s 将每次调用后的字符串位置保存在这个指针中。而之前版本的 strtok 函数会将这个位置保存在一个函数内部的静态局部变量中，如果有多个线程同时调用这个函数，有可能出现冲突。与 MSVC CRT 类似，Glibc 也提供了一个线程安全版本的 strtok()叫做 strtok_r()。

但是很多时候改变标准库函数的做法是不可行的。标准库之所以称之为“标准”，就是它具有一定的权威性和稳定性，不能随意更改。如果随意更改，那么所有遵循该标准的程序都需要重新进行修改，这个“标准”是不是值得遵循就有待商榷了。所以更好的做法是不改变任何标准库函数的原型，只是对标准库的实现进行一些改进，使得它能够在多线程的环境下也能够顺利运行，做到向后兼容。

11.3.3 线程局部存储实现

很多时候，开发者在编写多线程程序的时候都希望存储一些线程私有的数据。我们知道，属于每个线程私有的数据包括线程的栈和当前的寄存器，但是这两种存储都是非常不可靠的，栈会在每个函数退出和进入的时候被改变；而寄存器更是少得可怜，我们不可能拿寄存器去存储所需要的数据。假设我们要在线程中使用一个全局变量，但希望这个全局变量是线程私有的，而不是所有线程共享的，该怎么办呢？这时候就须要用到**线程局部存储**（**TLS，Thread Local Storage**）这个机制了。TLS 的用法很简单，如果要定义一个全局变量为 TLS 类型的，只需要在它定义前加上相应的关键字即可。对于 GCC 来说，这个关键字就是__thread，比如我们定义一个 TLS 的全局整型变量：

```
__thread int number;
```

对于 MSVC 来说，相应的关键字为__declspec(thread)：

```
__declspec(thread) int number;
```

注意 在 Windows Vista 和 2008 之前的操作系统，如果 TLS 的全局变量被定义在一个 DLL 中，并且该 DLL 是使用 LoadLibrary()显式装载的，那么该全局变量将无法使用，如果访问该全局变量将会导致程序发生保护错误。导致这个情况的主要原因是在 Windows Vista 之前的操作系统下，DLL 在使用 LoadLibrary()装载时无法正确初始化由__declspec(thread)定义的变量，具体请参照 MSDN。

一旦一个全局变量被定义成 TLS 类型的，那么每个线程都会拥有这个变量的一个副本，任何线程对该变量的修改都不会影响其他线程中该变量的副本。

Windows TLS 的实现

对于 Windows 系统来说，正常情况下一个全局变量或静态变量会被放到“.data”或“.bss”段中，但当我们使用__declspec(thread)定义一个线程私有变量的时候，编译器会把这些变量放到 PE 文件的“.tls”段中。当系统启动一个新的线程时，它会从进程的堆中分配一块足够大小的空间，然后把“.tls”段中的内容复制到这块空间中，于是每个线程都有自己独立的一个“.tls”副本。所以对于用__declspec(thread)定义的同一个变量，它们在不同线程中的地址都是不一样的。

我们知道对于一个 TLS 变量来说，它有可能是一个 C++的全局对象，那么每个线程在启动时不仅仅是复制“.tls”的内容那么简单，还需要把这些 TLS 对象初始化，必须逐个地调用它们的全局构造函数，而且当线程退出时，还要逐个地将它们析构，正如普通的全局对象在进程启动和退出时都要构造、析构一样。

Windows PE 文件的结构中有个叫数据目录的结构，我们在第 2 部分已经介绍过了。它总共有 16 个元素，其中有一元素下标为 IMAGE_DIRECT_ENTRY_TLS，这个元素中保存的地址和长度就是 TLS 表（IMAGE_TLS_DIRECTORY 结构）的地址和长度。TLS 表中保存了所有 TLS 变量的构造函数和析构函数的地址，Windows 系统就是根据 TLS 表中的内容，在每次线程启动或退出时对 TLS 变量进行构造和析构。TLS 表本身往往位于 PE 文件的“.rdata”段中。

另外一个问题是，既然同一个 TLS 变量对于每个线程来说它们的地址都不一样，那么线程是如何访问这些变量的呢？其实对于每个 Windows 线程来说，系统都会建立一个关于线程信息的结构，叫做**线程环境块**（TEB，Thread Environment Block）。这个结构里面保存的是线程的堆栈地址、线程 ID 等相关信息，其中有一个域是一个 **TLS 数组**，它在 TEB 中的偏移是 0x2C。对于每个线程来说，x86 的 FS 段寄存器所指的段就是该线程的 TEB，于是要得到一个线程的 TLS 数组的地址就可以通过 FS:[0x2C]访问到。

注意 TEB 这个结构不是公开的，它可能随着 Windows 版本的变化而变化，我们这里所说的 TEB 结构都是指在 x86 版的 Windows XP。

这个 TLS 数组对于每个线程来说大小是固定的，一般有 64 个元素。而 TLS 数组的第一个元素就是指向该线程的“.tls”副本的地址。于是要得到一个 TLS 的变量地址的步骤为：首先通过 FS:[0x2C]得到 TLS 数组的地址，然后根据 TLS 数组的地址得到“.tls”副本的地址，然后加上变量在“.tls”段中的偏移即该 TLS 变量在线程中的地址。下面看一个简单的例子：

```
__declspec(thread) int t = 1;

int main()
{
    t = 2;
    return 0;
}
```

经过编译以后，这段代码的汇编实现如下：

```
_main:
  00000000: 55                 push       ebp
  00000001: 8B EC              mov        ebp,esp
  00000003: A1 00 00 00 00     mov        eax,dword ptr [__tls_index]
  00000008: 64 8B 0D 00 00 00  mov        ecx,dword ptr fs:[__tls_array]
            00
  0000000F: 8B 14 81           mov        edx,dword ptr [ecx+eax*4]
  00000012: C7 82 00 00 00 00  mov        dword ptr _t[edx],2
            02 00 00 00
  0000001C: 33 C0              xor        eax,eax
  0000001E: 5D                 pop        ebp
  0000001F: C3                 ret
```

代码中有两个符号__tls_index 和__tls_array，它们被定义在 MSVC CRT 中，对于 MSVC 2008 来说，它们的值分别是 0 和 0x2C，分别表示 TLS 数组下的第一个元素和 TLS 数组在 TEB 中的偏移。由于这两个数值有可能随着 Windows 系统的变化而变化，所以它们被保存在 CRT 中，如果程序以 DLL 方式链接，那么在不同版本的 Windows 平台上运行就不会有问题；如果是静态链接，那么当新版的 Windows 更改 TEB 结构时而导致 TLS 数组在 TEB 中的偏移改变，程序运行就可能出错。当然出于 Windows 多年来的“良好表现”，这种随意更改核心数据结构的事情发生的可能性还是比较小的。

显式 TLS

前面提到的使用__thread 或__declspec(thread)关键字定义全局变量为 TLS 变量的方法往往被称为隐式 TLS，即程序员无须关心 TLS 变量的申请、分配赋值和释放，编译器、运行库还有操作系统已经将这一切悄悄处理妥当了。在程序员看来，TLS 全局变量就是线程私有的全局变量。相对于隐式 TLS，还有一种叫做显式 TLS 的方法，这种方法是程序员须要手工申请 TLS 变量，并且每次访问该变量时都要调用相应的函数得到变量的地址，并且在访问完成之后需要释放该变量。在 Windows 平台上，系统提供了 TlsAlloc()、TlsGetValue()、TlsSetValue()和 TlsFree()这 4 个 API 函数用于显式 TLS 变量的申请、取值、赋值和释放；Linux 下相对应的库函数为 pthread 库中的 pthread_key_create()、pthread_getspecific()、pthread_setspecific()和 pthread_key_delete()。

显式的 TLS 实现其实非常简单，我们前面提到过 TEB 结构中有个 TLS 数组。实际上显式的 TLS 就是使用这个数组保存 TLS 数据的。由于 TLS 数组的元素数量固定，一般是 64 个，于是显式 TLS 在实现时如果发现该数组已经被使用完了，就会额外申请 4096 个字节作为二级 TLS 数组，使得在 WindowsXP 下最多能拥有 1088（1024+64）个显式 TLS 变量（当然隐式的 TLS 也会占用 TLS 数组）。相对于隐式的 TLS 变量，显式的 TLS 变量的使用十分麻烦，而且有诸多限制，显式 TLS 的诸多缺点已经使得它越来越不受欢迎了，我们并不推荐使用它。

Q&A: CreateThread()和_beginthread()有什么不同

我们知道在 Windows 下创建一个线程的方法有两种，一种就是调用 Windows API CreateThread()来创建线程；另外一种就是调用 MSVC CRT 的函数_beginthread()或_beginthreadex()来创建线程。相应的退出线程也有两个函数 Windows API 的 ExitThread()和 CRT 的_endthread()。这两套函数都是用来创建和退出线程的，它们有什么区别呢？

很多开发者不清楚这两者之间的关系，他们随意选一个函数来用，发现也没有什么大问题，于是就忙于解决更为紧迫的任务去了，而没有对它们进行深究。等到有一天忽然发现一个程序运行时间很长的时候会有细微的内存泄露，开发者绝对不会想到是因为这两套函数用混的结果。

根据 Windows API 和 MSVC CRT 的关系，可以看出来_beginthread()是对 CreateThread()的包装，它最终还是调用 CreateThread()来创建线程。那么在_beginthread()调用 CreateThread()之前做了什么呢？我们可以看一下_beginthread()的源代码，它位于 CRT 源代码中的 thread.c。我们可以发现它在调用 CreateThread()之前申请了一个叫_tiddata 的结构，然后将这个结构用_initptd()函数初始化之后传递给_beginthread()自己的线程入口函数_threadstart。_threadstart 首先把由_beginthread()传过来的_tiddata 结构指针保存到线程的显式 TLS 数组，然后它调用用户的线程入口真正开始线程。在用户线程结束之后，_threadstart()函数调用_endthread()结束线程。并且_threadstart 还用__try/__except 将用户线程入口函数包起来，用于捕获所有未处理的信号，并且将这些信号交给 CRT 处理。

所以除了信号之外，很明显 CRT 包装 Windows API 线程接口的最主要目的就是那个_tiddata。这个线程私有的结构里面保存的是什么呢？我们可以从 mtdll.h 中找到它的定义，它里面保存的是诸如线程 ID、线程句柄、erron、strtok()的前一次调用位置、rand()函数的种子、异常处理等与 CRT 有关的而且是线程私有的信息。可见 MSVC CRT 并没有使用我们前面所说的__declspec(thread)这种方式来定义线程私有变量，从而防止库函数在多线程下失效，而是采用在堆上申请一个_tiddata 结构，把线程私有变量放在结构内部，由显式 TLS 保存_tiddata 的指针。

了解了这些信息以后，我们应该会想到一个问题，那就是如果我们用 CreateThread()创建一个线程然后调用 CRT 的 strtok()函数，按理说应该会出错，因为 strtok()所需要的_tiddata 并不存在，可是我们好像从来没碰到过这样的问题。查看 strtok()函数就会发现，当一开始调用_getptd()去得到线程的_tiddata 结构时，这个函数如果发现线程没有申请_tiddata 结构，它就会申请这个结构并且负责初始化。于是无论我们调用哪个函数创建线程，都可以安全调用所有需要_tiddata 的函数，因为一旦这个结构不存在，它就会被创建出来。

那么_tiddata 在什么时候会被释放呢？ExitThread()肯定不会，因为它根本不知道有

_tiddata 这样一个结构存在，那么很明显是_endthread()释放的，这也正是 CRT 的做法。不过我们很多时候会发现，即使使用 CreateThread()和 ExitThread()（不调用 ExitThread()直接退出线程函数的效果相同），也不会发现任何内存泄露，这又是为什么呢？经过仔细检查之后，我们发现原来密码在 CRT DLL 的入口函数 DllMain 中。我们知道，当一个进程/线程开始或退出的时候，每个 DLL 的 DllMain 都会被调用一次，于是动态链接版的 CRT 就有机会在 DllMain 中释放线程的_tiddata。可是 DllMain 只有当 CRT 是动态链接版的时候才起作用，静态链接 CRT 是没有 DllMain 的！这就是造成使用 CreateThread()会导致内存泄露的一种情况，在这种情况下，_tiddata 在线程结束时无法释放，造成了泄露。我们可以用下面这个小程序来测试：

```
#include <Windows.h>
#include <process.h>

void thread(void *a)
{
    char* r = strtok( "aaa", "b" );
    ExitThread(0); // 这个函数是否调用都无所谓
}

int main(int argc, char* argv[])
{
    while(1) {
        CreateThread(  0, 0, (LPTHREAD_START_ROUTINE)thread, 0, 0, 0 );
        Sleep( 5 );
    }
return 0;
}
```

如果用动态链接的 CRT （/MD，/MDd）就不会有问题，但是，如果使用静态链接 CRT （/MT，/MTd），运行程序后在进程管理器中观察它就会发现内存用量不停地上升，但是如果我们把 thread()函数中的 ExitThread()改成_endthread()就不会有问题，因为_endthread()会将_tiddata()释放。

这个问题可以总结为：当使用 CRT 时（基本上所有的程序都使用 CRT），请尽量使用_beginthread()/_beginthreadex()/_endthread()/_endthreadex()这组函数来创建线程。在 MFC 中，还有一组类似的函数是 AfxBeginThread()和 AfxEndThread()，根据上面的原理类推，它是 MFC 层面的线程包装函数，它们会维护线程与 MFC 相关的结构，当我们使用 MFC 类库时，尽量使用它提供的线程包装函数以保证程序运行正确。

11.4 C++全局构造与析构

在 C++的世界里，入口函数还肩负着另一个艰巨的使命，那就是在 main 的前后完成全局变量的构造与析构。本节将介绍在 glibc 和 MSVCRT 的努力下，这件事是如何完成的。

11.4.1 glibc 全局构造与析构

在前面介绍 glibc 的启动文件时已经介绍了“.init”和“.finit”段，我们知道这两个段中的代码最终会被拼成两个函数_init()和_finit()，这两个函数会先于/后于 main 函数执行。但是它们具体是在什么时候被执行的呢？由谁来负责调用它们呢？它们又是如何进行全局对象的构造和析构的呢？为了解决这些问题，这一节将继续沿着本章第一节从_start 入口函数开始的那条线进行摸索，顺藤摸瓜地找到这些问题的答案。

为了表述方便，下面使用这样的代码编译出来的可执行文件进行分析：

```
class HelloWorld
{
public:
    HelloWorld();
    ~HelloWorld();
};
HelloWorld Hw;
HelloWorld::HelloWorld()
{
    ......
}
HelloWorld::~HelloWorld()
{
    ......
}

int main()
{
    return 0;
}
```

为了了解全局对象的构造细节，对程序的启动过程进行更深一步的研究是必须的。在本章的第一节里，由_start 传递进来的 init 函数指针究竟指向什么？通过对地址的跟踪，init 实际指向了__libc_csu_init 函数。这个函数位于 Glibc 源代码目录的 csu\Elf-init.c，让我们来看看这个函数的定义：

```
_start -> __libc_start_main -> __libc_csu_init:

void __libc_csu_init (int argc, char **argv, char **envp)
{
    …
    _init ();

    const size_t size = __init_array_end -
    __init_array_start;
    for (size_t i = 0; i < size; i++)
        (*__init_array_start [i]) (argc, argv, envp);
}
```

这段代码调用了_init 函数。那么_init()是什么呢？是不是想起来前面介绍过的定义在

crti.o 的_init()函数呢？没错，__libc_csu_init 里面调用的正是“.init”段，也就是说，用户所有放在“.init”段的代码就将在这里被执行。

看到这里，似乎我们的线索要断了，因为“_init”函数的实际内容并不定义在 Glibc 里面，它是由各个输入目标文件中的“.init”段拼凑而来的。不过除了分析源代码之外，还有一个终极必杀就是反汇编目标代码，我们随意反汇编一个可执行文件就可以发现_init()函数的内容：

_start -> __libc_start_main -> __libc_csu_init -> _init:

```
Disassembly of section .init:

80480f4 <_init>:
80480f4:      55                    push    %ebp
80480f5:      89 e5                 mov     %esp,%ebp
80480f7:      53                    push    %ebx
80480f8:      83 ec 04              sub     $0x4,%esp
80480fb:      e8 00 00 00 00        call    8048100 <_init+0xc>
8048100:      5b                    pop     %ebx
8048101:      81 c3 9c 39 07 00     add     $0x7399c,%ebx
8048107:      8b 93 fc ff ff ff     mov     -0x4(%ebx),%edx
804810d:      85 d2                 test    %edx,%edx
804810f:      74 05                 je      8048116 <_init+0x22>
8048111:      e8 ea 7e fb f7        call    0 <_nl_current_LC_CTYPE>
8048116:      e8 95 00 00 00        call    80481b0 <frame_dummy>
804811b:      e8 b0 6e 05 00        call    809efd0 <__do_global_ctors_aux>

8048120:      58                    pop     %eax
8048121:      5b                    pop     %ebx
8048122:      c9                    leave
8048123:      c3                    ret
```

可以看到_init 调用了一个叫做__do_global_ctors_aux 的函数，如果你在 glibc 源代码里面查找这个函数，是不可能找到它的。因为它并不属于 glibc，而是来自于 GCC 提供的一个目标文件 crtbegin.o。我们在上一节中也介绍过，链接器在进行最终链接时，有一部分目标文件是来自于 GCC，它们是那些与语言密切相关的支持函数。很明显，C++的全局对象构造是与语言密切相关的，相应负责构造的函数来自于 GCC 也非常容易理解。

即使它在 GCC 的源代码中，我们也把它揪出来。它位于 gcc/Crtstuff.c，把它简化以后代码如下：

_start -> __libc_start_main -> __libc_csu_init -> _init -> __do_global_ctors_aux:

```
void __do_global_ctors_aux(void)
{
    /* Call constructor functions.  */
    unsigned long nptrs = (unsigned long) __CTOR_LIST__[0];
    unsigned i;

    for (i = nptrs; i >= 1; i--)
        __CTOR_LIST__[i] ();
}
```

上面这段代码首先将__CTOR_LIST__数组的第一个元素当做数组元素的个数，然后将第一个元素之后的元素都当做是函数指针，并一一调用。这段代码的意图非常明显，我们都可以猜到__CTOR_LIST__里面存放的是什么，没错，__CTOR_LIST__里面存放的就是所有全局对象的构造函数的指针。那么接下来的焦点很明显就是__CTOR_LIST__了，这个数组怎么来的，由谁负责构建这个数组？

__CTOR_LIST__

这里不得不暂时放下__CTOR_LIST__的身世来历，从 GCC 方面再追究__CTOR_LIST__未免有些乏味，我们不妨从问题的另一端，也就是从编译器如何生产全局构造函数的角度来看看全局构造函数是怎么实现的。

对于每个编译单元(.cpp)，GCC 编译器会遍历其中所有的全局对象，生成一个特殊的函数，这个特殊函数的作用就是对本编译单元里的所有全局对象进行初始化。我们可以通过对本节开头的代码进行反汇编得到一些粗略的信息，可以看到 GCC 在目标代码中生成了一个名为_GLOBAL__I_Hw 的函数，由这个函数负责本编译单元所有的全局\静态对象的构造和析构，它的代码可以表示为：

```
static void GLOBAL__I_Hw(void)
{
    Hw::Hw(); // 构造对象
    atexit(__tcf_1); // 一个神秘的函数叫做__tcf_1 被注册到了 exit
}
```

我们暂且不管这里的神秘函数__tcf_1，它将在本节的最后部分讲到。GLOBAL__I_Hw 作为特殊的函数当然也享受特殊待遇，一旦一个目标文件里有这样的函数，编译器会在这个编译单元产生的目标文件(.o)的“.ctors”段里放置一个指针，这个指针指向的便是 GLOBAL__I_Hw。

那么把每个目标文件的复杂全局/静态对象构造的函数地址放在一个特殊的段里面有什么好处呢？当然不为别的，为的是能够让链接器把这些特殊的段收集起来，收集齐所有的全局构造函数后就可以在初始化的时候进行构造了。

在编译器为每个编译单元生成一份特殊函数之后，链接器在连接这些目标文件时，会将同名的段合并在一起，这样，每个目标文件的.ctors 段将会被合并为一个.ctors 段，其中的内容是各个目标文件的.ctors 段的内存拼接而成。由于每个目标文件的.ctors 段都只存储了一个指针（指向该目标文件的全局构造函数），因此拼接起来的.ctors 段就成为了一个函数指针数组，每一个元素都指向一个目标文件的全局构造函数。这个指针数组不正是我们想要的全局构造函数的地址列表吗？如果能得到这个数组的地址，岂不是构造的问题就此解决了？

没错，得到这个数组的地址其实也不难，我们可以效仿前面“.init”和“.finit”拼凑的办法，对“.ctor”段也进行拼凑。还记得在链接的时候，各个用户产生的目标文件的前后分别还要链接上一个 crtbegin.o 和 crtend.o 吧？这两个 glibc 自身的目标文件同样具有.ctors 段，在链接的时候，这两个文件的.ctors 段的内容也会被合并到最终的可执行文件中。那么这两个文件的.ctors 段里有什么呢？

- crtbegin.o：作为所有.ctors 段的开头部分，crtbegin.o 的.ctor 段里面存储的是一个 4 字节的−1(0xFFFFFFFF)，由链接器负责将这个数字改成全局构造函数的数量。然后这个段还将起始地址定义成符号__CTOR_LIST__，这样实际上__CTOR_LIST__所代表的就是所有.ctor 段最终合并后的起始地址了。
- crtend.o：这个文件里面的.ctors 内容就更简单了，它的内容就是一个 0，然后定义了一个符号__CTOR_END__，指向.ctor 段的末尾。

在前面的章节中已经介绍过了，链接器在链接用户的目标文件的时候，crtbegin.o 总是处在用户目标文件的前面，而 crtend.o 则总是处在用户目标文件的后面。例如链接两个用户的目标文件 a.o 和 b.o 时，实际链接的目标文件将是（按顺序）ld crti.o crtbegin.o a.o b.o crtend.o crtn.o。在这里我们忽略 crti.o 和 crtn.o，因为这两个目标文件和全局构造无关。在合并 crtbegin.o、用户目标文件和 crtend.o 时，链接器按顺序拼接这些文件的.ctors 段，因此最终形成.ctors 段的过程将如图 11-10 所示。

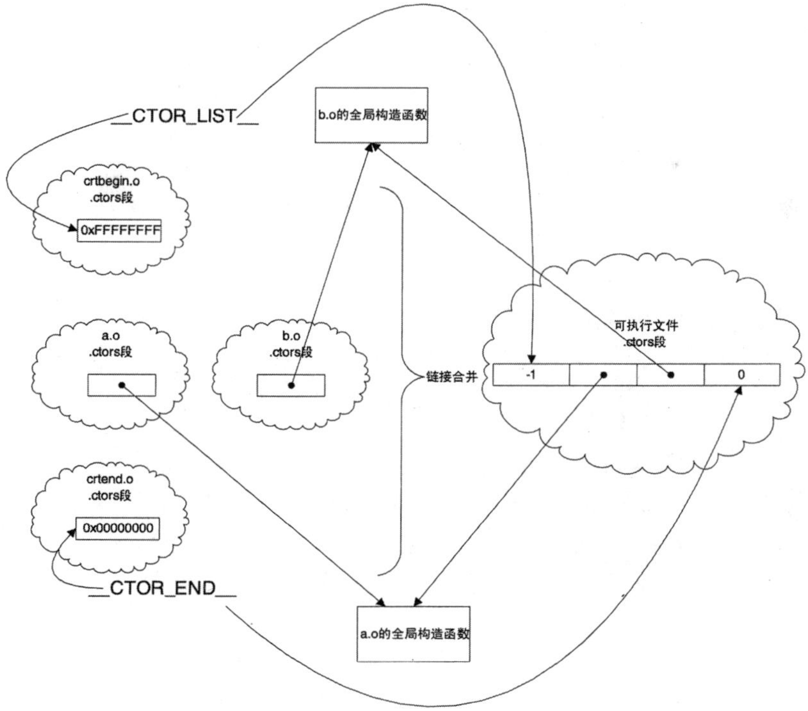

图 11-10 .ctor 段的形成

在了解了可执行文件的.ctors 段的结构之后，再回过头来看__do_global_ctor_aux 的代码就很容易了。__do_global_ctor_aux 从__CTOR_LIST__的下一个位置开始，按顺序执行函数指针，直到遇上 NULL（__CTOR_END__）。如此每个目标文件的全局构造函数都能被调用。

【小实验】

在 main 前调用函数:

glibc 的全局构造函数是放置在.ctors 段里的，因此如果我们手动在.ctors 段里添加一些函数指针，就可以让这些函数在全局构造的时候（main 之前）调用:

```
#include <stdio.h>
void my_init(void)
{
      printf("Hello ");
}

typedef void (*ctor_t)(void);
//在.ctors 段里添加一个函数指针
ctor_t __attribute__((section (".ctors"))) my_init_p = &my_init;

int main()
{
      printf("World!\n");
      return 0;
}
```

如果运行此程序，结果将打印出：Hello World!

当然，事实上，gcc 里有更加直接的办法来达到相同的目的，那就是使用__attribute__((constructor))

示例如下：

```
#include <stdio.h>
void my_init(void) __attribute__ ((constructor));
void my_init(void)
{
      printf("Hello ");
}
int main()
{
      printf("World!\n");
      return 0;
}
```

析构

对于早期的 glibc 和 GCC，在完成了对象的构造之后，在程序结束之前，crt 还要进行对象的析构。实际上正常的全局对象析构与前面介绍的构造在过程上是完全类似的，而且所有的函数、符号名都一一对应，比如“.init”变成了“.finit”、“__do_global_ctor_aux”变成了“__do_global_dtor_aux”、“__CTOR_LIST__”变成了“__DTOR_LIST__”等。在前面介绍入口函数时我们可以看到，__libc_start_main 将“__libc_csu_fini”通过__cxa_exit()注册到退出列表中，这样当进程退出前 exit()里面就会调用“__libc_csu_fini”。“_fini”的原理和“_init”基本是一样的，在这里不再一一赘述了。

不过这样做的好处是为了保证全局对象构造和析构的顺序（即先构造后析构），链接器必须包装所有的“.dtor”段的合并顺序必须是“.ctor”的严格反序，这增加了链接器的工作量，于是后来人们放弃了这种做法，采用了一种新的做法，就是通过__cxa_atexit()在 exit()函数中注册进程退出回调函数来实现析构。

这就要回到我们之前在每个编译单元的全局构造函数 GLOBAL__I_Hw()中看到的神秘函数。编译器对每个编译单元的全局对象，都会生成一个特殊的函数来调用这个编译单元的所有全局对象的析构函数，它的调用顺序与 GLOBAL__I_Hw()调用构造函数的顺序刚好相反。例如对于前面的例子中的代码，编译器生成的所谓的神秘函数内容大致是：

```
static void __tcf_1(void) //这个名字由编译器生成
{
    Hw.~HelloWorld();
}
```

此函数负责析构 Hw 对象，由于在 GLOBAL__I_Hw 中我们通过__cxa_exit()注册了__tcf_1，而且通过__cxa_exit()注册的函数在进程退出时被调用的顺序满足先注册后调用的属性，与构造和析构的顺序完全符合，于是它就很自然被用于析构函数的实现了。

当然在本节中介绍 glibc/GCC 的全局对象构造和析构时，省略了不少我们认为超出了本书所要强调的范围细节，真正的构造和析构过程比上面介绍的要复杂一些，并且在动态链接和静态链接不同的情况下，构造和析构还略有不同。但是不管哪种情况，基本的原理都是相通的，按照上面介绍的步骤和路径，相信读者也能够自己重新根据真实的情况梳理清楚这条调用路线。

提示 由于全局对象的构建和析构都是由运行库完成的，于是在程序或共享库中有全局对象时，记得不能使用“-nonstartfiles”或“-nostdlib”选项，否则，构建与析构函数将不能正常执行（除非你很清楚自己的行为，并且手工构造和析构全局对象）。

提示 Collect2

我们在第 2 章时曾经碰到过 collect2 这个程序，在链接时它代替 ld 成为了最终链接器，一般情况下就可以简单地将它看成 ld。实际上 collect2 是 ld 的一个包装，它最终还是调用 ld 完成所有的链接工作，那么 collect2 这个程序的作用是什么呢？

在有些系统上，汇编器和链接器并不支持本节中所介绍的“.init”“.ctor”这种机制，于是为了实现在 main 函数前执行代码，必须在链接时进行特殊的处理。Collect2 这个程序就是用来实现这个功能的，它会“收集”(collect) 所有输入目标文件中那些命名特殊的符号，这些特殊的符号表明它们是全局构造函数或在 main 前执行，collect2 会生成一个临时的.c 文件，将这些符号的地址收集成一个数组，然后放到这个.c 文件里面，编译后与其他目标文件一起被链接到最终的输出文件中。

在这些平台上，GCC 编译器也会在 main 函数的开始部分产生一个__main 函数的调用，这个函数实际上就是负责 collect2 收集来的那些函数。__main 函数也是 GCC 所提供的目标文件的一部分，如果我们使用“-nostdlib”编译程序，可能得到__main 函数未定义的错误，这时候只要加上“-lgcc”把它链接上即可。

11.4.2 MSVC CRT 的全局构造和析构

在了解了 Glibc/GCC 的全局构造析构之后，让我们趁热打铁来看看 MSVC 在这方面是如何实现的，有了前面的经验，在介绍 MSVC CRT 的全局构造和析构的时候使用相对简洁的方式，因为很多地方它们是相通的。

首先很自然想到在 MSVC 的入口函数 mainCRTStartup 里是否有全局构造的相关内容。我们可以看到它调用了一个函数为：

mainCRTStartup:

```
mainCRTStartup()
{
    …
    _initterm( __xc_a, __xc_z );
    …
}
```

其中__xc_a 和__xc_z 是两个函数指针，而 initterm 的内容则是：

mainCRTStartup -> _initterm:

```
// file: crt\src\crt0dat.c
static void __cdecl _initterm (_PVFV * pfbegin,_PVFV * pfend)
{
        while ( pfbegin < pfend )
        {
            if ( *pfbegin != NULL )
                (**pfbegin)();
            ++pfbegin;
        }
}
```

其中_PVFV 的定义是：

```
typedef void (__cdecl *_PVFV)();
```

从_PVFV 的定义可以看出，它是一个函数指针类型，__xc_a 和__xc_z 则都是函数指针的指针。不过第一眼看到_initterm 这个函数是不是看着很眼熟呢？对照 Glibc/GCC 的实现，

_initterm 长得可谓与__do_global_ctors_aux 一模一样，它依次遍历所有的函数指针并且调用它们，__xc_a 就是这个指针数组的开始地址，相当于__CTOR_LIST__；而__xc_z 则是结束地址，相当于__CTOR_END__。

__xc_a 和__xc_z 不是 mainCRTStartup 的参数或局部变量，而是两个全局变量，它们的值在 mainCRTStartup 调用之前就已经正确地设置好了。我们知道 mainCRTStartup 作为入口函数是真正第一个执行的函数，那么 MSVC 是如何在此之前就将这两个指针正确设置的呢？让我们来看看__xc_a 和__xc_z 的定义：

```
// file: crt\src\cinitexe.c
_CRTALLOC(".CRT$XCA") _PVFV __xc_a[] = { NULL };
_CRTALLOC(".CRT$XCZ") _PVFV __xc_z[] = { NULL };
```

其中宏_CRTALLOC 定义于 crt\src\sect_attribs.h：

```
......
#pragma section(".CRT$XCA",long,read)
#pragma section(".CRT$XCZ",long,read)
......
#define _CRTALLOC(x) __declspec(allocate(x))
```

在这个头文件里，须要注意的是两条 pragma 指令。形如#pragma section 的指令语法如下：

```
#pragma section( "section-name" [, attributes] )
```

作用是在生成的 obj 文件里创建名为 section-name 的段，并具有 attributes 属性。因此这两条 pragma 指令实际在 obj 文件里生成了名为.CRT$XCA 和.CRT$XCZ 的两个段。

这里产生的段名比较特殊，其实只有".CRT"才是真正的段名，由其后使用"$"分割的 XCA 和 XCZ 称为组(group)，一个段里可以有多个组，并且可以使用“段名$组名”的方式引用。

下面再来看看_CRTALLOC 这个宏，该宏的定义为__declspec(allocate(x))，这个指示字表明其后的变量将被分配在段（或组）x 里。所以__xc_a 被分配在.CRT$XCA 里，而__xc_z 被分配在段.CRT$XCZ 里。

现在我们已知道__xc_a 和__xc_z 分别处于.CRT 段中的两个特殊的组里，那么它是如何形成一个存储了初始化函数的数组的呢？当编译的时候，每一个编译单元都会生成名为.CRT$XCU（U 是 User 的意思）的组，在这个组中编译单元会加入自身的全局初始化函数。当链接的时候，链接器会将不同编译单元里同名段里的所有组合并为一个统一的段，值得注意的是：在这个合并过程中，所有输入的组在被合并到输出段时，是据字母表顺序依次排列的。于是在本例中，各个组合并之后的状态可能如图 11-11 所示。

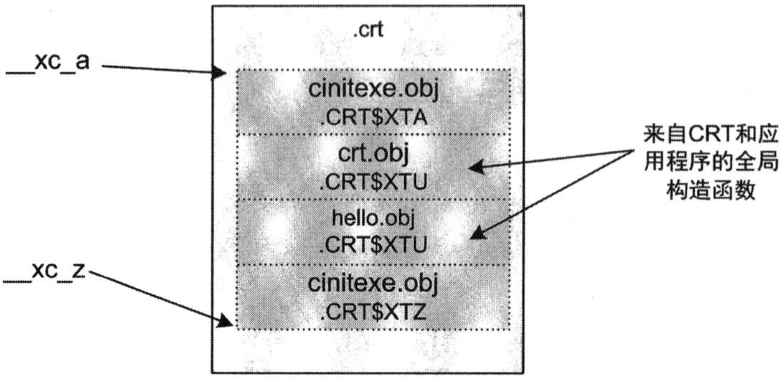

图 11-11 PE 文件的初始化部分

由于.CRT$XT*这些段的属性都是只读的，且它们的名字很相近，所以它们会被按顺序合并到一起，最后往往被放到只读段中，成为.rdata 段的一部分。这样就自然形成了存储所有全局初始化函数的数组，以供_initterm 函数遍历。我们不得不再次惊叹！MSVC CRT 的全局构造实现在机制上与 Glibc 基本是一样的，只不过它们的名字略有不同，MSVC CRT 采用这种段合并的模式与.ctor 的合并及__CTOR_LIST__和__CTOR_END__的地址确定何其相似！这再一次证明了虽然各个操作系统、运行库、编译器在细节上大相径庭，但是在基本实现的机制上其实是完全相通的。

【小实验】

自己添加初始化函数:

```
#include <iostream>

#define SECNAME ".CRT$XCG"
#pragma section(SECNAME,long,read)
void foo()
{
    std::cout << "hello" << std::endl;
}
typedef void (__cdecl *_PVFV)();
__declspec(allocate(SECNAME)) _PVFV dummy[] = { foo };

int main()
{
    return 0;
}
```

运行这个程序，可以得到如“hello”的输出。为了验证 A ~ Z 的这个字母表排列，读者可以修改 SECNAME，使之不处于.CRT$XCA 和.CRT$XCZ 之间，理论上不会得到任何输出。而如果将段名改为.CRT$XCV（V 的字典序在 U 之后），那么 foo 函数将在 main 执行之后执行。

MSVC CRT 析构

最后来看看 MSVC 的全局析构的实现，在 MSVC 里，只需要在全局变量的定义位置上设置一个断点，就可以看到在.CRT$XC?中定义的全局初始化函数的内容。我们仍然使用本章一开头的 HelloWorld 来作为示例：

```
#include <iostream>
class HelloWorld
{
public:
    HelloWorld() {std::cout << "hi\n";}
    ~HelloWorld(){std::cout << "bye\n";}
};
HelloWorld Hw;
int main()
{
    return 0;
}
```

这里在加粗的位置上设置断点。运行程序并中断之后查看反汇编可以得到初始化函数的内容：

```
011B1B70      mov     eax,dword ptr [__imp_std::cout (11B2054h)]
011B1B75      push    offset string "hi\n" (11B2124h)
011B1B7A      push    eax
011B1B7B      call    std::operator<<<std::char_traits<char> > (11B1140h)
011B1B80      push    offset `dynamic atexit destructor for 'Hw'' (11B1B90h)
011B1B85      call    atexit (11B13B0h)
011B1B8A      add     esp,0Ch
011B1B8D      ret
```

在这里可以看见这段程序首先调用了内联之后的 HelloWorld 的构造函数，然后和 g++相同，调用 atexit 将一个名为 dynamic atexit destructor for 'Hw''的函数注册给程序退出时调用。而这个 dynamic atexit destructor for 'Hw''函数的定义也能很容易找到：

```
`dynamic atexit destructor for 'Hw'':
011B1B90      mov     eax,dword ptr [__imp_std::cout (11B2054h)]
011B1B95      push    offset string "bye\n" (11B2128h)
011B1B9A      push    eax
011B1B9B      call    std::operator<<<std::char_traits<char> > (11B1140h)
011B1BA0      add     esp,8
011B1BA3      ret
```

可以看出，这个函数的作用就是在对象 Hw 调用内联之后进行析构。看到这里，我想各位读者肯定有跟我一样的心情，那就是希望举一反三的愿望并不是不切实际的，它是实实在在存在的。Glibc 下通过__cxa_exit()向 exit()函数注册全局析构函数；MSVC CRT 也通过 atexit()实现全局析构，它们除了函数命名不同之外几乎没有区别。

11.5 fread 实现

我们知道 C 语言的运行库十分庞大，前面介绍的启动部分、多线程、全局构造和析构这些内容其实都不是占 CRT 篇幅最大的部分。与任何系统级别的软件一样，真正复杂的并且有挑战性的往往是软件与外部通信的部分，即 IO 部分。

前面的章节中对运行库的分析都是比较粗略的，虽然涉及运行库的各个方面，但是在运行库实现的深度上挖掘得不够。我们知道，IO 部分实际上是运行库中最为重要也最为复杂的部分之一，在结束本章之前，最后来仔细了解 C 语言标准库中一个非常重要的 IO 函数 fread 的具体实现，我们知道 fread 最终是通过 Windows 的系统 API： ReadFile()来实现对文件的读取的，但是从 fread 到 ReadFile 之间究竟发生了什么却是一个未知的谜。我们希望通过对 fread()的挖掘，能够打通从运行库函数 fread 到 Windows 系统 API 的 ReadFile()函数之间的这条通路，这有助于对运行库和 IO 的进一步了解。

首先我们来看 fread 的函数声明：

```
size_t fread(
    void *buffer,
    size_t elementSize,
    size_t count,
    FILE *stream
)
```

在这里，size_t 是表示数据大小的类型，定义为 unsigned int。fread 有 4 个参数，其功能是尝试从文件流 stream 里读取 count 个大小为 elementSize 个字节的数据，存储在 buffer 里，返回实际读取的字节数。

ReadFile 的函数声明为：

```
BOOL ReadFile(
  HANDLE hFile,
  LPVOID lpBuffer,
  DWORD nNumberOfBytesToRead,
  LPDWORD lpNumberOfBytesRead,
  LPOVERLAPPED lpOverlapped
);
```

ReadFile 的第一个参数 hFile 为所要读取的文件句柄，我们在本章的第一节就已经介绍了句柄的概念及讨论了为什么要使用句柄的原因，与它对应的应该是 fread 里面的 stream 参数；第二个参数 lpBuffer 是读取文件内容的缓冲区，相对应的 fread 参数为 buffer；第三个参数 nNumberOfBytesToRead 为要读取多少字节，fread 与它相对应的应该是两个参数的乘积，即 elementSize * count；第四个参数 lpNumberOfBytesRead 为一个指向 DWORD 类型的指针，它用于返回读取了多少个字节；最后一个参数是没用的，可以忽略它。

在了解了 fread 函数和 ReadFile 函数之后，可以发现它们在功能上看似完全相同，而且在参数上几乎一一对应，所以如果我们要实现一个最简单的 fread，就是直接调用 ReadFile 而不做任何处理：

```
size_t fread(
   void *buffer,
   size_t elementSize,
   size_t count,
   FILE *stream
) {
   DWORD bytesRead = 0;
   BOOL ret = ReadFile(
      stream->_file // FILE 结构的文件句柄
      , buffer
      , elementSize * count
      , &bytesRead
      , NULL
   );

   if(ret)
      return bytesRead;
   else
      return -1;
}
```

可能很多人会觉得很奇怪，既然 fread 可以这么简单地实现，为什么 CRT 还要做得这么复杂呢？先别着急，我们接下来就慢慢来看 CRT 是怎么实现 fread 的，为什么它要这么做。

11.5.1 缓冲

对于 glibc，fread 的实现过于复杂，因此我们这里选择 MSVC 的 fread 实现。但在阅读 fread 的代码之前，首先要介绍一下**缓冲**（**Buffer**）的概念。

缓冲最为常见于 IO 系统中，设想一下，当希望向屏幕输出数据的时候，由于程序逻辑的关系，可能要多次调用 printf 函数，并且每次写入的数据只有几个字符，如果每次写数据都要进行一次系统调用，让内核向屏幕写数据，就明显过于低效了，因为系统调用的开销是很大的，它要进行上下文切换、内核参数检查、复制等，如果频繁进行系统调用，将会严重影响程序和系统的性能。

一个显而易见的可行方案是将对控制台连续的多次写入放在一个数组里，等到数组被填满之后再一次性完成系统调用写入，实际上这就是缓冲最基本的想法。当读文件的时候，缓冲同样存在。我们可以在 CRT 中为文件建立一个缓冲，当要读取数据的时候，首先看看这个文件的缓冲里有没有数据，如果有数据就直接从缓冲中取。如果缓冲是空的，那么 CRT 就通过操作系统一次性读取文件一块较大的内容填充缓冲。这样，如果每次读取文件都是一些尺寸很小的数据，那么这些读取操作大多都直接从缓冲中获得，可以避免大量的实际文件访问。

除了读文件有缓冲以外，写文件也存在着同样的情况，而且写文件比读文件要更加复杂，因为当我们通过 fwrite 向文件写入一段数据时，此时这些数据不一定被真正地写入到文件中，而是有可能还存在于文件的写缓冲里面，那么此时如果系统崩溃或进程意外退出时，有可能导致数据丢失，于是 CRT 还提供了一系列与缓冲相关的操作用于弥补缓冲所带来的问题。C 语言标准库提供与缓冲相关的几个基本函数，如表 11-4 所示。

表 11-4

<table>
<tr><td>int fflush(
FILE *stream)</td><td>flush 指定文件的缓冲，若参数为 NULL，则 flush 所有文件的缓冲</td></tr>
<tr><td>int setvbuf(
FILE *stream,
char *buf,
int mode,
size_t size)</td><td>设置指定文件的缓冲。缓冲类型（mode 参数）有 3 种:
<table>
<tr><td>缓冲模式</td><td>常量(mode)</td><td>备注</td></tr>
<tr><td>无缓冲模式</td><td>_IONBF</td><td>该文件不使用任何缓冲</td></tr>
<tr><td>行缓冲模式</td><td>_IOLBF</td><td>仅对文本模式打开的文件有效，所谓行，即是指每收到一个换行符(\n 或\r\n)，就将缓冲 flush 掉</td></tr>
<tr><td>全缓冲模式</td><td>_IOFBF</td><td>仅当缓冲满时才进行 flush</td></tr>
</table></td></tr>
<tr><td>void setbuf(
FILE *stream,
char *buf)</td><td>设置文件的缓冲，等价于
(void) setvbuf(stream, buf, _IOFBF, BUFSIZ).</td></tr>
</table>

所谓 flush 一个缓冲，是指对写缓冲而言，将缓冲内的数据全部写入实际的文件，并将缓冲清空，这样可以保证文件处于最新的状态。之所以需要 flush，是因为写缓冲使得文件处于一种不同步的状态，逻辑上一些数据已经写入了文件，但实际上这些数据仍然在缓冲中，如果此时程序意外地退出（发生异常或断电等），那么缓冲里的数据将没有机会写入文件。flush 可以在一定程度上避免这样的情况发生。

在这个表中我们还能看到 C 语言支持两种缓冲，即**行缓冲**（Line Buffer）和**全缓冲**（Full Buffer）。全缓冲是经典的缓冲形式，除了用户手动调用 fflush 外，仅当缓冲满的时候，缓冲才会被自动 flush 掉。而行缓冲则比较特殊，这种缓冲仅用于文本文件，在输入输出遇到一个换行符时，缓冲就会被自动 flush，因此叫行缓冲。

11.5.2 fread_s

在了解了缓冲的大致内容之后，让我们回到 fread 的代码分析。MSVC 的 fread 的定义在 crt/fread.c 里，实际内容只有一行：

```
size_t _fread_nolock(
    void *buffer,
    size_t elementSize,
    size_t count,
    FILE *stream
```

```
)
{
    return fread_s(buffer, SIZE_MAX, elementSize
        , count, stream);
}
```

可见 fread 将所有的工作都转交给了_fread_ s。fread_s 定义如下：

fread -> fread_s:

```
size_t __cdecl fread_s(
    void *buffer,
    size_t bufferSize,
    size_t elementSize,
    size_t count,
    FILE *stream
)
{
    ……
        _lock_str(stream);

    retval = _fread_nolock_s(
        buffer
        , bufferSize
        , elementSize
        , count
        , stream);

    _unlock_str(stream);
    return retval;
}
```

fread_s 的参数比 fread 多一个 bufferSize，这个参数用于指定参数 buffer 的大小。在 fread 中，这个参数直接被定义为 SIZE_MAX，即 size_t 的最大值，表明 fread 不关心这个参数。而用户在使用 fread_s 时就可以指定这个参数，以达到防止越界的目的（fread_s 的 s 是 safe 的意思）。fread_s 首先对各个参数检查，然后使用_lock_str 对文件进行加锁，以防止多个线程同时读取文件而导致缓冲区不一致。我们可以看到 fread_s 其实又把工作交给了_fread_nolock_s。

11.5.3 fread_nolock_s

fread_nolock_s 是进行实际工作的函数，为了便于理解，下面会分段列出 fread_nolock_s 的实现，并且将省去所有的参数检查和错误检查。同样，还将省去 64 位部分的代码。

fread -> fread_s -> _fread_nolock_s:

```
size_t __cdecl _fread_nolock_s(
    void *buffer,
    size_t bufferSize,
    size_t elementSize,
    size_t num,
    FILE *stream
)
```

```
{
    char *data;
    size_t dataSize;
    size_t total;
    size_t count;
    unsigned streambufsize;
    unsigned nbytes;
    unsigned nread;
    int c;

    data = buffer;
    dataSize = bufferSize;

    count = total = elementSize * num;
```

这一段是 fread_nolock_s 的初始化部分。在它的局部变量中，data 将始终指向 buffer 中尚未被写入的起始部分。在最开始的时候，data 指向 buffer 的开头。dataSize 记录了 buffer 中还可以写入的字节数，理论上，data + dataSize = buffer + bufferSize。如图 11-12 所示。

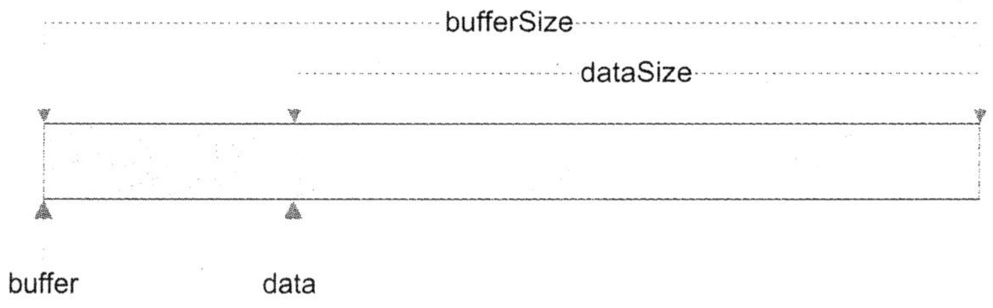

图 11-12 data、buffer、bufferSize 和 dataSize

total 变量记录了总共须要读取的字节数，count 则记录在读取过程中尚未读的字节数。streambufsize 记录了文件缓冲的大小。剩下的 3 个局部变量在代码的分析过程中会一一提到。在这里需要特别提一下缓冲在 FILE 结构中的具体实现。

在对缓冲的概念有了一定了解之后，可分析一下文件类型 FILE 结构的定义了。FILE 的定义位于 stdio.h 里：

```
struct _iobuf {
        char *_ptr;
        int   _cnt;
        char *_base;
        int   _flag;
        int   _file;
        int   _charbuf;
        int   _bufsiz;
        char *_tmpfname;
        };
typedef struct _iobuf FILE;
```

在这里，_base 字段指向一个字符数组，即这个文件的缓冲，而_bufsiz 记录着这个缓冲的大小。_ptr 和 fread_nolock_s 的局部变量 data 一样，指向 buffer 中第一个未读的字节，而

_cnt 记录剩余未读字节的个数。_flag 记录了 FILE 结构所代表的打开文件的一些属性，目前我们感兴趣的是 3 个标志：

```
#define _IOYOURBUF   0x0100
#define _IOMYBUF     0x0008
#define _IONBF       0x0004
```

在这里，_IOYOURBUF 代表这个文件使用用户通过 setbuf 提供的 buffer，_IOMYBUF 代表这个文件使用内部的缓冲，而_IONBF 代表这个文件使用一个单字节的缓冲，即缓冲大小仅为 1 个字节。这个缓冲就是_charbuf 变量。此时，_base 变量的值是无效的。接下来继续看 fread_nolock_s 的代码：

```
    if (anybuf(stream))
    {
        streambufsize = stream->_bufsiz;
    }
    else
    {
        streambufsize = _INTERNAL_BUFSIZ;
    }
```

anybuf 函数的定义位于 file2.h：

```
#define anybuf(s) \
   ((s)->_flag & (_IOMYBUF|_IONBF|_IOYOURBUF))
```

事实上 anybuf 并不是函数，而是一个宏，它仅检查这个 FILE 结构的_flag 变量里有没有前面提到的 3 个标志位的任意一个，如果这 3 个标志位在_flag 中存在任意一个，就说明这个文件使用了缓冲。

这一段代码对 streambufsize 变量进行了赋值，如果文件自己有 buffer，那么 streambufsize 就等于这个 buffer 的大小；如果文件没有使用 buffer，那么 fread_nolock_s 就会使用一个内部的 buffer，这个 buffer 的大小固定为_INTERNAL_BUFSIZ，即 4096 字节。接下来 fread_nolock_s 是一个循环：

```
while (count != 0) {
    read data
    decrease count
}
```

循环体内的操作用伪代码表示，大致的意思是：每一次循环都从文件中读取一部分数据，并且相应地减少 count（还记得吗，count 代表还没有读取的字节数）。当读取数据时，根据文件是否使用 buffer 及读取数据的多少分为 3 种情况，下面我们一一来看：

```
if (anybuf(stream) && stream->_cnt != 0)
{
    nbytes = (count < stream->_cnt) ? count : stream->_cnt;
    memcpy_s(data, dataSize, stream->_ptr, nbytes);
    count -= nbytes;
    stream->_cnt -= nbytes;
```

```
    stream->_ptr += nbytes;
    data += nbytes;
    dataSize -= nbytes;
}
```

在 if 的判断句中，anybuf 判断文件是否有缓冲，而 stream->_cnt != 0 判断缓冲是否为空。因此当且仅当文件有缓冲且不为空时，这段代码才会执行。

让我们一行一行地来看这段代码的作用。nbytes 代表这次要从缓冲中读取多少字节。在这里，nbytes 等于还须要读取的字节数（count）与缓冲剩余的字节数（stream->_cnt）中较小的一个。

接下来的一行使用 memcpy_s 将文件 stream 里_ptr 所指向的缓冲内容复制到 data 指向的位置，如图 11-13 所示。

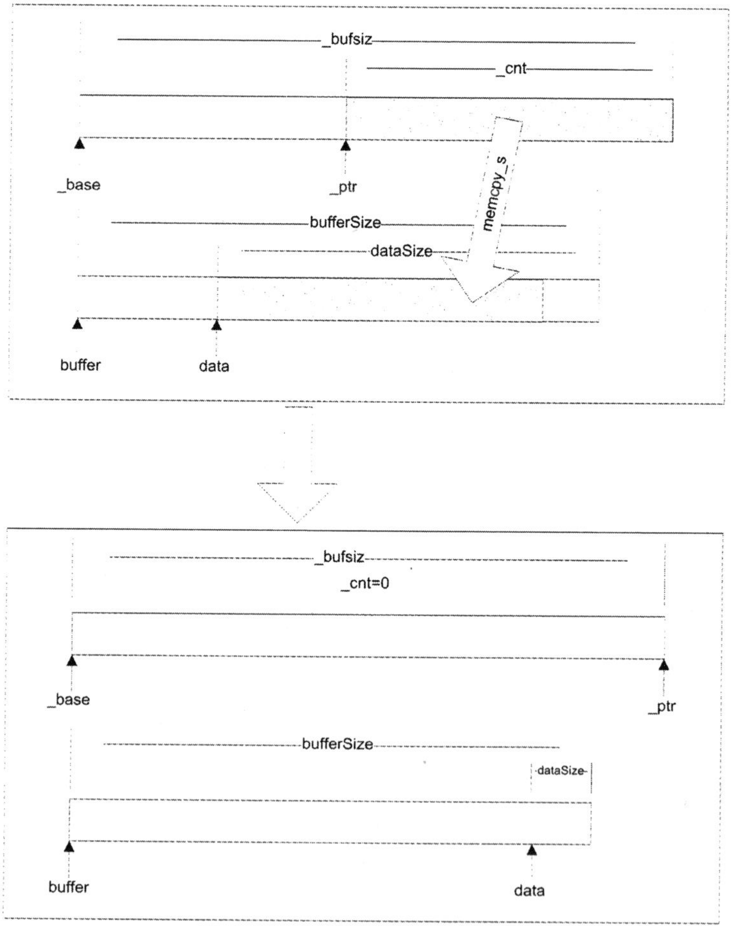

图 11-13 文件缓冲区操作

接下来的 5 行，皆是按照图 11-13 修正 FILE 结构和局部变量的各种数据。

memcpy_s 是 memcpy 的安全版本，相对于原始的 memcpy 版本，memcpy_s 接受一个额外的参数记录输出缓冲区的大小，以防止越界，其余的功能和 memcpy 相同。

以上代码处理了文件缓冲不为空的情况，而如果缓冲为空，那么又分为两种情况：

（1）需要读取的数据大于缓冲的尺寸。

（2）需要读取的数据不大于缓冲的尺寸。

对于情况（1），fread 将试图一次性读取尽可能多的整数个缓冲的数据直接进入输出的数组中，如果缓冲尺寸为 0，则直接将剩下的数据一次性读取。代码如下：

```
else if (count >= bufsize) {
    nbytes = ( bufsize ? (unsigned)(count - count % bufsize) :
        (unsigned)count );
    nread = _read(_fileno(stream), data, nbytes);
    if (nread == 0) {
        stream->_flag |= _IOEOF;
        return (total - count) / size;
    }
    else if (nread == (unsigned)-1) {
        stream->_flag |= _IOERR;
        return (total - count) / size;
    }
    count -= nread;
    data += nread;
}
```

在代码中，_read 函数用于真正从文件读取数据。在这里我们先不管这个函数，在稍后的内容中会对此函数进行详细的介绍。如果要读取的数据不大于缓冲的尺寸，那么仅需要重新填充缓冲即可：

```
else {
    if ((c = _filbuf(stream)) == EOF) {
        return (total - count) / size;
    }
    *data++ = (char) c;
    --count;
    bufsize = stream->_bufsiz;
}
```

_filbuf 函数负责填充缓冲。该函数的具体实现重要的部分只有一行：

```
stream->_cnt = _read(_fileno(stream), stream->_base, stream->_bufsiz);
```

可以看见所有的线索都指向了_read 函数。_read 函数主要负责两件事:

（1）从文件中读取数据。

（2）对文本模式打开的文件，转换回车符。

11.5.4 _read

_read 的代码位于 crt/src/read.c。在省略了一部分无关紧要的代码之后，其内容如下：

fread -> fread_s -> _fread_nolock_s -> _read:

```
int __cdecl _read (int fh, void *buf, unsigned cnt)
{
    int bytes_read;                 /* number of bytes read */
    char *buffer;                   /* buffer to read to */
    int os_read;                    /* bytes read on OS call */
    char *p, *q;                    /* pointers into buffer */
    char peekchr;                   /* peek-ahead character */
    ULONG filepos;                  /* file position after seek */
    ULONG dosretval;                /* o.s. return value */

    bytes_read = 0;                 /* nothing read yet */
    buffer = buf;
```

这部分是_read 函数的参数、局部变量和初始化部分。下面的代码处理一个单字节缓冲：

```
if ((_osfile(fh) & (FPIPE|FDEV)) && _pipech(fh) != LF)
{
    *buffer++ = _pipech(fh);
    ++bytes_read;
    --cnt;
    _pipech(fh) = LF;
}
```

if 中的判断语句使得这段代码仅对设备和管道文件有效。对于设备和管道文件，ioinfo 结构提供了一个单字节缓冲 pipech 字段用于处理一些特殊情况。宏_pipech 返回这一字段：

```
#define _pipech(i)  ( _pioinfo(i)->pipech )
```

pipech 字段的值等于 LF（即字符\n）的时候表明该缓冲无效，这样设计的原因是 pipech 的用途导致它永远不会被赋值为 LF。我们将在稍后的部分里详细讨论这一话题。

_read 函数在每次读取管道和设备数据的时候必须先检查 pipech，以免漏掉一个字节。在处理完这个单字节缓冲之后，接下来的内容是实际的文件读取部分：

```
if ( !ReadFile( (HANDLE)_osfhnd(fh), buffer, cnt, (LPDWORD)&os_read, NULL ) )
{
    if ( (dosretval = GetLastError()) ==
        ERROR_ACCESS_DENIED )
    {
        errno = EBADF;
        _doserrno = dosretval;
        return -1;
    }
    else if ( dosretval == ERROR_BROKEN_PIPE )
    {
        return 0;
    }
    else
```

```
    {
        _dosmaperr(dosretval);
        return -1;
    }
}
```

ReadFile 是一个 Windows API 函数，由 Windows 系统提供，作用和_read 类似，用于从文件里读取数据。在这里我们可以看到 ReadFile 接管了_read 的第一个职责。在 ReadFile 返回之后，_read 要检查其返回值。值得注意的是，Windows 使用的函数返回值系统和 crt 使用的返回值系统是不同的，例如 Windows 使用 ERROR_INVALID_PARAMETER(87)表示无效的参数，而 CRT 则用 EBADF(9) 表示相同的信息。因此当 ReadFile 返回了错误信息之后，_read 要把这个信息翻译为 crt 所使用的版本。_dosmaperr 就是做这件工作的函数。在这里就不详细说明了。

11.5.5 文本换行

接下来_read 要为以文本模式打开的文件转换回车符。在 Windows 的文本文件中，回车（换行）的存储方式是 0x0D（用 CR 表示），0x0A（用 LF 表示）这两个字节，以 C 语言字符串表示则是“\r\n”。而在其他的一些操作系统中，回车的表示却有区别。例如：

- Linux/Unix：回车用\n 表示。
- Mac OS：回车用\r 表示。
- Windows：回车用\r\n 表示。

而在 C 语言中，回车始终用\n 来表示，因此在以文本模式读取文件的时候，不同的操作系统需要将各自的回车符表示转换为 C 语言的形式。也就是：

- Linux/Unix：不做改变。
- Mac OS：每遇到\r 就将其改为\n。
- Windows：将\r\n 改为\n。

由于我们所阅读的是 Windows 的 crt 代码，所以_read 会每遇到一个\r\n 就将其改为\n。由于_read 处理这一部分的代码很复杂(有近百行)，因此这里会提供一个简化的版本来阅读：

```
if (_osfile(fh) & FTEXT)
{
    if ( (os_read != 0) && (*(char *)buf == LF) )
        _osfile(fh) |= FCRLF;
    else
        _osfile(fh) &= ~FCRLF;
```

首先需要检查文件是否是以文本模式打开，如果不是，就什么也不需要处理。_osfile 是一个宏，用于访问一个句柄对应的 ioinfo 对象的 osfile 字段（还记得 IO 初始化时的 osfile 吗？）。当本次读文件读到的第一个字符是一个 LF('\n')时，需要在该句柄的 osfile 字段中加入 FCRLF 标记，表明一个\r\n 可能跨过了两次读文件。这个标记在一些特殊场合下会有作用（例如 ftell 函数）。

接下来要进行实际的转换，转换需要经历一个循环：

```
p = q = buf;
while (p < (char *)buf + bytes_read)
{
    处理 p 当前指向的字符
    p 和 q 后移
}
```

p 和 q 一开始指向读取的数据数组的开头，在每一次循环里，进行如下的判断和操作：

（1）*p 是 CRTL-Z：表明文本已经结束，退出循环。

（2）*p 是 CR(\r)之外的字符：把 p 指向的字符复制到 q 指向的位置，p 和 q 各自后移一个字节（*q++ = *p++）。

（3）*p 是 CR(\r)且*(p+1)不是 LF(\n)：同（2）。

（4）*p 是 CR(\r)且*(p+1)是 LF(\n)：p 后移 2 个字节，将 q 指向的位置写为 LR(\n)，q 后移一个字节(p += 2; *q++ = '\n';)。

p 和 q 一开始始终指向相同的位置，因此情况（2）里的复制实际没有作用，直到 p 遇到一个\r\n。此时的动作如图 11-14 所示（以字符串“a\r\nb”为例）。

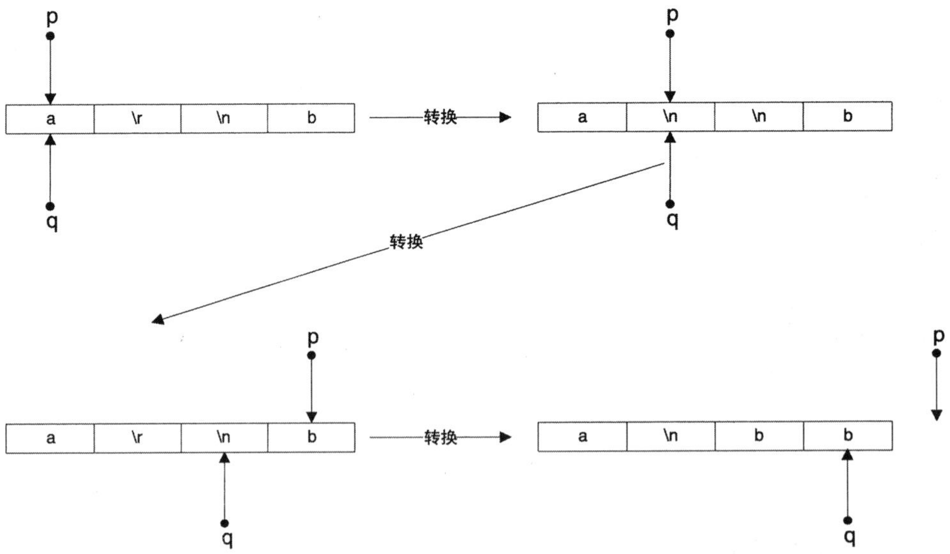

图 11-14 换行符转换

此时 q-buf 可得到处理过后的读取字符数。

最后还有一个问题：如果在缓冲的末尾发现了一个 CR 该怎么办？此时我们无法知道下一个字符是否是 LF，所以无法决定是否应该丢弃这个 CR 字符。这时唯一的办法就是再从文件里读取 1 个字节，检查它是否是 LF；然后再用 fseek 函数（或具有相同功能的其他函数）把函数指针重新向前移动一个字节。这段操作的伪代码如下：

从文件读 1 个字节，

如果没有读取成功，那么直接存储 CR 字符并返回，

如果成功读取了 1 个字节，那么要考虑下列几种情况：

（1）磁盘文件，且字符不是 LF：直接存储 CR 字符，用 seek 函数回退文件指针 1 个字节；

（2）磁盘文件，且字符是 LF：丢弃 CR 字符存储 LF 字符；

（3）管道或设备文件，且字符是 LF：丢弃 CR 字符存储 LF 字符；

（4）管道或设备文件，且字符不是 LF：存储 CR 字符，并把 LF 字节存储在句柄的管道的单字节缓冲（pipech）里。

可以看到在第 4 种情况里使用了 pipech。在之前的部分中我们已经知道这是一个为管道和设备提供的单字节缓冲。由于管道和设备文件不能够使用 seek 函数回退文件指针，因此一旦读取了多余的一个字符，就必须使用这样的缓冲。由于此处对 pipech 的赋值将字符 LF 排除在外，同时此处的赋值是唯一的对 pipech 有意义的赋值，因此 pipech 的值永远不会是 LF。那么将 LF 赋值为 LF 就可以表明该缓冲为空。下面是完整的转换过程代码：

```
p = q = buf;
while (p < (char *)buf + bytes_read) {
    if (*p == CTRLZ) {
    /* 遇到文本结束符，退出 */
        if ( !(_osfile(fh) & FDEV) )
            _osfile(fh) |= FEOFLAG;
        break;
    }
    else if (*p != CR) /* 没有遇到 CR，直接复制 */
        *q++ = *p++;
    else {
        /* 遇到 CR，检查下一个字符是否是 LF */
        if (p < (char *)buf + bytes_read - 1) {
            /* CR 不处于缓冲的末尾 */
            if (*(p+1) == LF) {
                p += 2;
                *q++ = LF;
            }
```

```
                else
                    *q++ = *p++;
            }
            else {
                /* CR 处于缓冲的末尾，再读取一个字符 */
                ++p;
                dosretval = 0;
                if ( !ReadFile( (HANDLE)_osfhnd(fh), &peekchr, 1,
                    (LPDWORD)&os_read, NULL ) )
                    dosretval = GetLastError();
                if (dosretval != 0 || os_read == 0) {
                    *q++ = CR;
                }
                else {
                    if (_osfile(fh) & (FDEV|FPIPE)) {
                        /* 管道或设备文件 */
                        if (peekchr == LF)
                            *q++ = LF;
                        else {
                            /* 如果预读的字符不是 LF，
                            使用 pipech 存储字符 */
                            *q++ = CR;
                            _pipech(fh) = peekchr;
                        }
                    }
                    else {
                        /* 普通文件 */
                        if (q == buf && peekchr == LF) {
                            *q++ = LF;
                        }
                        else {
                            /*如果预读的字符不是 LF，
                            用 seek 回退文件指针*/
                            filepos =
                                _lseek_lk(fh, -1, FILE_CURRENT);
                            if (peekchr != LF)
                                *q++ = CR;
                        }
                    }
                }
            }
        }
    }
    bytes_read = (int)(q - (char *)buf);
}
```

11.5.6 fread 回顾

如果读者能够一口气把 fread 的实现看完，我们对您表示十分的钦佩，因为它里面涉及诸多的细节让人无法做到一览无余。我们在这里把这些细节略去，在此做个总结性的回顾。当用户调用 CRT 的 fread 时，它到 ReadFile 的调用轨迹如图 11-15 所示。

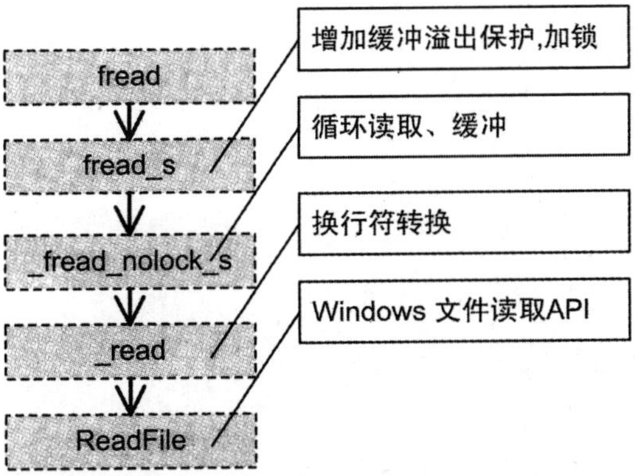

图 11-15 ReadFile 调用轨迹

在这个轨迹中，_fread_nolock_s 的实现是最复杂的，因为它涉及缓冲区的操作，它也是读取文件的主要部分，如果我们使用 fread 读取一小块数据，有可能在_fread_nolock_s 的时候发现所有所需要的数据都在缓冲中，就不需要通过_read 和 ReadFile 向操作系统读取文件了，而是直接从缓冲区复制数据并返回，这样就减少了系统调用的开销。

11.6 本章小结

在这一章中，我们介绍了程序运行库的各个方面，首先详细了解了 Glibc 和 MSVC CRT 的程序入口点的实现，并在此基础上着重分析了 MSVC CRT 的初始化过程，尤其是 MSVC 的 IO 初始化。

接下来，还介绍了 C/C++运行库的其他方方面面，包括库函数的实现、运行库的构造、运行库与并发的关系，以及最后 C++运行库实现全局构造的方法。在介绍这些内容的过程中，我们一改以往以 Glibc 的代码为主要示例的方法，着重以 MSVC 提供的运行库源代码为例子介绍了 fread 在 CRT 中的实现。由于 Glibc 为了支持多平台，它的 IO 部分的源代码显得十分复杂而难以理解，不便于在本书中讲解，于是改为介绍 MSVC 的 fread 实现。

第 12 章

系统调用与API

12.1 系统调用介绍

12.2 系统调用原理

12.3 Windows API

12.4 本章小结

沿着程序与操作系统交互的轨迹，我们从程序如何链接、如何使用运行库到运行库的实现机制，层层挖掘和剖析，现在已经到了用户层面与内核层面的界限了，也就是常说的**系统调用**（System Call）。系统调用是应用程序（运行库也是应用程序的一部分）与操作系统内核之间的接口，它决定了应用程序是如何与内核打交道的。无论程序是直接进行系统调用，还是通过运行库，最终还是会到达系统调用这个层面上。

Windows系统是完全基于DLL机制的，它通过DLL堆系统调用进行了包装，形成了所谓的Windows API。应用程序所能看到的Windows系统的最底层的接口就是Windows API，比如上一节中的fread最终还是到了ReadFile这个API。于是Windows的程序相当于在运行库与系统调用之间又多了一层API，不过无论如何，API最终还是通过系统调用。在这一章里，我们会了解到系统调用和API的各方面，包括许多实现的细节。

12.1 系统调用介绍

12.1.1 什么是系统调用

在现代的操作系统里，程序运行的时候，本身是没有权利访问多少系统资源的。由于系统有限的资源有可能被多个不同的应用程序同时访问，因此，如果不加以保护，那么各个应用程序难免产生冲突。所以现代操作系统都将可能产生冲突的系统资源给保护起来，阻止应用程序直接访问。这些系统资源包括文件、网络、IO、各种设备等。举个例子，无论在Windows下还是Linux下，程序员都没有机会擅自去访问硬盘的某扇区上面的数据，而必须通过文件系统；也不能擅自修改任意文件，所有的这些操作都必须经由操作系统所规定的方式来进行，比如我们使用fopen去打开一个没有权限的文件就会发生失败。

此外，有一些行为，应用程序不借助操作系统是无法办到或不能有效地办到的。例如，如果我们要让程序等待一段时间，不借助操作系统的唯一办法就是使用这样的代码：

```
int i;
for (i = 0; i < 1000000; ++i);
```

这样实现等待的确可以勉强达到目的，但是在等待的时候会白白地消耗CPU时间，造成系统资源的浪费，最大的问题是，它将随着计算机性能的变化而耗费不同的时间，比如在100MHz的CPU中，这段代码需要耗费1秒，而在1000MHz的CPU中，可能只需要0.1秒，因此用这段代码来实现定时并不是好办法。使用操作系统提供的定时器将会更加方便并且有效，因为在任何硬件上，代码执行的效果是一样的。

用现代的机器玩某些古老DOS游戏的时候是否会觉得游戏进行得太快？ ☺

可见，没有操作系统的帮助，应用程序的执行可谓寸步难行。为了让应用程序有能力访问系统资源，也为了让程序借助操作系统做一些必须由操作系统支持的行为，每个操作系统都会提供一套接口，以供应用程序使用。这些接口往往通过中断来实现，比如 Linux 使用 0x80 号中断作为系统调用的入口，Windows 采用 0x2E 号中断作为系统调用入口。

系统调用涵盖的功能很广，有程序运行所必需的支持，例如创建/退出进程和线程、进程内存管理，也有对系统资源的访问，例如文件、网络、进程间通信、硬件设备的访问，也可能有对图形界面的操作支持，例如 Windows 下的 GUI 机制。

系统调用既然作为一个接口，而且是非常重要的接口，它的定义将十分重要。因为所有的应用程序都依赖于系统调用，那么，首先系统调用必须有明确的定义，即每个调用的含义、参数、行为都需要有严格而清晰的定义，这样应用程序（运行库）才可以正确地使用它；其次它必须保持稳定和向后兼容，如果某次系统更新导致系统调用接口发生改变，新的系统调用接口与之前版本完全不同，这是无法想象的，因为所有之前能正常运行的程序都将无法使用。所以操作系统的系统调用往往从一开始定义后就基本不做改变，而仅仅是增加新的调用接口，以保持向后兼容。

不过对于 Windows 来讲，系统调用实际上不是它与应用程序的最终接口，而是 API，所以上面这段对系统调用的描述同样适用于 Windows API，我们也暂时可以把 API 与系统调用等同起来。事实上 Windows 系统从 Windows 1.0 以来到最新的 Windows Vista，这数十年间 API 的数量从最初 1.0 时的 450 个增加到了现在的数千个，但是很少对已有的 API 进行改变。因为 API 一旦改变，很多应用程序将无法正常运行。

12.1.2 Linux 系统调用

下面让我们来看看 Linux 系统调用的定义，已有一个比较直观的概念。在 x86 下，系统调用由 0x80 中断完成，各个通用寄存器用于传递参数，EAX 寄存器用于表示系统调用的接口号，比如 EAX = 1 表示退出进程（exit）；EAX = 2 表示创建进程（fork）；EAX = 3 表示读取文件或 IO（read）；EAX = 4 表示写文件或 IO（write）等，每个系统调用都对应于内核源代码中的一个函数，它们都是以“sys_”开头的，比如 exit 调用对应内核中的 sys_exit 函数。当系统调用返回时，EAX 又作为调用结果的返回值。

Linux 内核版本 2.6.19 总共提供了 319 个系统调用，我们将其中一部分列在表 12-1 中。

表 12-1

EAX	名字	C 语言定义	含义	参数
1	exit	void _exit(int status);	退出进程	EBX 表示退出码（Exit Code）
2	fork	pid_t fork(void);	复制进程	EBX 表示复制参数

续表

EAX	名字	C语言定义	含义	参数
3	read	ssize_t read(int fd, void *buf, size_t count);	读文件	EBX 表示文件句柄，ECX 表示读取缓冲地址，EDX 表示读取大小
4	write	ssize_t write(int fd, const void *buf, size_t count);	写文件	同 sys_read
5	open	int open(const char *pathname, int flags, mode_t mode);	打开文件	EBX 表示文件路径，ECX 表示打开文件的模式（读、写、追加等），EDX 也表示打开文件的模式（文件不存在是否创建）
6	close	int close(int fd);	关闭文件	EBX 表示文件句柄
7	waitpid	pid_t waitpid(pid_t pid, int *status, int options);	等待进程退出	EBX 进程 ID，ECX 表示指向进程退出码的指针，EDX 表示等待模式
8	creat	int creat(const char *pathname, mode_t mode);	创建文件	EBX 表示文件路径，ECX 表示创建模式
……				

我们没有必要一一列举这个 Linux 版本的 300 多个系统调用，未列举的包括权限管理（sys_setuid 等）、定时器（sys_timer_create）、信号（sys_sigaction）、网络（sys_epoll）等。这些系统调用都可以在程序里直接使用，它的 C 语言形式被定义在"/usr/include/unistd.h"中，比如我们完全可以绕过 glibc 的 fopen、fread、fclose 打开读取和关闭文件，而直接使用 open()、read()和 close()来实现文件的读取，使用 write 向屏幕输出字符串（标准输出的文件句柄为 0）：

```
#include <unistd.h>

int main(int argc, char* argv[])
{
        char buffer[64];
        char* error_message = "open file error\n";
        char* success_message = "open file success\n";

        int fd = open("readme.txt", 0, 0);
        if(fd == -1) {
                write( 0, error_message, strlen(error_message)  );
```

```
            return -1;
        }

        write( 0, success_message, strlen(success_message) );

        // read file
        read( fd, buffer, 64 );

        close(fd);
        return 0;
}
```

当然也可以举一反三，可以使用 read 系统调用实现读取用户输入（标准输入的文件句柄为 1）。不过由于绕过了 glibc 的文件读取机制，所以所有位于 glibc 中的缓冲、按行读取文本文件等这些机制都没有了，读取的就是文件的原始数据。当然很多时候我们希望获得更高的文件读写性能，直接绕过 glibc 使用系统调用也是一个比较好的办法。

我们也可以使用 Linux 的 man 命令察看每个系统调用的详细说明，比如察看 read（man 参数 2 表示系统调用手册）：

```
$ man 2 read
```

12.1.3 系统调用的弊端

系统调用完成了应用程序和内核交流的工作，因此理论上只需要系统调用就可以完成一些程序，但是：

理论上，理论总是成立的。

事实上，包括 Linux，大部分操作系统的系统调用都有两个特点：

- 使用不便。操作系统提供的系统调用接口往往过于原始，程序员须要了解很多与操作系统相关的细节。如果没有进行很好的包装，使用起来不方便。
- 各个操作系统之间系统调用不兼容。首先 Windows 系统和 Linux 系统之间的系统调用就基本上完全不同，虽然它们的内容很多都一样，但是定义和实现大不一样。即使是同系列的操作系统的系统调用都不一样，比如 Linux 和 UNIX 就不相同。

为了解决这个问题，第 1 章中的“万能法则”又可以发挥它的作用了。“解决计算机的问题可以通过增加层来实现”，于是运行库挺身而出，它作为系统调用与程序之间的一个抽象层可以保持着这样的特点：

- 使用简便。因为运行库本身就是语言级别的，它一般都设计相对比较友好。
- 形式统一。运行库有它的标准，叫做标准库，凡是所有遵循这个标准的运行库理论上都是相互兼容的，不会随着操作系统或编译器的变化而变化。

这样，当我们使用运行库提供的接口写程序时，就不会面临这些问题，至少是可以很大程度上掩盖直接使用系统调用的弊端。

例如 C 语言里的 fread，用于读取文件，在 Windows 下这个函数的实现可能是调用 ReadFile 这个 API，而如果在 Linux 下，则很可能调用了 read 这个系统调用。但不管在哪个平台，我们都可以使用 C 语言运行库的 fread 来读文件。

运行时库将不同的操作系统的系统调用包装为统一固定的接口，使得同样的代码，在不同的操作系统下都可以直接编译，并产生一致的效果。这就是源代码级上的可移植性。

但是运行库也有运行库的缺陷，比如 C 语言的运行库为了保证多个平台之间能够相互通用，于是它只能取各个平台之间功能的交集。比如 Windows 和 Linux 都支持文件读写，那么运行库就可以有文件读写的功能；但是 Windows 原生支持图形和用户交互系统，而 Linux 却不是原生支持的（通过 XWindows），那么 CRT 就只能把这部分功能省去。因此，一旦程序用到了那些 CRT 之外的接口，程序就很难保持各个平台之间的兼容性了。

12.2 系统调用原理

12.2.1 特权级与中断

现代的 CPU 常常可以在多种截然不同的特权级别下执行指令，在现代操作系统中，通常也据此有两种特权级别，分别为**用户模式**（User Mode）和**内核模式**（Kernel Mode），也被称为**用户态**和**内核态**。由于有多种特权模式的存在，操作系统就可以让不同的代码运行在不同的模式上，以限制它们的权力，提高稳定性和安全性。普通应用程序运行在用户态的模式下，诸多操作将受到限制，这些操作包括访问硬件设备、开关中断、改变特权模式等。

一般来说，运行在高特权级的代码将自己降至低特权级是允许的，但反过来低特权级的代码将自己提升至高特权级则不是轻易就能进行的，否则特权级的作用就有名无实了。在将低特权级的环境转为高特权级时，须要使用一种较为受控和安全的形式，以防止低特权模式的代码破坏高特权模式代码的执行。

系统调用是运行在内核态的，而应用程序基本都是运行在用户态的。用户态的程序如何运行内核态的代码呢？操作系统一般是通过**中断**（Interrupt）来从用户态切换到内核态。什么是中断呢？中断是一个硬件或软件发出的请求，要求 CPU 暂停当前的工作转手去处理更加重要的事情。举一个例子，当你在编辑文本文件的时候，键盘上的键不断地被按下，CPU 如何获知这一点的呢？一种方法称为**轮询**（Poll），即 CPU 每隔一小段时间（几十到几百毫秒）去询问键盘是否有键被按下，但除非用户是疯狂打字员，否则大部分的轮询行为得到的都是“没有键被按下”的回应，这样操作就被浪费掉了。另外一种方法是 CPU 不去理睬键盘，而当键盘上有键被按下时，键盘上的芯片发送一个信号给 CPU，CPU 接收到信号之后就知道键盘被按下了，然后再去询问键盘被按下的是哪一个键。这样的信号就是一种中断，结果如图 12-1 所示。

图 12-1 现实中的中断

中断一般具有两个属性，一个称为**中断号**（从 0 开始），一个称为**中断处理程序**（Interrupt Service Routine, ISR）。不同的中断具有不同的中断号，而同时一个中断处理程序一一对应一个中断号。在内核中，有一个数组称为**中断向量表**（Interrupt Vector Table），这个数组的第 n 项包含了指向第 n 号中断的中断处理程序的指针。当中断到来时，CPU 会暂停当前执行的代码，根据中断的中断号，在中断向量表中找到对应的中断处理程序，并调用它。中断处理程序执行完成之后，CPU 会继续执行之前的代码。一个简单的示意图如图 12-2 所示。

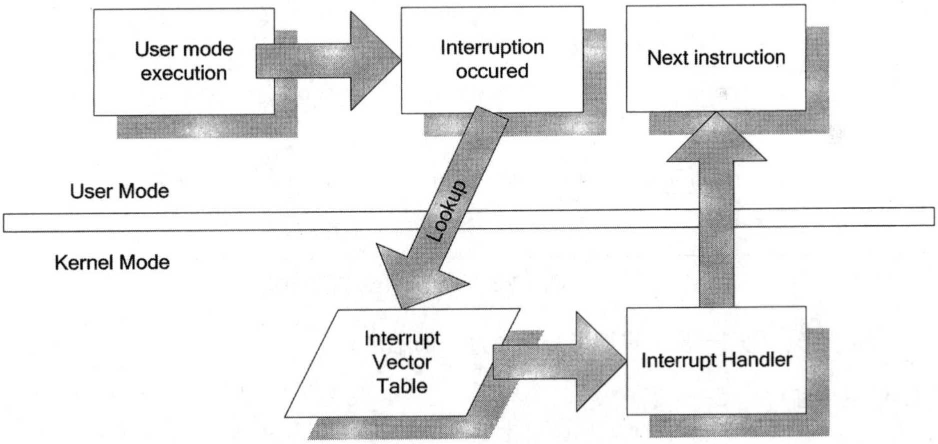

图 12-2 CPU 中断过程

通常意义上，中断有两种类型，一种称为硬件中断，这种中断来自于硬件的异常或其他事件的发生，如电源掉电、键盘被按下等。另一种称为软件中断，软件中断通常是一条指令（i386 下是 int），带有一个参数记录中断号，使用这条指令用户可以手动触发某个中断并执行其中断处理程序。例如在 i386 下，int 0x80 这条指令会调用第 0x80 号中断的处理程序。

由于中断号是很有限的，操作系统不会舍得用一个中断号来对应一个系统调用，而更倾向于用一个或少数几个中断号来对应所有的系统调用。例如，i386 下 Windows 里绝大多数系统调用都是由 int 0x2e 来触发的，而 Linux 则使用 int 0x80 来触发所有的系统调用。对于同一个中断号，操作系统如何知道是哪一个系统调用要被调用呢？和中断一样，系统调用都有一个系统调用号，就像身份标识一样来表明是哪一个系统调用，这个系统调用号通常就是系统调用在系统调用表中的位置，例如 Linux 里 fork 的系统调用号是 2。这个系统调用号在执行 int 指令前会被放置在某个固定的寄存器里，对应的中断代码会取得这个系统调用号，并且调用正确的函数。以 Linux 的 int 0x80 为例，系统调用号是由 eax 来传入的。用户将系统调用号放入 eax，然后使用 int 0x80 调用中断，中断服务程序就可以从 eax 里取得系统调用号，进而调用对应的函数。

12.2.2　基于 int 的 Linux 的经典系统调用实现

在本节里，我们将了解到当应用程序调用系统调用时，程序是如何一步步进入操作系统内核调用相应函数的。图 12-3 是以 fork 为例的 Linux 系统调用的执行流程。

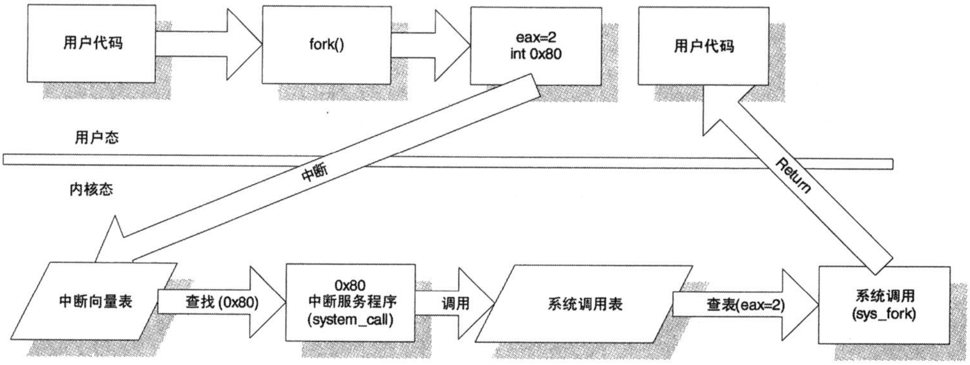

图 12-3　Linux 系统中断流程

接下来让我们一步一步地了解这个过程的细节。

1. 触发中断

首先当程序在代码里调用一个系统调用时，是以一个函数的形式调用的，例如程序调用 fork：

```
int main()
{
    fork();
}
```

fork 函数是一个对系统调用 fork 的封装，可以用下列宏来定义它：

```
_syscall0(pid_t, fork);
```

_syscall0 是一个宏函数，用于定义一个没有参数的系统调用的封装。它的第一个参数为这个系统调用的返回值类型，这里为 pid_t，是一个 Linux 自定义类型，代表进程的 id。_syscall0 的第二个参数是系统调用的名称，_syscall0 展开之后会形成一个与系统调用名称同名的函数。下面的代码是 i386 版本的 syscall0 定义：

```
#define _syscall0(type,name)              \
type name(void)                           \
{                                         \
long __res;                               \
__asm__ volatile ("int $0x80"             \
    : "=a" (__res)                        \
    : "0" (__NR_##name));                 \
__syscall_return(type,__res);             \
}
```

对于 syscall0(pid_t, fork)，上面的宏将展开为：

```
pid_t fork(void)
{
    long __res;
    __asm__ volatile ("int $0x80"
        : "=a" (__res)
        : "0" (__NR_fork));
    __syscall_return(pid_t,__res);
}
```

如果读者对这种 AT&T 格式的汇编不熟悉，请看下面的解释。

- 首先__asm__是一个 gcc 的关键字，表示接下来要嵌入汇编代码。volatile 关键字告诉 GCC 对这段代码不进行任何优化。
- __asm__的第一个参数是一个字符串，代表汇编代码的文本。这里的汇编代码只有一句：int $0x80，这就要调用 0x80 号中断。
- “=a”（__res）表示用 eax（a 表示 eax）输出返回数据并存储在__res 里。
- “0” (__NR_##name))表示__NR_##name 为输入，“0” 指示由编译器选择和输出相同的寄存器（即 eax）来传递参数。

更直观一点，可以把这段汇编改写为更为可读的格式：

```
main -> fork:

pid_t fork(void)
{
    long __res;
    $eax = __NR_fork
    int $0x80
    __res = $eax
    __syscall_return(pid_t,__res);
}
```

__NR_fork 是一个宏，表示 fork 系统调用的调用号，对于 x86 体系结构，该宏的定义可以在 Linux/include/asm-x86/unistd_32.h 里找到：

```
#define __NR_restart_syscall      0
#define __NR_exit                 1
#define __NR_fork                 2
#define __NR_read                 3
#define __NR_write                4
......
```

而__syscall_return 是另一个宏，定义如下：

```
#define __syscall_return(type, res)                          \
do {                                                         \
    if ((unsigned long)(res) >= (unsigned long)(-125)) {     \
        errno = -(res);                                      \
        res = -1;                                            \
    }                                                        \
    return (type) (res);                                     \
} while (0)
```

这个宏用于检查系统调用的返回值，并把它相应地转换为 C 语言的 errno 错误码。在 Linux 里，系统调用使用返回值传递错误码，如果返回值为负数，那么表明调用失败，返回值的绝对值就是错误码。而在 C 语言里则不然，C 语言里的大多数函数都以返回–1 表示调用失败，而将出错信息存储在一个名为 errno 的全局变量（在多线程库中，errno 存储于 TLS 中）里。__syscall_return 就负责将系统调用的返回信息存储在 errno 中。这样，fork 函数在汇编之后，就会形成类似如下的汇编代码：

```
fork:
mov eax, 2
int 0x80
cmp eax,0xFFFFFF83
jb syscall_noerror
neg eax
mov errno, eax
mov eax,0xFFFFFFFF
syscall_noerror:
ret
```

如果系统调用本身有参数要如何实现呢？下面是 x86 Linux 下的 syscall1，用于带 1 个参数的系统调用：

```
#define _syscall2(type, name, type1, arg1)                \
type name(type1 arg1)                                     \
{                                                         \
    long __res;                                           \
    __asm__ volatile ("int $0x80"                         \
        : "=a" (__res)                                    \
        : "0" (__NR_##name), "b" ((long)(arg1)));         \
    __syscall_return(type,__res);                         \
}
```

这段代码和_syscall0 不同的是，它多了一个"b" ((long)(arg1))。这一句的意思是先把 arg1 强制转换为 long，然后存放在 EBX（b 代表 EBX）里作为输入。编译器还会生成相应的代码来保护原来的 EBX 的值不被破坏。这段汇编可以改写为：

```
push ebx
eax = __NR_##name
ebx = arg1
int 0x80
__res = eax
pop ebx
```

可见，如果系统调用有 1 个参数，那么参数通过 EBX 来传入。x86 下 Linux 支持的系统调用参数至多有 6 个，分别使用 6 个寄存器来传递，它们分别是 EBX、ECX、EDX、ESI、EDI 和 EBP。

当用户调用某个系统调用的时候，实际是执行了以上一段汇编代码。CPU 执行到 int $0x80 时，会保存现场以便恢复，接着会将特权状态切换到内核态。然后 CPU 便会查找中断向量表中的第 0x80 号元素。

以上是 Linux 实现系统调用入口的思路，不过也许你会想知道 glibc 是否真的是如此封装系统调用的？答案是否定的。glibc 使用了另外一套调用系统调用的方法，尽管原理上仍然是使用 0x80 号中断，但细节上却是不一样的。由于这种方法与我们前面介绍的方法本质上是一样的，所以在这里就不介绍了。

2. 切换堆栈

在实际执行中断向量表中的第 0x80 号元素所对应的函数之前，CPU 首先还要进行栈的切换。在 Linux 中，用户态和内核态使用的是不同的栈，两者各自负责各自的函数调用，互不干扰。但在应用程序调用 0x80 号中断时，程序的执行流程从用户态切换到内核态，这时程序的当前栈必须也相应地从用户栈切换到内核栈。从中断处理函数中返回时，程序的当前栈还要从内核栈切换回用户栈。

所谓的"当前栈"，指的是 ESP 的值所在的栈空间。如果 ESP 的值位于用户栈的范围内，那么程序的当前栈就是用户栈，反之亦然。此外，寄存器 SS 的值还应该指向当前栈所在的页。所以，将当前栈由用户栈切换为内核栈的实际行为就是：

（1）保存当前的 ESP、SS 的值。

（2）将 ESP、SS 的值设置为内核栈的相应值。

反过来，将当前栈由内核栈切换为用户栈的实际行为则是：

（1）恢复原来 ESP、SS 的值。

（2）用户态的 ESP 和 SS 的值保存在哪里呢？答案是内核栈上。这一行为由 i386 的中断指令自动地由硬件完成。

当0x80号中断发生的时候，CPU除了切入内核态之外，还会自动完成下列几件事：

（1）找到当前进程的内核栈（每一个进程都有自己的内核栈）。

（2）在内核栈中依次压入用户态的寄存器SS、ESP、EFLAGS、CS、EIP。

而当内核从系统调用中返回的时候，须要调用iret指令来回到用户态，iret指令则会从内核栈里弹出寄存器SS、ESP、EFLAGS、CS、EIP的值，使得栈恢复到用户态的状态。这个过程可以用图12-4来表示。

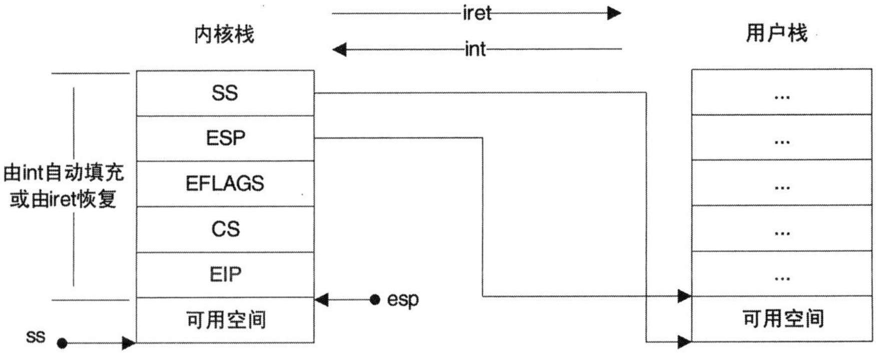

图12-4 中断时用户栈和内核栈切换

3. 中断处理程序

在int指令合理地切换了栈之后，程序的流程就切换到了中断向量表中记录的0x80号中断处理程序。Linux内部的i386中断服务流程如图12-5所示。

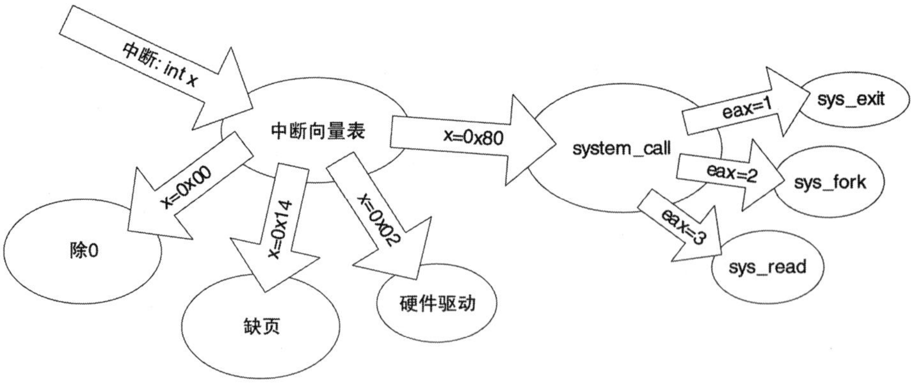

图12-5 Linux i386中断服务流程

i386 的中断向量表在 Linux 源代码的 Linux/arch/i386/kernel/traps.c 里可见一部分。在该文件的末尾，我们能看到一个函数 trap_init，该函数用于初始化中断向量表：

```
void __init trap_init(void)
{
    ......

    set_trap_gate(0,&divide_error);
    set_intr_gate(1,&debug);
    set_intr_gate(2,&nmi);
    set_system_intr_gate(3, &int3);     set_system_gate(4,&overflow);
    set_system_gate(5,&bounds);
    set_trap_gate(6,&invalid_op);
    set_trap_gate(7,&device_not_available);
    set_task_gate(8,GDT_ENTRY_DOUBLEFAULT_TSS);
    set_trap_gate(9,&coprocessor_segment_overrun);
    set_trap_gate(10,&invalid_TSS);
    set_trap_gate(11,&segment_not_present);
    set_trap_gate(12,&stack_segment);
    set_trap_gate(13,&general_protection);
    set_intr_gate(14,&page_fault);
    set_trap_gate(15,&spurious_interrupt_bug);
    set_trap_gate(16,&coprocessor_error);
    set_trap_gate(17,&alignment_check);
#ifdef CONFIG_X86_MCE
    set_trap_gate(18,&machine_check);
#endif
    set_trap_gate(19,&simd_coprocessor_error);

    set_system_gate(SYSCALL_VECTOR,&system_call);

    ......
}
```

以上代码中的函数 set_intr_gate/set_trap_gate/set_system_gate/ set_system_intr_gate 用于设置某个中断号上的中断处理程序。之所以区分为 3 种名字，是因为在 i386 下对中断有更加细致的划分，限于篇幅这里就不详细介绍了，读者在这里可以暂时将它们都等同对待。

从这段代码可以看到 0～19 号中断对应的中断处理程序，其中包含算数异常（除零、溢出）、页缺失（page fault）、无效指令等。在最后一行：

```
set_system_gate(SYSCALL_VECTOR,&system_call);
```

可看出这是系统调用对应的中断号，在 Linux/include/asm-i386/mach-default/irq_vectors.h 里可以找到 SYSCALL_VECTOR 的定义：

```
#define SYSCALL_VECTOR        0x80
```

可见 i386 下 Linux 的系统调用对应的中断号确实是 0x80。必然的，用户调用 int 0x80 之后，最终执行的函数是 system_call，该函数在 Linux/arch/i386/kernel/entry.S 里可以找到定义。但很遗憾，这段代码是由汇编写成并且篇幅较长，因此必须一段一段选择性地研究：

main -> fork -> int 0x80 -> system_call:

```
ENTRY(system_call)
    ......
    SAVE_ALL
    ......
    cmpl $(nr_syscalls), %eax
    jae syscall_badsys
```

这一段是 system_call 的开头，中间省略了一些不太重要的代码。在这里一开始使用宏 SAVE_ALL 将各种寄存器压入栈中，以免它们的值被后续执行的代码所覆盖。然后接下来使用 cmpl 指令比较 eax 和 nr_syscalls 的值，nr_syscalls 是比最大的有效系统调用号大 1 的值，因此，如果 eax（即用户传入的系统调用号）大于等于 nr_syscalls，那么这个系统调用就是无效的，如果这样，接着就会跳转到后面的 syscall_badsys 执行。如果系统调用号是有效的，那么程序就会执行下面的代码：

```
syscall_call:
    call *sys_call_table(0,%eax,4)
    ......
    RESTORE_REGS
    ......
    iret
```

确定系统调用号有效并且保存了寄存器之后，接下来要执行的就是调用*sys_call_table(0,%eax,4)来查找中断服务程序并执行。执行结束之后，使用宏 RESTORE_REGS 来恢复之前被 SAVE_ALL 保存的寄存器。最后通过指令 iret 从中断处理程序中返回。

究竟什么是*sys_call_table(0,%eax,4)呢？我们在 Linux/arch/i386/kernel/syscall_table.S 里能找到定义：

```
.data
ENTRY(sys_call_table)
    .long sys_restart_syscall
    .long sys_exit
    .long sys_fork
    .long sys_read
    .long sys_write
    ......
```

这就是 Linux 的 i386 系统调用表，这个表里的每一个元素（long，4 字节）都是一个系统调用函数的地址。那么不难推知*sys_call_table(0,%eax,4)指的是 sys_call_table 上偏移量为 0+%eax * 4 上的那个元素的值指向的函数，也就是%eax 所记录的系统调用号所对应的系统调用函数（见图 12-6）。接下来系统就会去调用相应的系统调用函数。例如，如果%eax=2，那么 sys_fork 就会调用。

内核里的系统调用函数往往以 sys_加上系统调用函数名来命名，例如 sys_fork、sys_open 等。

整个调用过程如图 12-6 所示。

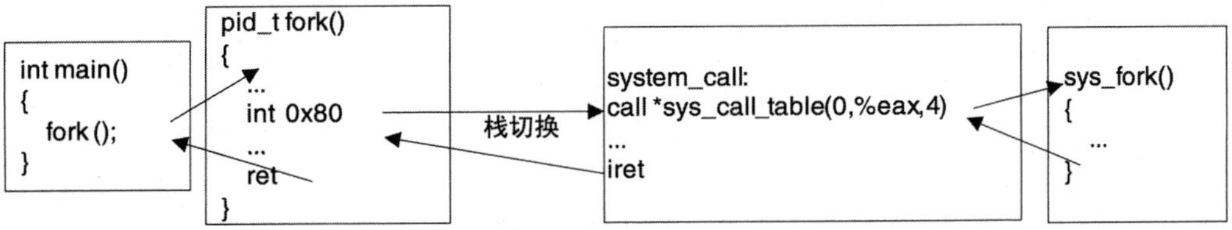

图 12-6 Linux 系统调用流程

Q&A

Q：内核里以 sys 开头的系统调用函数是如何从用户那里获得参数的？

A：我们知道用户调用系统调用时，根据系统调用参数数量的不同，依次将参数放入 EBX、ECX、EDX、ESI、EDI 和 EBP 这 6 个寄存器中传递。例如一个参数的系统调用就是用 EBX，而两个参数的系统调用就使用 EBX 和 ECX，以此类推。

在进入系统调用的服务程序 system_call 的时候，system_call 调用了一个宏 SAVE_ALL 来保存各个寄存器，由于篇幅原因我们没有在正文中仔细讲解 SAVE_ALL。不过 SAVE_ALL 实际与系统调用的参数传递息息相关，所以有必要在这里提一下。

SAVE_ALL 的作用为保存寄存器，因此其内容就是将各个寄存器压入栈中。SAVE_ALL 的大致内容如下：

```
#define SAVE_ALL \
    ......
    push %eax
    push %ebp
    push %edi
    push %esi
    push %edx
    push %ecx
    push %ebx
    mov $(KERNEL_DS), %edx
    mov %edx, %ds
    mov %edx, %es
```

抛开 SAVE_ALL 的最后 3 个 mov 指令不看（这 3 条指令用于设置内核数据段，它们不影响栈），我们可以发现 SAVE_ALL 的一系列 push 指令的最后 6 条所压入栈中的寄存器恰好就是用来存放系统调用参数的 6 个寄存器，连顺序都一样，这当然不是一个巧合。

再回到 system_call 的代码，我们可以发现，在执行 SAVE_ALL 与执行 call *sys_call_table(0,%eax,4)之间，没有任何代码会影响到栈。因此刚刚进入 sys 开头的内核系统调用函数的时候，栈上恰好是这样的情景，如图 12-7 所示。

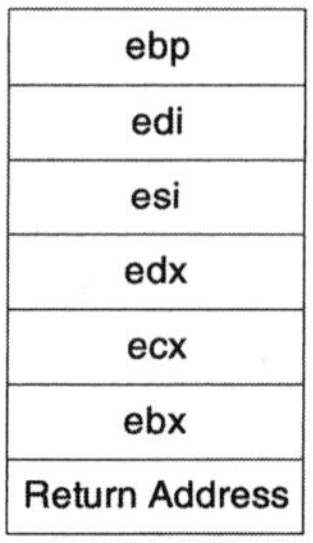

图 12-7 系统调用时堆栈分布

可以说，系统调用的参数被 SAVE_ALL“阴差阳错”地放置在了栈上。

另一方面，所有以 sys 开头的内核系统调用函数，都有一个 asmlinkage 的标识，例如：asmlinkage pid_t sys_fork(void);

asmlinkage 是一个宏，定义为：__attribute__ ((regparm(0)))

这个扩展关键字的意义是让这个函数只从栈上获取参数。因为 gcc 对普通函数有优化措施，会使用寄存器来传递参数，而 SAVE_ALL 将参数全部放置于栈上，因此必须使用 asmlinkage 来强迫函数从栈上获取参数。这样一来，内核里的系统调用函数就可以正确地获取用户提供的参数了。整个过程可以用图 12-8 表示。

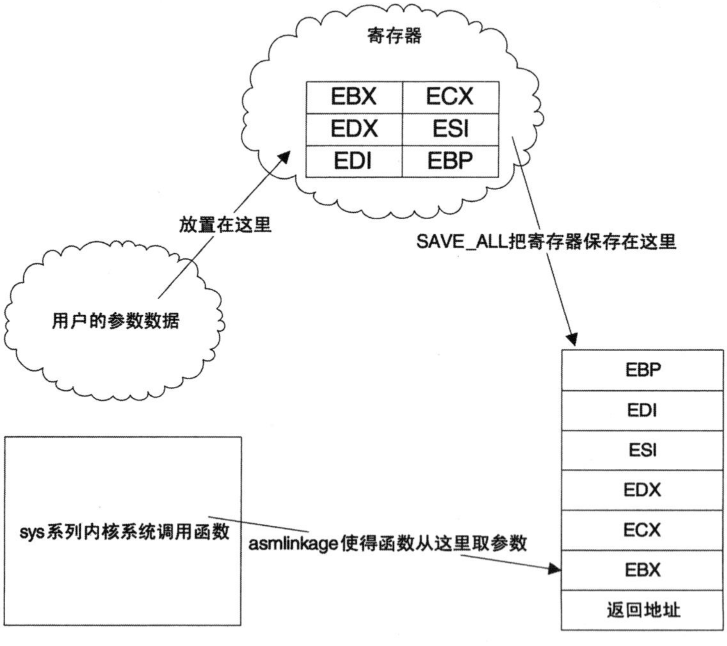

图 12-8 Linux 系统调用中如何向内核传递参数

12.2.3 Linux 的新型系统调用机制

由于基于 int 指令的系统调用在奔腾 4 代处理器上性能不佳，Linux 在 2.5 版本起开始支持一种新型的系统调用机制。这种新机制使用 Intel 在奔腾 2 代处理器就开始支持的一组专门针对系统调用的指令——sysenter 和 sysexit。在本节中，我们将对这种新系统调用机制进行一个初步的了解。

如果使用 ldd 来获取一个可执行文件的共享库的依赖情况，你会发现一些奇怪的现象：

```
$ ldd /bin/ls
        linux-gate.so.1 =>  (0xffffe000)
        librt.so.1 => /lib/tls/i686/cmov/librt.so.1 (0xb7f7a000)
        libacl.so.1 => /lib/libacl.so.1 (0xb7f74000)
        libselinux.so.1 => /lib/libselinux.so.1 (0xb7f5e000)
        libc.so.6 => /lib/tls/i686/cmov/libc.so.6 (0xb7e2d000)
        libpthread.so.0 => /lib/tls/i686/cmov/libpthread.so.0 (0xb7e1b000)
        /lib/ld-linux.so.2 (0xb7f97000)
        libattr.so.1 => /lib/libattr.so.1 (0xb7e17000)
        libdl.so.2 => /lib/tls/i686/cmov/libdl.so.2 (0xb7e13000)
        libsepol.so.1 => /lib/libsepol.so.1 (0xb7dd2000)
```

我们可以看到 linux-gate.so.1 没有与任何实际的文件相对应，这个共享库在前面分析 Linux 共享库的时候也与它碰过面，但是当时没有深入地分析它。那么这个库究竟是做什么的呢？答案正是 Linux 用于支持新型系统调用的“虚拟”共享库。linux-gate.so.1 并不存在实际的文件，它只是操作系统生成的一个**虚拟动态共享库**（Virtual Dynamic Shared Library，VDSO）。这个库总是被加载在地址 0xffffe000 的位置上。我们可以通过 Linux 的 proc 文件系统来查看一个可执行程序的内存映像，看看能不能找到这个虚拟文件：

```
$ cat /proc/self/maps
08048000-0804c000 r-xp 00000000 08:01 13271      /bin/cat
0804c000-0804d000 rw-p 00003000 08:01 13271      /bin/cat
......
bfd65000-bfd7a000 rw-p bffeb000 00:00 0         [stack]
ffffe000-fffff000 r-xp 00000000 00:00 0          [vdso]
```

命令 cat /proc/self/maps 可以查看 cat 命令自己的内存布局。我们可以看见地址 0xffffe000 到 0xfffff000 的地方被映射了 vdso，也就是 linux-gate.so.1。这个虚拟文件的大小为 4096 个字节。因为这个文件在任何进程里都处于相同的位置，因此可以用如下方法将它导出到一个真实的文件里：

```
$dd if=/proc/self/mem of=linux-gate.dso bs=4096 skip=1048574 count=1
```

此时，linux-gate.dso 的内容就是 vdso 的内容。接下来就可以用各种工具来分析它了。首先用 objdump 来看看这个文件里有什么：

```
$ objdump -T linux-gate.dso

linux-gate.dso:     文件格式 elf32-i386
```

```
DYNAMIC SYMBOL TABLE:
ffffe400 l    d .text  00000000              .text
ffffe478 l    d .eh_frame_hdr  00000000            .eh_frame_hdr
ffffe480 l    d .eh_frame     00000000           .eh_frame
ffffe604 l    d .useless      00000000           .useless
ffffe400 g    DF .text  00000014  LINUX_2.5   __kernel_vsyscall
00000000 g    DO *ABS*  00000000  LINUX_2.5   LINUX_2.5
ffffe440 g    DF .text  00000007  LINUX_2.5   __kernel_rt_sigreturn
ffffe420 g    DF .text  00000008  LINUX_2.5   __kernel_sigreturn
```

可以看到，vdso导出了一系列函数，当然这里最值得关心的是__kernel_vsyscall函数。这个函数负责进行新型的系统调用。现在来看看这个函数的内容:

```
objdump -d --start-address=0xffffe400 --stop-address=0xffffe408
linux-gate.dso
```

该命令从0xffffe400处开始反汇编8个字节，让我们看看结果：

```
$ objdump -d --start-address=0xffffe400 --stop-address=0xffffe414
linux-gate.dso

linux-gate.dso:      文件格式 elf32-i386

反汇编 .text 节:

ffffe400 <__kernel_vsyscall>:
ffffe400:       51                   push   %ecx
ffffe401:       52                   push   %edx
ffffe402:       55                   push   %ebp
ffffe403:       89 e5                mov    %esp,%ebp
ffffe405:       0f 34                sysenter
ffffe407:       90                   nop
```

在这里出现了一个以前没见过的汇编指令sysenter。这就是Intel在奔腾2代处理器开始提供支持的新型系统调用指令。调用sysenter之后，系统会直接跳转到由某个寄存器指定的函数执行，并自动完成特权级转换、堆栈切换等功能。

在参数传递方面，新型的系统调用和使用int的系统调用完全一样，仍然使用EBX、ECX、EDX、ESI、EDI和EBP这6个寄存器传递。在内核里也是通过SAVE_ALL将这些参数放置在栈上。因此，我们可以自己调用这个__kernel_vsyscall函数来试试:

【小实验】

人工调用系统调用:

```
int main() {
    int ret;
    char msg[] = "Hello\n";
    __asm__ volatile (
        "call *%%esi"
```

```
        : "=a" (ret)
        : "a" (4),
        "S" (0xffffe400),
        "b" ((long) 1),
        "c" ((long) msg),
        "d" ((long) sizeof(msg)));
    return 0;
}
```

读者应该还记得，在 Linux 下 fd=1 表示 stdout。因此向 fd=1 写入数据等效于向命令行输出，这个例子就是这个目的。我们在 main 函数里将__kernel_vsyscall 函数的地址赋值给 esi("S"表示 esi)，并且使用指令 call 调用这个地址。与此同时，还在 eax 中放入了系统调用 write 的调用号(4)，在 ebx、ecx、edx 中放入 write 的参数，这样就完成了一次系统调用，在屏幕上输出了 Hello。

关于使用 sysenter 指令进入内核之后是如何执行的，在这里就不占用篇幅详细介绍了，如果读者有兴趣,可以参考 Intel 的 CPU 指令手册，并且结合阅读 Linux 的内核源代码中关于 sysenter 的实现代码：/arch/i386/kernel/sysenter.c。

Q&A

Q：dd if=/proc/self/mem of=linux-gate.dso bs=4096 skip=1048574 count=1 这个命令是如何得到 vdso 的映像文件的？

A：dd 的作用为复制文件，if 参数代表输入的文件，而 of 参数代表输出的文件。/proc/self/mem 总是等价于当前进程的内存快照，换句话说，这个文件的内容就是 dd 的内存内容。参数 bs 代表 dd 一次性要搬运的字节数（这称为一个块），skip 代表要从文件开头处跳过多少个块。count 则表示要搬运多少个块。

了解了 dd 参数的含义之后，这个命令的作用就清晰了。我们希望复制 dd 的内存映像里地址 0xffffe000 之后的 count=1 个块（这里块大小=bs=0x1000=4096），那么就要跳过前面 0xffffe000 个字节，也就是 0xffffe000/0x1000=FFFFE=1048574 个块，因此 skip 设置为 1048574。将这些数据输出为 linux-gate.dso，就得到了这个虚拟文件的映像。

12.3 Windows API

API 的全称为 Application Programming Interface，即应用程序编程接口。因此 API 不是一个专门的事物，而是一系列事物的总称。但是我们通常在 Windows 下提到 API 时，一般就是指 Windows 系统提供给应用程序的接口，即 Windows API。

Windows API 是指 Windows 操作系统提供给应用程序开发者的最底层的、最直接与 Windows 打交道的接口。在 Windows 操作系统下，CRT 是建立在 Windows API 之上的。另外还有很多对 Windows API 的各种包装库，MFC 就是很著名的一种以 C++形式封装的库。

很多操作系统是以系统调用作为应用程序最底层的，而 Windows 的最底层接口是 Windows API。Windows API 是 Windows 编程的基础，尽管 Windows 的内核提供了数百个系统调用（Windows 又把系统调用称作**系统服务**（System Service）），但是出于种种原因，微软并没有将这些系统调用公开，而在这些系统调用之上，建立了这样一个 API 层，让程序员只能调用 API 层的函数，而不是如 Linux 一般直接使用系统调用。Windows 在加入 API 层以后，一个普通的 fwrite()的调用路径如图 12-9 所示。

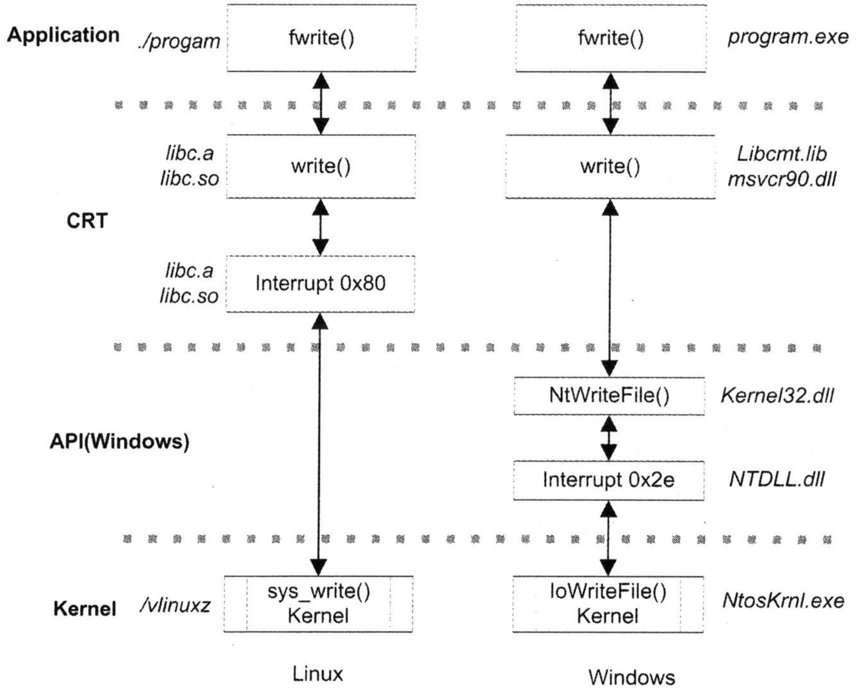

图 12-9 Linux 和 Windows 的 fwrite 路径

12.3.1 Windows API 概览

Windows API 是以 DLL 导出函数的形式暴露给应用程序开发者的。它被包含在诸多的系统 DLL 内，规模上非常庞大，所有的导出函数大约有数千个（以 Windows XP 为例）。微软把这些 Windows API DLL 导出函数的声明的头文件、导出库、相关文件和工具一起提供给开发者，并让它们成为 Software Development Kit（SDK）。

SDK 可以单独地在微软的官方网站下载，也可能被集成到 Visual Studio 这样的开发工具中。当我们安装了 Visual Studio 后，可以在 SDK 的安装目录下找到所有的 Windows API

函数声明。其中有一个头文件“Windows.h”包含了 Windows API 的核心部分，只要我们在程序里面包含了它，就可以使用 Windows API 的核心部分了。

Windows API 版本

Windows API 随着 Windows 版本的升级也经历了好几个版本，每次 Windows 进行大升级的时候，也会引入新版本的 API。最早期的 Windows API 是 Win16，即 16 位 Windows（Windows 3.x 系列）所提供的 API，Win16 的核心部分是由 3 个 16 位 DLL 提供的：kernel.exe（或 kernel286.exe 或 kernel386.exe）、user.exe 和 gdi.exe（虽然扩展名是 exe，但实际上它们有导出函数，再说 DLL 和 EXE 其实就是一回事嘛）。

伴随 32 位 Windows 的 API 是 Win32，它主要有 3 个核心 DLL：kernel32.dll、user32.dll 和 gdi32.dll。Windows 3.x 为了支持一部分 Win32 程序，还提供了一个 Win32 的子集叫做 Win32s（s 为 Subset，即子集）。

64 位的 Windows 提供了兼容 Win32 的 API，被称为 Win64。Win64 与 Win32 没有增加接口的数量，只是所有的指针类型都改成了 64 位。

因为 Win32 是使用最广泛也是最成熟的 Windows API 版本，下文中如果我们不额外注明，则默认为 Win32。

Windows API 现在的数量已经十分庞大，它们按照功能被划分成了几大类别，如表 12-2 所示。

表 12-2

类别	DLL	示例 API	说明
基本服务	kernel32.dll	CreateProcess ReadFile HeapAlloc	包括 Windows 操作系统最基本的功能，比如文件系统、设备访问、进程、线程、内存、错误处理等。这些功能基本上是所有操作系统都提供的服务
图形设备接口	gdi32.dll	CreateDC TextOut BitBlt	与图形、绘图、打印机及其他图形设备相关的操作
用户接口	user32.dll	CreateWindow GetMessage SendMessage	与 Windows 窗口交互相关的操作、鼠标键盘、基本控件如按钮、滚动条
高级服务	advapi32.dll	RegOpenKeyEx CreateService LogonUser	Windows 内核提供的额外功能。包括注册表、系统关闭重启、Windows Service、用户账号管理
通用对话框	comdlg32.dll	GetOpenFileName PrintDlg ChooseFont	Windows 通用对话框，比如打开文件、打印窗口、选择字体、选择颜色等

续表

类别	DLL	示例 API	说明
通用控件	comctl32.dll	CreateStatusWindow CreateToolbar	Windows 高级控件，诸如状态栏、进度条、工具条等。
Shell	shell32.dll	ExtractIcon ShellExecute	与 Windows 图形 Shell 相关的操作。
网络服务	ws2_32.dll	send recv	网络相关服务，包括 Winsock、NetDDE、RPC、NetBIOS。

我们可以在 MSDN 里找到每一个 API 的文档，很多 API 还可以找到使用示例，因此 MSDN 是学习 Win32 API 极佳的工具。

表 12-2 中所列的 Kernel32.dll 和 User32.dll 等 DLL 在不同的 Windows 平台上的实现都不一样，虽然它们暴露给应用程序的接口是一样的。在 Windows NT 系列的平台上，这些 DLL 在实现上都会依赖于一个更为底层的 DLL 叫做 NTDLL.DLL，然后由 NTDLL.DLL 进行系统调用。NTDLL.DLL 把 Windows NT 内核的系统调用包装了起来，它实际上是 Windows 系统用户层面的最底层，所有的 DLL 都是通过调用 NTDLL.DLL，由它进行系统调用的。NTDLL.DLL 的导出函数对于应用程序开发者是不公开的，原则上应用程序不应该直接使用 NTDLL.DLL 中的任何导出函数。我们可以根据 dumpbin 等工具来察看它的导出函数，比如 Windows XP 的 NTDLL.dll 大约有 1 300 个导出函数。它所导出的函数大多都以“Nt”开头，并提供给那些 API DLL 使用以实现系统功能，比如创建进程的函数叫做 NtCreateProcess，位于 Kernel32.dll 的 CreateProcess 这个 API 就是通过 NtCreateProcess 实现的。

由于 Windows API 所提供的接口还是相对比较原始的，比如它所提供的网络相关的接口仅仅是 socket 级别的操作，如果用户要通过 API 访问 HTTP 资源，还需要自己实现 HTTP 协议，所以直接使用 API 进行程序开发往往效率较低。Windows 系统在 API 之上建立了很多应用模块，这些应用模块是对 Windows API 的功能的扩展，比如对 HTTP/FTP 等协议进行包装的 Internet 模块（wininet.dll）对 WinSocket API 进行了扩展，这样程序开发者就可以通过 Internet 模块直接访问 HTTP/FTP 资源，而不需要自己实现一套 HTTP/FTP 协议。除了 wininet.dll 之外，Windows 还有许多类似的对 Windows API 的包装模块，比如 OPENGL 模块、ODBC（统一的数据库接口）、WIA（数字图像设备接口）等。

12.3.2 为什么要使用 Windows API

能省一事则省一事，微软为什么放着好好的系统调用不用，又要在 CRT 和系统调用之间增加一层 Windows API 层呢？

微软不公开系统调用而决定使用 Windows API 作为程序接口的原因也很简单，其实还是第 1 章里的“要解决问题就加层的万能法则”。Windows 作为一个成功的商业操作系统，它对应用程序的向后兼容性可以说是非常好，这一点从 Windows XP 等这种较新的 Windows 版本还仍然支持 20 多年前的 DOS 程序/Windows 3.1/Windows 95 的程序可以看出来。虽然它没有完全做到向后兼容，但是我们看得出 Windows 系统为向后兼容所付出的努力及 Windows 系统为此所背负的历史包袱。

系统调用实际上是非常依赖于硬件结构的一种接口，它受到硬件的严格限制，比如寄存器的数量、调用时的参数传递、中断号、堆栈切换等，都与硬件密切相关。如果硬件结构稍微发生改变，大量的应用程序可能就会出现问题（特别是那些与 CRT 静态链接在一起的）。那么直接使用系统调用作为程序接口的系统，它的应用程序在不同硬件平台间的兼容性也是存在较大问题的。

硬件结构发生改变虽然较少见，可能几年甚至十几年才会发生一次，比如 16 位 CPU 升级至 32 位，32 位升级至 64 位，或者由 Sysenter/Sysexit 代替中断等，但是一旦发生改变，所付出的代价无疑是惊人的。

为了尽量隔离硬件结构的不同而导致的程序兼容性问题，Windows 系统把系统调用包装了起来，使用 DLL 导出函数作为应用程序的唯一可用的接口暴露给用户。这样可以让内核随版本自由地改变系统调用接口，只要让 API 层不改变，用户程序就可以完全无碍地运行在新的系统上。

除了隔离硬件结构不同之外，Windows 本身也有可能使用不同版本的内核，比如微软在 Windows 2000 之前要同时维护两条 Windows 产品线：Windows 9x 和 Windows NT 系列。它们使用的是完全不同的 Windows 内核，所以系统调用的接口自然也是不一样的。如果应用程序都是直接使用系统调用，那么后来 Windows 9x 和 Windows NT 这两条产品线合并成 Windows 2000 的时候估计不会像现在这么顺利。

Windows API 以 DLL 导出函数的形式存在也自然是水到渠成，我们知道 DLL 作为 Windows 系统的最基本的模块组织形式，它有着良好的接口定义和灵活的组合方式。DLL 基本上是 Windows 系统上很多高级接口和程序设计方法的基石，包括内核与驱动程序、COM、OLE、ActiveX 等都是基于 DLL 技术的。

银弹

很多时候人们把这种通过在软件体系结构中增加层以解决兼容性问题的做法又叫做“银弹”。古老相传，只有银弹(silver bullet)才能杀死巫士、巨人、有魔力的动物，譬如狼人。在现代软件工程的巨著《人月神话》中，作者把规模越来越大的软件开发项目比作无法控制的怪物，希望有一样技术，能够像银弹彻底杀死狼人那样，彻底解决这个问题。因而现在计算机界中的银弹，指的就是能够迅速解决各种问题的“万灵药”。

当某个软件某个层面要发生变化，却要保持与之相关联的另一方面不变时，加一个中间层即可。Windows API 层就是这样的一个“银弹”。

Windows API 的实例

我们知道 Windows NT 系列与 Windows 9x 系列是两个内核完全不同的操作系统，它们分别属于两个不同的 Windows 产品线，前者的目的主要为商业应用，它的内核以稳定高效著称；而后者是以家庭和多媒体应用为目标，注重体系应用程序的兼容性（支持 DOS 程序）和多媒体功能。

当 Windows 版本升级至 2000 时，微软计划停止 Windows 9x 系列产品，而将 Windows 统一建立在较可靠的 NT 内核之上。这时候两条产品线将合并成同一个 Windows 版本，即 Windows 2000。Windows 2000 就必须承担起能够同时兼容 Windows 9x 和之前 Window NT 的应用程序的任务。由于 Windows 2000 使用的是 NT 的内核（内核版本 5.0），所以要做到兼容之前的 Windows NT（NT 4.0 及之前）的应用程序应该不是很成问题的。但是要兼容 Windows 9x 则不是一件容易的事，因为它的内核与 NT 完全不同，它们各自使用的中断号都不一样，NT 内核使用的是 INT 0x2E，而 9x 内核则使用 INT 0x20，所以，如果某个 9x 的应用程序一旦使用了任何系统调用，那么它就无法在 Windows 2000 下运行。

除了它们的内核中断号不同以外，即使同一个接口，有可能参数也不同。

Windows 9x 系统的内核是并不原生支持 unicode 的，因此它的系统调用涉及的字符串都是 ANSI 字符串，即参数都是使用 char*作为类型，比如与 CreateFile 这个 API 相对应的系统调用要传入一个文件名，那么这个字符串在最终传递给内核时应该是一个 ANSI 字符串。而 Windows NT 内核是原生支持 unicode 的，所有的系统调用涉及的字符串相关的参数都是 unicode 字符串，即参数是 wchar_t*类型的（wchar_t 是一种双字节的字符类型）。那么同样的系统调用，所需要的字符串类型却不一样，这也会造成程序兼容性的问题。

幸运的是，Windows API 层阻止了这样的事情发生。大家如果留意的话，会注意到 Windows 下所有有字符串作为参数的 API 都会有两个版本，一个是 ANSI 字符串版本，另外一个是 unicode 字符串版本。例如，与 Windows API 的 CreateFile 相对应的两个版本分别为 CreateFileA 和 CreateFileW，“A”表示 ANSI 版，“W”表示宽字符（Wide character），即 unicode 版，kernel32.dll 实际上导出了这两个函数，而 CreateFile 仅仅是一个宏定义。下面的代码摘自 Windows SDK 的“winbase.h”：

```
WINBASEAPI
HANDLE
WINAPI
CreateFileA(
    IN LPCSTR lpFileName,
    IN DWORD dwDesiredAccess,
    IN DWORD dwShareMode,
```

```
    IN LPSECURITY_ATTRIBUTES lpSecurityAttributes,
    IN DWORD dwCreationDisposition,
    IN DWORD dwFlagsAndAttributes,
    IN HANDLE hTemplateFile
    );
WINBASEAPI
HANDLE
WINAPI
CreateFileW(
    IN LPCWSTR lpFileName,
    IN DWORD dwDesiredAccess,
    IN DWORD dwShareMode,
    IN LPSECURITY_ATTRIBUTES lpSecurityAttributes,
    IN DWORD dwCreationDisposition,
    IN DWORD dwFlagsAndAttributes,
    IN HANDLE hTemplateFile
    );
#ifdef UNICODE
#define CreateFile  CreateFileW
#else
#define CreateFile  CreateFileA
#endif
```

可见根据编译的时候是否定义 UNICODE 这个宏，CreateFile 会被展开为 CreateFileW 或 CreateFileA，而这两个函数唯一的区别就是第一个参数 lpFileName 的类型不同，分别为 LPCWSTR 和 LPCSTR，即 const wchar_t*和 const char*。CreateFileA/CreateFileW 这个 API 才是真正的 Windows API 导出函数，它们在不同的操作系统版本上实现会有所不同。

例如在 Windows 2000 下，由于 NT 内核只支持 unicode 版的系统调用，所以 CreateFileW 的实现是最直接的，它只要直接调用内核即可。而 CreateFileA 则在实现上需要把第一个参数从 ANSI 字符串转换成 unicode 字符串（Windows 提供了 MultiByteToWideChar 这样的 API 用于转换不同编码的字符串），然后再调用 CreateFileW。Windows 2000 的 kernel32.dll 中的 CreateFileA 的实现大概如下面的代码所示：

```
HANDLE STDCALL CreateFileA (
    LPCSTR lpFileName,
    DWORD dwDesiredAccess,
    DWORD dwShareMode,
    LPSECURITY_ATTRIBUTES lpSecurityAttributes,
    DWORD dwCreationDisposition,
    DWORD dwFlagsAndAttributes,
    HANDLE hTemplateFile)
{
    PWCHAR FileNameW;
    HANDLE FileHandle;

    // ANSI to UNICODE
    FileNameW = MultiByteToWideChar( lpFileName );

    FileHandle = CreateFileW (FileNameW,
                     dwDesiredAccess,
                     dwShareMode,
```

```
                    lpSecurityAttributes,
                    dwCreationDisposition,
                    dwFlagsAndAttributes,
                    hTemplateFile);

    return FileHandle;
}
```

对上面的代码我们进行了简化，但是它表达的思想与实际的实现是一致的。可以想象，在 Windows 9x 的 kernel32.dll 所进行的恰恰是相反的步骤，CreateFileW 函数中的宽字符串通过 WideCharToMultiByte()被转换成了 ANSI 字符串，然后调用 CreateFileA。API 层在这一过程中所扮演的角色可以如图 12-10 所示。

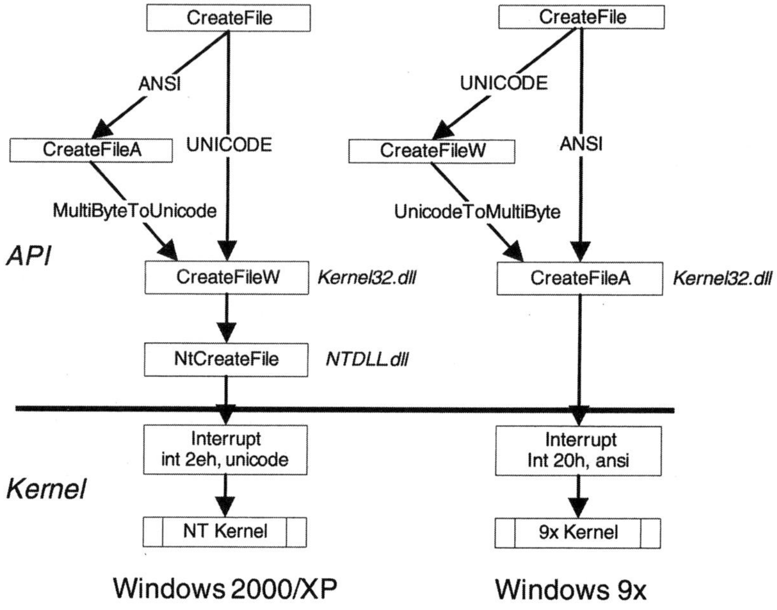

图 12-10 Windows NT 和 Windows 9x 的 API 层次结构对比

所以不管内核如何改变接口，只要维持 API 层面的接口不变，理论上所有的应用程序都不用重新编译就可以正常运行，这也是 Windows API 存在的主要原因。

12.3.3 API 与子系统

作为一个商业操作系统，应用程序兼容性是评价操作系统是否有竞争力最重要的指标之一。一方面从用户的角度看，如果一个商业操作系统只能运行数量很少的应用程序，是不会有人使用的；从应用程序的开发者角度看，他们投入了巨大的精力在应用程序上，如果操作系统不支持这些应用程序，无疑会使开发者的努力白费。微软最初在开发 Windows NT 的时候除了考虑向后兼容性之外（兼容其他版本 Windows），它还考虑到了兼容 Windows 之外的操作系统。

为了操作系统的兼容性，微软试图让 Windows NT 能够支持其他操作系统上的应用程序。在设计 Windows NT 的时候，与它同一时期的操作系统有各种 UNIX（posix 标准）、IBM 的 OS/2、微软自家的 DOS 和 Windows 3.x 等。于是 Windows NT 提出**子系统**（**Subsystem**）的概念，希望提供各种操作系统的执行环境，以兼容它们的应用程序。

子系统又称为 Windows **环境子系统**（**Evironment Subsystem**），简称**子系统**（**Subsystem**）。我们知道，原生的 Windows 程序是通过 CreateProcess 这个 API 来创建进程的，而 UNIX 的程序则是通过 fork()来创建的，子系统就是这样一个中间层，它使用 Windows 的 API 来模拟 fork()这样的系统调用，使得应用程序看起来与 UNIX 没有区别。

子系统实际上又是 Windows 架设在 API 和应用程序之间的另一个中间层。前面讲到 API 这个中间层是为了防止内核系统调用层发生变化导致用户程序也必须随之变化而增加的，而子系统则是用来为各种不同平台的应用程序创建与它们兼容的运行环境。

当然，子系统要实现二进制级别的兼容性是十分困难的，于是它的目标就是源代码级别的兼容。也就是说每个子系统必须实现目标操作系统的所有接口，比如 Windows NT 要创建一个能够运行 UNIX 应用程序的子系统，它必须实现 UNIX 的所有系统调用在 C 语言源代码层面的接口。

在 Windows 里，最开始支持 3 种子系统：Win32 子系统、POSIX 子系统和 OS/2 子系统，而 OS/2 子系统在 Windows 2000 里已经被去除。DOS 程序和 16 位 Windows 程序也是通过类似于子系统的模式实现在 32 位 Windows 下运行的。16 位的 Windows 程序运行在 32 位 Windows 下被称为 **WoW**（**Windows On Windows**），这使我们联想到现在 32 位 Windows 程序运行于 64 位的 Windows 操作系统，也是通过 WoW 技术实现的。

和内核直接打交道的只有 Win32 子系统，其他的子系统如 Posix 子系统和 OS/2 子系统都是直接将请求发送给 Win32 子系统处理。Win32 子系统在系统运行的时候始终是运行的，而其他的子系统则是在需要的时候才启动。

后来随着 Windows 的市场地位逐渐巩固，它对于兼容其他操作系统和早期的 DOS/Windows 3.1 及 Windows 9x 的应用程序的需求已经极大地减弱，现在运行于 Windows 系统上的应用软件基本上都是使用 Win32 子系统的程序，所以子系统的概念已经逐渐地被弱化，除了 Win32 子系统之外，其他的子系统基本上形同虚设。我们在本书中提及子系统这一概念，也仅仅是为了帮助读者了解一些背景，以便于在 Windows 系统下碰到相关内容时不至于困惑，但并不打算深入介绍它，因为 Windows 子系统在实际上已经被抛弃了。

12.4 本章小结

在这一章中，我们详细回顾了进程与操作系统打交道的途径：系统调用和 API。在介绍系统调用的部分中，主要介绍了特权级、中断等系统调用的实现原理，然后还详细介绍了 Linux 的系统调用的内容和实现细节。

在介绍 API 的过程中，我们回顾了 API 的历史与成因、API 的组织形式、实现原理。同时还提到了与 API 伴生的子系统，介绍了子系统的存在意义、组织形式等。

第 13 章

运行库实现

13.1 C 语言运行库

13.2 如何使用 Mini CRT

13.3 C++运行库实现

13.4 如何使用 Mini CRT++

13.5 本章小结

在本书的第 4 章，为了能够减小可执行文件的尺寸，摆脱对 Glibc 的依赖，实际上已经实现了一个超小型的 CRT，尽管这个 CRT 只拥有两个函数：exit()和 print()，分别用于退出进程和输出一个字符串。但无论如何它给我们带来了一个信息，那就是 CRT 也并不是那么神秘、不可替代的。这一章将是激动人心的一章，我们将带领读者一步步实现一个迷你的 CRT。

当然真正实用的 CRT 是庞大到无法在一章之内完全呈现出来的，所以在这一章我们仅实现 CRT 几个关键的部分。虽然这个迷你 CRT 仅仅实现了为数不多的功能，但是它已经具备了 CRT 的关键功能：入口函数、初始化、堆管理、基本 IO，甚至还将实现堆 C++的 new/delete、stream 和 string 的支持。

本章主要分为两个部分，首先实现一个仅仅支持 C 语言的运行库，即传统意义上的 CRT。其次，将为这个 CRT 加入一部分以支持 C++语言的运行时特性。

13.1 C 语言运行库

在开始实现 Mini CRT 之前，首先要对它进行基本的规划。“麻雀虽小五脏俱全”，虽然 Mini CRT 很小，但它应该具备 CRT 的基本功能以及遵循几个基本设计原则，这些我们归结为如下几个方面：

- 首先 Mini CRT 应该以 ANIS C 的标准库为目标，尽量做到与其接口相一致。
- 具有自己的入口函数（mini_crt_entry）。
- 基本的进程相关操作（exit）。
- 支持堆操作（malloc、free）。
- 支持基本的文件操作（fopen、fread、fwrite、fclose、fseek）。
- 支持基本的字符串操作（strcpy、strlen、strcmp）。
- 支持格式化字符串和输出操作（printf、sprintf）。
- 支持 atexit()函数。
- 最后，Mini CRT 应该是跨平台的。我们计划让 Mini CRT 能够同时支持 Windows 和 Linux 两个操作系统。
- Mini CRT 的实现应该尽量简单，以展示 CRT 的实现为目的，并不追求功能和性能，基本上是“点到为止”

为了使 CRT 能够同时支持 Linux 和 Windows 两个平台，必须针对这两个操作系统环境的不同进行条件编译。在 Mini CRT 中，我们使用宏 WIN32 为标准来决定是 Windows 还是

Linux。因此实际的代码常常呈现这样的结构：

```
#ifdef WIN32
//Windows 部分实现代码
#else
//Linux 部分实现代码
#endif
```

在本章中，#ifdef–#else–#endif 这个条件编译指令会加粗显示，以方便读者区分 Windows 和 Linux 的代码。

通常我们会把 CRT 的各个函数的声明放在不同的头文件中，比如 IO 相关的位于 stdio.h；字符串和堆相关的放在 stdlib.h 中。为了简单起见，将 Mini CRT 中所有函数的声明都放在 minicrt.h 中。

13.1.1 开始

那么 Mini CRT 首先该从哪儿入手呢？诚然，从入口函数开始入手应该是个不错的选择。在本书的第 10 章中，已对 Glibc 和 MSVC CRT 的入口函数进行了分析，下面我们再对入口函数相关的内容进行概括。

- 程序运行的最初入口点不是 main 函数，而是由运行库为其提供的入口函数。它主要负责三部分工作：准备好程序运行环境及初始化运行库，调用 main 函数执行程序主体，清理程序运行后的各种资源。
- 运行库为所有程序提供的入口函数应该相同，在链接程序时须要指定该入口函数名。

在本章节里，将为 Mini CRT 编写自己的入口函数。为了保证运行库的兼容性，CRT 入口函数同样必须具有以上特性。

入口函数

首先，须要确定入口函数的函数原型，包括函数名、输入参数及返回值。在这里，入口函数命名为 mini_crt_entry。为了简单起见，它没有输入参数，同时没有返回值。其实 mini_crt_entry 的返回值没有意义，因为它永远不会返回，在它返回之前就会调用进程退出函数结束进程。这样，入口函数具有如下形式：

```
void mini_crt_entry(void)
```

参照上面所描述的入口函数的三部分工作，以下代码为一个基本框架。

```
void mini_crt_entry(void)
{
    // 初始化部分
```

```
    int ret = main()
    // 结束部分
    exit(ret);
}
```

这里的初始化主要负责准备好程序运行的环境，包括准备 main 函数的参数、初始化运行库，包括堆、IO 等，结束部分主要负责清理程序运行资源。在以下内容中，围绕这个基本框架，我们将逐步扩展补充入口函数。

main 参数

我们知道 main 函数的原型为：

```
int main(int argc, char* argv[]);
```

其中 argc 和 argv 分别是 main 函数的两个参数，它们分别表示运行程序时的参数个数和指向参数的字符串指针数组。在第 6 章中已经介绍过在 Linux 系统下，当进程被初始化时，它的堆栈结构中就保存着环境变量和传递给 main 函数的参数，我们可以通过 ESP 寄存器获得这两个参数。但是一旦进入 mini_crt_entry 之后，ESP 寄存器会随着函数的执行而被改变，通过第 9 章中关于函数对于堆栈帧的知识，可以知道 EBP 的内容就是进入函数后 ESP + 4（4 是因为函数第一条指令是 push ebp）。那么可以推断出 EBP – 4 所指向的内容应该就是 argc，而 EBP – 8 则就是 argv。整个堆栈的分布可以如图 13-1 所示。

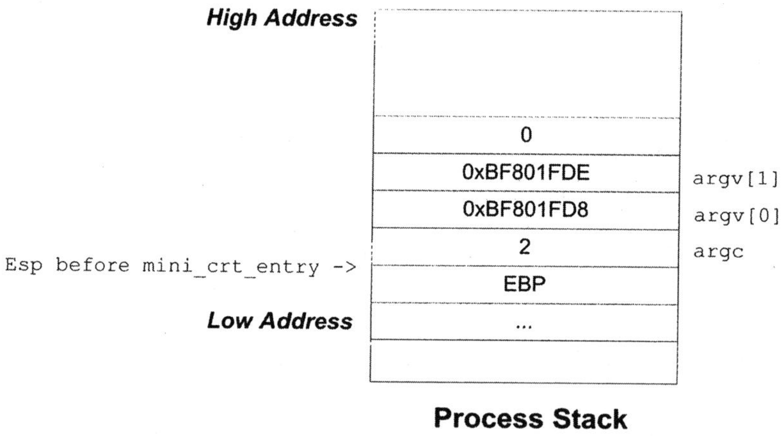

图 13-1　main 函数参数

对于 Windows 系统来说，它提供了相应的 API 用于取得进程的命令行参数，这个 API 叫做 GetCommandLine，它会返回整个命令行参数字符串。由于 main 函数所需要的参数是命令行参数列表，所以我们将整个命令行字符串分割成若干个参数，以符合 argc 和 argv 的格式。

在这里暂时不列出实现的代码，在章节的最后将列出这一节所实现的 Mini CRT 源代码。以后所有与 Mini CRT 实现相关的章节都遵循这一规则。

CRT 初始化

完成了获取 main 函数参数的代码后，还应该在入口函数里对 CRT 进行初始化。由于 Mini CRT 所实现的功能较少，所以初始化部分十分简单。需要初始化的主要是堆和 IO 部分。在堆被初始化之前，malloc/free 函数是没有办法使用的。我们定义堆的初始化函数为 mini_crt_heap_init()；IO 部分的初始化函数为 mini_crt_io_init()。这两个函数的返回值都是整数类型的，返回非 0 即表示初始化成功，否则表示失败。这两个函数的实现将在后面介绍堆实现和 IO 实现时详细介绍。

结束部分

Mini CRT 结束部分很简单，它要完成两项任务：一个就是调用由 atexit()注册的退出回调函数；另外一个就是实现结束进程。这两项任务都由 exit()函数完成，这个函数在 Linux 的实现已经在第 4 章中碰到过了，它调用 Linux 的 1 号系统调用实现进程结束，ebx 表示进程退出码；而 Windows 则提供了一个叫做 ExitProcess 的 API，直接调用该 API 即可结束进程。

不过在进行系统调用或 API 之前，exit()还有一个任务就是调用由 atexit()注册的退出回调函数，这个任务通过调用 mini_crt_exit_routine()实现。我们在第 10 章中已经了解到，atexit()注册回调函数的机制主要是用来实现全局对象的析构的，在这一节中暂时不打算让 Mini CRT 支持 C++，所以暂时将调用 mini_crt_exit_routine()这个函数的那行代码去掉。

最终 Mini CRT 的入口函数 mini_crt_entry 的代码如清单 13-1 所示。

清单 13-1 entry.c

```
//entry.c
#include "minicrt.h"

#ifdef WIN32
#include <Windows.h>
#endif

extern int main(int argc, char* argv[]);
void exit(int);

static void crt_fatal_error(const char* msg)
{
    // printf("fatal error: %s", msg);
    exit(1);
}

void mini_crt_entry(void)
```

```
{
    int ret;

#ifdef WIN32
        int flag = 0;
    int argc = 0;
    char* argv[16]; // 最多16个参数
    char* cl = GetCommandLineA();

    // 解析命令行
    argv[0] = cl;
    argc++;
    while(*cl) {
        if(*cl == '\"')
            if(flag == 0) flag = 1;
            else flag = 0;
        else if(*cl == ' ' && flag == 0) {
            if(*(cl+1)) {
                argv[argc] = cl + 1;
                argc++;
            }
            *cl = '\0';
        }
        cl++;
    }

#else
    int argc;
    char** argv;

    char* ebp_reg = 0;
    // ebp_reg = %ebp
    asm("movl %%ebp,%0 \n":"=r"(ebp_reg));

    argc = *(int*)(ebp_reg + 4);
    argv = (char**)(ebp_reg + 8);

#endif

    if (!mini_crt_heap_init())
        crt_fatal_error("heap initialize failed");

    if (!mini_crt_io_init())
        crt_fatal_error("IO initialize failed");

    ret = main(argc,argv);
    exit(ret);
}

void exit(int exitCode)
{
    //mini_crt_call_exit_routine();
#ifdef WIN32
    ExitProcess(exitCode);
#else
    asm( "movl %0,%%ebx \n\t"
```

```
        "movl $1,%%eax \n\t"
        "int $0x80     \n\t"
        "hlt           \n\t"::"m"(exitCode));
#endif
}
```

在上面这个实现中，Mini CRT 的入口函数基本完成所需要的功能。它的 Windows 版对命令行参数进行了分割，这个分割算法实际上还是有问题的，比如两个参数之间隔多个空格就会发生问题。当然这些问题不影响我们理解 Mini CRT 的入口函数的主干部分。

13.1.2 堆的实现

有了 CRT 的入口函数、exit()函数之后，下一步的目标就是实现堆的操作，即 malloc()函数和 free()函数。当然堆的实现方法有很多，在不同的操作系统平台上也有很多可以选择的方案，在遵循 Mini CRT 的原则下，我们将 Mini CRT 堆的实现归纳为下面几条。

- 实现一个以空闲链表算法为基础的堆空间分配算法。
- 为了简单起见，堆空间大小固定为 32MB，初始化之后空间不再扩展或缩小。
- 在 Windows 平台下不使用 HeapAlloc 等堆分配算法，采用 VirtualAlloc 向系统直接申请 32MB 空间，由我们自己的堆分配算法实现 malloc。
- 在 Linux 平台下，使用 brk 将数据段结束地址向后调整 32MB，将这块空间作为堆空间。

brk 系统调用可以设置进程的数据段边界，而 sbrk 可以移动进程的数据段边界。显然，如果将数据段边界后移，就相当于分配了一定量的内存。

由 brk/sbrk 分配的内存和 VirtualAlloc 分配的一样，它们仅仅是分配了虚拟空间，这些空间一开始是不会提交的（即不分配物理页面），当进程试图访问某一个地址的时候，操作系统会检测到访问异常，并且为被访问的地址所在的页分配物理页面。

在某些人的“黑话”里，践踏（trample）一块内存指的是去读写这块内存的每一个字节。brk 所分配的虚地址就是需要在践踏之后才会被操作系统自动地分配实际页面。所以很多时候**按页需求分配**（Page Demand Allocation）又被称为**按践踏分配**（Alloc On Trample，AOT）☺。

我们在第 9 章时已经介绍过堆分配算法的原理，在实现上是将整个堆空间按照是否被占用而被分割成了若干个**空闲**（Free）**块**和**占用**（Used）**块**，它们之间由双向链表链接起来。

当用户要申请一块内存时，堆分配算法将遍历整个链表，直到找到一块足够大的空闲块，如果这个空闲块大小刚好等于所申请的大小，那么直接将这个空闲块标记为占用块，然后将它的地址返回给用户；如果空闲块大小大于所申请的大小，那么这个空闲块将被分割成两块，其中一块大小为申请的大小，标记为占用，另外一块为空闲块。

当用户释放某一块空间时，堆分配算法会判别被释放块前后两个块是否为空闲块，如果是，则将它们合并成一个大的空闲块。

整个堆分配算法从实现上看十分简单，仅仅只有 100 行左右，而且还包含了 Linux 的 brk 系统调用的实现。Mini CRT 的堆分配算法源代码如清单 13-2 所示。

清单 13-2 malloc.c

```
// malloc.c
#include "minicrt.h"

typedef struct _heap_header
{
    enum {
        HEAP_BLOCK_FREE = 0xABABABAB,     // magic number of free block
        HEAP_BLOCK_USED = 0xCDCDCDCD, // magic number of used block
    } type;                           // block type FREE/USED

    unsigned size;                    // block size including header
    struct _heap_header* next;
    struct _heap_header* prev;
} heap_header;

#define ADDR_ADD(a,o) (((char*)(a)) + o)
#define HEADER_SIZE (sizeof(heap_header))

static heap_header* list_head = NULL;

void free(void* ptr)
{
    heap_header* header = (heap_header*)ADDR_ADD(ptr, -HEADER_SIZE);
    if(header->type != HEAP_BLOCK_USED)
        return;

    header->type = HEAP_BLOCK_FREE;
    if(header->prev != NULL && header->prev->type == HEAP_BLOCK_FREE) {
        // merge
        header->prev->next = header->next;
        if(header->next != NULL)
            header->next->prev = header->prev;
        header->prev->size += header->size;

        header = header->prev;
    }

    if(header->next != NULL && header->next->type == HEAP_BLOCK_FREE) {
        // merge
        header->size += header->next->size;
        header->next = header->next->next;
    }
}
```

```
void* malloc( unsigned size )
{
    heap_header *header;

    if( size == 0 )
        return NULL;

    header = list_head;
    while(header != 0) {
        if(header->type == HEAP_BLOCK_USED) {
            header = header->next;
            continue;
        }

        if(header->size > size + HEADER_SIZE &&
                    header->size <= size + HEADER_SIZE * 2) {
            header->type = HEAP_BLOCK_USED;
        }
        if(header->size > size + HEADER_SIZE * 2) {
            // split
            heap_header* next = (heap_header*)ADDR_ADD(header,size +
                                    HEADER_SIZE);
            next->prev = header;
            next->next = header->next;
            next->type = HEAP_BLOCK_FREE;
            next->size = header->size - (size - HEADER_SIZE);
            header->next = next;
            header->size = size + HEADER_SIZE;
            header->type = HEAP_BLOCK_USED;
            return ADDR_ADD(header,HEADER_SIZE);
        }
        header = header->next;
    }

    return NULL;
}

#ifndef WIN32
// Linux brk system call
static int brk(void* end_data_segment) {
    int ret = 0;
    // brk system call number: 45
    // in /usr/include/asm-i386/unistd.h:
    // #define __NR_brk 45
    asm( "movl $45, %%eax     \n\t"
         "movl %1, %%ebx    \n\t"
            "int $0x80        \n\t"
            "movl %%eax, %0   \n\t"
            : "=r"(ret): "m"(end_data_segment) );
}
#endif

#ifdef WIN32
#include <Windows.h>
#endif
```

```
int mini_crt_heap_init()
{
    void* base = NULL;
    heap_header *header = NULL;
    // 32 MB heap size
    unsigned heap_size = 1024 * 1024 * 32;

#ifdef WIN32
    base = VirtualAlloc(0,heap_size,MEM_COMMIT |
MEM_RESERVE,PAGE_READWRITE);
    if(base == NULL)
        return 0;
#else
    base = (void*)brk(0);
    void* end = ADDR_ADD(base, heap_size);
    end = (void*)brk(end);
    if(!end)
        return 0;
#endif

    header = (heap_header*)base;

    header->size = heap_size;
    header->type = HEAP_BLOCK_FREE;
    header->next = NULL;
    header->prev = NULL;

    list_head = header;
    return 1;
}
```

我们在 malloc.c 中实现了 3 个对外的接口函数，分别是：mini_crt_init_heap、malloc 和 free。不过这个堆的实现还比较简陋：它的搜索算法是 O(n)的（n 是堆中分配的块的数量）；堆的空间固定为 32MB，没有办法扩张；它没有实现 realloc、calloc 函数；它没有很好的堆溢出防范机制；它不支持多线程同时访问等等。

虽然它很简陋，但是它体现出了堆分配算法的最本质的几个特征，其他的诸如改进搜索速度、扩展堆空间、多线程支持等都可以在此基础上进行改进，由于篇幅有限，我们也不打算一一实现它们，读者如果有兴趣，可以自己考虑动手改进 Mini CRT，为它增加上述特性。

13.1.3 IO 与文件操作

在为 Mini CRT 添加了 malloc 和 free 之后，接着将为它们实现 IO 操作。IO 部分在任何软件中都是最为复杂的，在 CRT 中也不例外。在传统的 C 语言和 UNIX 里面，IO 和文件是同一个概念，所有的 IO 都是通过对文件的操作来实现的。因此，只要实现了文件的基本操作（fopen、fread、fwrite、fclose 和 fseek），即使完成了 Mini CRT 的 IO 部分。与堆的实现一样，我们需要为 Mini CRT 的 IO 部分设计一些实现的基本原则：

- 仅实现基本的文件操作，包括 fopen、fread、fwrite、fclose 及 fseek。
- 为了简单起见，不实现缓冲（Buffer）机制。
- 不对 Windows 下的换行机制进行转换，即“\r\n”与“\n”之间不进行转换。
- 支持三个标准的输入输出 stdin、stdout 和 stderr。
- 在 Windows 下，文件基本操作可以使用 API：CreateFile、ReadFile、WriteFile、CloseHandle 和 SetFilePointer 实现。
- Linux 不像 Windows 那样有 API 接口，我们必须使用内嵌汇编实现 open、read、write、close 和 seek 这几个系统调用。
- fopen 时仅区分“r”、“w”和“+”这几种模式及它们的组合，不对文本模式和二进制模式进行区分，不支持追加模式（“a”）。

Mini CRT 的 IO 部分实现源代码如清单 13-3 所示。

清单 13-3　stdio.c

```
// stdio.c
#include "minicrt.h"

int mini_crt_io_init()
{
    return 1;
}

#ifdef WIN32
#include <Windows.h>

FILE* fopen( const char *filename,const char *mode )
{
    HANDLE hFile = 0;
    int access = 0;
    int creation = 0;

    if(strcmp(mode, "w") == 0) {
        access |= GENERIC_WRITE;
        creation |= CREATE_ALWAYS;
    }

    if(strcmp(mode, "w+") == 0) {
        access |=  GENERIC_WRITE | GENERIC_READ;
        creation |= CREATE_ALWAYS;
    }

    if(strcmp(mode, "r") == 0) {
        access |=  GENERIC_READ;
        creation += OPEN_EXISTING;
    }

    if(strcmp(mode, "r+") == 0) {
        access |=  GENERIC_WRITE | GENERIC_READ;
```

```
        creation |= TRUNCATE_EXISTING;
    }


    hFile = CreateFileA(filename, access, 0, 0, creation, 0, 0);
    if (hFile == INVALID_HANDLE_VALUE)
        return 0;

    return (FILE*)hFile;
}

int fread(void* buffer, int size, int count, FILE *stream)
{
    int read = 0;
    if (!ReadFile( (HANDLE)stream, buffer, size * count, &read, 0))
        return 0;
    return read;
}

int fwrite(const void* buffer, int size, int count, FILE *stream)
{
    int written = 0;
    if (!WriteFile( (HANDLE)stream, buffer, size * count, &written, 0))
        return 0;
    return written;
}

int fclose(FILE* fp)
{
    return CloseHandle((HANDLE)fp);
}

int fseek(FILE* fp, int offset, int set)
{
    return SetFilePointer((HANDLE)fp, offset, 0, set);
}

#else // #ifdef WIN32

static int open(const char *pathname, int flags, int mode)
{
    int fd = 0;
    asm("movl $5,%%eax    \n\t"
        "movl %1,%%ebx    \n\t"
        "movl %2,%%ecx  \n\t"
        "movl %3,%%edx    \n\t"
        "int $0x80        \n\t"
        "movl %%eax,%0    \n\t":
        "=m"(fd):"m"(pathname),"m"(flags),"m"(mode));
}

static int read( int fd, void* buffer, unsigned size)
{
    int ret = 0;
    asm("movl $3,%%eax    \n\t"
        "movl %1,%%ebx    \n\t"
```

```
        "movl %2,%%ecx  \n\t"
        "movl %3,%%edx    \n\t"
        "int $0x80       \n\t"
        "movl %%eax,%0    \n\t":
        "=m"(ret):"m"(fd),"m"(buffer),"m"(size));
    return ret;
}

static int write( int fd, const void* buffer, unsigned size)
{
    int ret = 0;
    asm("movl $4,%%eax    \n\t"
        "movl %1,%%ebx    \n\t"
        "movl %2,%%ecx  \n\t"
        "movl %3,%%edx    \n\t"
        "int $0x80       \n\t"
        "movl %%eax,%0    \n\t":
        "=m"(ret):"m"(fd),"m"(buffer),"m"(size));
    return ret;
}

static int close(int fd)
{
    int ret = 0;
    asm("movl $6,%%eax    \n\t"
        "movl %1,%%ebx    \n\t"
        "int $0x80       \n\t"
        "movl %%eax,%0    \n\t":
        "=m"(ret):"m"(fd));
    return ret;
}

static int seek(int fd, int offset, int mode)
{
    int ret = 0;
    asm("movl $19,%%eax    \n\t"
        "movl %1,%%ebx    \n\t"
        "movl %2,%%ecx  \n\t"
        "movl %3,%%edx    \n\t"
        "int $0x80       \n\t"
        "movl %%eax,%0    \n\t":
        "=m"(ret):"m"(fd),"m"(offset),"m"(mode));
    return ret;
}

FILE *fopen( const char *filename,const char *mode )
{
    int fd = -1;
    int flags = 0;
    int access = 00700; // 创建文件的权限

// 来自于/usr/include/bits/fcntl.h
// 注意：以 0 开始的数字是八进制的
#define O_RDONLY          00
#define O_WRONLY          01
#define O_RDWR           02
```

```
#define O_CREAT          0100
#define O_TRUNC         01000
#define O_APPEND        02000

    if(strcmp(mode, "w") == 0)
        flags |= O_WRONLY | O_CREAT | O_TRUNC;

    if(strcmp(mode, "w+") == 0)
        flags |=  O_RDWR | O_CREAT | O_TRUNC;

    if(strcmp(mode, "r") == 0)
        flags |=  O_RDONLY;

    if(strcmp(mode, "r+") == 0)
        flags |=  O_RDWR | O_CREAT;

    fd = open(filename, flags, access);
    return (FILE*)fd;
}

int fread(void* buffer, int size, int count, FILE* stream)
{
    return read((int)stream, buffer, size * count);
}

int fwrite(const void* buffer, int size, int count, FILE* stream)
{
    return write((int)stream, buffer, size * count);
}

int fclose(FILE* fp)
{
    return close((int)fp);
}

int fseek(FILE* fp, int offset, int set)
{
    return seek((int)fp, offset, set);
}

#endif
```

另外还有一段与文件操作相关的声明须放在 minicrt.h 里面：

```
typedef int FILE;
#define EOF (-1)

#ifdef WIN32
#define stdin    ((FILE*)(GetStdHandle(STD_INPUT_HANDLE)))
#define stdout   ((FILE*)(GetStdHandle(STD_OUTPUT_HANDLE)))
#define stderr   ((FILE*)(GetStdHandle(STD_ERROR_HANDLE)))
#else
#define stdin    ((FILE*)0)
#define stdout   ((FILE*)1)
#define stderr   ((FILE*)2)
#endif
```

在上面的 Mini CRT IO 与文件操作的实现中，我们省略了现实 CRT 中很多内容，包括换行符转换、文件缓冲等。由于省略了这些内容，那么 Mini CRT 相当于仅仅是对系统调用或 Windows API 的一个简单包装，而 FILE 结构也可以被省略，它在 Mini CRT 中是被忽略的，FILE*这个类型在 Windows 下实际上是内核句柄，而在 Linux 下则是文件描述符，它并不是指向 FILE 结构的地址。

值得一提的是，在 Windows 下，标准输入输出并不是文件描述符 0、1 和 2，而是要通过一个叫做 GetStdHandle 的 API 获得。

由于省略了诸多实现内容，所以 CRT IO 部分甚至可以不要做任何初始化，于是 IO 的初始化函数 mini_crt_init_io 也形同虚设，仅仅是一个空函数而已。

13.1.4 字符串相关操作

字符串相关的操作也是 CRT 的一部分，包括计算字符串长度、比较两个字符串、整数与字符串之间的转换等。由于这部分功能无须涉及任何与内核交互，是纯粹的用户态的计算，所以它们的实现相对比较简单。我们在 Mini CRT 中将实现与如清单 13-4 几个字符串相关的操作。

清单 13-4 string.c

```
char* itoa(int n, char* str, int radix)
{
    char digit[] = "0123456789ABCDEFGHIJKLMNOPQRSTUVWXYZ";
    char* p = str;
    char* head = str;
    if (!p || radix < 2 || radix > 36)
        return p;
    if (radix != 10 && n < 0)
        return p;
    if (n == 0)
    {
        *p++ = '0';
        *p = 0;
        return p;
    }
    if (radix == 10 && n < 0)
    {
        *p++ = '-';
        n = -n;
    }
    while (n)
    {
        *p++ = digit[n % radix];
        n /= radix;
    }
    *p = 0;
```

```
    for (--p; head < p; ++head, --p)
    {
        char temp = *head;
        *head = *p;
        *p = temp;
    }
    return str;
}

int strcmp (const char * src, const char * dst)
{
    int ret = 0 ;
    unsigned char* p1 = (unsigned char*)src;
    unsigned char* p2 = (unsigned char*)dst;
    while( ! (ret = *p1 - *p2) && *p2)
        ++p1, ++p2;

    if ( ret < 0 )
    ret = -1 ;
    else if ( ret > 0 )
        ret = 1 ;
    return( ret );
}

char *strcpy(char *dest, const char *src)
{
    char* ret = dest;
    while (*src)
        *dest++ = *src++;
    *dest = '\0';
    return ret;
}

unsigned strlen(const char *str)
{
    int cnt = 0;
    if (!str)
        return 0;
    for (; *str != '\0'; ++str)
        ++cnt;
    return cnt;
}
```

13.1.5 格式化字符串

现在的 Mini CRT 已经初具雏形了，它拥有了堆管理、文件操作、基本字符串操作。接下来将要实现的是 CRT 中一个如雷贯耳的函数，那就是 printf。printf 是一个典型的变长参数函数，即参数数量不确定，如何使用和实现变长参数的函数在第 10 章中已介绍过。与前面一样，我们将这一节要实现的相关内容列举如下。

- printf 实现仅支持%d、%s，且不支持格式控制（比如%08d）。
- 实现 fprintf 和 vfprintf，实际上 printf 是 fprintf 的特殊形式，即目标文件为标准输出的 fprintf。

- 实现与文件字符串操作相关的几个函数，fputc 和 fputs。

printf 相关的实现代码如清单 13-5 所示。

清单 13-5

```
#include "minicrt.h"

int fputc(int c,FILE *stream )
{
    if (fwrite(&c, 1, 1, stream) != 1)
        return EOF;
    else
        return c;
}
int fputs( const char *str, FILE *stream)
{
    int len = strlen(str);
    if (fwrite(str, 1, len, stream) != len)
        return EOF;
    else
        return len;
}

#ifndef WIN32
#define va_list char*
#define va_start(ap,arg) (ap=(va_list)&arg+sizeof(arg))
#define va_arg(ap,t) (*(t*)((ap+=sizeof(t))-sizeof(t)))
#define va_end(ap) (ap=(va_list)0)
#else
#include <Windows.h>
#endif

int vfprintf(FILE *stream, const char *format, va_list arglist)
{
    int translating = 0;
    int ret = 0;
    const char* p = 0;
    for (p = format; *p != '\0'; ++p)
    {
        switch (*p)
        {
        case '%':
            if (!translating)
                translating = 1;
            else
            {
                if (fputc('%', stream) < 0)
                    return EOF;
                ++ret;
                translating = 0;
            }
            break;
        case 'd':
            if (translating)    //%d
            {
```

```
                char buf[16];
                translating = 0;
                itoa(va_arg(arglist, int), buf, 10);
                if (fputs(buf, stream) < 0)
                    return EOF;
                ret += strlen(buf);
            }
            else if (fputc('d', stream) < 0)
                return EOF;
            else
                ++ret;
            break;
        case 's':
            if (translating)    //%s
            {
                const char* str = va_arg(arglist, const char*);
                translating = 0;
                if (fputs(str, stream) < 0)
                    return EOF;
                ret += strlen(str);
            }
            else if (fputc('s', stream) < 0)
                    return EOF;
            else
                ++ret;
            break;
        default:
            if (translating)
                translating = 0;
            if (fputc(*p, stream) < 0)
                return EOF;
            else
                ++ret;
            break;
        }
    }
    return ret;
}

int printf (const char *format, ...)
{
    va_list(arglist);
    va_start(arglist, format);
    return vfprintf(stdout, format, arglist);
}

int fprintf (FILE *stream, const char *format, ...)
{
    va_list(arglist);
    va_start(arglist, format);
    return vfprintf(stream, format, arglist);
}
```

可以看到 vfprintf 是这些函数中真正实现字符串格式化的函数，实现它的主要复杂性来源于对格式化字符串的分析。在这里使用了一种简单的算法：

（1）定义模式：翻译模式/普通模式。

（2）循环整个格式字符串。

a) 如果遇到%。

i. 普通模式：进入翻译模式；

ii. 翻译模式：输出%，退出翻译模式。

b) 如果遇到%后面允许出现的特殊字符（如 d 和 s）。

i. 翻译模式：从不定参数中取出一个参数输出，退出翻译模式；

ii. 普通模式：直接输出该字符。

c) 如果遇到其他字符：无条件退出翻译模式并输出字符。

在 Mini CRT 的 vfprintf 实现中，并不支持特殊的格式控制符，例如位数、进度控制等，仅支持%d 与%s 这样的简单转换。真正的 vfprintf 格式化字符串实现比较复杂，因为它支持诸如“%f”、“%x”已有各种格式、位数、精度控制等，在这里并没有将它们一一实现，也没有这个必要，Mini CRT 的 printf 已经能够充分展示 printf 的实现原理和它的关键技巧，读者也可以根据 Mini CRT printf 的实现去更加深入地分析 Glibc 或 MSVC CRT 的相关代码。

13.2 如何使用 Mini CRT

通过上面的章节，我们已经基本实现了一个可以使用的 Mini CRT，它虽然小但是却能支持大部分常用的 CRT 函数，使得程序可以脱离 Glibc 和 MSVC CRT，仅依赖于 Mini CRT 就可以运行。而且 Mini CRT 还有一个惊人的特性那就是它是跨平台的，它可以运行在两个操作系统下面。有了上面章节中的实现原理及源代码之后，在这一节中将介绍如何使用 Mini CRT。

一般一个 CRT 提供给最终用户时往往有两部分，一部分是 CRT 的库文件部分，用于与用户程序进行链接，如 Glibc 提供了两个版本的库文件：静态 Glibc 库 libc.a 和动态 Glibc 库 libc.so；MSVC CRT 也提供了静态和动态版本，libcmt.lib 与 msvcrt90.dll。CRT 的另外一部分就是它的头文件，包含了使用该 CRT 所需要的所有常数定义、宏定义及函数声明，通常 CRT 都会有很多个头文件。

Mini CRT 也将以库文件和头文件的形式提供给用户。首先我们建立一个 minicrt.h 的头文件，然后将所有相关的常数定义、宏定义，以及 Mini CRT 所实现的函数声明等放在该头文件里。当用户程序使用 Mini CRT 时，仅需要#include “minicrt.h”即可，而无须像标准的 CRT 一样，需要独立的包含相关文件，比如“stdio.h”、“stdlib.h”等。minicrt.h 的内容如清单 13-6 所示。

清单 13-6 minicrt.h

```
#ifndef __MINI_CRT_H__
#define __MINI_CRT_H__

#ifdef __cplusplus
extern "C" {
#endif

// malloc
#ifndef NULL
#define NULL (0)
#endif

void free(void* ptr);
void* malloc( unsigned size );
static int brk(void* end_data_segment);
int mini_crt_init_heap();


// 字符串
char* itoa(int n, char* str, int radix);
int strcmp (const char * src, const char * dst);
char *strcpy(char *dest, const char *src);
unsigned strlen(const char *str);


// 文件与 IO
typedef int FILE;

#define EOF (-1)

#ifdef WIN32
#define stdin   ((FILE*)(GetStdHandle(STD_INPUT_HANDLE)))
#define stdout  ((FILE*)(GetStdHandle(STD_OUTPUT_HANDLE)))
#define stderr  ((FILE*)(GetStdHandle(STD_ERROR_HANDLE)))
#else
#define stdin   ((FILE*)0)
#define stdout  ((FILE*)1)
#define stderr  ((FILE*)2)
#endif

int mini_crt_init_io();
FILE* fopen( const char *filename,const char *mode );
int fread(void* buffer, int size, int count, FILE *stream);
int fwrite(const void* buffer, int size, int count, FILE *stream);
int fclose(FILE* fp);
int fseek(FILE* fp, int offset, int set);

// printf
int fputc(int c,FILE *stream );
int fputs( const char *str, FILE *stream);
int printf (const char *format, ...);
int fprintf (FILE *stream, const char *format, ...);

// internal
```

```
void do_global_ctors();
void mini_crt_call_exit_routine();

// atexit
typedef void (*atexit_func_t )( void );
int atexit(atexit_func_t func);

#ifdef __cplusplus
}
#endif


#endif // __MINI_CRT_H__
```

接下来的问题是如何编译得到库文件了。由于动态库的实现比静态库要复杂，所以 Mini CRT 仅仅以静态库的形式提供给最终用户，在 Windows 下它是 minicrt.lib；在 Linux 下它是 minicrt.a。在不同平台下编译和制作库文件的步骤如下所示，Linux 下的命令行为：

```
$gcc -c -fno-builtin -nostdlib -fno-stack-protector entry.c malloc.c stdio.c
string.c printf.c
$ar -rs minicrt.a malloc.o printf.o stdio.o string.o
```

- 这里的-fno-builtin 参数是指关闭 GCC 的内置函数功能，默认情况下 GCC 会把 strlen、strcmp 等这些常用函数展开成它内部的实现。
- -nostdlib 表示不使用任何来自 Glibc、GCC 的库文件和启动文件，它包含了-nostartfiles 这个参数。
- -fno-stack-protector 是指关闭堆栈保护功能，最近版本的 GCC 会在 vfprintf 这样的变长参数函数中插入堆栈保护函数，如果不关闭，我们在使用 Mini CRT 时会发生“__stack_chk_fail”函数未定义的错误。

在 Windows 下，Mini CRT 的编译方法如下：

```
>cl /c /DWIN32 /GS- entry.c malloc.c printf.c stdio.c string.c
>lib entry.obj malloc.obj printf.obj stdio.obj string.obj /OUT:minicrt.lib
```

- /DWIN32 表示定义 WIN32 这个宏，这也正是在代码中用于区分平台的宏。
- /GS- 表示关闭堆栈保护功能，MSVC 和 GCC 一样也会在不定参数中插入堆栈保护功能。不管这个功能会不会在最后链接时发生“__security_cookie”和“__security_check_cookie”符号未定义错误。

为了测试 Mini CRT 是否能够正常运行，我们专门编写了一段测试代码，用于测试 Mini CRT 的功能，如清单 13-7 所示。

清单 13-7 test.c

```
#include "minicrt.h"

int main(int argc, char* argv[])
{
```

```
    int i;
    FILE* fp;
    char** v = malloc(argc*sizeof(char*));
    for(i = 0; i < argc; ++i) {
        v[i] = malloc(strlen(argv[i]) + 1);
        strcpy(v[i], argv[i]);
    }

    fp = fopen("test.txt","w");
    for(i = 0; i < argc; ++i) {
        int len = strlen(v[i]);
        fwrite(&len, 1, sizeof(int), fp);
        fwrite(v[i],1, len, fp);
    }
    fclose(fp);

    fp = fopen("test.txt","r");
    for(i = 0; i < argc; ++i) {
        int len;
        char* buf;
        fread(&len, 1, sizeof(int), fp);
        buf = malloc(len + 1);
        fread(buf, 1, len, fp);
        buf[len] = '\0';
        printf("%d %s\n", len, buf);
        free(buf);
        free(v[i]);
    }
    fclose(fp);
}
```

这段代码用到了 Mini CRT 中绝大部分函数，包括 malloc、free、fopen、fclose、fread、fwrite、printf，并且测试了 main 参数。它的作用就是将 main 的参数字符串都保存到文件中，然后再读取出来，由 printf 显示出来。在 Linux 下，可以用下面的方法编译和运行 test.c：

```
$gcc -c -ggdb -fno-builtin -nostdlib -fno-stack-protector test.c
$ld -static -e mini_crt_entry entry.o test.o minicrt.a -o test
$ ls -l test
-rwxr-xr-x 1 yujiazi yujiazi 5083 2008-08-19 21:59 test
$ ./test arg1 arg2 123
6 ./test
4 arg1
4 arg2
3 123
```

- -e mini_crt_entry 用于指定入口函数。

可以看到静态链接 Mini CRT 最后输出的可执行文件只有 5083 个字节，这正体现出了 Mini CRT 的“迷你”之处，而如果静态链接 Glibc 时，最后可执行文件则约为 538KB。在 Windows 下，编译和运行 test.c 的步骤如下：

```
>cl /c /DWIN32 test.c
>link test.obj minicrt.lib kernel32.lib /NODEFAULTLIB /entry:mini_crt_entry
>dir test.exe
```

```
…
2008-08-19  22:05           5,120 test.exe
..
>dumpbin /IMPORTS test.exe
Microsoft (R) COFF/PE Dumper Version 9.00.21022.08
Copyright (C) Microsoft Corporation.  All rights reserved.


Dump of file test.exe

File Type: EXECUTABLE IMAGE

  Section contains the following imports:

    KERNEL32.dll
                402000 Import Address Table
                402050 Import Name Table
                     0 time date stamp
                     0 Index of first forwarder reference

                  16F GetCommandLineA
                  104 ExitProcess
                  454 VirtualAlloc
                  23B GetStdHandle
                   78 CreateFileA
                  368 ReadFile
                  48D WriteFile
                   43 CloseHandle
                  3DF SetFilePointer

  Summary

        1000 .data
        1000 .rdata
        1000 .text
>test.exe arg1 arg2 123
8 test.exe
4 arg1
4 arg2
3 123
```

与 Linux 类似，Windows 下使用 Mini CRT 链接的可执行文件也非常小，只有 5120 字节。如果我们使用 dumpbin 查看它的导入函数可以发现，它仅依赖于 Kernel32.DLL，也就是说它的确是绕过了 MSVC CRT 的运行库 msvcr90.dll（或 msvcr90d.dll）。

13.3 C++运行库实现

现在 Mini CRT 已经能够支持最基本的 C 语言程序运行了。C++作为兼容 C 语言的扩展语言，它的运行库的实现其实并不复杂，在这一章中将介绍如何为 Mini CRT 添加对 C++语言的一些常用的操作支持。

通常 C++的运行库都是独立于 C 语言运行库的，比如 Linux 下 C 语言运行库为 libc.so/libc.a，而 C++运行库为（libstdc++.so/libstdc++.a）；Windows 的 C 语言运行库为 libcmt.lib/msvcr90.dll，而 C++运行库为 libcpmt.lib/msvcp90.dll。一般这些 C++的运行库都是依赖于 C 运行库的，它们仅包含对 C++的一些特性的支持，比如 new/delete、STL、异常处理、流（stream）等。但是它们并不包含诸如入口函数、堆管理、基本文件操作等这些特性，而这些也是 C++运行库所必需的，比如 C++的流和文件操作依赖于 C 运行库的基本文件操作，所以它必须依赖于 C 运行库。

本节中我们将在 Mini CRT 的基础上实现一个支持 C++的运行库，当然出于简单起见，将这个 C++运行库的实现与 Mini CRT 合并到一起，而不是单独成为一个库文件，也就是说经过这一节对 Mini CRT 的功能改进，最终编译出来的 minicrt.a/minicrt.lib 将支持 C++的诸多特性。

当然，要完整实现一个 C++的运行库是很费事的一件事，C++标准模板库 STL 包含了诸如流、容器、算法、字符串等，规模较为庞大。出于演示的目的，我们将对 C++的标准库进行简化，最终目标是实现一个能够成功运行如下 C++程序代码的运行库：

```
// test.cpp
#include <iostream>
#include <string>

using namespace std;

int main(int argc, char* argv[])
{
    string* msg = new string("Hello World");
    cout << *msg << endl;
    delete msg;
    return 0;
}
```

上面这段程序看似简单，实际上它用到了 C++运行库的诸多功能，我们将所用到的特性列举如下：

- string 类的实现。
- stream 类的实现，包括操纵符（Manupilator）（endl）。
- 全局对象构造和析构（cout）。
- new/delete。

在开始本节之前，还是按照前面 Mini CRT 实现时的做法：在进入具体主题之前先列举一些实现的原则。在实现 Mini CRT 对 C++的支持时，我们遵循如下原则：

- HelloWorld 程序无须用到的功能就不实现，比如异常。

- 尽量简化设计，尽量符合C++标准库的规范。
- 对于可以直接在头文件实现的模块尽量在头文件中实现，以免诸多的类、函数的声明和定义造成代码量膨胀，不便于演示。
- 与前面的 Mini CRT 实现一样，运行库代码要做到可以在 Windows 和 Linux 上同时运行，因此对于平台相关部分要使用条件编译分别实现。虽然 C++运行库几乎没有与系统相关的部分（全局构造和析构除外），C 运行库已经将大部分系统相关部分封装成 C 标准库接口，C++运行库只须要调用这些接口即可。
- 另外值得一提的是，模板是不需要运行库支持的，它的实现依赖于编译器和链接器，对运行库基本上没有要求。

13.3.1 new 与 delete

首先从比较简单的模块入手，全局 new/delete 操作的实现应该是最简单的部分。我们知道，new 操作的功能是从堆上分配一块对象大小的空间，然后运行对象的初始化函数将这个空间地址返回；而 delete 则是与 new 相反的操作，它首先运行对象的析构函数，然后释放堆空间。

那么 new 和 delete 究竟在 C++中是一个什么样的地位呢？它们是编译器内置的操作吗？它们跟运行库有什么关系呢？为了解释这些问题，首先来看一小段代码：

```
class C {
};

int main()
{
    C* c = new C();
    return 0;
}
```

假如用 GCC 编译这段代码并且反汇编，将会看到 new 操作的实现：

```
$g++ -c hello.c
$objdump -dr hello.o

hello.o:     file format elf32-i386

Disassembly of section .text:

00000000 <main>:
   0:   8d 4c 24 04             lea    0x4(%esp),%ecx
   4:   83 e4 f0                and    $0xfffffff0,%esp
   7:   ff 71 fc                pushl  -0x4(%ecx)
   a:   55                      push   %ebp
   b:   89 e5                   mov    %esp,%ebp
   d:   51                      push   %ecx
   e:   83 ec 14                sub    $0x14,%esp
```

```
  11:   c7 04 24 01 00 00 00       movl   $0x1,(%esp)
  18:   e8 fc ff ff ff             call   19 <main+0x19>
                    19: R_386_PC32   _Znwj
  1d:   89 45 f8                   mov    %eax,-0x8(%ebp)
  20:   b8 00 00 00 00             mov    $0x0,%eax
  25:   83 c4 14                   add    $0x14,%esp
  28:   59                         pop    %ecx
  29:   5d                         pop    %ebp
  2a:   8d 61 fc                   lea    -0x4(%ecx),%esp
  2d:   c3                         ret
```

可以看到，new 操作的实现实际上是调用了一个叫做_Znwj 的函数，如果用 c++filt 将这个符号**反修饰**（Demangle），可以看到它的真面目：

```
$c++filt _Znwj
operator new(unsigned int)
```

可以看到_Znwj 实际上是一个叫做 operator new 的函数，这也是我们在 C++中熟悉的操作符函数。在 C++中，操作符实际上是一种特殊的函数，叫做操作符函数，一般 new 操作符函数被定义为：

```
void* operator new(unsigned int size);
```

除了 new、delete 这样的操作符以外，+、-、*、%等都可以被认为是操作符，这些操作符都有相对应的操作符函数。对于 operator new 函数来说，它的参数 size 是指须要申请的空间大小，一般是指 new 对象的大小，而返回值是申请的堆地址。delete 操作符函数的参数是对象的地址，它没有返回值。

既然 new/delete 的实现是相应的操作符函数，那么，如果要实现 new/delete，就只须要实现这两个函数就可以了。而这两个函数的主要功能是申请和释放堆空间，这再容易不过了，因为在 Mini CRT 中已经实现了堆空间的申请和释放函数：malloc 和 free。于是 new/delete 的实现变得尤为简单，它们的实现源代码如清单 13-8 所示。

清单 13-8　new_delete.cpp

```
//new_delete.cpp
extern "C" void* malloc(unsigned int);
extern "C" void free(void*);

void* operator new(unsigned int size)
{
    return malloc(size);
}

void operator delete(void* p)
{
    free(p);
}

void* operator new[](unsigned int size)
{
```

```
    return malloc(size);
}

void operator delete[](void* p)
{
    free(p);
}
```

在上面代码中除了 new/delete 之外，我们还看到了 new[]和 delete[]，它们分别是用来申请和释放对象数组的，在这里一并予以实现。另外除了申请和释放堆空间之外，没有看到任何对象构造和析构的调用，其实对象的构造和析构是在 new/delete 之前/之后由编译器负责产生相应的代码进行调用的，new/delete 仅仅负责堆空间的申请和释放，不负责构造和析构。

在真实的 C++运行库中，new/delete 的实现要比上面的复杂一些，它们除了使用 malloc/free 申请释放空间之外，还支持 new_handler 在申请失败时给予程序进行补救的机会、还可能会抛出 bad_alloc 异常等，由于 Mini CRT 并不支持异常，所以就省略了这些内容。

另外值得一提的是，在使用真实的 C++运行库时，也可以使用上面这段代码自己实现 new/delete，这样就会将原先 C++运行库的 new/delete 覆盖，使得有机会在 new/delete 时记录对象的空间分配和释放，可以实现一些特殊的功能，比如检查程序是否有内存泄露。这种做法往往被称为**全局 new/delete 操作符重载**（Global new/delete operator overloading）。除了重载全局 new/delete 操作符之外，也可以重载某个类的 new/delete，这样可以实现一些特殊的需求，比如**指定对象申请地址**（Replacement new），或者使用自己实现的堆算法对某个对象的申请/释放进行优化，从而提高程序的性能等，这方面的讨论在 C++领域已经非常深入了，在此我们不一一展开了。

13.3.2 C++全局构造与析构

C++全局构造与析构的实现是有些特殊的，它与编译器、链接器的关系比较紧密。正如已经在第 10 章中所描述的一样，它们的实现是依赖于编译器、链接器和运行库三者共同的支持和协作的。Mini CRT 对于全局对象构造与析构的实现也是基于第 10 章中描述的 Glibc 和 MSVC CRT 的，本质上没有多大的区别，仅仅是将它们简化到最简程度，保留本质而去除了一些繁琐的细节。

通过第 10 章的分析我们可以得知，C++全局构造和析构的实现在 Glibc 和 MSVC CRT 中的原理十分相似，构造函数主要实现的是依靠特殊的段合并后形成构造函数数组，而析构则依赖于 atexit()函数。这一节中将主要关注全局构造的实现，而把 atexit()的实现留到下一节中。

全局构造对于 MSVC 来说，主要实现两个段“.CRT$XCA”和“.CRT$XCZ”，然后定义两个函数指针分别指向它们；而对于 GCC 来说，须要定义“.ctor”段的起始部分和结束部分，然后定义两个函数指针分别指向它们。真正的构造部分则只要由一个循环将这两个函数指针指向的所有函数都调用一遍即可。

MSVC CRT 与 Glibc 在实现上稍有不同的是，MSVC CRT 只需要一个目标文件就可以实现全局构造，编译器会按照段名将所有的输入段排序；而 Glibc 需要两个文件：ctrbegin.o 和 crtend.o，这两个文件在编译时必须位于输入文件的开始和结尾部分，所有在这两个文件之外的输入文件中的".ctor"段就不会被正确地合并。全局构造和析构的实现代码如清单 13-9 所示。

清单 13-9 ctors.cpp

```
// ctors.cpp
typedef void (*init_func)(void);
#ifdef WIN32
#pragma section(".CRT$XCA",long,read)
#pragma section(".CRT$XCZ",long,read)

__declspec(allocate(".CRT$XCA")) init_func ctors_begin[] = { 0 };
__declspec(allocate(".CRT$XCZ")) init_func ctors_end[] = { 0 };

extern "C" void do_global_ctors()
{
    init_func* p = ctors_begin;
    while ( p < ctors_end )
    {
       if (*p != 0)
           (**p)();
       ++p;
    }
}
#else

void run_hooks();
extern "C" void do_global_ctors()
{
    run_hooks();
}
#endif
```

在.ctors.cpp 中包含了 Windows 的全局构造的所有实现代码，但 Linux 的全局构造还需要 crtbegin 和 crtend 两个部分。这两个文件内容如清单 13-10、清单 13-11 所示。

清单 13-10 crtbegin.cpp

```
///crtbegin.cpp
#ifndef WIN32
typedef void (*ctor_func)(void);

ctor_func ctors_begin[1] __attribute__ ((section(".ctors"))) =
{
    (ctor_func) -1
};
```

```
void run_hooks()
{
    const ctor_func* list = ctors_begin;
    while ((int)*++list != -1)
        (**list)();
}
#endif
```

清单 13-11 crtend.cpp

```
//crtend.cpp
#ifndef WIN32
typedef void (*ctor_func)(void);
ctor_func crt_end[1] __attribute__ ((section(".ctors"))) =
{
    (ctor_func) -1
};
#endif
```

13.3.3 atexit 实现

atexit()的用法十分简单，即由它注册的函数会在进程退出前，在 exit()函数中被调用。atexit()和 exit()函数实际上并不属于 C++运行库的一部分，它们是 C 语言运行库的一部分。在前面实现 Mini CRT 时我们在 exit()函数的实现中预留了对 atexit()的支持。

本来可以不实现 atexit()的，毕竟它不是非常重要的 CRT 函数，但是在这里不得不实现 atexit 的原因是：所有全局对象的析构函数——不管是 Linux 还是 Windows——都是通过 atexit 或其类似函数来注册的，以达到在程序退出时执行的目的。

实现它的基本思路也很简单，就是使用一个链表把所有注册的函数存储起来，到 exit()时将链表遍历一遍，执行其中所有的回调函数，Windows 版的 atexit 的确可以按照这个思路实现。

Linux 版的 atexit 要复杂一些，导致这个的原因是 GCC 实现全局对象的析构不是调用的 atexit，而是调用的__cxa_atexit。这个函数在前面的全局构造和析构中也碰到过，它不是 C 语言标准库函数，它是 GCC 实现的一部分。为了兼容 GCC，Mini CRT 不得不实现它。它的定义与 atexit()有所不同的是，__cxa_atexit 所接受的参数类型和 atexit 不同：

```
typedef void (*cxa_func_t )( void* );
typedef void (*atexit_func_t )( void );
int __cxa_atexit(cxa_func_t func, void* arg, void*);
int atexit(atexit_func_t func);
```

__cxa_atexit 所接受的函数指针必须有一个 void*型指针作为参数，并且调用__cxa_atexit 的时候，这个参数(void* arg)也要随着记录下来，等到要执行的时候再传递进去。也就是说，

__cxa_atexit()注册的回调函数是带一个参数的，我们必须把这个参数也记下来。

__cxa_atexit 的最后一个参数可以忽略，在这里不会用到。

于是在设计链表时要考虑到这一点，链表的节点必须能够区分是否是 atexit()函数 __cxa_atexit()注册的函数，如果是__cxa_atexit()注册的函数，还要把回调函数的参数保存下来。我们定义链表节点的结构如下：

```
typedef struct _func_node
{
    atexit_func_t func;
    void* arg;
    int is_cxa;
    struct _func_node* next;
} func_node;
```

其中 is_cxa 成员如果不为 0，则表示这个节点是由__cxa_atexit()注册的回调函数，arg 成员表示相应的参数。atexit 的实现代码如清单 13-12 所示。

清单 13-12　atexit.c

```
// atexit.c
#include "minicrt.h"

typedef struct _func_node
{
    atexit_func_t func;
    void* arg;
    int is_cxa;
    struct _func_node* next;
} func_node;

static func_node* atexit_list = 0;

int register_atexit(atexit_func_t func, void* arg, int is_cxa)
{
    func_node* node;
    if (!func) return -1;

    node = (func_node*)malloc(sizeof(func_node));

    if(node == 0) return -1;

    node->func = func;
    node->arg = arg;
    node->is_cxa = is_cxa;
    node->next = atexit_list;
    atexit_list = node;
    return 0;
}

#ifndef WIN32
```

```
typedef void (*cxa_func_t )( void* );
int __cxa_atexit(cxa_func_t func, void* arg, void* unused)
{
    return register_atexit((atexit_func_t)func, arg, 1);
}
#endif

int atexit(atexit_func_t func)
{
    return register_atexit(func, 0, 0);
}

void mini_crt_call_exit_routine()
{
    func_node* p = atexit_list;
    for(; p != 0; p = p->next)
    {
        #ifdef WIN32
            p->func();
        #else
        if (p->is_cxa)
            ((cxa_func_t)p->func)(p->arg);
        else
            p->func();
        #endif
        free(p);
    }
    atexit_list = 0;
}
```

值得一提的是，在注册函数时，被注册的函数是插入到列表头部的，而最后mini_crt_call_exit_routine()是从头部开始遍历的，于是由atexit()或__cxa_atexit()注册的函数是按照先注册后调用的顺序，这符合析构函数的规则，因为先构造的全局对象应该后析构。

13.3.4 入口函数修改

由于增加了全局构造和析构的支持，那么需要对Mini CRT的入口函数和exit()函数进行修改，把对do_global_ctors()和mini_crt_call_exit_routine()的调用加入到entry()和exit()函数中去。修改后的entry.c如下（省略一部分未修改的内容）：

```
//entry.c
…
void mini_crt_entry(void)
{
…
    if (!mini_crt_heap_init())
        crt_fatal_error("heap initialize failed");

    if (!mini_crt_io_init())
        crt_fatal_error("IO initialize failed");

    do_global_ctors();
```

```
    ret = main(argc,argv);
    exit(ret);
}

void exit(int exitCode)
{
    mini_crt_call_exit_routine();
#ifdef WIN32
    ExitProcess(exitCode);
#else
    asm( "movl %0,%%ebx \n\t"
         "movl $1,%%eax \n\t"
         "int $0x80     \n\t"
         "hlt           \n\t"::"m"(exitCode));
#endif
}
```

13.3.5 stream 与 string

C++的 Hello World 里面一般都会用到 cout 和 string，以展示 C++的特性。流和字符串是 C++ STL 的最基本的两个部分，我们在这一节中为 Mini CRT 增加 string 和 stream 的实现，在有了流和字符串之后，Mini CRT 将最终宣告完成，可以考虑将它重命名为 Mini CRT++ ☺。

当然，在真正的 STL 实现中，string 和 stream 的实现十分复杂，不仅有强大的模板定制功能、缓冲，庞大的继承体系及一系列辅助类。我们在实现时还是以展示和剖析为最基本的目的，简化一切能够简化的内容。string 和 stream 的实现将遵循下列原则。

- 不支持模板定制，即这两个类仅支持 char 字符串类型，不支持自定义分配器等，没有 basic_string 模板类。
- 流对象仅实现 ofstream，且没有继承体系，即没有 ios_base、stream、ostream、fstream 等类似的相关类。
- 流对象没有内置的缓冲功能，即没有 stream_buffer 类支持。
- cout 作为 ofstream 的一个实例，它的输出文件是标准输出。

stream 和 string 类的实现用到了不少 C++语言的特性，已经一定程度上偏离了本书所要描述的主题，因此在此仅将它们的实现源代码列出，而不做更多的详细分析。有兴趣的读者可以参考 C++ STL 的相关实现的资料，如果对 C++语言本身不熟悉，也可以跳过这一节，这并不影响对 Mini CRT 整体实现的理解。string 和 iostream 的实现如清单 13-13、清单 13-14、清单 13-15 所示。

清单 13-13 string

```
// string

namespace std {
```

```
class string
{
    unsigned len;
    char* pbuf;

public:
    explicit string(const char* str);
    string(const string&);
    ~string();
    string& operator=(const string&);
    string& operator=(const char* s);
    const char& operator[](unsigned idx) const;
    char& operator[](unsigned idx);
    const char* c_str() const;
    unsigned length() const;
    unsigned size() const;
};

string::string(const char* str) :
    len (0), pbuf(0)
{
    *this = str;
}

string::string(const string& s) :
    len(0), pbuf(0)
{
    *this = s;
}
string::~string()
{
    if(pbuf != 0) {
        delete[] pbuf;
        pbuf = 0;
    }
}

string& string::operator=(const string& s)
{
    if (&s == this)
        return *this;
    this->~string();
    len = s.len;
    pbuf = strcpy(new char[len + 1], s.pbuf);
    return *this;
}


string& string::operator=(const char* s)
{
    this->~string();
    len = strlen(s);
    pbuf = strcpy(new char[len + 1], s);
    return *this;
}
```

```
    const char& string::operator[](unsigned idx) const
    {
        return pbuf[idx];
    }
    char& string::operator[](unsigned idx)
    {
        return pbuf[idx];
    }
    const char* string::c_str() const
    {
        return pbuf;
    }
    unsigned string::length() const
    {
        return len;
    }
    unsigned string::size() const
    {
        return len;
    }
    ofstream& operator<<(ofstream& o, const string& s)
    {
        return o << s.c_str();
    }
}
```

清单 13-14 iostream

```
// iostream
#include "minicrt.h"

namespace std {

class ofstream
{
    protected:
        FILE* fp;
        ofstream(const ofstream&);
    public:
        enum openmode{in = 1, out = 2, binary = 4, trunc = 8};

        ofstream();
        explicit ofstream(const char *filename, ofstream::openmode md =
ofstream::out);
        ~ofstream();
        ofstream& operator<<(char c);
        ofstream& operator<<(int n);
        ofstream& operator<<(const char* str);
        ofstream& operator<<(ofstream& (*)(ofstream&));
        void open(const char *filename, ofstream::openmode md =
ofstream::out);
        void close();
        ofstream& write(const char *buf, unsigned size);
};
```

```
inline ofstream& endl(ofstream& o)
{
   return o << '\n';
}

class stdout_stream : public ofstream {
public:
   stdout_stream();
};

extern stdout_stream cout;
}
```

清单 13-15 iostream.cpp

```
// iostream.cpp
#include "minicrt.h"
#include "iostream"

#ifdef WIN32
#include <Windows.h>
#endif

namespace std {

stdout_stream::stdout_stream() : ofstream()
{
       fp = stdout;
}

stdout_stream cout;

ofstream::ofstream() : fp(0)
{
}

ofstream::ofstream(const char *filename, ofstream::openmode md) : fp(0)
{
   open(filename, md);

}
ofstream::~ofstream()
{
   close();
}
ofstream& ofstream::operator<<(char c)
{
   fputc(c, fp);
   return *this;
}
ofstream& ofstream::operator<<(int n)
{
   fprintf(fp, "%d", n);
   return *this;
}
ofstream& ofstream::operator<<(const char* str)
```

```
    {
        fprintf(fp, "%s", str);
        return *this;
    }

    ofstream& ofstream::operator<<(ofstream& (*manip)(ofstream&))
    {
        return manip(*this);
    }

    void ofstream::open(const char *filename, ofstream::openmode md)
    {
        char mode[4];
        close();
        switch (md)
        {
        case out | trunc:
            strcpy(mode, "w");
            break;
        case out | in | trunc:
            strcpy(mode, "w+");
        case out | trunc | binary:
            strcpy(mode, "wb");
            break;
        case out | in | trunc | binary:
            strcpy(mode, "wb+");
        }
        fp = fopen(filename, mode);
    }
    void ofstream::close()
    {
        if (fp)
        {
            fclose(fp);
            fp = 0;
        }
    }

    ofstream& ofstream::write(const char *buf, unsigned size)
    {
        fwrite(buf, 1, size, fp);
        return *this;
    }

}
```

13.4 如何使用 Mini CRT++

我们的 Mini CRT 终于完成了对 C++的支持，同时它也升级为了 Mini CRT++。与 12.3 节一样，在这一节中将介绍如何编译并且在自己的程序中使用它。首先展示在 Windows 下编译的方法：

```
$cl /c /DWIN32 /GS- entry.c malloc.c printf.c stdio.c string.c atexit.c
$cl /c /DWIN32 /GS- /GR- crtbegin.cpp crtend.cpp ctor.cpp new_delete.cpp
iostream.cpp
$lib entry.obj malloc.obj printf.obj stdio.obj string.obj ctor.obj
new_delete.obj atexit.obj iostream.obj /OUT:minicrt.lib
```

这里新增的一个编译参数为/GR-，它的意思是关闭 RTTI 功能，否则编译器会为有虚函数的类产生 RTTI 相关代码，在最终链接时会看到"const type_info::`vftable"符号未定义的错误。

而 Mini CRT++为了能够在 Linux 下正常运行，还须要建立一个新的源代码文件叫做 sysdep.cpp，用于定义 Linux 平台相关的一个函数：

```
extern "C" {
    void* __dso_handle = 0;
}
```

这个函数是用于处理共享库的全局对象构造与析构的。我们知道共享库也可以拥有全局对象，这些对象在共享库被装载和卸载时必须被正确地构造和析构。而共享库有可能在进程退出之前被卸载，比如使用 dlopen/dlclose 就可能导致这种情况。那么一个问题就产生了，如何使得属于某个共享库的全局对象析构函数在共享库被卸载时运行呢？GCC 的做法是向__cxa_atexit()传递一个参数，这个参数用于标示这个析构函数属于哪个共享对象。我们在前面实现__cxa_atexit()时忽略了第三个参数，实际上这第三个参数就是用于标示共享对象的，它就是__dso_handle 这个符号。由于在 Mini CRT++中并不考虑对共享库的支持，于是我们就仅仅定义这个符号为 0，以防止链接时出现符号未定义错误。

Mini CRT++在 Linux 平台下编译的方法如下：

```
$gcc -c -fno-builtin -nostdlib -fno-stack-protector entry.c malloc.c stdio.c
string.c printf.c atexit.c
$g++ -c -nostdinc++ -fno-rtti -fno-exceptions -fno-builtin -nostdlib
-fno-stack-protector crtbegin.cpp crtend.cpp c    tor.cpp new_delete.cpp
sysdep.cpp iostream.cpp sysdep.cpp
$ar -rs minicrt.a malloc.o printf.o stdio.o string.o ctor.o atexit.o
iostream.o new_delete.o sysdep.o
```

-fno-rtti 的作用与 cl 的/GR-作用一样，用于关闭 RTTI。

-fno-exceptions 的作用用于关闭异常支持，否则 GCC 会产生异常支持代码，可能导致链接错误。

在 Windows 下使用 Mini CRT++的方法如下：

```
$cl /c /DWIN32 /GR- test.cpp
$link test.obj minicrt.lib kernel32.lib /NODEFAULTLIB /entry:mini_crt_entry
```

在 Linux 下使用 Mini CRT++的方法如下：

```
$g++ -c -nostdinc++ -fno-rtti -fno-exceptions -fno-builtin -nostdlib
-fno-stack-protector test.cpp
$ld -static -e mini_crt_entry entry.o crtbegin.o test.o minicrt.a crtend.o
-o test
```

注意 crtbegin.o 和 crtend.o 在 ld 链接时位于用户目标文件的最开始和最后端，以保证链接的正确性。

13.5 本章小结

在这一章中，我们首先尝试实现了一个支持 C 运行的简易 CRT：Mini CRT。接着又为它加上了一些 C++语言特性的支持，并且将它称为 Mini CRT++。在实现 C 语言运行库的时候，介绍了入口函数 entry、堆分配算法 malloc/free、IO 和文件操作 fopen/fread/fwrite/fclose、字符串函数 strlen/strcmp/atoi 和格式化字符串 printf/fprintf。在实现 C++运行库时，着眼于实现 C++的几个特性：new/delete、全局构造和析构、stream 和 string 类。

因此在实现 Mini CRT++的过程中，我们得以详细了解并且亲自动手实现运行库的各个细节，得到一个可编译运行的瘦身运行库版本。当然，Mini CRT++所包含的仅仅是真正的运行库的一个很小子集，它并不追求完整，也不在运行性能上做优化，它仅仅是一个 CRT 的雏形，虽说很小，但能够通过 Mini CRT++窥视真正的 CRT 和 C++运行库的全貌，抛砖引玉、举一反三正是 Mini CRT++的目的。

附录 A

A.1 字节序（Byte Order）
A.2 ELF 常见段
A.3 常用开发工具命令行参考

A.1 字节序（Byte Order）

"endian"这个词出自 Jonathan Swift 在 1726 年写的讽刺小说《格列佛游记》（Gulliver's Travels）。小人国的内战就源于吃水煮鸡蛋时究竟是从大头（Big-Endian）敲开还是从小头（Little-Endian）敲开，由此曾发生过 6 次叛乱，其中一个皇帝送了命，另一个丢了王位。

在不同的计算机体系结构中，对于数据（比特、字节、字）等的存储和传输机制有所不同，因而引发了计算机领域中一个潜在但是又很重要的问题，即通信双方交流的信息单元应该以什么样的顺序进行传送。如果达不成一致的规则，计算机的通信与存储将会无法进行。目前在各种体系的计算机中通常采用的字节存储机制主要有两种：大端（Big-endian）和小端（Little-endian）。

首先让我们来定义两个概念：

MSB 是 Most Significant Bit/Byte 的首字母缩写，通常译为最重要的位或最重要的字节。它通常用来表明在一个 bit 序列（如一个 byte 是 8 个 bit 组成的一个序列）或一个 byte 序列（如 word 是两个 byte 组成的一个序列）中对整个序列取值影响最大的那个 bit/byte。

LSB 是 Least Significant Bit/Byte 的首字母缩写，通常译为最不重要的位或最不重要的字节。它通常用来表明在一个 bit 序列（如一个 byte 是 8 个 bit 组成的一个序列）或一个 byte 序列（如 word 是两个 byte 组成的一个序列）中对整个序列取值影响最小的那个 bit/byte。

比如一个十六进制的整数 0x12345678 里面：

0x12	0x34	0x56	0x78

0x12 就是 MSB（Most Significant Byte），0x78 就是 LSB（Least Significant Byte）。而对于 0x78 这个字节而言，它的二进制是 01111000，那么最左边的那个 0 就是 MSB（Most Significant Bit），最右边的那个 0 就是 LSB（Least Significant）。

Big-endian 和 little-endian 的区别就是 bit-endian 规定 **MSB 在存储时放在低地址，在传输时 MSB 放在流的开始；LSB 存储时放在高地址，在传输时放在流的末尾**。little-endian 则相反。例如：0x12345678h 这个数据在不同机器中的存储是不同，如表 A-1 所示。

表 A-1

	Big-Endian	Little-Endian
0 字节	0x12	0x78
1 字节	0x34	0x56

续表

	Big-Endian	Little-Endian
2 字节	0x56	0x34
3 字节	0x78	0x21

Little-Endian 主要用于我们现在的 PC 的 CPU 中，即 Intel 的 x86 系列兼容机；Big-Endian 则主要应用在目前的 Mac 机器中，一般指 PowerPC 系列处理器。另外值得一提的是，目前的 TCP/IP 网络及 Java 虚拟机的字节序都是 Big-endian 的。这意味着如果通过网络传输 0x12345678 这个整形变量，首先被发送的应该是 0x12，接着是 0x34，然后是 0x56，最后是 0x78。所以我们的程序在处理网络流的时候，必须注意字节序的问题。

big-endian 和 little-endian 的争论由来已久，计算机界对两种方式的优劣进行了长期的争论，争论双方相互不妥协（至今仍未完全妥协）。Danny Cohen 于 1980 年写的一篇名叫“On Holy Wars and a Plea for Peace”著名的论文形象地将双方比喻成《格列佛游记》小人国里征战的双方。从此以后这两个术语开始流行并且一直延用至今。

A.2 ELF 常见段

ELF 常见名如表 A-2 所示。

表 A-2

段名	说明
.bss	这个段里面保存了那些程序中用到的、基本上未初始化的数据。这个段在程序被运行时，在内存中会被清零。这个段本书不占用磁盘空间，它的属性为 SHT_NOBITS。具体请参照 3.3 节
.comment	这个段包含编译器版本信息
.data	这个段中包含的是程序中初始化的数据，主要是已初始化的全局变量、静态变量
.data1	与.data 类似
.debug	这个段中包含的是调试信息
.dynamic	动态链接信息。详见 7.5.2 节
.dynstr	动态链接时的字符串表，主要是动态链接符号的符号名。详见 7.5.3 节
.dynsym	动态链接时的符号表，主要用于保存动态链接时的符号。详见 7.5.3 节
.fini	程序退出时执行的代码，这些代码晚于 main 函数执行，多数被用作实现 C++全局析构。详见 11.4 节
.fini_array	包含一些程序或共享对象退出时须要执行的函数指针
.hash	符号表的哈希表，主要用于加快符号查找

续表

段名	说明
.init	程序执行前的初始化代码，这些代码早于 main 函数被执行，多数时被用于实现 C++全局构造。详见 11.4 节
.init_array	包含一些程序或共享对象刚开始初始化时所须要执行的函数指针
.interp	包含了动态链接器的路径。详见 7.5.1 节
.line	包含了调试时用的行号信息，主要表示机器代码与源代码行号之间的对应关系
.note	额外信息段，编译器、链接器或操作系统厂商可能会在里面保存程序相关的额外信息，这个属于平台相关的
.preinit_array	保存的是早于初始化阶段执行的函数指针数组，这些函数会在.init_array 的函数指针数组之前被执行
.rodata	只读数据段
.rodata1	同.rodat
.shstrtab	段名字符串表
.strtab	字符串表，通常是符号表里的符号名所需要的字符串
.symtab	符号表，这个段中保存的是链接时所需要的符号信息。详见 3.5 节
.tbss	这个段保存的是线程局部存储的未初始化数据。默认情况下，每次进程启动新的线程时，系统会产生一份.tbss 副本并且将它的内容初始化为零
.tdata	这个段保存的是线程局部存储的初始化数据。默认情况下，每次进程启动新的线程时，系统会产生一份.tdata 副本
.text	代码段，存放程序的可执行代码。详见 3.3.1 节
.ctors	这个段保存的是全局构造函数指针。详见 11.4 节
.data.rel.ro	这个段保存的是程序的只读数据，与.rodata 类似，唯一不同的是它在重定位时会被改写，然后将会被置为只读
.dtors	这个段保存的是全局析构函数指针。详见 11.4 节
.eh_frame	这个段保存的是与 C++异常处理相关的内容
.eh_frame_hdr	这个段保存的是与 C++异常处理相关的内容
.gcc_except_table	语言相关数据
.gnu.version	符号版本相关。详见 8.2 节
.gnu.version_d	符号版本相关。详见 8.2 节
.gnu.version_r	符号版本相关。详见 8.2 节
.got.plt	这个段保存的是 PLT 信息，详见 7.4 节
.jcr	Java 程序相关
.note.ABI-tag	用于指定程序的 ABI
.stab	调试信息
.stabstr	.stab 中用到的字符串

A.3 常用开发工具命令行参考

A.3.1 gcc，GCC 编译器

- -E：只进行预处理并把预处理结果输出。
- -c：只编译不链接。
- -o <filename>：指定输出文件名。
- -S：输出编译后的汇编代码文件。
- -I：指定头文件路径。
- -e name：指定 name 为程序入口地址。
- -ffreestanding：编译独立的程序，不会自动链接 C 运行库、启动文件等。
- -finline-functions,-fno-inline-functions：启用/关闭内联函数。
- -g：在编译结果中加入调试信息，-ggdb 就是加入 GDB 调试器能够识别的格式。
- -L <directory>：指定链接时查找路径，多个路径之间用冒号隔开。
- -nostartfiles：不要链接启动文件，比如 crtbegin.o、crtend.o。
- -nostdlib：不要链接标准库文件，主要是 C 运行库。
- -O0：关闭所有优化选项。
- -shared：产生共享对象文件。
- -static：使用静态链接。
- -Wall：对源代码中的多数编译警告进行启用。
- -fPIC：使用地址无关代码模式进行编译。
- -fPIE：使用地址无关代码模式编译可执行文件。
- -XLinker <option>：把 option 传递给链接器。
- -Wl <option>：把 option 传递给链接器，与上面的选项类似。
- -fomit-frame-pointer：禁止使用 EBP 作为函数帧指针。
- -fno-builtin：禁止 GCC 编译器内置函数。
- -fno-stack-protector：是指关闭堆栈保护功能。
- -ffunction-sections：将每个函数编译到独立的代码段。
- -fdata-sections：将全局/静态变量编译到独立的数据段。

A.3.2 ld，GNU 链接器

- -static：静态链接。
- -l<libname>：指定链接某个库。
- -e name：指定 name 为程序入口。
- -r：合并目标文件，不进行最终链接。
- -L <directory>：指定链接时查找路径，多个路径之间用冒号隔开。
- -M：将链接时的符号和地址输出成一个映射文件。
- -o：指定输出文件名。
- -s：清除输出文件中的符号信息。
- -S：清除输出文件中的调试信息。
- -T <scriptfile>：指定链接脚本文件。
- -version-script <file>：指定符号版本脚本文件。
- -soname <name>：指定输出共享库的 SONAME。
- -export-dynamic：将全局符号全部导出。
- -verbose：链接时输出详细信息。
- –rpath <path>：指定链接时库查找路径。

A.3.3 objdump，GNU 目标文件可执行文件查看器

- -a：列举.a 文件中所有的目标文件。
- -b *bfdname*：指定 BFD 名。
- -C：对于 C++符号名进行反修饰（Demangle）。
- -g：显示调试信息。
- -d：对包含机器指令的段进行反汇编。
- -D：对所有的段进行反汇编。
- -f：显示目标文件文件头。
- -h：显示段表。
- -l：显示行号信息。
- -p：显示专有头部信息，具体内容取决于文件格式。
- -r：显示重定位信息。
- -R：显示动态链接重定位信息。

- -s：显示文件所有内容。
- -S：显示源代码和反汇编代码（包含-d 参数）。
- -W：显示文件中包含有 DWARF 调试信息格式的段。
- -t：显示文件中的符号表。
- -T：显示动态链接符号表。
- -x：显示文件的所有文件头。

A.3.4 cl，MSVC 编译器

- /c：只编译不链接。
- /Za：禁止语言扩展。
- /link：链接指定的模块或给链接器传递参数。
- /Od：禁止优化。
- /O2：以运行速度最快为目标优化。
- /O1：以最节省空间为目标优化。
- /GR 或/GR-：开启或关闭 RTTI。
- /Gy：开启函数级别链接。
- /GS 或/GS-：开启或关闭。
- /Fa[file]：输出汇编文件。
- /E：只进行预处理并且把结果输出。
- /I：指定头文件包含目录。
- /Zi：启用调试信息。
- /LD：编译产生 DLL 文件。
- /LDd：编译产生 DLL 文件（调试版）。
- /MD：与动态多线程版本运行库 MSVCRT.LIB 链接。
- /MDd：与调试版动态多线程版本运行库 MSVCRTD.LIB 链接。
- /MT：与静态多线程版本运行库 LIBCMT.LIB 链接。
- /MTd：与调试版静态多线程版本运行库 LIBCMTD.LIB 链接。

A.3.5 link，MSVC 链接器

- /BASE:address：指定输出文件的基地址。

- /DEBUG：输出调试模式版本。
- /DEF:filename：指定模块定义文件.DEF。
- /DEFAULTLIB:library：指定默认运行库。
- /DLL：产生 DLL。
- /ENTRY:symbol：指定程序入口。
- /EXPORT:symbol：指定某个符号为导出符号。
- /HEAP：指定默认堆大小。
- /LIBPATH:dir：指定链接时库搜索路径。
- /MAP[:filename]：产生链接 MAP 文件。
- /NODEFAULTLIB[:library]：禁止默认运行库。
- /OUT:filename：指定输出文件名。
- /RELEASE：以发布版本产生输出文件。
- /STACK：指定默认栈大小。
- /SUBSYSTEM：指定子系统。

A.3.6 dumpbin，MSVC 的 COFF/PE 文件查看器

- /ALL：显示所有信息。
- /ARCHIVEMEMBERS：显示.LIB 文件中所有目标文件列表。
- /DEPENDENTS：显示文件的动态链接依赖关系。
- /DIRECTIVES：显示链接器指示。
- /DISASM：显示反汇编。
- /EXPORTS：显示导出函数表。
- /HEADERS：显示文件头。
- /IMPORTS：显示导入函数表。
- /LINENUMBERS：显示行号信息。
- /RELOCATIONS：显示重定位信息。
- /SECTION:name ：显示某个段。
- /SECTION：显示文件概要信息。
- /SYMBOLS：显示文件符号表。
- /TLS：显示线程局部存储 TLS 信息。

索　引

ABI（Application Binary Interface）应用程序二进制接口，115, 230
Activate Record 活动记录, 287
Address and Storage Allocation 地址和空间分配, 51
API（Application Programming Interface）应用程序编程接口, 9, 117
ANSI（American National Standard Institute）美国国家标准学会, 336
Anonymous Virtual Memory Area 匿名虚拟内存区域, 166
Assembly 汇编, 38
Atomic 原子的, 25
AWE（Address Windowing Extensions）地址窗口扩展, 152
Base Address 基地址,175
Base Index Scale Addressing 基址比例变址寻址, 47
BFD（Binary File Descriptor Library）二进制文件描述符库, 131
Big-endian 大端, 66
Binary Semaphore 二元信号量, 26
Bootstrap 自举, 214
BSS（Block Started by Symbol）, 59
Built-in Function 内置函数, 126
Bus 总线, 6
Byte Order 字节序, 66
Calling Convention 调用惯例, 294
Code Generator 代码生成器, 47
Code Section 代码段, 58
COFF（Common Object File Format）通用对象文件格式, 134
COM（Component Object Model）组件对象模型, 275
Common Block, Common 块, 111
Compilation 编译, 38
Condition Variable 条件变量, 27
Context-free Grammar 上下文无关语法, 43
Core Dump File 核心转储文件, 57
COW（Copy-on-Write）写时复制, 23
CPU Bound, CPU 密集型, 22
Critical Section 临界区, 26
Data Section 数据段, 58
Decorated Name 修饰后名称, 88
Delayed Load 延迟载入, 264
Dependency Ordering 依赖序列, 224
Device Driver 硬件驱动, 12
Disk Page 磁盘页, 17
DLL Binding, DLL 绑定, 271
DLL Hell, DLL 噩梦, 276
DSO（Dynamic Shared Object）动态共享对象, 183
DWARF（Debug With Arbitrary Record Format）通用调试记录格式, 95
Dynamic Linker 动态链接器, 203
Dynamic Linking 动态链接, 181
Dynamic Linking Library 动态链接库, 56, 183
Dynamic Semantic 动态语义, 44
Dynamic Symbol Table 动态符号表, 206
ELF（Executable Linkable Format）可执行可连接格式, 56
ELF Header, ELF 文件头, 69
Entry Point 入口函数或入口点, 319

Environment Subsystem 环境子系统, 409
EXE（Executable）可执行文件, 56
Executable File 可执行文件, 57
Execution View 执行视图, 164
Exit Code 退出码, 126
Explicit Run-time Linking 显式运行时链接, 221
Export Function 导出函数, 206
EAT（Export Address Table）导出地址表, 258
Export Forwarding 导出重定向, 261
Export Table 导出表, 146
Expression 表达式, 43
FHS（File Hierarchy Standard）文件层次结构标准, 241
File Descriptor 文件描述符, 328
Finite State Machine 有限状态机 42,
Frame Pointer 帧指针, 288
Free List 空闲链表, 312
Function Level Linking 函数级别链接, 114
Function Signature 函数签名, 88
Global Symbol Interposition 全局符号介入, 192
GOT（Global Offset Table）全局偏移表, 194
Grammar Parser 语法分析器, 43
Handle 句柄, 328
Hardware Specification 硬件规格, 10
Heap 堆, 166
Heap Manager 堆管理器, 310
Hook 钩子, 293
Image File 映像文件, 136
Image Header 映像头, 136
Import 导入, 206
Import Address Table 导入地址数组, 263
Import Function 导入函数, 206
Import Library 导入库, 254
Interface 接口, 9
Intermediate Code 中间代码, 46
Interrupt 中断, 388
I/O Bound, I/O 密集型, 22
ISR（Interrupt Service Routine）中断处理程序, 389
IVT（Interrupt Vector Table）中断向量表, 389
Kernel Mode 内核模式, 388
Lazy Binding 延迟绑定, 184
LBA（Logical Block Address）逻辑扇区号, 13
LWP（Lightweight Process）轻量级进程, 19
Library 库, 51
Link Name 链接名, 235
Link Time Relocation 链接时重定位, 190
Linking 链接, 38, 50, 51
Linking View 链接视图, 164
LSB（Linux Standard Base）Linux 基础标准, 117
Little-endian 小端, 66
Load Time Relocation 装载时重定位, 190
Load Ordering 装载序列, 224
Lock 锁, 26
LSB（Least Significant Bit/Byte）影响最小的位/字节, 450
Manifest, Manifest 文件, 277
Manupilator 操纵符, 434
Minor-revision Rendezvous Problem 次版本号交会问题, 236
MMU（Memory Manager Unit）内存管理单元, 18
Module Definition File 模块定义文件, 124
MSB（Most Significant Bit/Byte）影响最大的位/字节, 450
Multiprogramming 多道程序, 10
Multi-tasking 多任务系统, 11
Mutex 互斥量, 26
Name Decoration 符号修饰, 87
Name Mangling 符号改编, 87
Name-Ordinal Table 名字序号对应表, 258
Namespace 名称空间, 87
Northbridge 北桥, 6
Object File 目标文件, 51
Ordinal Number 序号, 270
Overlay 覆盖装入, 153
Package 包, 50
PAE（Physical Address Extension ）物理地址扩展, 152
Page Fault 页错误, 17, 159
Paging 分页, 17
P-Code, P-代码, 46
PE（Portable Executable）可移植可执行文件, 134
Physical Page 物理页, 17
PIC（Position-independent Code）地址无关代码, 190
PIE（Position-Independent Executable）地址无关可执行文件, 197
PLT（Procedure Linkage Table）过程链接表, 200
Precompiled Header File 预编译头文件, 140
Preemption 抢占, 22

Preemptive 抢占式, 11
Preprocessing 预处理, 38
Priority Schedule 优先级调度, 21
Process 进程, 11
Program Header 程序头, 163
Program Header Table 程序头表, 164
Read-Write Lock 读写锁, 27
Rebasing 基址重置, 190, 210
Reentrant 可重入, 27
Reference 引用, 81
Relocatable File 可重定位文件, 56
Relocation 重定位, 49, 51
Relocation Entry 重定位入口, 53,107
Relocation Table 重定位表, 79,106
Replacement New 指定对象申请地址, 437
Round Robin 轮转法, 21
Runtime Library 运行时库, 52, 335
RVA（Relative Virtual Address）相对虚拟地址, 175,251
Scanner 扫描器, 42
Scoping 范围机制, 237
Section 节, 58
Section Descriptor 段描述符, 75
Section Table 段表, 59
Section Header Table 段表, 69, 74
Segment 段, 58
Segmentation 分段, 15
Semantic Analyzer 语义分析器, 44
Semaphore 信号量, 26
Shared Library 共享库, 230
Shared Object File 共享目标文件, 57
SMP（Symmetrical Mutil-Processing）对称多处理器, 7
SDK（Software Development Kit）软件开发套装, 402
Software Interrupt 软件中断, 10
Source Code Optimizer 源代码级优化器, 45
Southbridge 南桥, 6
Stack 栈, 166
Stack Frame 堆栈帧, 287
Starvation 饿死, 22
Static Linking Library 静态链接库, 56
Static Semantic 静态语义, 44
Static Shared Library 静态共享库, 189
String Table 字符串表, 80
Strong Reference 强引用, 93
Strong Symbol 强符号, 92
Subsystem 子系统, 409
Symbol 符号, 49, 81
Symbol Link 软链接, 233
Symbol Resolution 符号决议, 51
Symbol Table 符号表, 66, 81
Symbol Versioning 基于符合的版本机制, 236
Synchronization 同步, 26
Syntax Tree 语法树, 43
System Call 系统调用, 384
System Call Interface 系统调用接口, 9
System Service 系统服务, 402
Target Code Optimizer 目标代码优化器, 47
Task 任务, 23
Time-Sharing System 分时系统, 11
Time Slice 时间片, 21
Thread 线程, 19
TEB（Thread Environment Block）线程环境块, 354
Thread Priority 线程优先级, 21
Three-address Code 三地址码, 46
TLS（Thread Local Storage）线程局部存储, 353
Token 记号, 42
Thread Schedule 线程调度, 21
User Mode 用户模式, 388
VDSO（Virtual Dynamic Shared Library）虚拟动态共享库, 399
Versioning 版本机制, 237
Virtual Address 虚拟地址, 15
Virtual Address Space 虚拟地址空间, 150
Virtual Page 虚拟页, 17
Virtual Section 虚拟段, 159
VMA（Virtual Memory Address）虚拟内存地址, 102
VMA（Virtual Memory Area）虚拟内存区域, 159
Weak Reference 弱引用, 93
Weak Symbol 弱符号, 92
WoW（Windows On Windows）, 409
XMS（eXtended Memory Specification）扩展内存标准, 153

博文视点典藏作品集

《代码大全（第2版）》《代码大全（第2版）英文版》

[美] Steve McConnell 著
金戈 汤凌 陈硕 张菲 译
裘宗燕 审校

- 20年软件开发智慧的结晶，全球公认经典巨著。
- 2006年度十大IT好书之第一名。
- 请访问www.china-pub.com查看英文版更多详细内容。

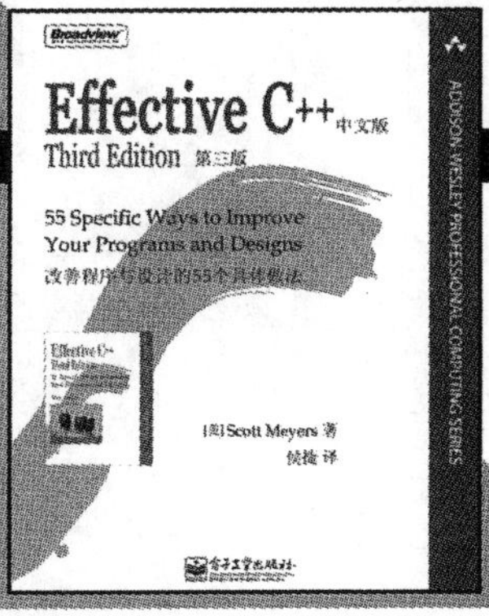

《Effective C++中文版，第三版》

[美]Scott Meyers 著
侯捷 译

- 自1991年《Effective C++》第一版之后，《Effective C++》第三版隆重出版
- 本书目标：在一本小而有趣的书中确认最重要的一些C++编程准则。
- 本书作者Scott Meyers以一支生花妙笔将复杂的探索过程和前因后果写成环环相扣、故事性强的文字。

《UNIX编程艺术》

[美]Eric S. Raymond 著
姜宏 何源 蔡晓骏 译

- Addison-Wesley旗舰系列之“最高品质”
- 它不是技术方面的单纯介绍，而是编程哲学、编程思想、编程文化、编程艺术的全面讨论。将带给您十分愉悦的阅读感受。

《深入解析Windows操作系统，第4版
------Microsoft Windows Server 2003/Windows XP/Windows 2000技术内幕》

[美] Mark E. Russinovich, David A. Solomon 著
潘爱民 译

- 微软官方权威参考书，名著名译！
- Windows系统之父Jim Allchin、Windows Nt首席设计师David N. Cutler 写序推荐！
- CSDN、《程序员》杂志、博客园、博客堂鼎力推荐！

美编寄语

“程序员的自我修养”，让我不禁想起周星驰《喜剧之王》中那本引人注目的《演员的自我修养》。电影中那个死跑龙套的演员穷困潦倒屡战屡败，除了一身破衣服以外，唯一的财产大概就是这本《演员的自我修养》了。今天拿到这样的主题，立刻感到背上一沉。虽然不能将广大程序员类比为死跑龙套的，但这本书如果能够让大家在开发的路上也有这样的坚持，也不枉作者笔耕之苦心了。

本书的封面在设计之初就考虑到运用中国元素，作者们对于国内程序员的期待是显而易见的，我的责任也就是传达这样一种精神内涵。下面是我在设计封面时的几点考虑：

（1）采用经典的黑色底，有权威的感觉。再配以深邃的紫色，更增添了神秘文化的味道；

（2）封面采用的是中国传统的鼎炉，古朴典雅，又有文化的厚重感；

（3）鼎炉作为一种典型的容器，具备了库的特征和装载的功能；

（4）这样的鼎炉，常用来修炼灵丹妙药。姑且把它看作太上老君的炼丹炉吧，想想孙悟空的火眼金睛大概就是在这个炉子里炼出来的。程序员的修养何尝不是苦苦修炼才能得到的？

（5）再利用印刷手段配上传统的云纹，与铜炉上下呼应，进一步强化了文化的味道。

本书作者与出版社计划在此后继续推出“程序员的自我修养”系列图书，请大家持续关注。

“修身齐家治国平天下”，与广大程序员们共勉。

杨小勤

2009年4月9日

《程序员的自我修养—链接、装载与库》读者交流区

尊敬的读者：

感谢您选择我们出版的图书，您的支持与信任是我们持续上升的动力。为了使您能通过本书更透彻地了解相关领域，更深入的学习相关技术，我们将特别为您提供一系列后续的服务，包括：

1. 提供本书的修订和升级内容、相关配套资料；

2. 本书作者的见面会信息或网络视频的沟通活动；

3. 相关领域的培训优惠等。

您可以任意选择以下四种方式之一与我们联系，我们都将记录和保存您的信息，并给您提供不定期的信息反馈。

1．在线提交

登录www.broadview.com.cn/08511，填写本书的读者调查表。

2．电子邮件

您可以发邮件至jsj@phei.com.cn或editor@broadview.com.cn。

3．读者电话

您可以直接拨打我们的读者服务电话：010-88254369。

4．信件

您可以写信至如下地址：北京万寿路173信箱博文视点，邮编：100036。

您还可以告诉我们更多有关您个人的情况，及您对本书的意见、评论等，内容可以包括：

（1）您的姓名、职业、您关注的领域、您的电话、E-mail地址或通信地址；

（2）您了解新书信息的途径、影响您购买图书的因素；

（3）您对本书的意见、您读过的同领域的图书、您还希望增加的图书、您希望参加的培训等。

如果您在后期想停止接收后续资讯，只需编写邮件“退订+需退订的邮箱地址”发送至邮箱：market@broadview.com.cn即可取消服务。

同时，我们非常欢迎您为本书撰写书评，将您的切身感受变成文字与广大书友共享。我们将挑选特别优秀的作品转载在我们的网站（www.broadview.com.cn）上，或推荐至CSDN.NET等专业网站上发表，被发表的书评的作者将获得价值50元的博文视点图书奖励。

更多信息，请关注博文视点官方微博：http://t.sina.com.cn/broadviewbj。

我们期待您的消息！

博文视点愿与所有爱书的人一起，共同学习，共同进步！

通信地址：北京万寿路 173 信箱　博文视点（100036）　　电话：010-51260888

E-mail：jsj@phei.com.cn，editor@broadview.com.cn

www.phei.com.cn
www.broadview.com.cn

反侵权盗版声明